面向 21 世纪高等院校精品教材 · 电工电子基础系列

电路理论及应用

——同步辅导及课后习题详解

主　编　胡福年　黄　艳
副主编　闫俊荣　王晓燕

北京理工大学出版社
BEIJING INSTITUTE OF TECHNOLOGY PRESS

内 容 简 介

本书是教材《电路理论及应用》的配套辅导书，按照教材内容给出了学习目标、知识要点，并对教材中各章节全部习题给出了详细解答。

本书由 10 章内容组成：第 1 章电路的基本概念，第 2 章电路的基本分析方法，第 3 章电路定理，第 4 章正弦稳态电路分析，第 5 章三相电路，第 6 章多频信号电路与谐振，第 7 章耦合电感、理想变压器和二端口网络，第 8 章动态电路的时域分析，第 9 章线性动态电路的频域分析，第 10 章线性电路网络的拓扑分析。每章内容都包括学习目标、知识要点、教材同步习题详解和历年考研真题。

本书可以作为各高等院校学生学习“电路分析”课程的辅导书，也可以作为电类专业学生的考研参考书。

图书在版编目（CIP）数据

电路理论及应用：同步辅导及课后习题详解 / 胡福年，黄艳主编. -- 北京：北京理工大学出版社，2023.2（2023.3 重印）

ISBN 978-7-5763-2141-8

Ⅰ. ①电…　Ⅱ. ①胡…　②黄…　Ⅲ. ①电路理论-高等学校-教材　Ⅳ. ①TM13

中国国家版本馆 CIP 数据核字（2023）第 034881 号

出版发行 / 北京理工大学出版社有限责任公司
社　　址 / 北京市海淀区中关村南大街 5 号
邮　　编 / 100081
电　　话 / （010）68914775（总编室）
（010）82562903（教材售后服务热线）
（010）68944723（其他图书服务热线）
网　　址 / http：//www. bitpress. com. cn
经　　销 / 全国各地新华书店
印　　刷 / 三河市天利华印刷装订有限公司
开　　本 / 787 毫米×1092 毫米　1/16
印　　张 / 15. 25
字　　数 / 346 千字
版　　次 / 2023 年 2 月第 1 版　2023 年 3 月第 2 次印刷
定　　价 / 45. 00 元

责任编辑 / 江　立
文案编辑 / 李　硕
责任校对 / 刘亚男
责任印制 / 李志强

前　言

"电路分析"课程是电类专业的专业基础课程，对后续专业课的学习有着重要的意义，同时也是电类专业考研科目之一。本书对"电路分析"课程的知识要点、学习方法进行了总结，并对《电路理论及应用》的课后习题进行了详解。

本书由10章内容组成：第1章电路的基本概念，第2章电路的基本分析方法，第3章电路定理，第4章正弦稳态电路分析，第5章三相电路，第6章多频信号电路与谐振，第7章耦合电感、理想变压器和二端口网络，第8章动态电路的时域分析，第9章线性动态电路的频域分析，第10章线性电路网络的拓扑分析。

各章内容按照学习目标、知识要点、教材同步习题详解、历年考研真题进行编排。在介绍基础知识要点的同时，总结出相关类型题目的解题思路和解题方法，然后再通过课后习题进行训练。

本书注重基础知识的夯实，并通过言简意赅的语言总结相关题目的解题思路和步骤，习题解答过程概念清晰、步骤详细、附图完整。

本书既可以作为各高等院校学生学习"电路分析"课程的辅导书，也可以作为电类专业学生的考研参考书。

由于时间仓促和编者水平有限，书中难免存在疏漏之处，恳请广大读者批评指正。

编　者

目　　录

第1章 电路的基本概念

学习目标

1. 掌握电路模型、电流与电压的参考方向、电位及参考点、电功率和电能的概念及计算方法。

2. 掌握电阻元件、电感元件、电容元件、电压源、电流源和受控源的元件特性、电压电流关系。

3. 掌握基尔霍夫定律的内容及应用范围。

4. 掌握电路等效变换的概念。

5. 掌握电阻的等效变换（串联、并联、星形与三角形的等效变换）公式、分压公式、分流公式。

6. 掌握电源等效变换（电压源、电流源、实际电源的两种模型及其等效变换）的方法。

7. 能够利用基尔霍夫定律分析由独立电源、受控源与电阻组成的电路的电压、电流和功率。

8. 能够求解任何电路的输入电阻。

9. 能够用等效变换的方法求解电路中某一支路的电压、电流和功率。

知识要点

1. 实际电路、组成及作用

实际电路是指由一定的电工、电子器件按照一定的方式相互连接起来，构成的电流通路，并具有一定功能。实际电路由电源（信号源）、负载及中间环节组成。其中，电源或信号源用来提供能量或信息，电源或信号源的电压或电流称为激励（输入），它推动电路工作。由激励所产生的电压和电流称为响应（输出）；负载是指用电设备，能够将电能转化为其他形式的能量，或者对信号进行处理；中间环节将电源或信号源与负载连接成通路。

2. 电路模型与理想电路元件

电路模型是用抽象的理想电路元件及其组合近似地代替实际电路的器件。理想电路元件是指根据实际电路器件所具备的电磁性质所假想的具有某种单一电磁性质的元件。理想电路元件有电阻元件、电容元件、电感元件和电源元件。

3. 参考方向、关联参考方向

电流、电压都是既有大小又有方向的，但由于实际方向很难判别，因此引入参考方向，参考方向任意假设，假设的参考方向应标在电路图中。当按照参考方向进行计算时，若电流（电压）为正值，则说明电流（电压）的实际方向与参考方向一致；反之，若电流（电压）为负值，则说明电流（电压）的实际方向与参考方向相反。因此，根据参考方向和电流（电压）值的正负，就可以判断出电流（电压）的实际方向。如果不作特殊说明，电流（电压）的方向都是指参考方向。

关联参考方向：对于某个二端元件、某条支路或某个二端网络来讲，若其电压的参考方向和其电流的参考方向相同，则称为关联参考方向；若其电压的参考方向和其电流的参考方向不同，则称为非关联参考方向。

判断关联参考方向：例如，判断 A 的参考方向是否关联，先找到 A，标出 A 两端电压的参考方向及 A 上通过的电流，然后判断它们的参考方向是否相同，若相同，则为关联参考方向；反之，为非关联参考方向。

关联参考方向的判别非常重要：在使用元件的 VCR 方程时需要先判别电压、电流方向是否为关联参考方向，以便明确在使用 VCR 方程时是否需要加“-”；另外，在计算功率以判断实际是吸收功率还是发出功率时，也需要先判别参考方向是否关联。

4. 电位

电位是针对参考点而言的，在设电路中某一点为参考点的前提下，其他点的电位是该点到参考点之间的电压。电位的单位为伏特（V）。参考点的电位为 0 V。

电压与电位的关系：两点间的电压等于两点间的电位差。

某一点的电位等于该点到参考点之间的电压。

求解电路中某一点的电位时，可以先通过 VCR 方程或 KVL 方程求得相关电压，然后利用电位与电压的关系求得该点电位。

5. 理想元件的 VCR 方程

1）电阻元件

列写电阻元件的 VCR 方程时，需要先判别其电压、电流方向是否为关联参考方向。

当电阻两端电压 u 与其上通过的电流 i 取关联参考方向时，VCR 方程为：

$$u=Ri \quad i=Gu$$

当电阻两端电压 u 与其上通过的电流 i 取非关联参考方向时，VCR 方程为：

$$u=-Ri \quad i=-Gu$$

2）电感元件

列写电感元件的VCR方程时，需要先判别其电压、电流方向是否为关联参考方向。

当电感两端电压与其上通过的电流取关联参考方向时，其VCR方程的微分形式为：

$$u(t)=L\frac{\mathrm{d}i}{\mathrm{d}t}$$

该式表明：

（1）电感两端的电压 u 的大小取决于其上通过的电流 i 的变化率，而与 i 的大小无关，因此，电感是动态元件；

（2）当 i 为常数（直流电路或动态电路稳态）时，$\frac{\mathrm{d}i}{\mathrm{d}t}=0\Rightarrow u=0$，电感相当于短路；

（3）实际电路中电感的电压 u 为有限值，因此，电感电流 i 不能跃变，必定是时间的连续函数。

电感元件VCR方程的积分形式为：

$$i(t)=\frac{1}{L}\int_{-\infty}^{t}u\mathrm{d}\xi=\frac{1}{L}\int_{-\infty}^{t_0}u\mathrm{d}\xi+\frac{1}{L}\int_{t_0}^{t}u\mathrm{d}\xi=i(t_0)+\frac{1}{L}\int_{t_0}^{t}u\mathrm{d}\xi$$

式中，$i(t_0)$称为电感电流的初始值。

当电感两端电压 u 与其上通过的电流 i 取非关联参考方向时，其VCR方程的微分形式和积分形式则需要冠一负号。

3）电容元件

列写电容元件的VCR方程时，需要先判别其电压、电流方向是否为关联参考方向。

当电容两端的电压 u 与其上流过的电流 i 取关联参考方向时，其VCR方程的微分形式为：

$$i=C\frac{\mathrm{d}u}{\mathrm{d}t}$$

该式表明：

（1）在任一时刻电容电流 i 的大小与 u 的变化率成正比，与 u 的大小无关，因此，电容是动态元件；

（2）直流电路（或动态电路稳态）的 u 为常数，即在直流电路（或动态电路稳态）中，电容相当于开路，因此，电容有隔直流通交流的作用；

（3）由于实际电路中通过电容的电流 i 为有限值，因此电容电压 u 必定是时间的连续函数。

电容元件VCR方程的积分形式为：

$$u(t)=\frac{1}{C}\int_{-\infty}^{t}i\mathrm{d}\xi=\frac{1}{C}\int_{-\infty}^{t_0}i\mathrm{d}\xi+\frac{1}{C}\int_{t_0}^{t}i\mathrm{d}\xi=u_C(t_0)+\frac{1}{C}\int_{t_0}^{t}i\mathrm{d}\xi$$

式中，$u_C(t_0)$称为电容电压的初始值，也称为初始状态。

当电容两端电压 u 与其上通过的电流 i 取非关联参考方向时，其VCR方程的微分形式和积分形式则需要冠一负号。

4）独立电压源

独立电压源两端电压保持定值 u_S 或按照给定的时间函数 $u_S(t)$ 变化，其上流过的电流由该独立电压源与外电路共同决定，如图 1-1 所示。

5）独立电流源

独立电流源输出电流保持恒定值 i_S 或按照给定的时间函数 $i_S(t)$ 变化，其端电压由该独立电流源与外电路共同决定，如图 1-2 所示。

图 1-1　独立电压源　　　　图 1-2　独立电压源

6）受控源

受控源可以分为受控电压源、受控电流源，如图 1-3 所示。根据控制量不同又可以分为四种类型：电流控制的电流源（CCCS）、电压控制的电流源（VCCS）、电压控制的电压源（VCVS）、电流控制的电压源（CCVS）。

图 1-3　受控源

(a) 受控电压源；(b) 受控电流源

6. 开路和短路

开路又称为**断路**，开路的特点：$i=0$，$u\neq0$；$R=\infty$ 或 $G=0$。

短路的特点：$u=0$，$i\neq0$；$R=0$ 或 $G=\infty$。电路或元件作短路处理的方法是把该电路或元件换成一根导线。

7. 功率的计算

功率的计算公式为：

$$p=ui \quad \text{单位：瓦特（W）}$$

吸收和发出功率的判别：

当元件或二端电路的电压 u、电流 i 取关联参考方向时，表达式 $p=ui$ 表示元件或二端电路吸收功率。若求得的功率 $p>0$ ，则表示吸收正功率（即实际吸收功率）；若求得的功率 $p<0$，则表示吸收负功率（即实际发出功率）。

当元件或二端电路的电压 u、电流 i 取非关联参考方向时，表达式 $p=ui$ 表示元件或二端电路发出功率。若此时求得的功率 $p>0$，则表示发出正功率（即实际发出功率）；若求得的功率 $p<0$，则表示发出负功率（即实际吸收功率）。

注意：在实际计算功率的过程中，公式中的电压 u 与电流 i 应换成对应的电压、电流符号。在计算功率时，必须先判断待求元件或二端电路的电压和电流的参考方向是否关联。求解元件功率时，电阻的功率的求解有 3 个公式可用 $\left(p=ui=\dfrac{u^2}{R}=i^2R\right)$，可根据具体情况选用。

电压源和电流源的功率的求解只有1个公式可用（$p=ui$），因此，求解电压源的功率时，必须先求解出其上流过的电流；求解电流源的功率时，必须先求解电流源的端电压。或者，在完整的电路中，利用能量守恒求解。

8. 基尔霍夫定律

基尔霍夫定律包含基尔霍夫电流定律（KCL）和基尔霍夫电压定律（KVL）。

1）基尔霍夫电流定律

基尔霍夫电流定律有以下两种表示形式。

（1）对于集总参数电路中的任意结点，在任意时刻流出或流入该结点的电流的代数和等于零。数学表达式为 $\sum i=0$。**该表示形式需要事先假设流入结点的电流为正或流出结点的电流为正。**

（2）对于集总参数电路中的任意结点，在任意时刻流出该结点的电流之和等于流入该结点的电流之和。数学表达式为 $\sum i_{入}=\sum i_{出}$。

图1-4为电路的一部分，对结点 a 列KCL方程，设流出结点的电流为“+”，流入结点的电流为“-”，则有：

$$-i_1-i_2-i_3+i_4=0 \quad 或\ i_1+i_2+i_3=i_4$$

KCL不仅适用于结点，也适用于任何假想的闭合面，这里的闭合面可以看作是广义结点，即**流入任何闭合面的各支路电流的代数和等于零**，如图1-5所示，则有：

$$i_4=i_1+i_5$$

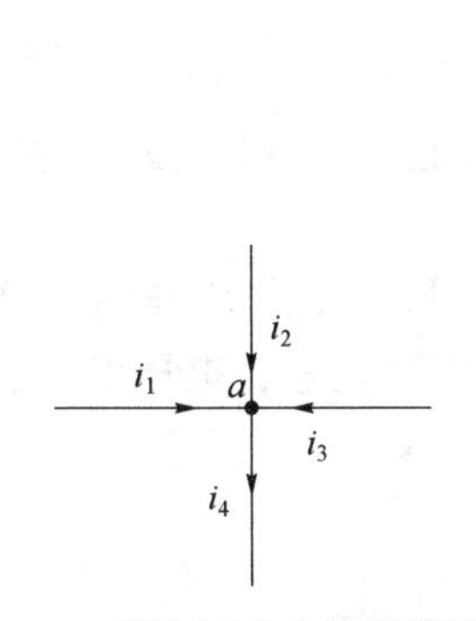

图1-4　基尔霍夫电流定律示例

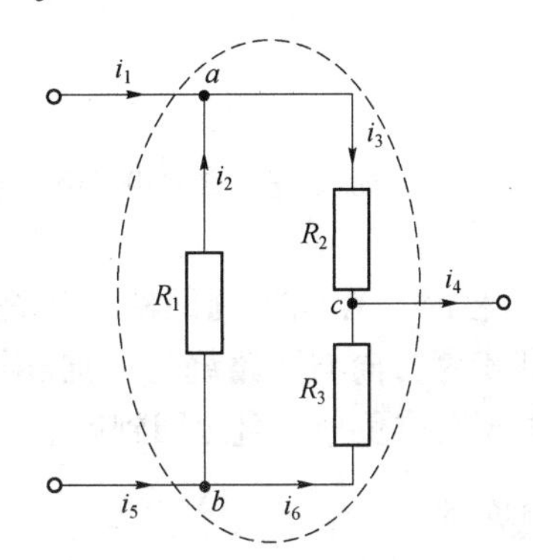

图1-5　KCL应用于闭合面

因此，当两个单独的电路只用一条导线相连接时，此导线中的电流必定为零。如图1-6所示，$i=0$。

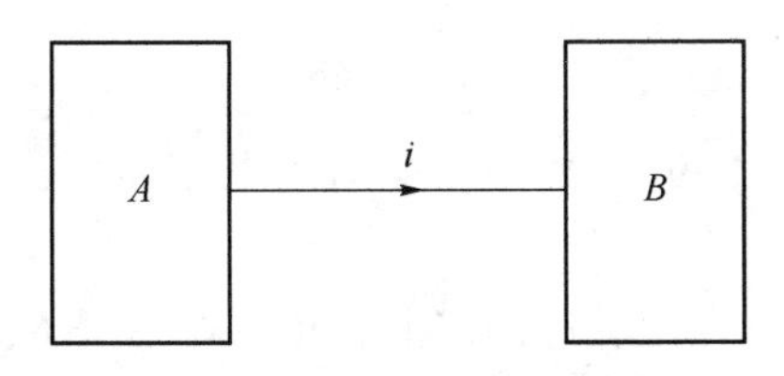

图1-6　一条导线相连的电路

列写 KCL 方程时，应先找到结点，看看与该结点相连的有几条支路，哪些电流是流入该结点的，哪些电流是流出该结点的，然后根据 KCL 两种表现形式的其中一种列写即可。

2）基尔霍夫电压定律

对于集总参数电路，在任意时刻，沿任意闭合路径（回路）绕行，各支路电压的代数和恒等于零，数学表达式为 $\sum u=0$。例如，图 1-7 所示回路的 KVL 方程为 $u_1-u_2-u_S=0$。

KVL 还有另外一种表达形式，该形式为 KVL 应用于假想回路的表现形式，多用于求解电路中任意两点间的电压。即电路中任意两点间的电压等于从正极出发沿着任一条路径到达负极经过的各元件电压的代数和。与绕行路径无关，元件电压方向与路径绕行方向一致时取正号，相反时取负号。

图 1-8 中沿左边支路（R_1 和 R_2 构成的支路）有 $u_{ab}=u_1-u_2$，沿右边支路（R_1、u_S 和 R_2 构成的支路）有 $u_{ab}=u_1-u_S+u_3$。求得的结果相同，即**与绕行路径无关。选择哪条路径视具体电路而定。**

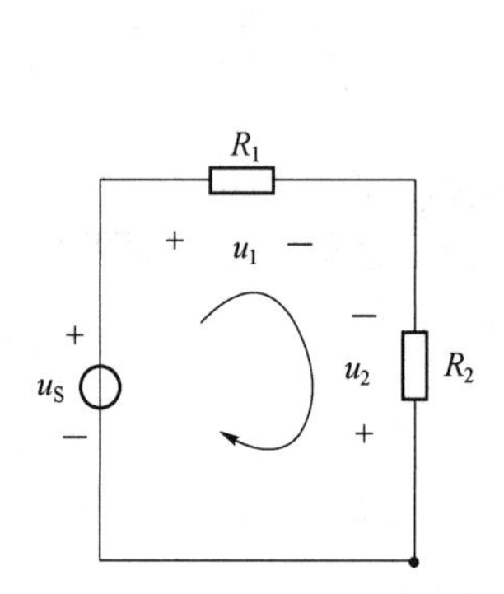

图 1-7　基尔霍夫电压定律应用示例

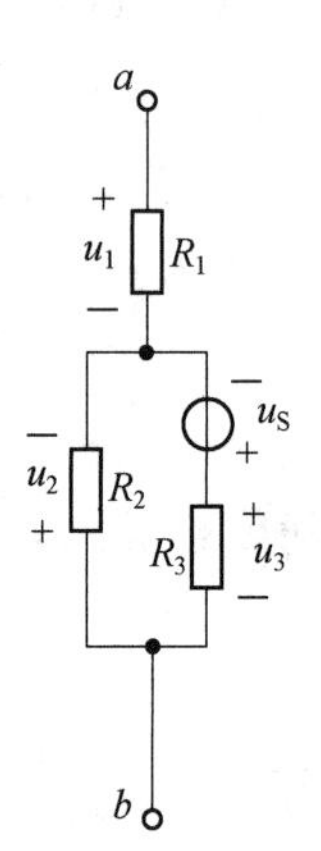

图 1-8　KVL 应用于假想回路

列写 KVL 方程时，首先找到回路，标注绕行方向，从某个起点开始沿绕行方向列写 KVL 方程，电压参考方向与回路绕行方向相同的支路电压取正号，电压参考方向与绕行方向相反的支路电压则取负号，直至回到起点。

9. 等效变换法

等效变换法为分析电路的一种方法，求解电路时可以通过等效变换化简电路。等效变换方法：第一步画出等效电路，第二步标注参考方向（该步骤不是所有等效都需要），第三步求解等效电路中相关参数。等效变换方法有以下几种。

1）电阻串并联

（1）电阻的串联。

多个电阻串联的电路如图 1-9（a）所示。对外电路而言，可以等效为一个线性二端电阻，如图 1-9（b）所示。

等效电阻 R_{eq} 等于所有串联电阻的电阻之和：$R_{eq}=R_1+R_2+R_3+\cdots+R_n$。

串联电阻具有分压作用，第 k 个电阻上分得的电压：$u_k=\dfrac{R_k}{R_{eq}}u$。

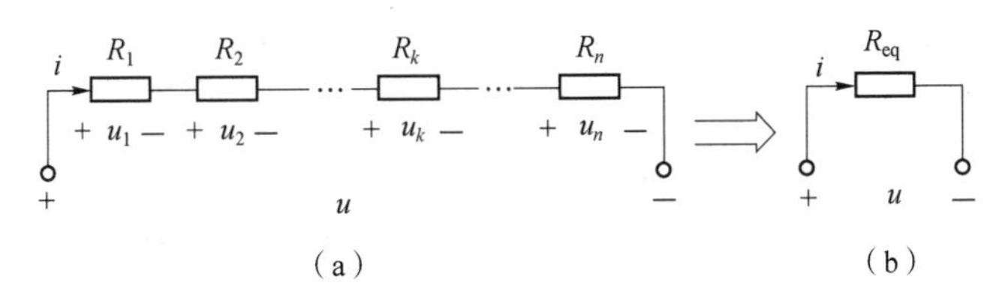

图 1-9　电阻的串联及等效电路

(a) 电阻的串联；(b) 等效电路

串联电阻分得的电压与电阻成正比：$u_1:u_2:u_3:\cdots:u_n=R_1:R_2:R_3:\cdots:R_n$。

(2) 电阻的并联。

多个电阻并联的电路如图 1-10 (a) 所示，对外电路而言，可以等效为一个线性二端电阻，如图 1-10 (b)所示。

等效电导 G_{eq}等于并联的各电导之和：$G_{eq}=G_1+G_2+G_3+\cdots+G_n$。

等效电阻的倒数等于各分电阻倒数之和：$\frac{1}{R_{eq}}=\frac{1}{R_1}+\frac{1}{R_2}+\frac{1}{R_3}+\cdots+\frac{1}{R_n}$。

等效电导大于任意一个分电导，等效电阻小于任意一个并联的分电阻。

并联电阻电路具有分流的作用，第 k 个电阻上分得的电流：$i_k=\frac{G_k}{G_{eq}}i$。

对于两个电阻 R_1、R_2 的并联，如图 1-11 所示，等效电阻为$=\frac{R_1R_2}{R_1+R_2}$ 。

两个阻值同为 R 的电阻并联后的等效电阻为$\frac{R}{2}$。

两个并联电阻的分流公式：$i_1=\frac{R_2}{R_1+R_2}i$，$i_2=\frac{R_1}{R_1+R_2}i$。

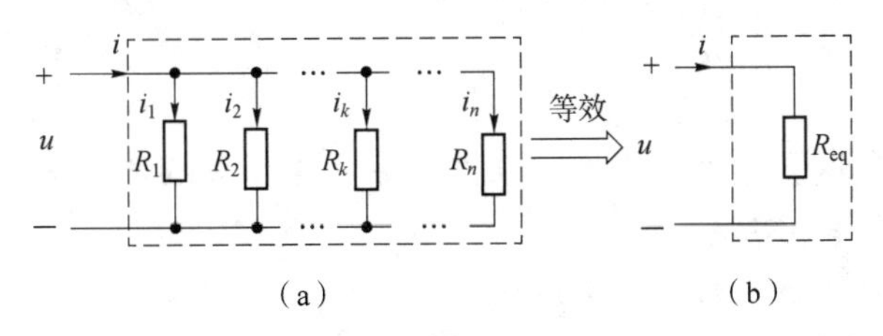

图 1-10　并联电阻电路及等效电路

(a) 电阻的并联；(b) 等效电路

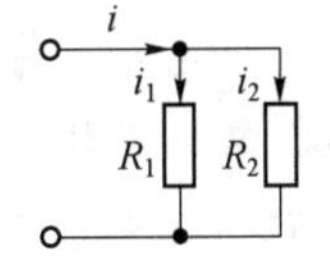

图 1-11　两个电阻的并联电路

2) Y—△ 变换

电阻除了有串联、并联，还有 Y（星形）连接和△（三角形）连接。Y 连接和△连接都为三端网络，如图 1-12 所示。**对外电路而言，电阻的 Y 连接和△连接可以进行等效变换。**

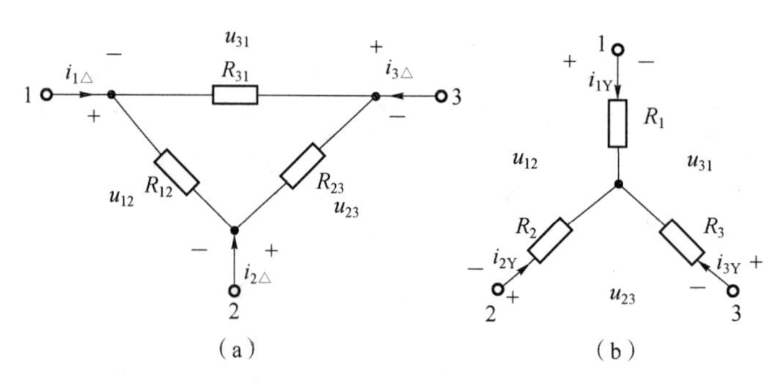

图 1-12　电阻的△连接电路和 Y 连接电路

(a) △连接电路；(b) Y 连接电路

Y→△等效电路中电阻的求解公式为：

$$R_{12}=R_1+R_2+\frac{R_1R_2}{R_3} \qquad G_{12}=\frac{G_1G_2}{G_1+G_2+G_3}$$

$$R_{23}=R_2+R_3+\frac{R_2R_3}{R_1} \qquad \text{或} \qquad G_{23}=\frac{G_2G_3}{G_1+G_2+G_3}$$

$$R_{31}=R_3+R_1+\frac{R_3R_1}{R_2} \qquad G_{31}=\frac{G_3G_1}{G_1+G_2+G_3}$$

△→Y 等效电路中电阻的求解公式为：

$$G_1=G_{12}+G_{31}+\frac{G_{12}G_{31}}{G_{23}} \qquad R_1=\frac{R_{12}R_{31}}{R_{12}+R_{23}+R_{31}}$$

$$G_2=G_{23}+G_{12}+\frac{G_{23}G_{12}}{G_{31}} \qquad \text{或} \qquad R_2=\frac{R_{23}R_{12}}{R_{12}+R_{23}+R_{31}}$$

$$G_3=G_{31}+G_{23}+\frac{G_{31}G_{23}}{G_{12}} \qquad R_3=\frac{R_{31}R_{23}}{R_{12}+R_{23}+R_{31}}$$

若△连接电路或 Y 连接电路中的三个电阻相等（对称），则有：

$$R_{\triangle}=3R_{Y}$$

注意：

(1) △—Y 电路的等效变换属于多端子电路的等效，在应用中，除了正确使用电阻变换公式计算各电阻值外，还必须正确连接各对应端子。

(2) 等效对外部（端子以外）电路有效，对内部不成立。

(3) 等效电路与外部电路无关。

(4) 等效变换应用于简化电路，不要把本是串并联的问题看作△、Y 结构进行等效变换，那样会使问题的计算更复杂。

利用△—Y 相互等效变换的解题步骤如下。

△→Y 的变换：

(1) 在需要变换的△连接电路的三个端子上分别标上 1、2、3，标注对应的电阻 R_{12}、R_{23}及 R_{31}。

(2) 画等效电路。等效电路的画法为：先画出外电路，然后在 1、2、3 端子之间画出三个电阻的 Y 连接，对应的电阻标上 R_1、R_2、R_3。

（3）根据△→Y 的相关公式计算等效后的 Y 连接对应电阻的阻值。

Y→△的变换：

（1）在需要变换的 Y 连接电路的三个端子上分别标上 1、2、3，标注对应的电阻 R_1、R_2 及 R_3。

（2）画等效电路。等效电路的画法为：先画出外电路，然后在 1、2、3 端子之间画出三个电阻的△连接电路，对应的电阻标上 R_{12}、R_{23}、R_{31}。

（3）根据 Y→△的相关公式计算等效后的△连接对应电阻的阻值。

3）独立电源相关的等效变换

（1）独立电压源相关的等效变换。

①独立电压源的串联。

如图 1-13（a）所示，n 个独立电压源串联的二端网络，对外电路而言，可以等效为一个独立电压源，如图 1-13（b）所示，等效独立电压源的电压为：

$$u_S = u_{S1} + u_{S2} + u_{S3} + \cdots + u_{Sn} = \sum_{k=1}^{n} u_{Sk}$$

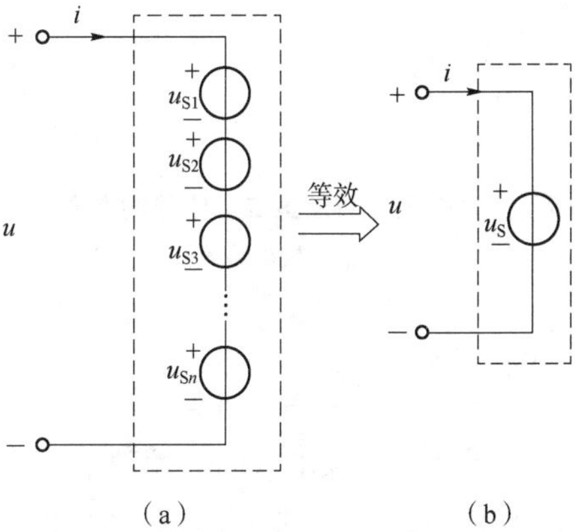

（a）　　　　　　（b）

图 1-13　独立电压源的串联及等效电路

（a）独立电压源的串联；（b）等效电路

②独立电压源的并联。

如图 1-14（a）所示，n 个独立电压源并联的二端网络，对外电路而言，可以等效为一个独立电压源，如图 1-14（b）所示，等效独立电压源的电压为：

$$u = u_S = u_{S1} = u_{S2} = u_{S3} = \cdots = u_{Sn}$$

注意：

（1）大小不同或参考方向不同的独立电压源是不允许并联的，否则违反基尔霍夫电压定律（KVL）。

（2）独立电压源并联时，每个电压源中的电流是不确定的。

③独立电压源与任意二端电路的并联。

如图 1-15（a）所示，独立电压源和任意二端电路并联，对外电路而言，可以等效为该独立电压源，如图 1-15（b）所示。其中，任意二端电路也可以是二端元件。

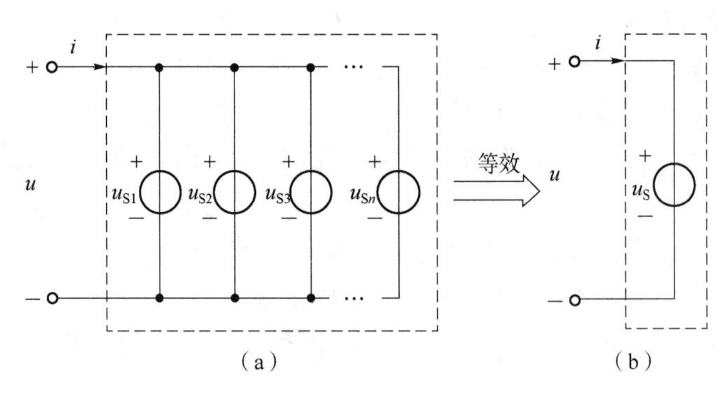

图 1-14 独立电压源的并联及等效电路

(a) 独立电压源的并联；(b) 等效电路

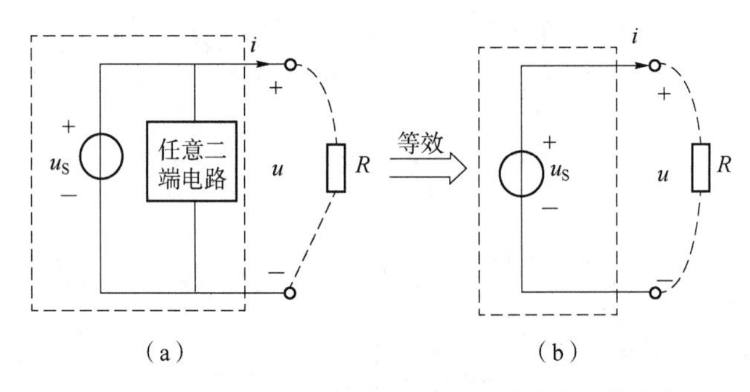

图 1-15 独立电压源与任意二端电路的并联及等效电路

(a) 独立电压源与任意二端电路的并联；(b) 等效电路

(2) 独立电流源相关的等效变换。

①独立电流源的串联。

如图 1-16 (a) 所示，n 个独立电流源串联的二端网络，对外电路而言，可以等效为一个独立电流源，如图 1-16 (b) 所示，等效独立电流源的电流为：

$$i=i_S=i_{S1}=i_{S2}=i_{S3}=\cdots=i_{Sn}$$

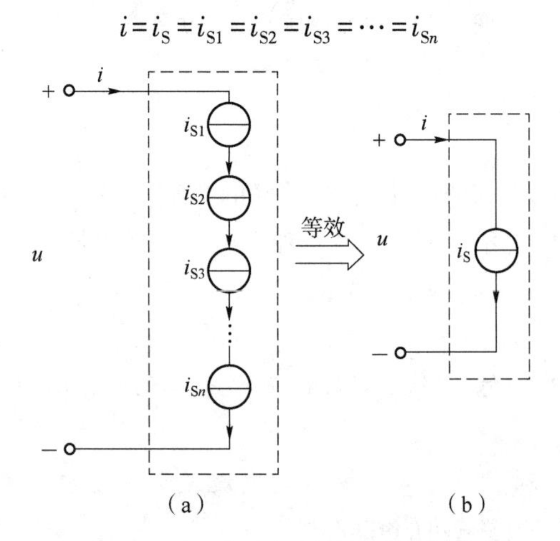

图 1-16 独立电流源的串联及等效电路

(a) 独立电流源的串联；(b) 等效电路

注意：

(1) 大小不同或参考方向不同的独立电流源是不允许串联的，否则违反基尔霍夫电流定律（KCL）。

(2) 独立电流源串联时，每个电流源上的电压是不确定的。

②独立电流源的并联。

如图 1-17（a）所示，n 个独立电流源并联的二端网络，对外电路而言，可以等效为一个独立电流源，如图 1-17（b）所示，等效独立电流源的电流为：

$$i_S = i_{S1} + i_{S2} + i_{S3} + \cdots + i_{Sn} = \sum_{k=1}^{n} i_{Sk}$$

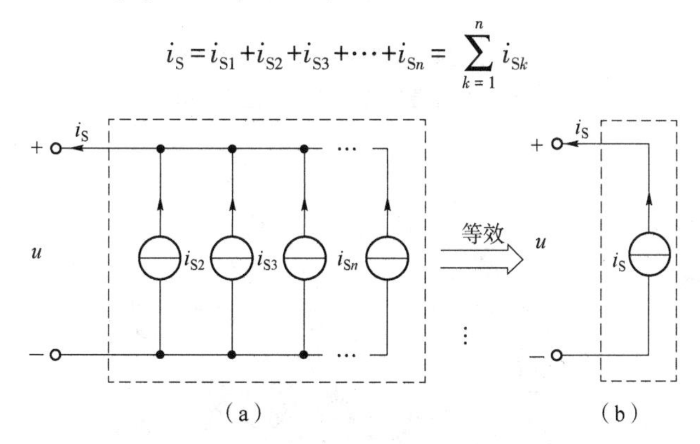

图 1-17　独立电流源的并联及等效电路

(a) 独立电流源的并联；(b) 等效电路

③独立电流源与任意二端电路的串联。

如图 1-18（a）所示，独立电流源和任意二端电路串联，对外电路而言，可以等效为该独立电流源，如图 1-18（b）所示。其中，任意二端电路也可以是二端元件。

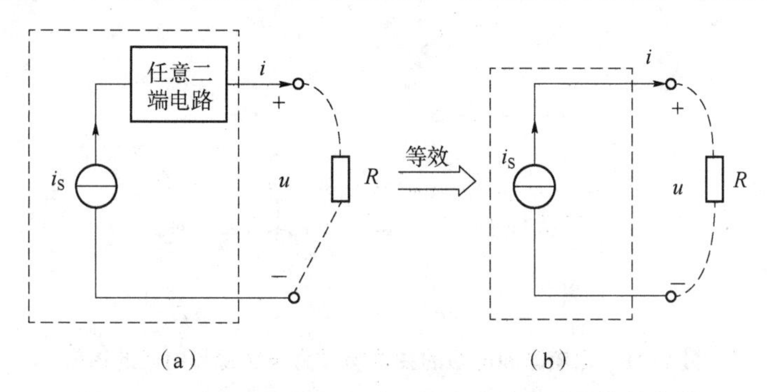

图 1-18　独立电流源与任意二端电路的串联及等效电路

(a) 独立电流源与任意二端电路的串联；(b) 等效电路

4) 实际电源的等效变换

实际电源有两种模型：电压源模型和电流源模型，如图 1-19 所示。

这两种模型可以进行等效变换，这种等效变换称为**电源等效变换**，在某些情况下可以使电路的分析变得更为简单。即对**外电路**而言，独立电压源和电阻的串联电路可以与独立电流源和电阻的并联电路**相互等效**。

如图 1-20 所示，独立电压源和电阻的串联电路等效为独立电流源和电阻的并联电路。其中：

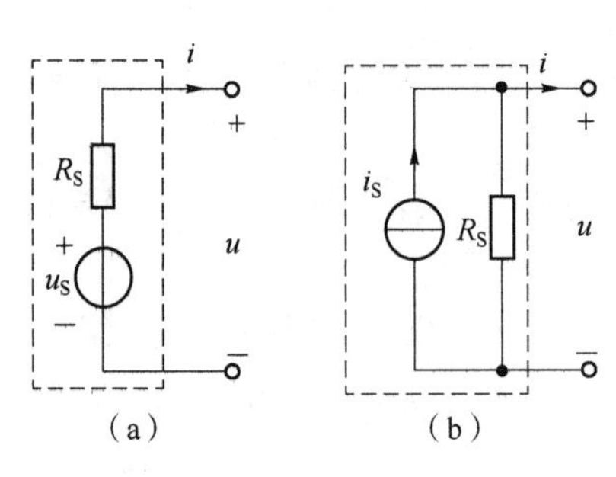

图 1-19　实际电源的两种模型

(a) 电压源模型；(b) 电流源模型

$$i_S = \frac{u_S}{R_S} \qquad G_S = \frac{1}{R_S}$$

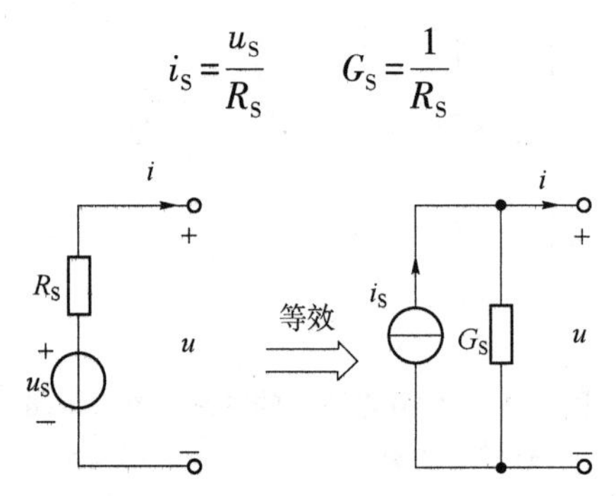

图 1-20　独立电压源和电阻的串联等效为独立电流源和电阻的并联

如图 1-21 所示，独立电流源和电阻的并联等效为独立电压源和电阻的串联。其中：

$$u_S = \frac{i_S}{G_S} \qquad R_S = \frac{1}{G_S}$$

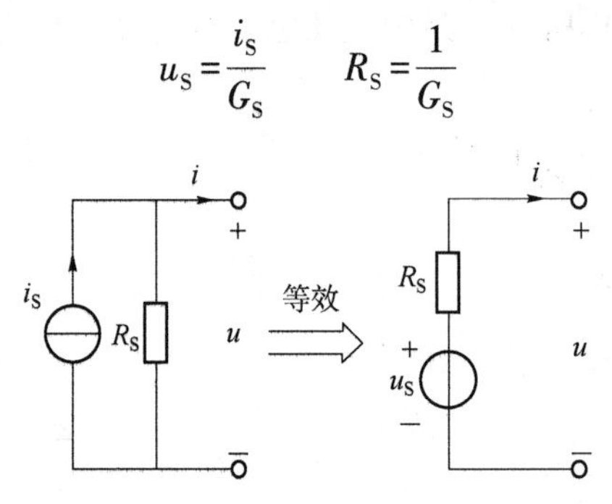

图 1-21　电流源和电阻的并联等效为电压源和电阻的串联

注意：

(1) 变换的关系除了满足数值上的等效变换的条件，还要满足方向上的关系：电流源电流方向与电压源电压方向相反，即电流源的电流应从电压源的正极流出来。

(2) 独立电压源与独立电流源不能相互转换。

独立电压源和电阻的串联与独立电流源和电阻的并联之间的等效变换常常用来化简电路。

实际电源等效变换的步骤为：首先画出等效电路，在等效电路图中标出电源的参考方向，然后根据数值关系计算等效电路中元件的参数。

10. 输入电阻（等效电阻）的求解

根据输入电阻的定义可知，计算输入电阻的方法有以下两种。

（1）若二端网络内部**仅含电阻**，不含受控源，则可以利用电阻的串、并联和Y—△的相互变换的方法求解它的等效电阻，输入电阻就等于其等效电阻。

（2）若二端网络内部含**有受控源和电阻**，则可以利用在二端网络端口外加电源的方法（**外加电源法**）求输入电阻：

①在二端网络的端口外加电压源，列其端口电压与端口电流的关系式，然后计算端口电压和端口电流的比值求得输入电阻，如图1-22（a）所示，$R_{in}=\dfrac{u_S}{i}$；

②在二端网络的端口外加电流源，列其端口电压与端口电流的关系式，然后计算端口电压和端口电流的比值求得输入电阻，如图1-22（b）所示，$R_{in}=\dfrac{u}{i_S}$。

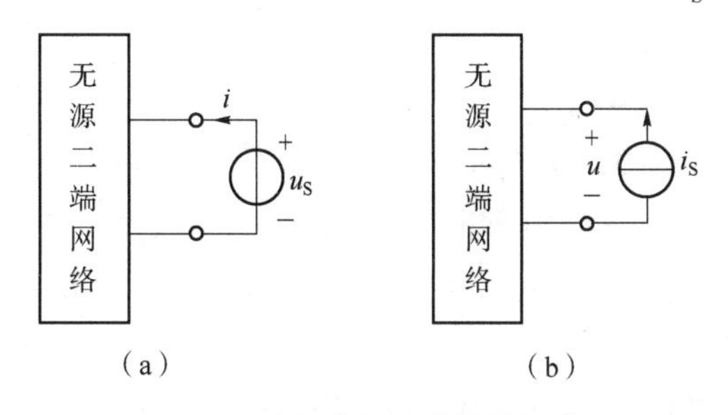

图1-22　外加电源法求解输入电阻

（a）外加电压源；（b）外加电流源

此时，端口电压和端口电流不一定给出确定的数值，只要找出它们的关系即可。

注意：利用外加电源法时，端口电压、电流的参考方向对二端网络来讲应该是关联的。

教材同步习题详解

1-1　在题图1-1所示电路中，已知$u_{ac}=5$ V，$u_{ab}=3$ V，若分别以a和c作为参考点，求a、b、c三点的电位及u_{cb}。

解：根据电位与电压之间的关系进行求解：**两点间的电压等于该两点间的电位差；某点电位等于该点到参考点之间的电压。**

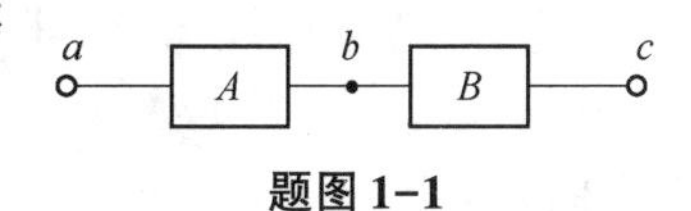

题图1-1

（1）以a为参考点，即$\varphi_a=0$ V，则有：

$$u_{ac}=\varphi_a-\varphi_c$$

$$\varphi_c=\varphi_a-u_{ac}=(0-5)\text{V}=-5\text{ V}$$

$$u_{ab}=\varphi_a-\varphi_b$$

$$\varphi_b=\varphi_a-u_{ab}=(0-3)\text{V}=-3\text{ V}$$

$$u_{cb}=\varphi_c-\varphi_b=[-5-(-3)]\text{V}=-2\text{ V}$$

（2）以 c 为参考点，即 $\varphi_c=0$ V，则有：

$$u_{ac}=\varphi_a-\varphi_c$$

$$\varphi_a=u_{ac}+\varphi_c=(5+0)\text{ V}=5\text{ V}$$

$$u_{ab}=\varphi_a-\varphi_b$$

$$\varphi_b=\varphi_a-u_{ab}=(5-3)\text{ V}=2\text{ V}$$

$$u_{cb}=\varphi_c-\varphi_b=(0-2)\text{ V}=-2\text{ V}$$

1-2　求题图 1-2 所示电路中元件的功率，并判别实际是吸收还是发出功率。

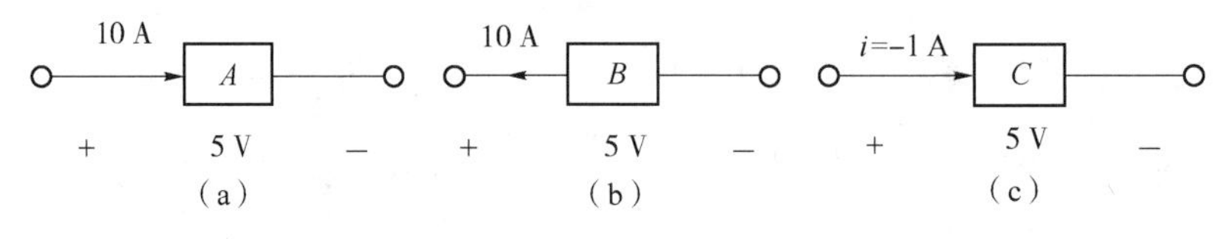

题图 1-2

解：本题考查的是功率的求解。求解元件或二端网络的功率时，首先判断其端电压和电流是关联参考方向还是非关联参考方向。若为关联参考方向，则用公式 $p_{吸收}=ui$ 或 $p_{发出}=-ui$；若为非关联参考方向，则用公式 $p_{发出}=ui$ 或 $p_{吸收}=-ui$。然后把电压、电流的数据代入公式计算。最后根据计算结果的正负判别实际是吸收功率还是发出功率。

（1）由于 A 两端电压与其上通过的电流为关联参考方向，因此 $p_{A吸}=5\times10\text{ W}=50\text{ W}>0$，即 A 实际吸收功率 50 W。

（2）由于 B 两端电压与其上通过的电流为非关联参考方向，因此 $p_{B发}=5\times10\text{ W}=50\text{ W}>0$，即 B 实际发出功率 50 W。

（3）由于 C 两端电压与其上通过的电流为关联参考方向，因此 $p_{C吸}=5\times(-1)\text{ W}=-5\text{ W}<0$，即 C 实际发出功率 5 W。

1-3　把一个 2.5 kW 的电暖器接到 220 V 的电源上，求：

（1）该电暖器的工作电流；

（2）若该电暖器连续工作 5 h，求其消耗的能量；

（3）若电价为 0.5 元/(kW·h)，试计算该电暖器连续工作 5 h 所需的电费。

解：（1）$i=\dfrac{p}{u}=\dfrac{2\ 500}{220}\text{ A}=11.36\text{ A}$；

（2）$W=pt=2.5\times5\text{ kW·h}=12.5\text{ kW·h}=12.5\times10^3\times3\ 600\text{ J}=4.5\times10^7\text{ J}$；

（3）电暖器连续工作 5 h 所需的电费为 $0.5\times12.5=6.25$（元）。

1-4　判断题图 1-3 所示电路中电压源 u_S、电阻 R_1 及电阻 R_2 两端电压与其上电流的参考方向是否关联，并写出每个元件吸收功率的表达式。

解：本题考查关联参考方向和非关联参考方向的判别及功率的求解。

判断元件（支路或二端网络）电压、电流参考方向是否为关联参考方向时，先找到该元件，在其两端标出电压的参考方向和通过的电流的参考方向，观察这两个参考方向是否相同，若相同则为关联参考方向，反之为非关联参考方向。

对于电压源 u_S 来讲，其端电压 u_S 与其上通过的电流 i 为非关联参考方向，则有 $p_{u_S吸}=-u_Si$，表达式 $-u_Si$ 表示电压源 u_S 吸收功率。

对于电阻 R_1 来讲，其端电压 u_S 与其上通过的电流 i_1 为关联参考方向，$p_{R_1吸}=u_Si_1$，表达式 u_Si_1 表示电阻 R_1 吸收功率。

对于电阻 R_2 来讲，其端电压 u_S 与其上通过的电流 i_2 为关联参考方向，$p_{R_2吸}=u_Si_2$，表达式 u_Si_2 表示电阻 R_2 吸收功率。

1-5　在题图 1-4 所示电路中，已知电流 $i_1=2$ A，$i_3=5$ A，$i_5=10$ A，试求电流 i_2 和 i_4。

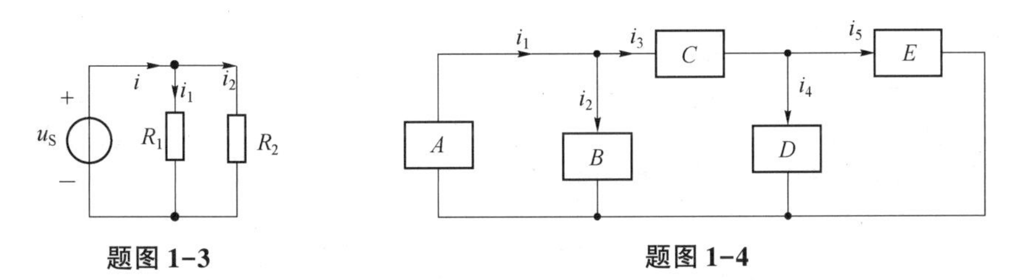

题图 1-3　　题图 1-4

解：已知电流求电流，可以使用基尔霍夫电流定律，列写 KCL 方程求解。

列写 KCL 方程：$i_1=i_2+i_3 \Rightarrow i_2=i_1-i_3=(2-5)\text{A}=-3\text{ A}$

列写 KCL 方程：$i_3=i_4+i_5 \Rightarrow i_4=i_3-i_5=(5-10)\text{A}=-5\text{ A}$

1-6　计算题图 1-5 所示电路中的电流 i_1、i_2、i_3。

解：本题所用知识点同习题 1-5。

列写 KCL 方程：$i_1+2+5=0 \Rightarrow i_1=-7\text{ A}$

列写 KCL 方程：$i_2+4=5 \Rightarrow i_2=(5-4)\text{A}=1\text{ A}$

列写 KCL 方程：$2+4+i_3=0 \Rightarrow i_3=-6\text{ A}$

（i_3 也可以列写：$i_3=i_1+i_2=(-7+1)\text{A}=-6\text{ A}$）

1-7　计算题图 1-6 所示电路中的电压 u_1、u_2、u_3 和 u_4。

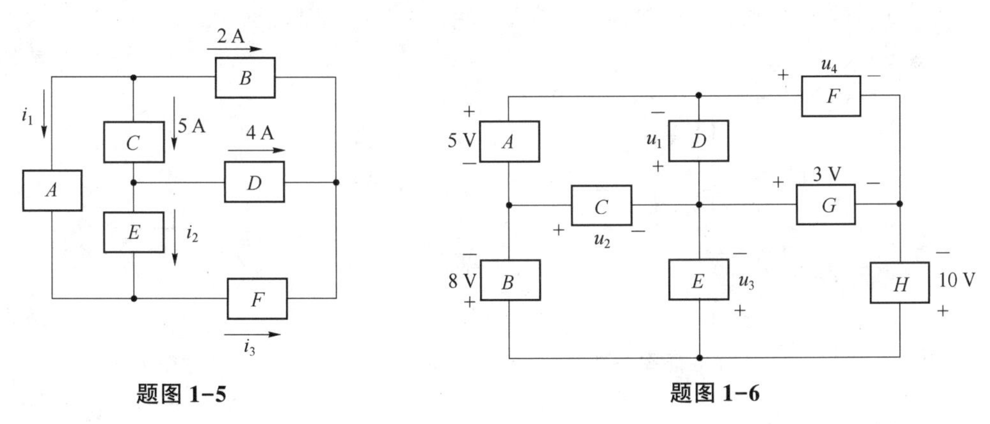

题图 1-5　　题图 1-6

解：已知电压求电压，可以列写 KVL 方程求解。找到对应的回路，标出绕行方向，顺时针或逆时针都可以。

对右下角网孔列写 KVL 方程：$3-10+u_3=0 \Rightarrow u_3=7\text{ V}$

对最下角网孔列写 KVL 方程：$u_2-u_3+8=0 \Rightarrow u_2=u_3-8=(7-8)\text{V}=-1\text{ V}$

对左上角网孔列写 KVL 方程：$-u_1-u_2-5=0 \Rightarrow u_1=-u_2-5=[-(-1)-5]\text{V}=-4\text{ V}$

对右上角网孔列写 KVL 方程：$u_4-3+u_1=0 \Rightarrow u_4=3-u_1=[3-(-4)]\text{V}=7\text{ V}$

本题也可以选取其他回路列写 KVL 方程。

1-8　把一只“220 V，100 W”的灯泡接到 220 V 电源上，试求其额定电流及灯泡的电阻。当把该灯泡接在 110 V 的电源上时，它的实际功率是多少？

解：灯泡的电路模型为电阻，本题考查的知识点为电阻功率的求解。电阻的功率有 3 个公式可用，即 $p=ui=\dfrac{u^2}{R}=i^2R$。

额定电流：$p=ui \Rightarrow i=\dfrac{p}{u}=\dfrac{100}{220}\text{ A}=0.45\text{ A}$

灯泡电阻：$p=\dfrac{u^2}{R} \Rightarrow R=\dfrac{u^2}{p}=\dfrac{220^2}{100}\ \Omega=484\ \Omega$

当该灯泡接在 110 V 电源上时，实际功率：$p=\dfrac{u^2}{R}=\dfrac{110^2}{484}\text{ W}=25\text{ W}$

1-9　一电熨斗接到 220 V 的电源上产生的电流为 2.2 A，求该电熨斗的电阻及其电导。

解：电阻：$R=\dfrac{220}{2.2}\ \Omega=100\ \Omega$

电导：$G=\dfrac{1}{R}=0.01\text{ S}$

1-10　求题图 1-7 所示电路的等效电阻 R_{eq}。

解：本题考查的知识点为串联电阻的等效，注意电导与电阻之间的单位换算。

(a) $R_{eq}=(30+50+100+40+80)\ \Omega=300\ \Omega$

(b) $R_{eq}=\left(\dfrac{1}{0.2}+4+\dfrac{1}{0.5}\right)\Omega=11\ \Omega$

1-11　在题图 1-8 所示电路中，$u_S=50$ V，$i=5$ A，$R_2=2\ \Omega$，求电阻 R_1。

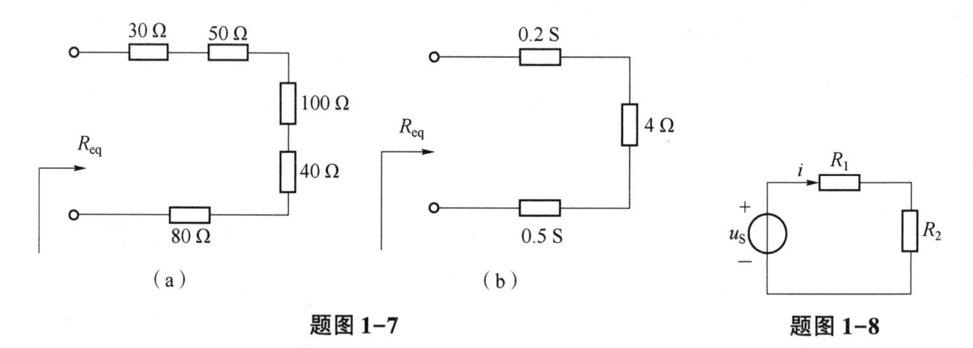

题图 1-7　　　　题图 1-8

解：列写 KVL 方程：

$$R_1 i+R_2 i=u_S$$

$$R_1=\frac{u_S-R_2 i}{i}=\frac{50-2\times5}{5}\ \Omega=8\ \Omega$$

1-12　在题图 1-9 所示电路中，电压源 $u_S=30$ V，$i=3$ A，$u_2=6$ V，电阻 R_3 的功率 $p=45$ W，求 R_1、R_2、R_3。

解：本题考查的知识点为：欧姆定律，电阻功率与电阻、电压和电流的关系。

$$p=i^2R_3\Rightarrow R_3=\frac{p}{i^2}=\frac{45}{3^2}\ \Omega=5\ \Omega$$

$$R_2=\frac{u_2}{i}=\frac{6}{3}\ \Omega=2\ \Omega$$

$$(R_1+R_2+R_3)i=u_S$$

$$R_1+R_2+R_3=\frac{u_S}{i}\Rightarrow R_1=\frac{u_S}{i}-R_2-R_3=(10-2-5)\Omega=3\ \Omega$$

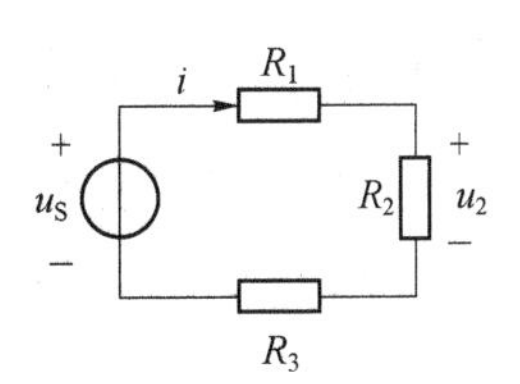

题图 1-9

1-13　在题图 1-10 所示电路中，R_x 为 10 kΩ 电位器，求 u_O 的变化范围。

解：当电位器滑动抽头在最上端时，根据分压公式有：

$$u_O=\frac{3+10}{3+10+2}\times30\ \text{V}=26\ \text{V}$$

当电位器滑动抽头在最下端时，根据分压公式有：

$$u_O=\frac{3}{3+10+2}\times30\ \text{V}=6\ \text{V}$$

因此，u_O 的变化范围为 6~26 V。

1-14　20 只 2.2 W 的节日小彩灯串联在 220 V 的电压两端，试计算每个小灯泡上流过的电流及每个灯泡两端的电压。

解：20 只灯泡串联后总功率：$p_{总}=2.2\times20\ \text{W}=44\ \text{W}$

每个灯泡上流过的电流：$i=\frac{p_{总}}{u}=\frac{44}{220}\ \text{A}=0.2\ \text{A}$

每个灯泡两端的电压：$\frac{220}{20}\ \text{V}=11\ \text{V}$

1-15　求题图 1-11 所示电路中的等效电阻 R_{eq}。

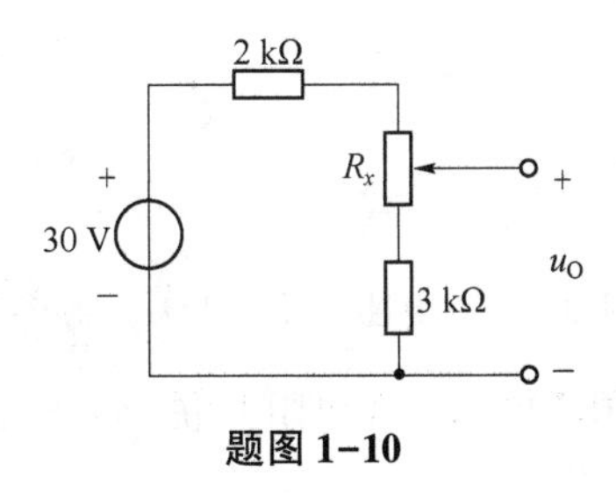

题图 1-10

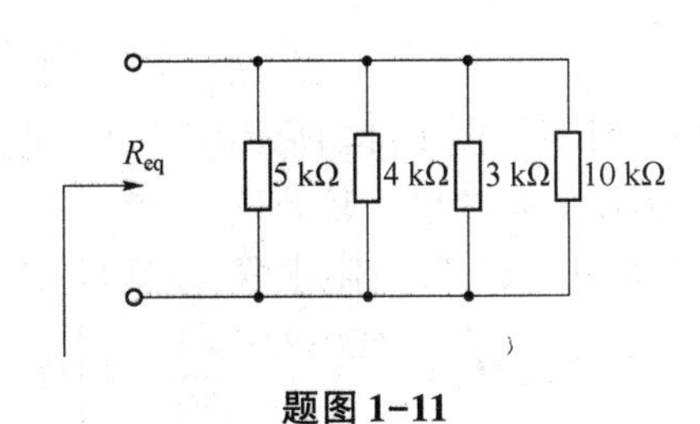

题图 1-11

解：本题考查的知识点为并联电阻的等效。

$$\frac{1}{R_{eq}}=\left(\frac{1}{5}+\frac{1}{4}+\frac{1}{3}+\frac{1}{10}\right)\ \text{mS}=\frac{53}{60}\ \text{mS}$$

$$R_{eq}=1.13\ \text{k}\Omega$$

1-16　求题图 1-12 所示电路中电流表 A_1 和 A_2 的读数。

解：4.7 kΩ 的电阻与 10 kΩ 的电阻并联后的等效电阻为：

$$[4.7/\!/10]\ \text{k}\Omega=\frac{4.7\times10}{4.7+10}\ \text{k}\Omega=3.2\ \text{k}\Omega$$

电流表 A_2 的读数为：$\left(\frac{16}{3\ 200}\right)$ A = 5 mA

电流表 A_1 的读数：$\left(\frac{16}{3\ 300}+5\times10^{-3}\right)$A = 9.85 mA

1-17 已知题图 1-13 中电流源 $i_S=20$ mA，$R_1=1$ kΩ，$R_2=25$ kΩ，$R_3=20$ kΩ，求电流 i_1、i_2、i_3。

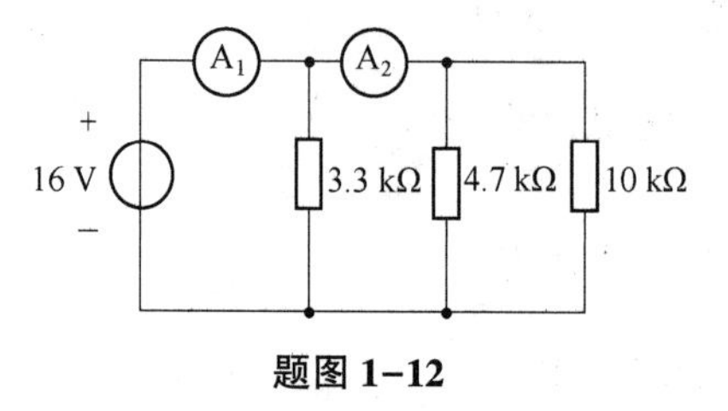

题图 1-12

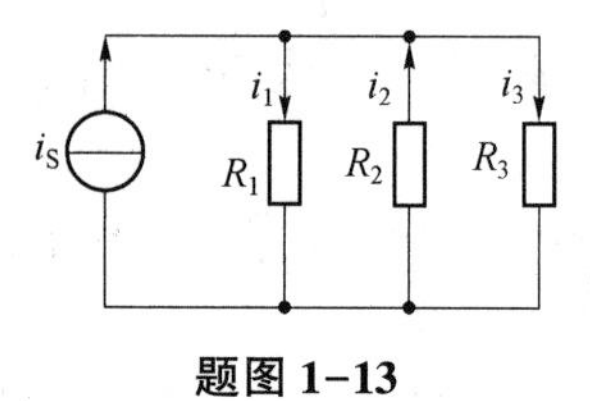

题图 1-13

解：利用并联电阻的分流公式，即第 k 个电阻上分得的电流为 $i_k=\frac{G_k}{G_{eq}}i$，则有：

$$i_1=\frac{\frac{1}{R_1}}{\frac{1}{R_1}+\frac{1}{R_2}+\frac{1}{R_3}}i_S=\frac{\frac{1}{1}}{\frac{1}{1}+\frac{1}{25}+\frac{1}{20}}\times20\text{ mA}=18.35\text{ mA}$$

$$i_2=\frac{\frac{1}{R_2}}{\frac{1}{R_1}+\frac{1}{R_2}+\frac{1}{R_3}}i_S=\frac{\frac{1}{25}}{\frac{1}{1}+\frac{1}{25}+\frac{1}{20}}\times20\text{ mA}=0.73\text{ mA}$$

$$i_3=\frac{\frac{1}{R_3}}{\frac{1}{R_1}+\frac{1}{R_2}+\frac{1}{R_3}}i_S=\frac{\frac{1}{20}}{\frac{1}{1}+\frac{1}{25}+\frac{1}{20}}\times20\text{ mA}=0.92\text{ mA}$$

1-18 计算题图 1-14 所示电路中的电流 i 和电压 u。

解：利用电阻的串并联等效。

20 Ω 电阻与 60 Ω 电阻串联，然后与 20 Ω 电阻并联，再与电阻 4 Ω 串联，等效电阻为 $[(20+60)/\!/20+4]\Omega=\left[\frac{(20+60)\times20}{20+60+20}+4\right]\Omega=20\ \Omega$；9 Ω 电阻与 18 Ω 电阻并联，再与 24 Ω 电阻串联，等效电阻为 $(9/\!/18+24)\Omega=30\ \Omega$。等效电路如题图 1-14（解图）所示。

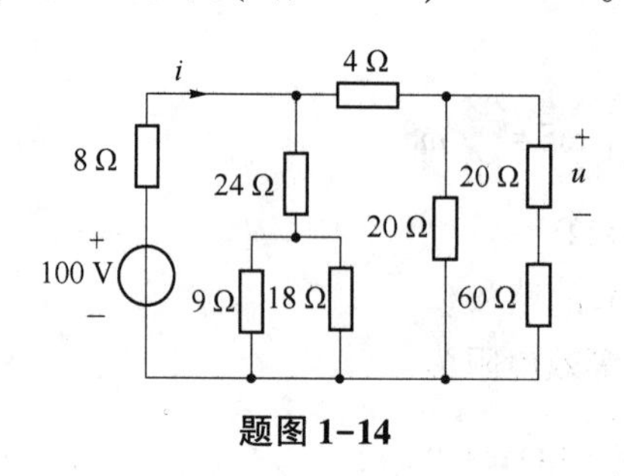

题图 1-14

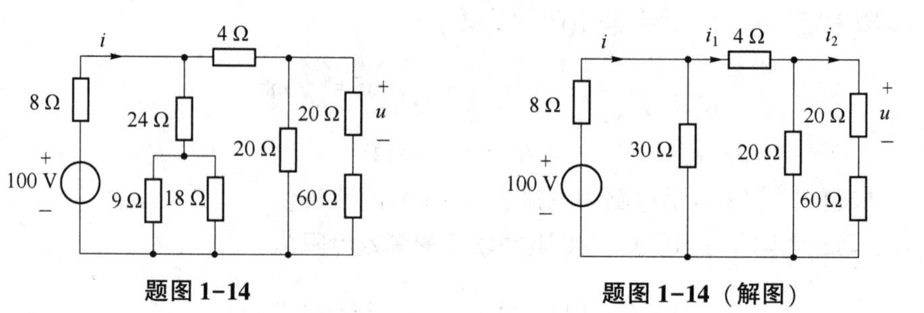

题图 1-14（解图）

$$i=\frac{100}{8+20/\!/30}=5\ \text{A}$$

根据分流公式得：
$$i_1=\frac{30}{20+30}i=3\ \text{A}$$

$$i_2=\frac{20}{20+20+60}i_1=0.6\ \text{A}$$

$$u=20i_2=12\ \text{V}$$

本题解题方法不唯一。

1-19 计算题图 1-15 所示电路中的电压 u_{ab}。

解：当电路中只有一个独立电源，其他元件为电阻时，首先判断电阻的连接方式，然后考虑利用电阻的 Y—△等效变换、电阻的串并联、分压分流公式求解。

电流 i、i_1、i_2 参考方向如题图 1-15（解图）所示，左侧 4 Ω 电阻和 8 Ω 电阻串联，右侧 20 Ω 电阻与 4 Ω 电阻串联，然后左侧支路与右侧支路并联。则有：

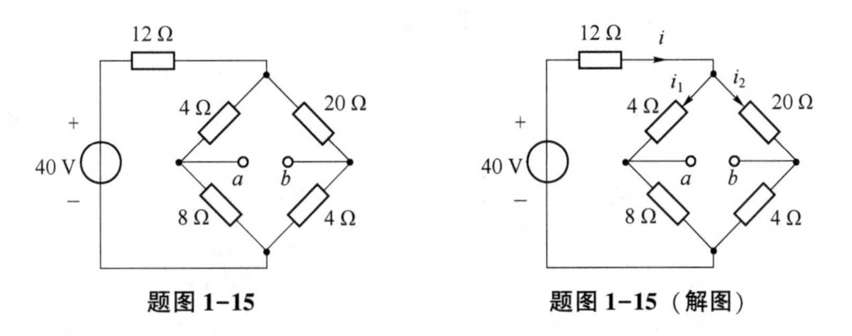

题图 1-15 **题图 1-15（解图）**

$$R_{\text{eq}}=[\,(20+4)/\!/(4+8)\,]\,\Omega=8\ \Omega$$

$$i=\frac{40}{12+8}\ \text{A}=2\ \text{A}$$

根据分流公式，$i_1=\dfrac{20+4}{4+8+20+4}i=\dfrac{2}{3}\times 2\ \text{A}=\dfrac{4}{3}\ \text{A}=1.33\ \text{A}$

$$i_2=\frac{4+8}{4+8+20+4}i=\frac{1}{3}\times 2\ \text{A}=\frac{2}{3}\ \text{A}=0.67\ \text{A}$$

或列写 KCL 方程 $i_2=i-i_1=\left(2-\dfrac{4}{3}\right)\text{A}=\dfrac{2}{3}\ \text{A}=0.67\ \text{A}$，解得：

$$u_{ab}=-4i_1+20i_2=\left(-4\times\frac{4}{3}+20\times\frac{2}{3}\right)\text{V}=8\ \text{V}$$

或
$$u_{ab}=8i_1-4i_2=8\ \text{V}$$

1-20 计算题图 1-16 所示电路中的电流 i。

解：电流 i_1、i_2如题图 1-16（解图）所示。首先判断电阻的连接方式，左上方 20 Ω 电阻与右上方 5 Ω 电阻并联，左下方 30 Ω 电阻与右下方 20 Ω 电阻并联，然后两部分进行串联。

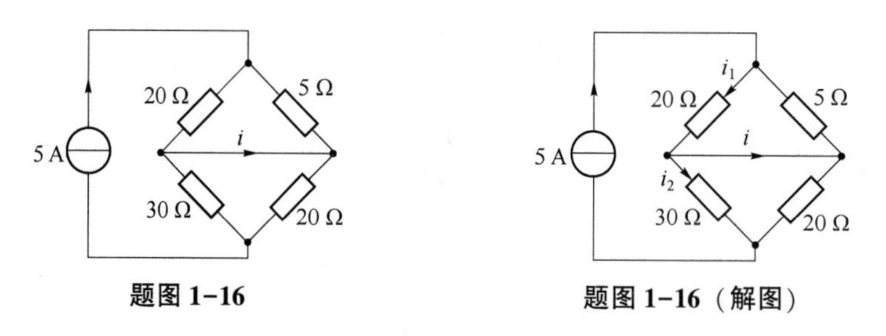

题图 1-16　　**题图 1-16**（解图）

根据分流公式：$i_1=\dfrac{5}{20+5}\times 5\ \text{A}=1\ \text{A}$

$$i_2=\frac{20}{20+30}\times 5\ \text{A}=2\ \text{A}$$

列写 KCL 方程：$i=i_1-i_2=(1-2)\ \text{A}=-1\ \text{A}$

1-21　电压和电流的参考方向如题图 1-17 所示，试写出各元件的电压与电流的关系。

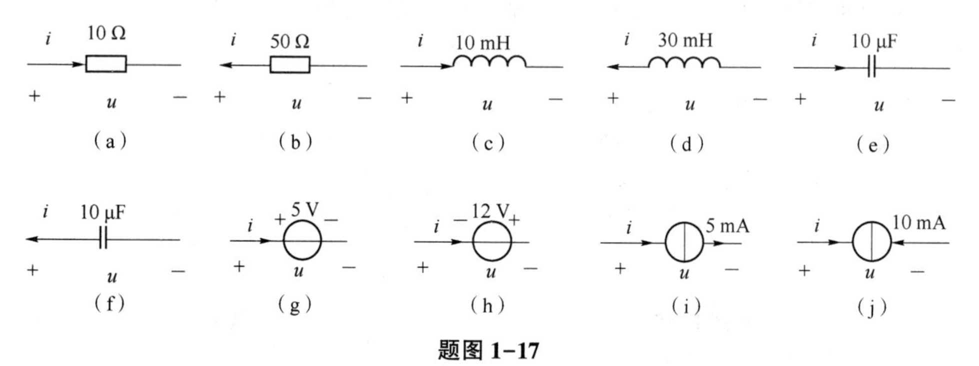

题图 1-17

解：本题考查的知识点为元件的伏安特性（VCR 方程），列写电阻 R、电容 C 和电感 L 的 VCR 方程时，需要先判别其两端电压与其上通过的电流是否为关联参考方向，否则，VCR 方程会差一个“-”。

(a) $u=10i$；(b) $u=-50i$；(c) $u=L\dfrac{\mathrm{d}i}{\mathrm{d}t}=10\times10^{-3}\dfrac{\mathrm{d}i}{\mathrm{d}t}$；(d) $u=-L\dfrac{\mathrm{d}i}{\mathrm{d}t}=-30\times10^{-3}\dfrac{\mathrm{d}i}{\mathrm{d}t}$；

(e) $i=C\dfrac{\mathrm{d}u}{\mathrm{d}t}=10\times10^{-6}\dfrac{\mathrm{d}u}{\mathrm{d}t}$；(f) $i=-C\dfrac{\mathrm{d}u}{\mathrm{d}t}=-10\times10^{-6}\dfrac{\mathrm{d}u}{\mathrm{d}t}$；(g) $u=5\ \text{V}$；

(h) $u=-12\ \text{V}$；(i) $i=5\ \text{mA}$；(j) $i=-10\ \text{mA}$。

1-22　求题图 1-18 (a) 所示电路中 a 点的电位，题图 1-18 (b) 中的电压 u 和题图 1-18 (c)中的电流 i。

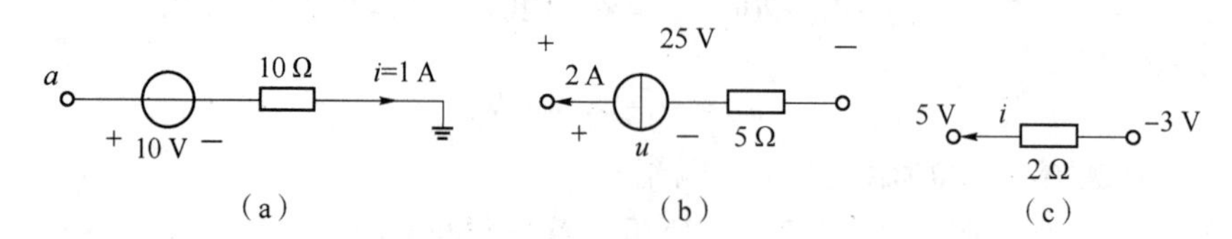

题图 1-18

解：本题考查的知识点为电压与电位的关系。

(a) $\varphi_a = 10+10i = (10+10\times1)\ \text{V} = 20\ \text{V}$

(b) $25 = u-2\times5$，$u = 35\ \text{V}$

(c) $-3-5 = 2i$，$i = -4\ \text{A}$

1-23　某 5 μF 电容两端的电压 u 与其流过的电流 i 的参考方向如题图 1-19（a）所示，i 的波形图如题图 1-19（b）所示，计算该电容两端的电压 u。

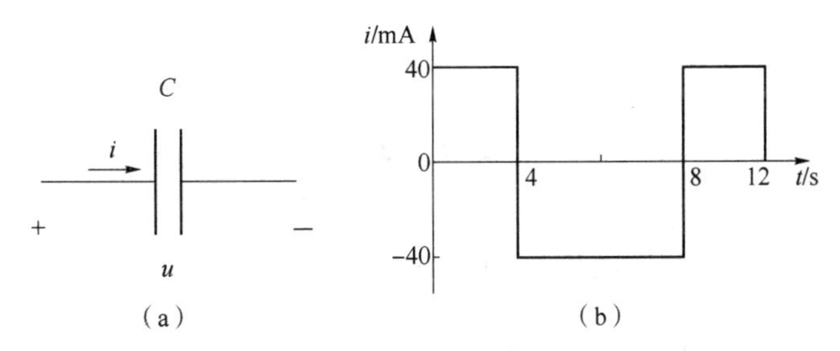

题图 1-19

解：首先写出电流的表达式，然后根据电容的 VCR 方程进行计算：

$$u(t) = \frac{1}{C}\int_{-\infty}^{t} i\mathrm{d}\xi = \frac{1}{C}\int_{-\infty}^{t_0} i\mathrm{d}\xi + \frac{1}{C}\int_{t_0}^{t} i\mathrm{d}\xi = u(t_0) + \frac{1}{C}\int_{t_0}^{t} i\mathrm{d}\xi$$

$$i = \begin{cases} 40\ \text{mA}, & 0\leqslant t<4\ \text{s} \\ -40\ \text{mA}, & 4\ \text{s}\leqslant t<8\ \text{s} \\ 40\ \text{mA}, & 8\ \text{s}\leqslant t\leqslant 12\ \text{s} \end{cases}$$

当 $0\leqslant t\leqslant 4$ s 时，$u = \dfrac{1}{C}\displaystyle\int_{-\infty}^{t} i\mathrm{d}\xi = \dfrac{1}{5\times10^{-6}}\int_{0}^{t} 40\times10^{-3}\mathrm{d}\xi = 8\times10^{3}t$

当 $4\ \text{s}\leqslant t\leqslant 8$ s 时，

$$u = \frac{1}{C}\int_{-\infty}^{t} i\mathrm{d}\xi = \frac{1}{C}\int_{0}^{4} i\mathrm{d}\xi + \frac{1}{C}\int_{4}^{t}\mathrm{d}\xi = 8\times10^{3}\times4 + \frac{1}{5\times10^{-6}}\int_{4}^{t}(-40\times10^{-3})\mathrm{d}\xi$$
$$= 64\times10^{3} - 8\times10^{3}t$$

当 $8\ \text{s}\leqslant t\leqslant 12$ s 时，

$$u = \frac{1}{C}\int_{-\infty}^{t} i\mathrm{d}\xi = \frac{1}{C}\int_{0}^{4} i\mathrm{d}\xi + \frac{1}{C}\int_{4}^{8} i\mathrm{d}\xi + \frac{1}{C}\int_{8}^{t} i\mathrm{d}\xi$$
$$= 8\times10^{3}\times4 + 64\times10^{3} - 8\times10^{3}\times(8-4) + \frac{1}{5\times10^{-6}}\int_{8}^{t} 40\times10^{-3}\mathrm{d}\xi$$
$$= 8\times10^{3}t$$

1-24　已知某 200 mH 电感两端的电压与其流过的电流的参考方向如题图 1-20（a）所示，电流波形如题图 1-20（b）所示，求该电感两端的电压。

解：首先写出电流的表达式，然后根据电感的 VCR 方程进行计算：$u_L = -L\dfrac{\mathrm{d}i_L}{\mathrm{d}t}$。

$$i = \begin{cases} 5\times10^{3}t, & 0<t\leqslant 2\ \text{s} \\ 10\times10^{-3}, & 2\ \text{s}<t\leqslant 6\ \text{s} \\ -5\times10^{-3}t+40\times10^{-3}, & 6\ \text{s}<t\leqslant 8\ \text{s} \end{cases}$$

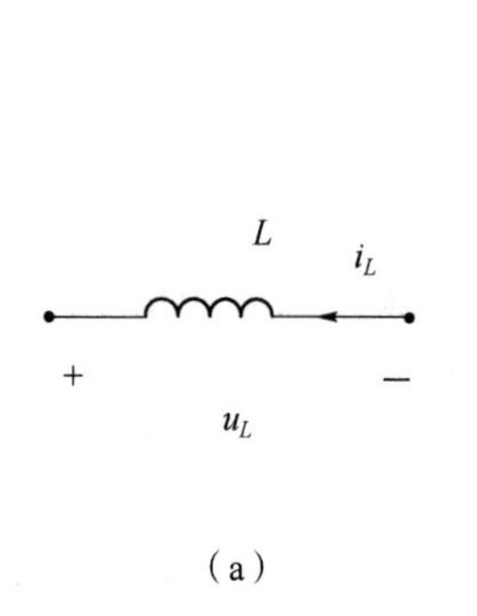

（a）

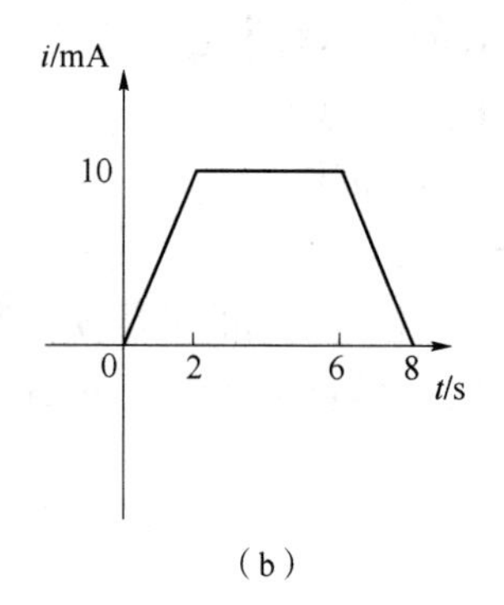

（b）

题图 1-20

当 $0<t\leqslant 2$ s 时，$u_L=-L\dfrac{\mathrm{d}i_L}{\mathrm{d}t}=-0.2\times 5\times 10^{-3}$ V $=-1$ mV

当 $2<t\leqslant 6$ s 时，$u_L=-L\dfrac{\mathrm{d}i_L}{\mathrm{d}t}=-0.2\times\dfrac{\mathrm{d}(10\times 10^{-3})}{\mathrm{d}t}$ V $=0$ V

当 $6<t\leqslant 8$ s 时，$u_L=-L\dfrac{\mathrm{d}i_L}{\mathrm{d}t}=-0.2\times\dfrac{\mathrm{d}(-5\times 10^{-3}t+40\times 10^{-3})}{\mathrm{d}t}$ $V=1$ mV

1-25　计算题图 1-21 所示电路中的 u 及各个元件的功率，并说明实际是吸收还是发出功率。

解：电流 i、i_1 参考方向如题图 1-21（解图）所示，列写 KCL 方程：$i=i_1+2$。

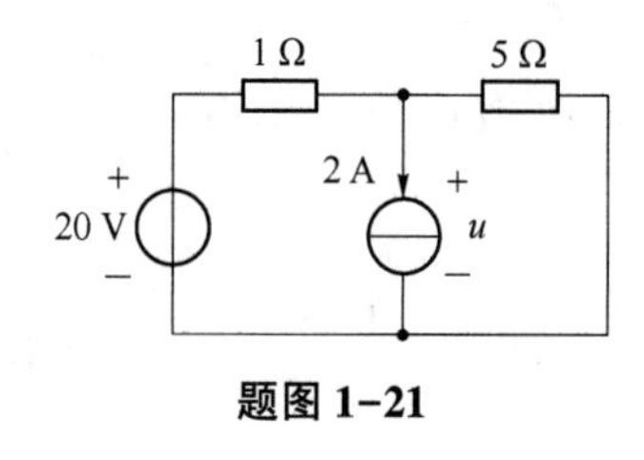

题图 1-21

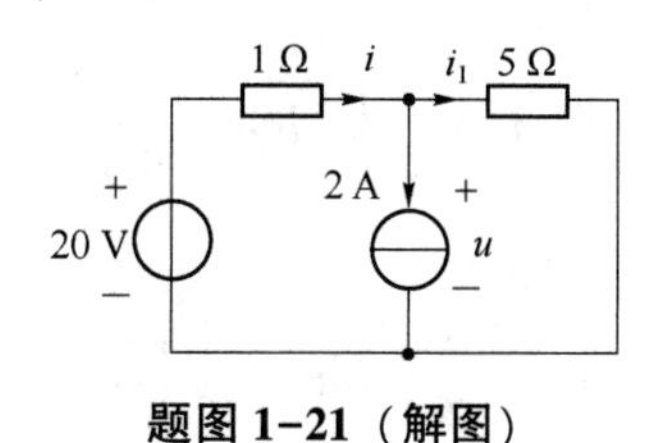

题图 1-21（解图）

列写大回路的 KVL 方程：$1i+5i_1-20=0$。

联立以上两个方程，解得：$i=5$ A，$i_1=3$ A，$u=5i_1=5\times 3$ V $=15$ V。

由于电压源端电压与其电流 i 为非关联参考方向，因此有：

$$p_{20\,\mathrm{V发}}=20i=20\times 5\ \mathrm{W}=100\ \mathrm{W}>0，实际发出功率$$

1 Ω 电阻吸收的功率为：

$$p_{1\,\Omega吸}=i^2\times 1=25\ \mathrm{W}，实际吸收功率$$

由于电流源端电压 u 与其 2 A 电流为关联参考方向，因此有：

$$p_{2\,\mathrm{A吸}}=2u=2\times 15\ \mathrm{W}=30\ \mathrm{W}>0，实际吸收功率$$

5 Ω 电阻吸收的功率为：

$$p_{5\,\Omega吸}=i_1^{\,2}\times 5=45\ \mathrm{W}，实际吸收功率$$

注意：求解元件功率时，电阻功率有 3 个公式可用：$p=ui=\dfrac{u^2}{R}=i^2R$，根据已知条件确定具体使用哪个公式。电压源和电流源的功率的求解只有 1 个公式可用：$p=ui$，因此，求解电

压源的功率，必须先求解其上流过的电流；求解电流源的功率，必须先求解电流源的端电压。或者，在完整的电路中，利用能量守恒定律求解。

1-26　在题图 1-22 所示电路中，计算开关 K 打开和闭合时电路中的 i_1、i_2 和 u_{ab}。

解：开关打开时：

$$i_1 = i_2 = \frac{30}{5+10}\ \text{A} = 2\ \text{A}$$

$$u_{ab} = 10i_2 = 10\times 2\ \text{V} = 20\ \text{V}$$

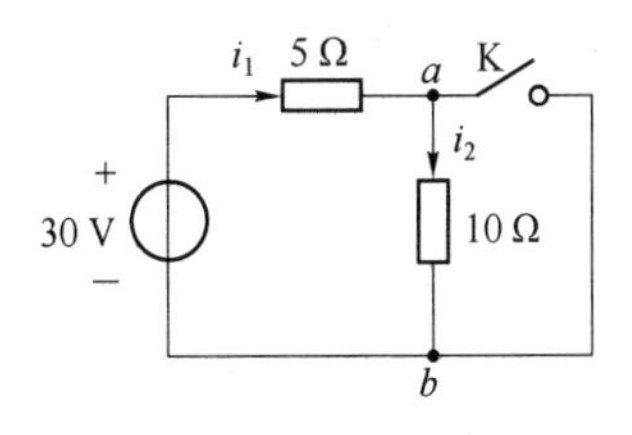

题图 1-22

开关闭合时，10 Ω 电阻被短路，即 $i_2 = 0$ A，$u_{ab} = 10i_2 =$ 0 V，则有：

$$i_1 = \frac{30}{5}\ \text{A} = 6\ \text{A}$$

1-27　计算题图 1-23 所示电路中的电压 u_{ab}。

解：a、b 两点间的电压等于从 a 点出发，沿着任何一条路径到达 b 点经过的各元件电压的代数和，与绕行路径无关，元件电压方向与路径绕行方向一致时取正号，反之取负号。

电流 i 如题图 1-23（解图）所示。列写 KVL 方程：

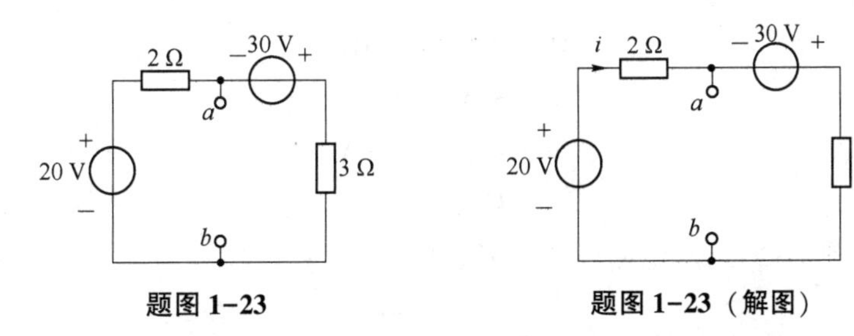

题图 1-23　　　　题图 1-23（解图）

$$2i - 30 + 3i - 20 = 0$$

$$i = 10\ \text{A}$$

利用 30 V 电压源与 3 Ω 电阻串联支路求解：$u_{ab} = -30 + 3i = 0$ V。

或者利用 20 V 电压源与 2 Ω 电阻串联支路求解：$u_{ab} = -2i + 20 = 0$ V。

1-28　计算题图 1-24 所示电路中的电压 u。

解：方法一：电流 i 如题图 1-24（解图）（a）所示。

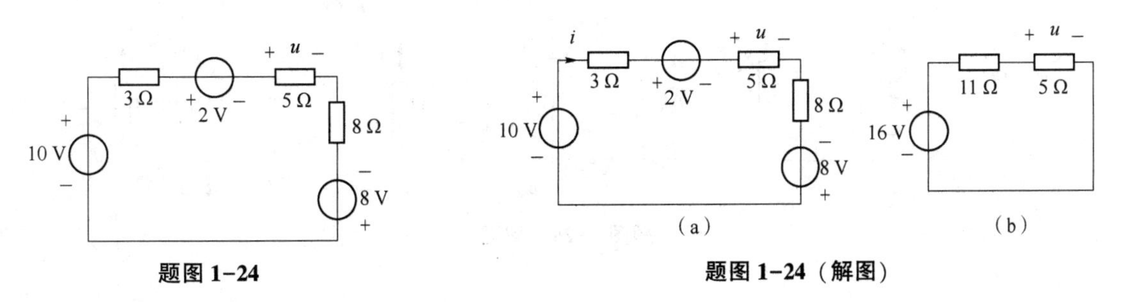

题图 1-24　　　　题图 1-24（解图）

列写 KVL 方程 $3i + 2 + 5i + 8i - 8 - 10 = 0$，则有：

$$i=1\ \text{A}$$

$$u=5i=5\ \text{V}$$

方法二：利用电压源串联等效变换及电阻串联分压进行计算，等效电路如题图 1-24（解图）（b）所示。

$$u=\frac{5}{5+11}\times 16\ \text{V}=5\ \text{V}$$

1-29　计算题图 1-25 所示电路中的 a 点电位。

解：本题考查知识点为电压与电位的关系。对于外电路，5 V 电压源与 10 mA 电流源并联可以等效为 5 V 电压源，等效电路如题图 1-25（解图）所示。

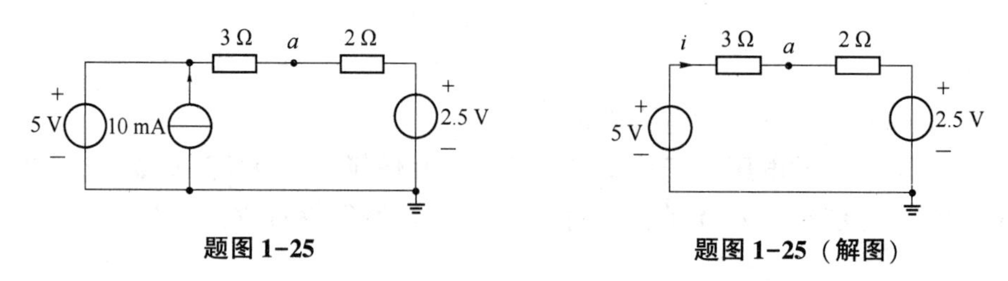

题图 1-25　　**题图 1-25（解图）**

列写 KVL 方程：

$$3i+2i+2.5-5=0$$

$$i=0.5\ \text{A}$$

a 点电位：　$\varphi_a=2i+2.5=3.5\ \text{V}$

或者　$\varphi_a=-3i+5=3.5\ \text{V}$

1-30　计算题图 1-26 所示电路中的电流 i。

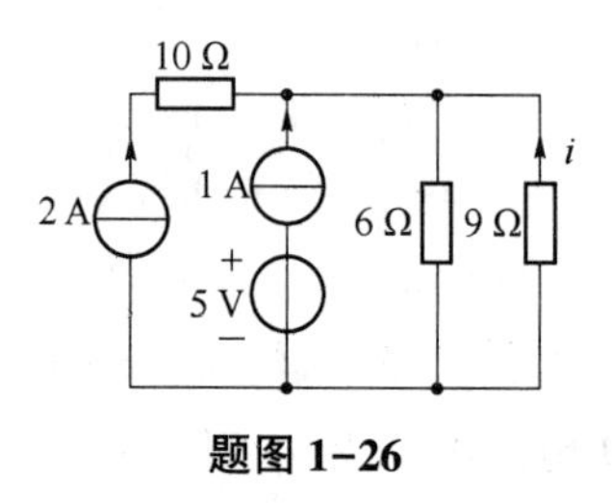

题图 1-26

解：方法一：电流 i_1 如题图 1-26（解图）（a）所示，列写结点 a 的 KCL 方程 $i_1=2+1=3$ A。

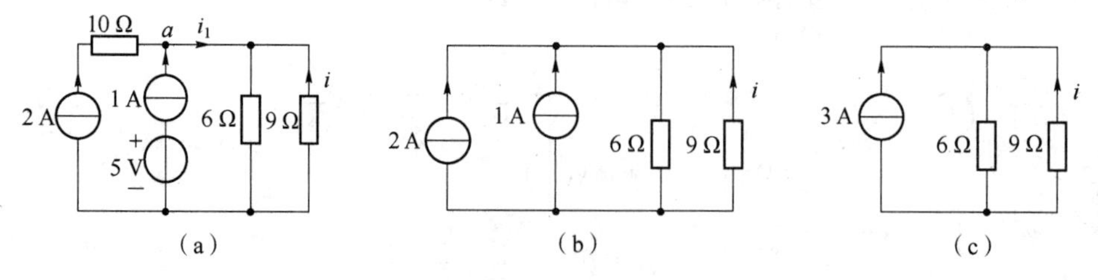

题图 1-26（解图）

6 Ω 电阻与 9 Ω 电阻并联，根据并联电阻分流公式得：$i=-\frac{6}{6+9}i_1=-\frac{6}{6+9}\times 3\ \text{A}=-1.2\ \text{A}$。

方法二：对于外电路，2 A 电流源与 10 Ω 电阻的串联可以等效为 2 A 电流源，5 V 电压源与 1 A 电流源串联可以等效为 1 A 电流源，等效电路如题图 1-26（解图）（b）所示，再利用电流源并联等效为题图 1-26（解图）（c）。则有：

$$i=-\frac{6}{6+9}\times 3\ \text{A}=-1.2\ \text{A}$$

1-31 计算题图 1-27 所示电路中的电流 i 及各个元件的功率。

解：10 Ω 电阻上电流 i_1 及参考方向如题图 1-27（解图）所示。则有：

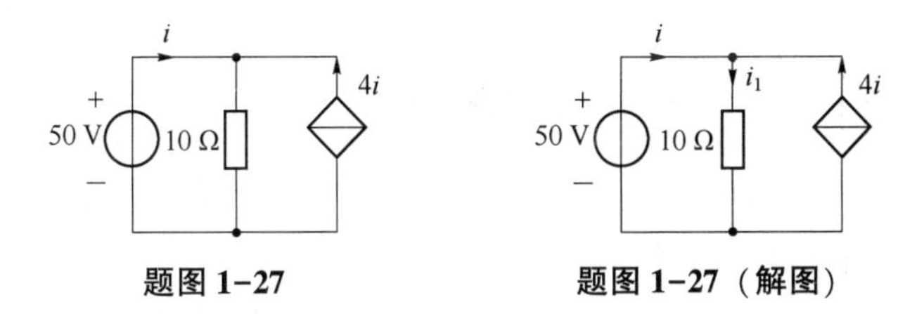

题图 1-27　　**题图 1-27（解图）**

$$i_1=\frac{50}{10}=5\ \text{A}$$

列写 KCL 方程：

$$i_1=i+4i=5i$$

$$i=\frac{1}{5}i_1=\frac{1}{5}\times 5\ \text{A}=1\ \text{A}$$

50 V 电压源的电压与其上流过的电流 i 为非关联参考方向，则有：

$$p_{50\ \text{V发}}=50i=50\times 1\ \text{W}=50\ \text{W}>0\text{，实际发出功率}$$

10 Ω 电阻吸收的功率为：

$p_{10\ \Omega}=10i_1^2=10\times 5^2=250\ \text{W}>0$，实际吸收功率

受控电流源两端 50 V 电压与其电流为非关联参考方向，则有：

$$p_{\text{受控源发}}=50\times 4i=50\times 4\times 1\ \text{W}=200\ \text{W}>0\text{，实际发出功率}$$

1-32 计算题图 1-28 所示电路中的电流 i_1 和 i_2。

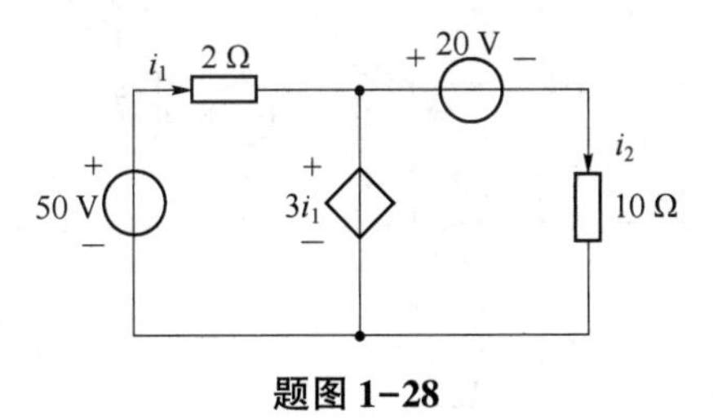

题图 1-28

解：列写左边网孔 KVL 方程：

$$2i_1+3i_1=50$$

$$i_1=10\ \text{A}$$

列写右边网孔 KVL 方程：

$$20+10i_2-3i_1=0$$

$$i_2=1\ \text{A}$$

1-33　化简题图 1-29 电路为实际电压源模型或实际电流源模型。

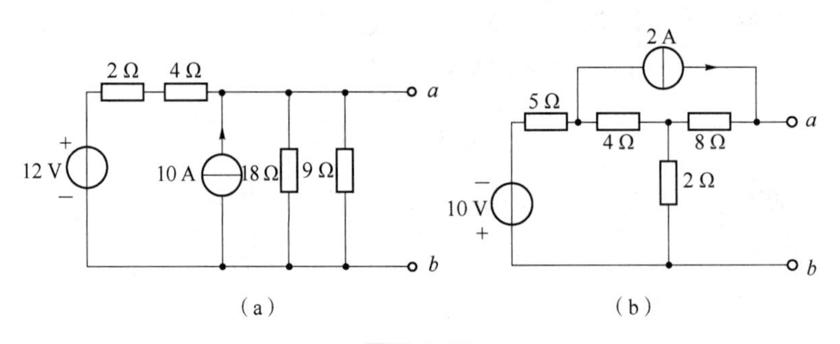

题图 1-29

解：本题考查的知识点为实际电源的等效变换：理想（受控）电压源和电阻的串联可以与理想（受控）电流源和电阻的并联进行相互等效变换。

题图 1-29（a）利用实际电源等效变换及电阻串并联进行等效，如题图 1-29（解图）(a)所示。

题图 1-29（b）利用 Y—△、实际电源等效变换及电阻串并联进行等效，如题图 1-29（解图）（b）所示。

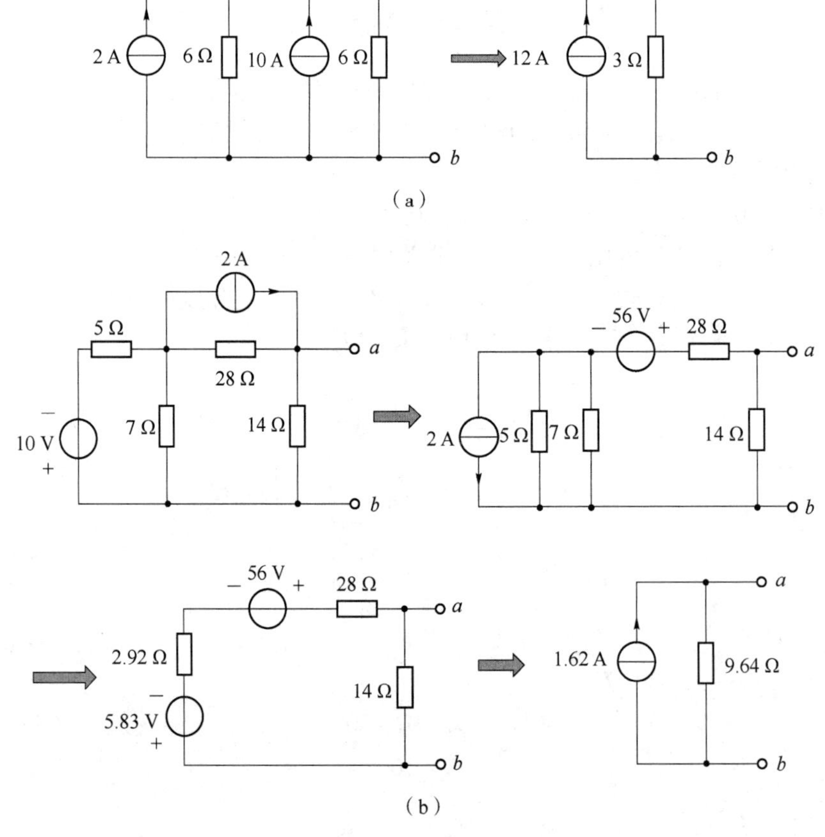

题图 1-29（解图）

1-34　计算题图 1-30 所示电路中的电流 i。

解：计算一根导线上流过的电流，可以通过列写 KCL 方程进行计算。

6 Ω 电阻所在支路电流为 i_2，参考方向如题图 1-30（解图）所示。

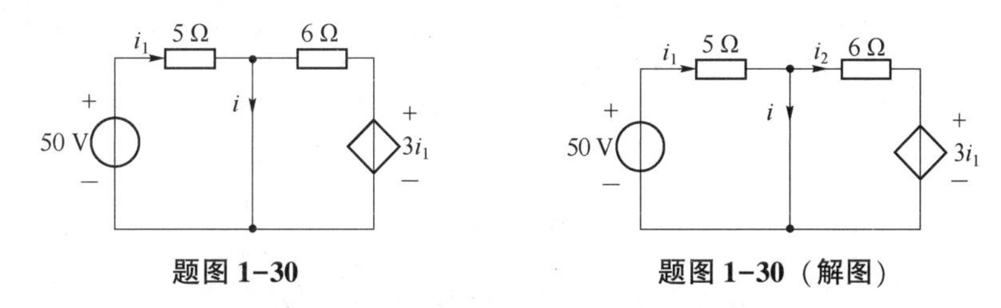

题图 1-30　　　　题图 1-30（解图）

列写左边网孔 KVL 方程：

$$5i_1-50=0$$

$$i_1=10\ \text{A}$$

列写右边网孔 KVL 方程：

$$6i_2+3i_1=0$$

$$i_2=-\frac{3i_1}{6}=-\frac{3\times 10}{6}\ \text{A}=-5\ \text{A}$$

由 KCL 方程得：　$i=i_1-i_2=[10-(-5)]\ \text{A}=15\ \text{A}$

1-35　利用电源等效变换的方法求解题图 1-31 所示电路中的电压 u_X。

解：利用电源等效变换：理想（受控）电压源和电阻的串联可以与理想（受控）电流源和电阻的并联进行相互等效变换。

12 V 电压源与 3 Ω 电阻串联等效为电流源与电阻的并联，受控电流源与电阻的并联等效为受控电压源与电阻的串联，等效电路如题图 1-31（解图）（a）所示；3 Ω 电阻与 12 Ω 电阻并联等效为 2.4 Ω 电阻，与 4 A 电流源并联等效为 9.6 V 电压源与 2.4 Ω 电阻的串联，10 Ω 电阻与 4 Ω 电阻串联等效为14 Ω 电阻，等效电路为题图 1-31（解图）（b）所示。

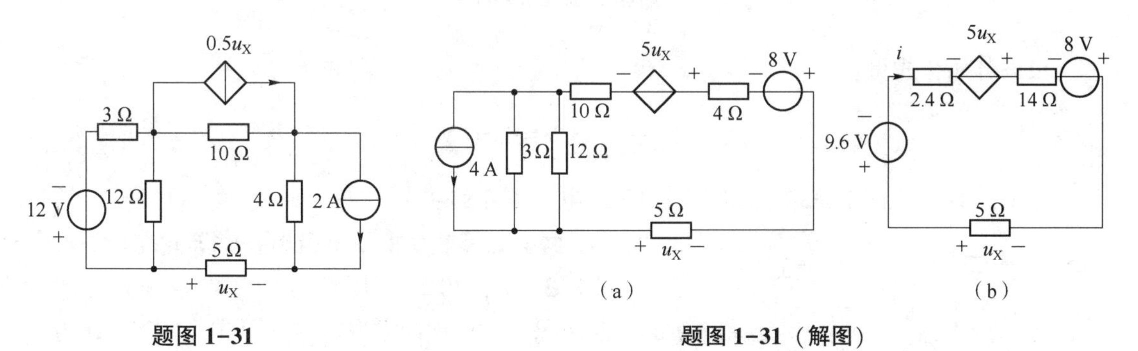

题图 1-31　　　　题图 1-31（解图）

列 KVL 方程：

$$(2.4+14+5)i-5u_X-8+9.6=0$$

$$u_X=-5i$$

解得：$i=-0.034\ \text{A}$，$u_X=-5i=0.17\ \text{V}$。

1-36　利用电源等效变换的方法求解题图 1-32 所示电路中的电压 u。

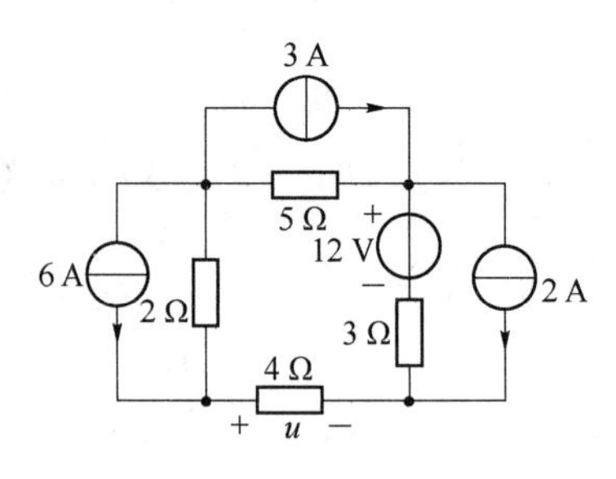

题图 1-32

解：利用电源等效变换，6 A 电流源与 2 Ω 电阻并联等效为 12 电压源与 2 Ω 电阻串联；3 A 电流源与 5 Ω 电阻并联等效为 15 V 电压源与 5 Ω 电阻串联；12 V 电压源与 3 Ω 电阻串联等效为 4 A 电流源与 3 Ω 电阻并联，等效电路如题图 1-32（解图）（a）所示。

12 V 电压源与 15 V 电压源串联，等效为 3 V 电压源，4 A 电流源与 2 A 电流源并联等效为 2 A 电流源，等效电路如题图 1-32（解图）（b）所示。2 A 电流源与 3Ω 电阻并联等效为 6 V 电压源与 3 Ω 电阻串联，等效电路如题图 1-32（解图）（c）所示。3 V 电压源与 6 V 电压源串联等效为 3 V 电压源，7 Ω 电阻与 3 Ω 电阻串联等效为 10 Ω 电阻，等效电路如题图 1-32（解图）（d）所示。

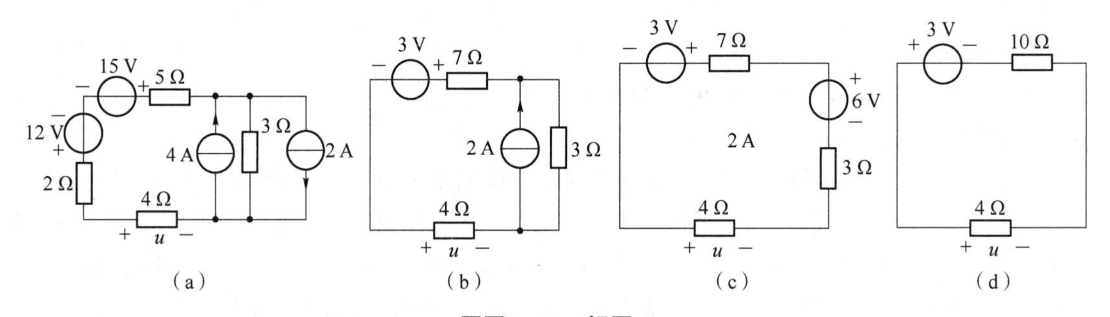

题图 1-32（解图）

根据分压公式得：

$$u=\frac{4}{10+4}\times 3\ \text{V}=0.86\ \text{V}$$

1-37　计算题图 1-33 所示电路中 10 Ω 电阻消耗的功率。

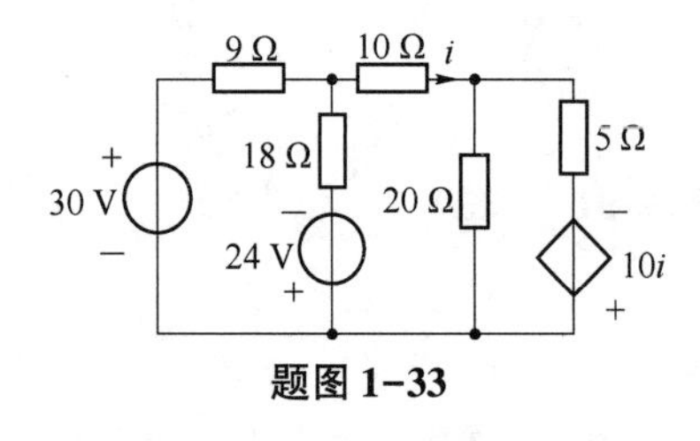

题图 1-33

解：根据电源等效变换及电阻串并联等效变换。

题图 1-33 中，30 V 电压源与 9 Ω 电阻串联等效为 10/3 A 电流源与 9 Ω 电阻并联；24 V 电压源与 18 Ω 电阻串联等效为 4/3 A 电流源与 18 Ω 电阻并联，10i 受控电压源与 5 Ω 电阻串联等效为 2i 受控电流源与 5 Ω 电阻并联。等效电路如题图 1-33（解图）（a）所示。

利用电流源并联等效及电阻并联等效，题图 1-33（解图）（a）等效为题图 1-33（解图）（b）。再利用实际电源等效变换，等效为题图 1-33（解图）（c）。

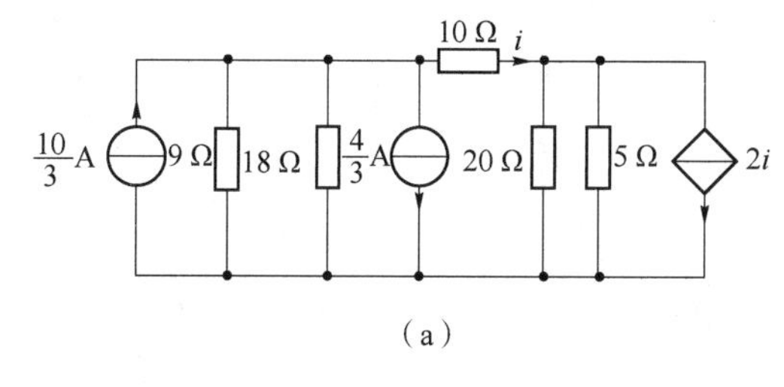

（a）

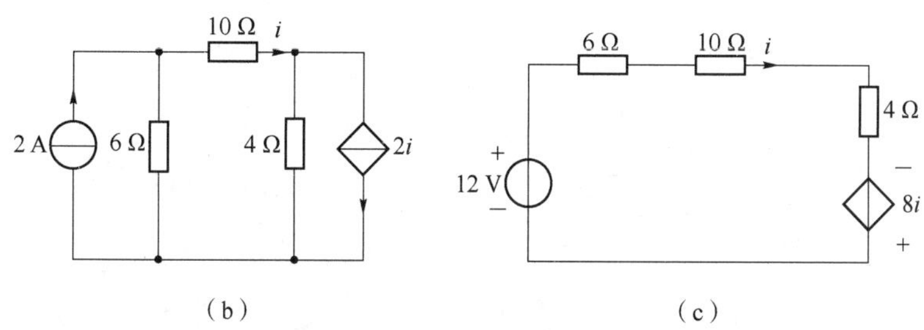

（b）　　　　（c）

题图 1-33（解图）

列写 KVL 方程：

$$(6+10+4)i-8i=12\Rightarrow i=1\ \text{A}$$

$$p_{10\ \Omega}=i^2\times 10=10\ \text{W}$$

1-38　计算题图 1-34 所示电路中的电流 i。

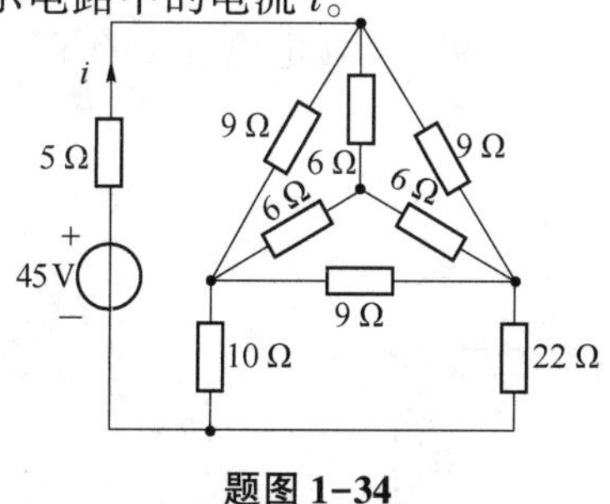

题图 1-34

解：本题考查的知识点为电阻的 Y—△ 等效变换和电阻的串并联等效变换。

方法一：

根据 Y—△ 等效变换，把 3 个 6 Ω 电阻组成的 Y 连接等效为 3 个 18 Ω 电阻组成的△连接，如题图 1-34（解图）（a）所示。18 Ω 电阻与9 Ω 电阻并联等效为 6 Ω 电阻，如题图 1-34（解图）（b）所示。利用 Y—△ 等效变换，把 3 个 6Ω 电阻组成的△连接等效为 3 个 2 Ω 电阻组成的 Y 连接，如题图 1-34（解图）（c）所示。则有：

$$i=\frac{45}{5+2+(2+10)/\!/(2+22)}\ \text{A}=3\ \text{A}$$

方法二：

根据 Y—△ 等效变换，把 3 个 9 Ω 电阻组成的△连接等效为 3 个 3 Ω 电阻组成的 Y 连接，如题图 1-34（解图）（d）所示。3 Ω 电阻与 6 Ω 电阻并联等效为 2 Ω 电阻，如题图 1-34（解图）（c）所示。则有：

$$i=\frac{45}{5+2+(2+10)/\!/(2+22)}\ \text{A}=3\ \text{A}$$

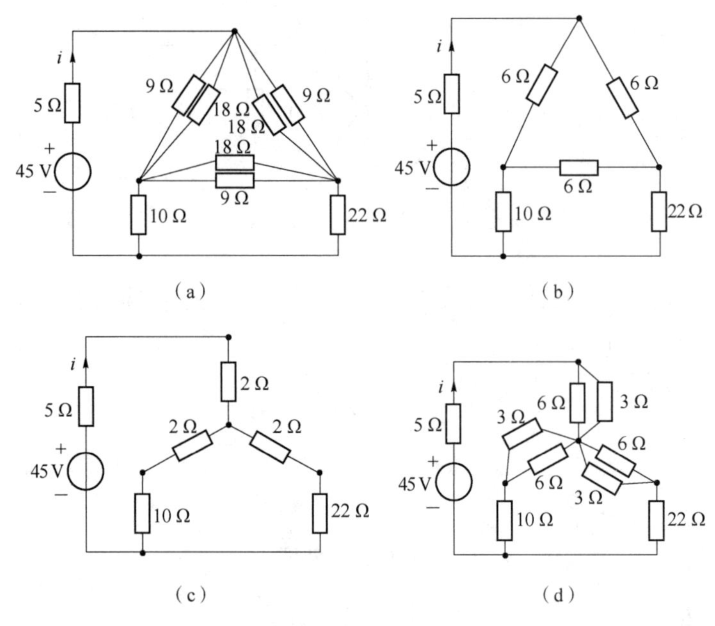

题图 1-34（解图）

1-39　计算题图 1-35 所示电路中的电流 i。

解：根据电阻的 Y—△变换，具体变换方法见本章**知识要点 9** 等效变换法中的 Y—△变换。

将题图 1-35 中 3 Ω 电阻、6 Ω 电阻、4 Ω 电阻构成的 Y 连接等效为△连接，如题图 1-35（解图）所示，则有：

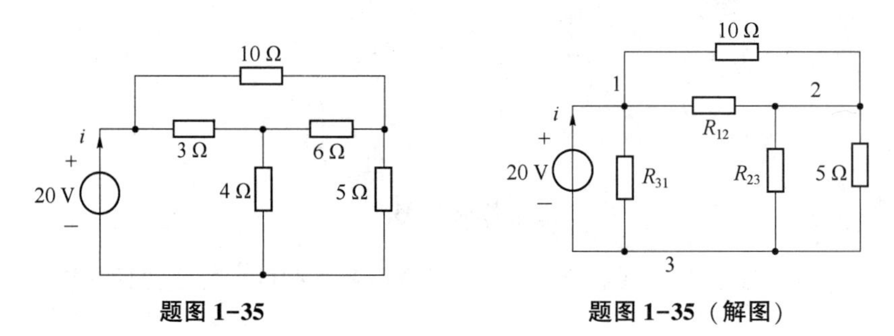

题图 1-35　　**题图 1-35（解图）**

$$R_1=3\ \Omega,\ R_2=6\ \Omega,\ R_3=4\ \Omega$$

$$R_{12}=R_1+R_2+\frac{R_1R_2}{R_3}=\left(3+6+\frac{3\times6}{4}\right)\Omega=13.5\ \Omega$$

$$R_{23}=R_2+R_3+\frac{R_2R_3}{R_1}=\left(6+4+\frac{6\times4}{3}\right)\Omega=18\ \Omega$$

$$R_{31}=R_3+R_1+\frac{R_3R_1}{R_2}=\left(4+3+\frac{4\times3}{6}\right)\Omega=9\ \Omega$$

$$R_{总}=R_{31}//(10//R_{12}+R_{23}//5)=9//\left(\frac{10\times13.5}{10+13.5}+\frac{18\times5}{18+5}\right)\Omega$$

$$=9//9.66\ \Omega=\frac{9\times9.66}{9+9.66}\ \Omega=4.66\ \Omega$$

$$i=\frac{20}{R_{总}}=\frac{20}{4.66}\ \mathrm{A}=4.29\ \mathrm{A}$$

本题也可以把 10 Ω 电阻、3 Ω 电阻和 6 Ω 电阻构成的△连接等效为 Y 连接，再利用电阻的串并联求解。或者把 10 Ω 电阻、6 Ω 电阻和 5 Ω 电阻构成的 Y 连接等效为△连接，再利用电阻的串并联求解。

注意：在分析和计算电路时，若需要△→Y 的变换，则：

（1）在需要变换的△连接电路的三个端子上分别标上 1、2、3，标注对应的电阻 R_{12}、R_{23}及 R_{31}。

（2）画等效电路。等效电路的画法：先画出外电路，然后在 1、2、3 端子之间画出三个电阻的 Y 连接电路，对应的电阻标上 R_1、R_2、R_3。

（3）根据△→Y 的相关公式计算等效后的 Y 连接对应电阻的阻值。

若需要 Y→△的变换时，则：

（1）在需要变换的 Y 连接电路的三个端子上分别标上 1、2、3，标注对应的电阻 R_1、R_2 及 R_3。

（2）画等效电路。等效电路的画法：先画出外电路，然后在 1、2、3 端子之间画出三个电阻的△连接电路，对应的电阻标上 R_{12}、R_{23}、R_{31}。

（3）根据 Y→△的相关公式计算等效后的△连接对应电阻的阻值。

1-40 计算题图 1-36 电路中的电压 u。

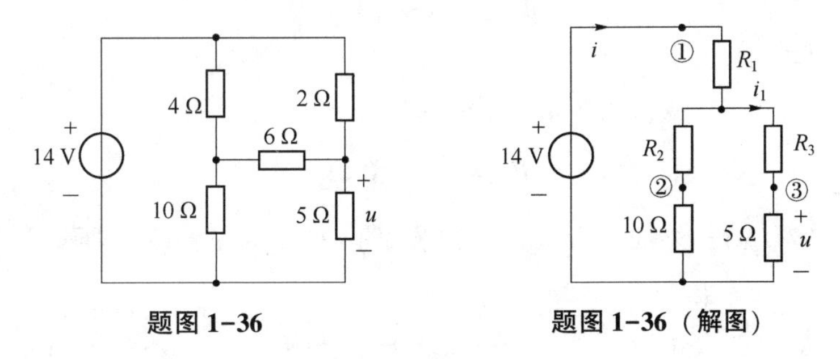

题图 1-36　　题图 1-36（解图）

解：将题图 1-36 中 4 Ω 电阻、2 Ω 电阻、6 Ω 电阻构成的△连接等效为 Y 连接，如题图 1-36（解图）所示，则有：

$$R_{12}=4\ \Omega,\ R_{23}=6\ \Omega,\ R_{31}=2\ \Omega$$

$$R_1=\frac{R_{12}R_{31}}{R_{12}+R_{23}+R_{31}}=\frac{2\times4}{4+6+2}\ \Omega=\frac{2}{3}\ \Omega$$

$$R_2=\frac{R_{23}R_{12}}{R_{12}+R_{23}+R_{31}}=\frac{6\times4}{4+6+2}\ \Omega=2\ \Omega$$

$$R_3=\frac{R_{31}R_{23}}{R_{12}+R_{23}+R_{31}}=\frac{2\times6}{4+6+2}\ \Omega=1\ \Omega$$

$$R_{总}=R_1+(R_3+5)\,/\!/\,(R_2+10)=\left(\frac{2}{3}+6\,/\!/\,12\right)\Omega=4\frac{2}{3}\ \Omega$$

$$i=\frac{14}{R_{总}}=\frac{14}{14/3}\ \mathrm{A}=3\ \mathrm{A}$$

根据分流公式得：
$$i_1=\frac{10+2}{10+2+1+5}i=2\ \text{A}$$
$$u=5i=5\times2\ \text{V}=10\ \text{V}$$

1-41　计算题图 1-37 所示电路中 ab 之间的输入电阻。

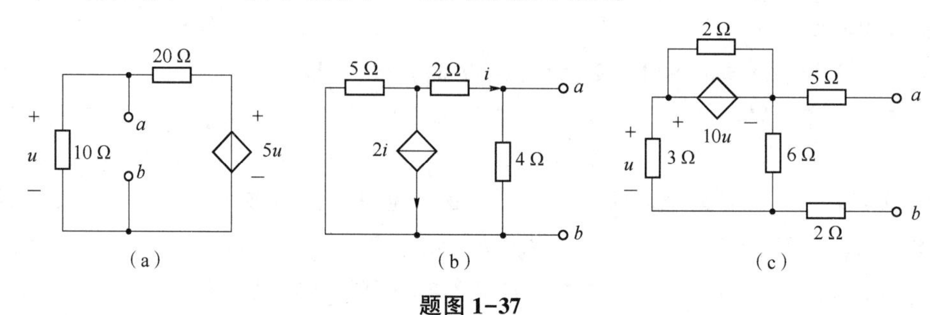

题图 1-37

解：本题考查的知识点为输入电阻的求解：含受控源电路输入电阻的求解采用外加电源法。具体方法见**知识要点 10**。

对于题图 1-37（a），外加电压源 u_S，如题图 1-37（解图）（a）所示。则有：
$$u_S=u,\ i_1=\frac{u}{10}$$

对右边网孔列 KVL 方程：
$$u_S=20(i-i_1)+5u$$

联立以上表达式得：
$$u_S=-10i$$
$$R_{eq}=\frac{u_S}{i}=-10\ \Omega$$

对于题图 1-37（b），外加电压源 u_S，如题图 1-37（解图）（b）所示。

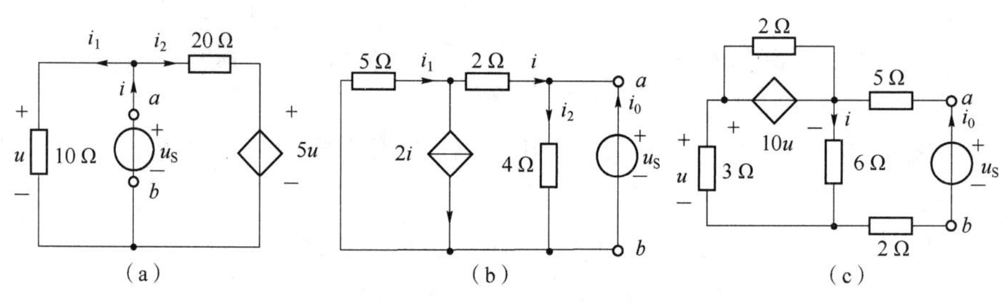

题图 1-37（解图）

由 KCL 方程得：
$$i_1=i+2i=3i$$
$$i_2=i+i_0$$

列写 KVL 方程：
$$5\times i_1+2i+4i_2=0$$
$$u_S=4i_2=\frac{68}{21}i_0$$
$$R_{eq}=\frac{u_S}{i_0}=\frac{68}{21}\Omega=3.24\ \Omega$$

对于题图 1-37（c），外加电压源 u_S，如题图 1-37（解图）（c）所示。
列写 KVL 方程：

$$10u+6i-u=0 \Rightarrow 3u+2i=0$$

由 KCL 方程得：

$$i+\frac{u}{3}=i_0$$

联立以上两个方程，可得 $i=\frac{9}{7}i_0$，则：

$$u_S=5i_0+6i+2i_0=14.71i_0$$

$$R_{eq}=\frac{u_S}{i_0}=14.71\ \Omega$$

1-42　计算题图 1-38（a）~（h）所示电路的等效电阻 R_{eq}。

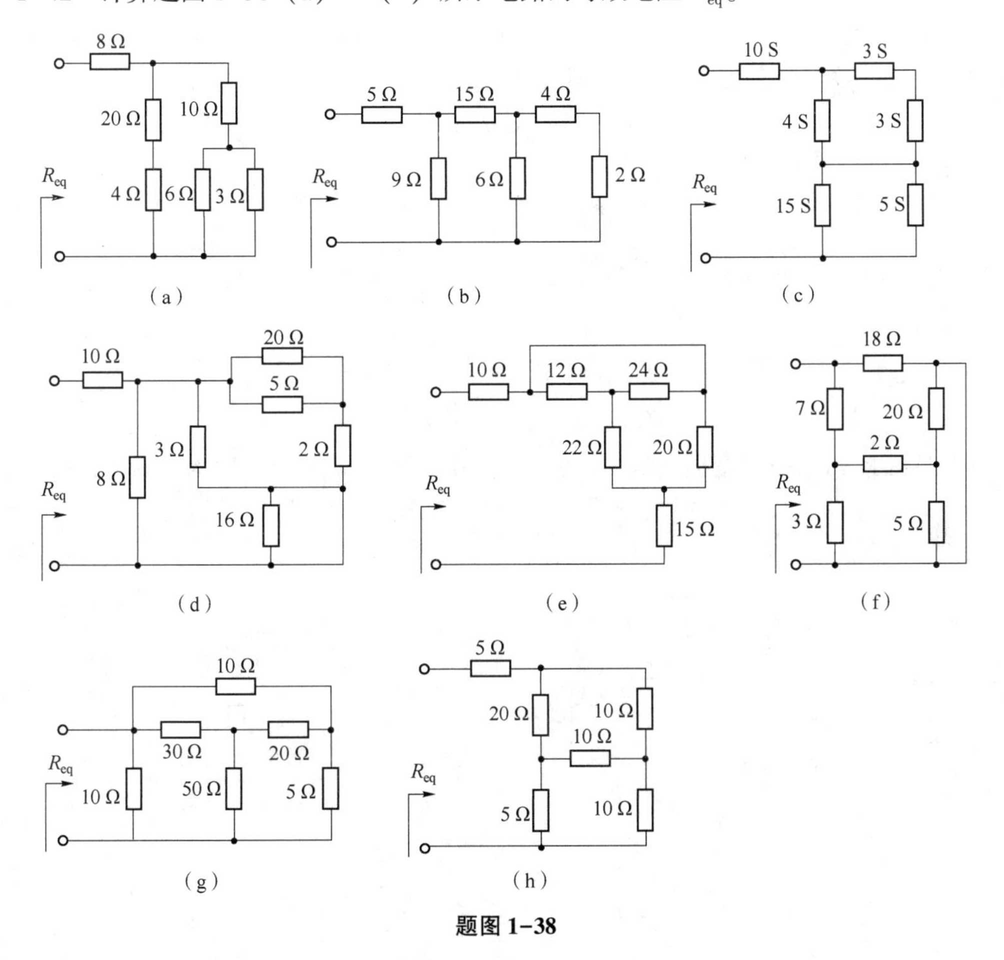

题图 1-38

解：本题考查的知识点为输入电阻的求解，具体方法见**知识要点 10。**
对于题图 1-38（a），根据电阻串并联等效变换得：

$$R_{eq}=[8+(20+4)/\!/(10+6/\!/3)]\Omega=16\ \Omega$$

对于题图 1-38（b），根据电阻串并联等效变换得：

$$R_{eq}=\{5+9/\!/[15+6/\!/(4+2)]\}\Omega=11\ \Omega$$

对于题图 1-38（c），根据电阻串并联等效变换得：

$$R_{eq}=\left(\frac{1}{10}+\frac{1}{4+\frac{1}{\frac{1}{3}+\frac{1}{3}}}+\frac{1}{15+5}\right)\Omega=0.33\ \Omega$$

对于题图 1-38（d），根据电阻串并联等效变换得：

$$R_{eq}=\{10+8/\!/[3/\!/(20/\!/5+2)+16]\}\Omega=15.54\ \Omega$$

对于题图 1-38（e），可以等效为题图 1-38（解图）（a），根据电阻串并联等效变换得：

$$R_{eq}=[10+(12/\!/24+22)/\!/20+15]\Omega=37\ \Omega$$

对于题图 1-38（f），可以等效为题图 1-38（解图）（b），根据电阻串并联等效变换得：

$$R_{eq}=\{18/\!/[7+3/\!/(2+20/\!/5)]\}\Omega=6\ \Omega$$

对于题图 1-38（g），根据电阻 Y—△等效变换，把 30 Ω 电阻、20 Ω 电阻和 50 Ω 电阻组成的 Y 连接等效变换为△连接，如题图 1-38（解图）（c）所示。则有：

$$R_1=30\ \Omega,\ R_2=20\ \Omega,\ R_3=50\ \Omega$$

$$R_{12}=R_1+R_2+\frac{R_1R_2}{R_3}=\left(30+20+\frac{30\times20}{50}\right)\Omega=62\ \Omega$$

$$R_{23}=R_2+R_3+\frac{R_2R_3}{R_1}=\left(20+50+\frac{20\times50}{30}\right)\Omega=103.33\ \Omega$$

$$R_{31}=R_3+R_1+\frac{R_3R_1}{R_2}=\left(50+30+\frac{50\times30}{20}\right)\Omega=155\ \Omega$$

$$R_{eq}=10/\!/R_{31}/\!/(10/\!/R_{12}+5/\!/R_{23})=5.52\ \Omega$$

对于题图 1-38（h），根据电阻 Y—△等效变换，把 3 个 10 Ω 电阻构成的 Y 连接等效变换为 3 个 30 Ω 电阻构成的△连接，如题图 1-38（解图）（d）所示。则有：

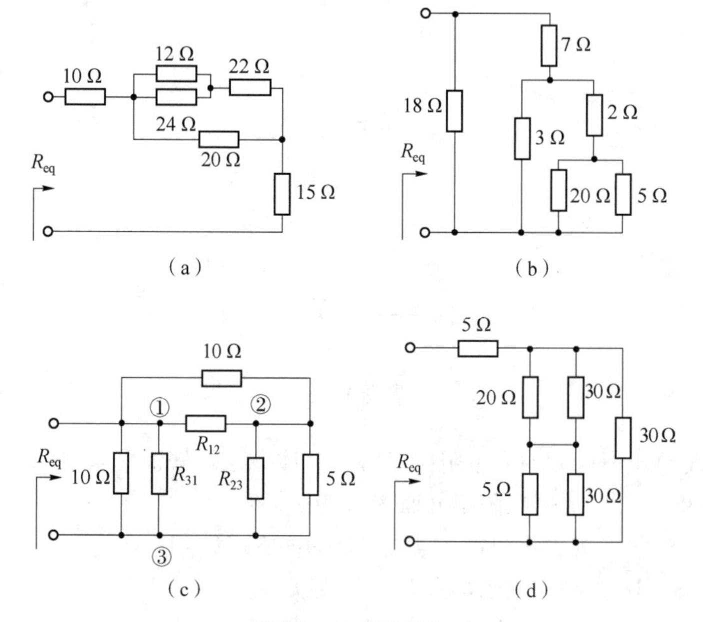

题图 1-38（解图）

$$R_{eq}=[5+(20/\!/30+30/\!/5)/\!/30]\Omega=15.56\ \Omega$$

历年考研真题

真题 1-1 在真题图 1-1 所示电路中，电压 u=(   )V。[2014 年中国矿业大学电路考研真题]

解：设 4 Ω 电阻电流为 i，参考方向如真题图 1-1（解图）所示。列 KCL 方程：$i=i_1+5$。

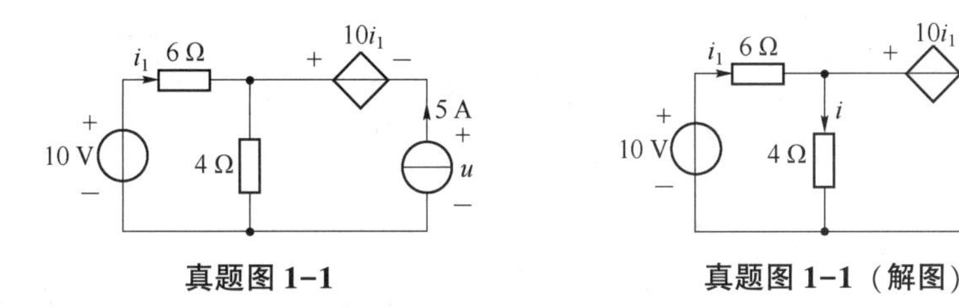

真题图 1-1　　**真题图 1-1（解图）**

对左边网孔列 KVL 方程：$6i_1+4i=10$。

联立求解得：$i_1=-1$ A。

对最外围回路列 KVL 方程：

$$6i_1+10i_1+u=10$$

解得：$u=26$ V。

本题也可以用第 2 章所介绍的方法求解。

真题 1-2 求真题图 1-2 所示电路中电压源和电流源发出的功率。[2015 年中国矿业大学电路考研真题]

解：设电流 i、i_1，电压 u 如真题图 1-2（解图）所示。

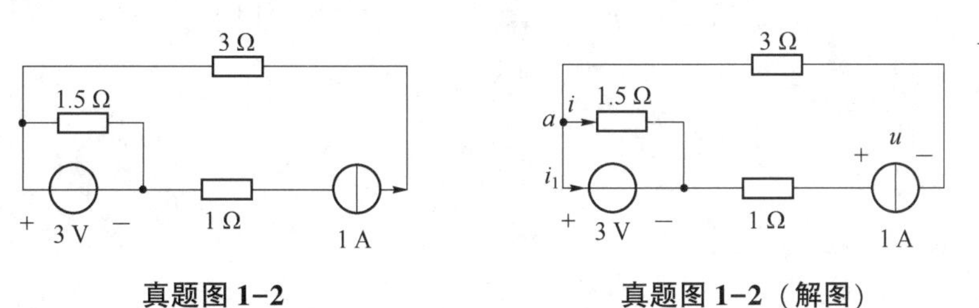

真题图 1-2　　**真题图 1-2（解图）**

1.5 Ω 电阻上的电流 $i=\dfrac{3}{1.5}=2$ A。

列写结点 a 的 KCL 方程：$i+i_1=1\Rightarrow i_1=-1$ A。

对最外围回路列 KVL 方程：$1\times1+u+3\times1+3=0$，解得：$u=-7$ V。

电压源端电压与其上电流 i_1 参考方向为关联参考方向，则有：$p_{电压源发}=-3i_1=3$ W。

电流源端电压 u 与其上电流参考方向为关联参考方向，则有：$p_{电流源发}=-u\times1=7$ W。

真题 1-3 电路如真题图 1-3 所示，求电流 i_{ab}。[2015 年中国矿业大学电路考研真题]

解：设电流 i、i_1、i_2 参考方向如真题图 1-3（解图）(a) 所示，原图等效为真题图 1-3（解图）(b)，根据分流公式得：

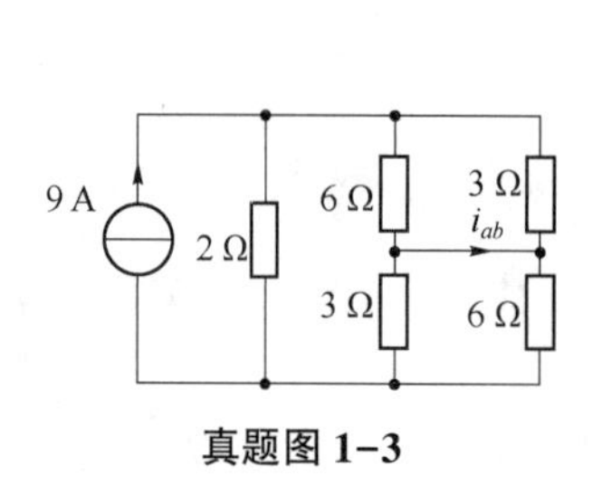

真题图 1-3

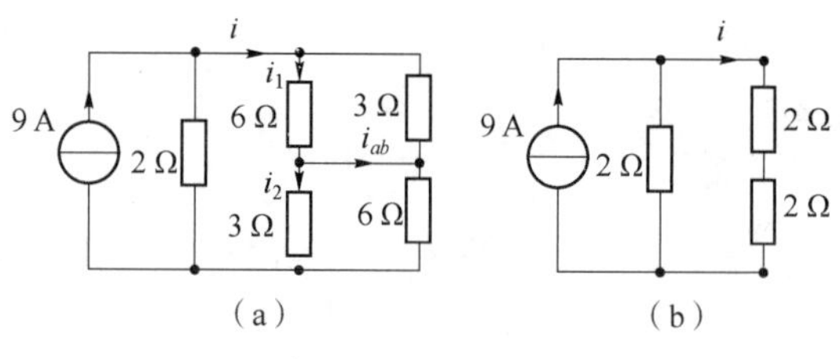

真题图 1-3（解图）

$$i=\frac{2}{2+2+2}\times 9\ \text{A}=3\ \text{A}$$

原图中：

$$i_1=\frac{3}{3+6}i=\frac{3}{9}\times 3\ \text{A}=1\ \text{A}$$

$$i_2=\frac{6}{3+6}i=\frac{6}{9}\times 3\ \text{A}=2\ \text{A}$$

由 KCL 方程得：　$i_{ab}=i_1-i_2=(1-2)\ \text{A}=-1\ \text{A}$

真题 1-4　若将真题图 1-4（a）所示电路等效为真题图 1-4（b）所示电路的形式，则：$u=$______ V，$R=$________ Ω。[2018 年江苏大学电路考研真题]

解：8 V 电压源与 3 A 电流源串联后与 20 V 电压源并联等效为 20 V 电压源，同时根据电源等效变换，真题图 1-4（a）逐步等效为真题图 1-4（解图）（a）、（b）、（c）、（d）。因此，$u=42$ V，$R=6$ Ω。

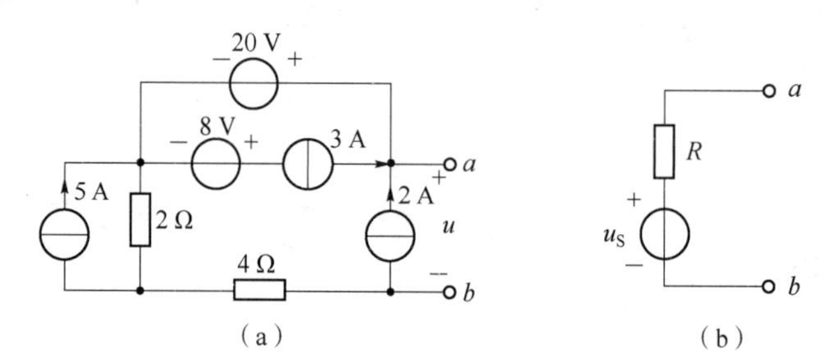

真题图 1-4

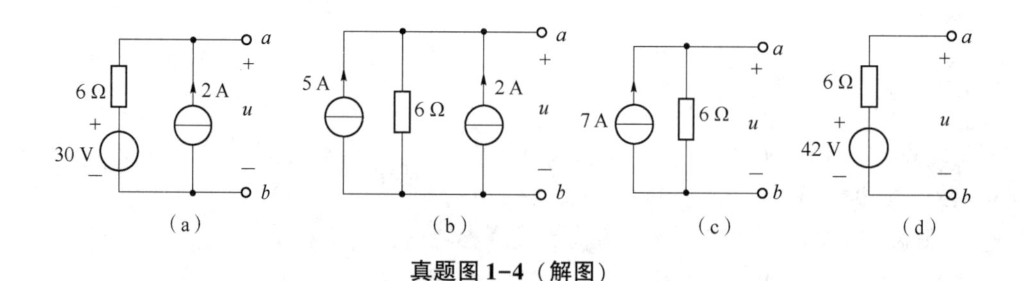

真题图 1-4（解图）

真题 1-5　已知某支路如真题图 1-5 所示，若 $u_{ab}=-4$ V，且该支路吸收 4 mW 功率，则下列选项正确的是（　　）。[2019 年江苏大学电路考研真题]

A. 电阻 R 吸收 1 mW 功率

B. $R=7\ \text{k}\Omega$

C. $R=1\ \text{k}\Omega$

D. $i=-1$ mA

真题图 1-5

解：由于 u_{ab} 与电流 i 为非关联参考方向，因此有：

$$p_{支路吸}=-u_{ab}i$$

$$i=-\frac{p_{支路吸}}{u_{ab}}=-\frac{4\times10^{-3}}{-4}\ \text{A}=1\times10^{-3}\ \text{A}=1\ \text{mA}$$

$$p_{电压源发}=3i=3\times10^{-3}\ \text{W}$$

$$p_{支路吸}=-p_{电压源发}+i^2R\Rightarrow4\times10^{-3}=-3\times10^{-3}+(1\times10^{-3})^2R,\ R=7\ \text{k}\Omega$$

因此正确答案为 B。

真题 1-6 已知某支路如真题图 1-6 所示，则该支路可以用（ ）进行等效。[2019年江苏大学电路考研真题]

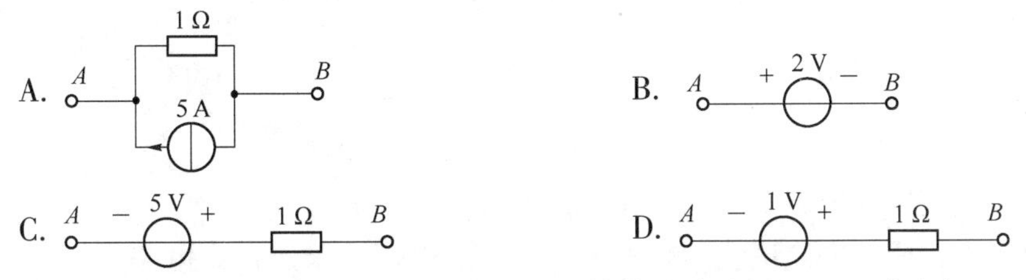

解：根据电源等效变换，原图最终可以等效为真题图 1-6（解图）(a)、(b)、(c)，因此正确答案为 A。

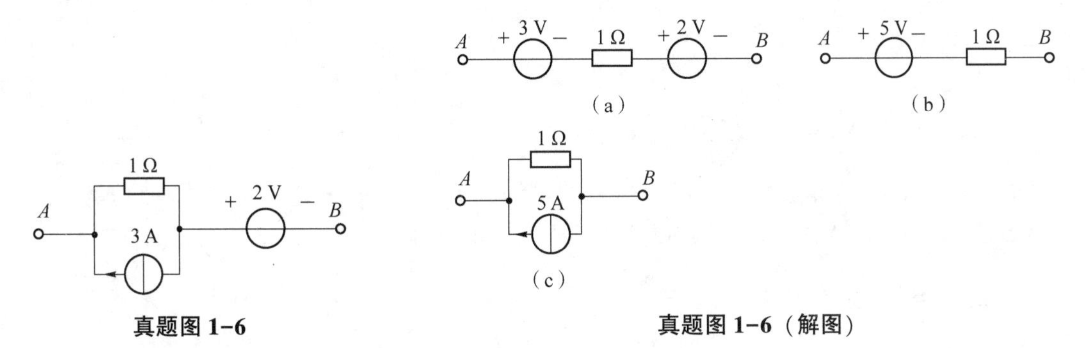

真题图 1-6

真题图 1-6（解图）

第 2 章

电路的基本分析方法

学习目标

1. 掌握支路电流法、网孔电流法、回路电流法及结点电压法。

2. 会用支路电流法、回路电流法、网孔电流法、结点电压法求解任意电路中多条支路的电压、电流和功率。

知识要点

1. KCL 和 KVL 独立方程个数

对于 n 个结点，b 条支路的电路，可以列写$(n-1)$个独立的 KCL 方程、$(b-n+1)$个独立的 KVL 方程，平面电路中网孔的数目即为独立回路的数目。

2. 支路电流法

支路电流法是以支路电流为变量列写方程进行电路分析的方法。支路电流法列写的是 KCL 方程和 KVL 方程。

支路电流法的解题方法及其步骤：

（1）在电路图上标出各支路电流和电压的参考方向，图上已标出的无须再标；

（2）从电路的 n 个结点中任意选择$(n-1)$个结点列写 KCL 方程；

（3）选择$(b-n+1)$个回路，指定回路的绕行方向，结合元件的特性（VCR 方程）列出用支路电流表示的 KVL 方程；

（4）联立 KCL 和 KVL 方程，求解上述 b 个方程，得到 b 条支路的支路电流；

（5）进一步计算支路电压和进行其他分析。

以上支路电流法的解题方法与步骤适用于含有独立电压源与电阻的电路。

对于一些特殊情况，分析如下。

1）含独立电流源电路的支路电流法

当电路中含有独立电流源时，此时包含以下两种情况。

（1）当含有独立电流源与电阻的并联时，首先利用电源的等效变换转换为独立电压源与电阻的串联，然后利用支路电流法分析问题。

（2）当只有独立电流源（无伴电流源）时，方法有以下两种。

方法一：假设独立电流源两端电压，由于多了独立电流源电压这一未知量，需要增补方程，增补方程的**原则**是利用已知条件的同时不再增加未知量，因此，补充独立电流源的电流与支路电流之间的关系方程。即令独立电流源所在支路电流等于独立电流源的电流。

方法二：将独立电流源所在支路的电流等于独立电流源电流作为已知条件，然后正常列写 KCL 方程、KVL 方程。在选取回路列 KVL 方程时，避开独立电流源所在的支路。

2）含受控源电路的支路电流法

方程列写需分以下两步。

（1）将受控源看作独立电源列方程。

①将受控电压源当作独立的电压源列方程，即把受控电压源两端的电压直接列入 KVL 方程。

②将受控电流源当作独立的电流源列方程。有以下两种方法。

方法一：设受控电流源两端电压，然后把受控电流源当作电压源来列写方程，即把受控电流源两端设的电压列入 KVL 方程，由于多了受控电流源电压这一未知量，需要增补方程，增补方程的原则是利用已知条件的同时不再增加未知量，因此，补充受控电流源的电流与支路电流之间的关系方程。即令受控电流源所在支路电流等于受控电流源的电流。

方法二：在选取回路列 KVL 方程时，避开受控电流源所在的支路，同时把受控电流源所在支路的电流作为已知条件。

（2）由于在列写方程时，除了未知量支路电流外，多了受控源的控制量，因此需要补充方程，补充的原则是不增加未知量，不论是受控电流源还是受控电压源，都要**补充控制量与支路电流之间的关系方程。**

3. 网孔电流法

网孔电流法是以网孔电流为未知量列写 KVL 方程进行电路分析的方法。网孔电流法有两种：一般法和观察法。

1）用一般法列写网孔电流方程的步骤

（1）找到网孔，在网孔中标出网孔电流及其参考方向。

（2）以网孔电流为未知量列写每个网孔的 KVL 方程。绕行方向取该网孔的网孔电流方向。列写 KVL 方程时，电阻两端的电压用电阻值与该电阻上通过所有网孔电流代数和的乘积表示，**代数和**的意思是当流过某个电阻的网孔电流与绕行方向一致时取正，反之取负。

（3）求解网孔电流方程。

（4）进行其他分析。

2）用观察法列写网孔电流方程的步骤

（1）找到网孔，标出各网孔电流及其参考方向。

（2）写出网孔电流方程的标准形式，通过观察，计算出**自电阻**、**互电阻**和网孔中电压源电压**升**的**代数和**，代入网孔电流方程的标准形式：

$$\begin{cases} R_{11}i_{l1}+R_{12}i_{l2}+\cdots+R_{1l}i_{ll}=u_{S11} \\ R_{21}i_{l2}+R_{22}i_{l2}+\cdots+R_{2l}i_{ll}=u_{S22} \\ \vdots \\ R_{1l}i_{l1}+R_{l2}i_{l2}+\cdots+R_{ll}i_{ll}=u_{Sll} \end{cases}$$

（3）求解网孔电流方程，得到网孔电流方程。

（4）进行其他分析。

4. 网孔电流法的应用

由于网孔电流方程列写的是 KVL 方程，需要知道元件端电压的表达式，而独立电流源两端的电压由自身与外电路共同决定，因此若电路中含有电流源，则需要作相应的处理，才可以直接用一般法和观察法列写网孔电流方程。电路中含有电流源有两种情况：一种是只有独立电流源；另一种是含有独立电流源与电阻的并联。

1）含独立电流源支路的网孔电流法

（1）当电路中只有独立电流源时，考虑以下两种情况：

①**当独立电流源只属于一个网孔**时，则该电流源电流就是该网孔电流，其他网孔正常列写网孔电流方程。

②**当独立电流源属于两个网孔时**，设独立电流源两端电压，然后把独立电流源当作电压源来列写方程，由于多了独立电流源电压这一未知量，需要增补方程，增补方程的原则是利用已知条件的同时不再增加未知量，因此，补充独立电流源的电流与网孔电流之间的关系方程。即独立电流源等于该独立电流源上流过的所有网孔电流的代数和，当网孔电流与电流源电流参考方向相同时为正；反之为负。

（2）当含有独立电流源与电阻并联时，首先利用电源的等效变换转换为独立电压源与电阻的串联，然后利用网孔电流法的一般法或观察法列写网孔电流方程来分析和解决问题。但此方法改变了电路的结构，如果求解电流源与其并联电阻的参数，则不可以使用此方法。

2）含受控源电路的网孔电流法

对于含有受控源支路的电路，可以先把受控源看作独立电源按一般法和观察法列方程，再补充控制量与网孔电流之间的关系方程。具体情况如下。

对于含有受控源电路的网孔电流法的应用，方程列写需分以下两步。

（1）将受控源看作独立电源列方程。

①将受控的电压源当作独立的电压源列方程，即把受控电压源两端的电压直接列入网孔电流方程（KVL）。

②将受控的电流源当作独立的电流源列方程，有以下两种情况。

a. 无伴受控电流源。当无伴受控电流源只属于一个网孔时，则该受控电流源电流就是该网孔电流，其余网孔正常列写网孔电流方程。当无伴受控电流源属于两个网孔时，设受控电流源两端电压，然后把受控电流源当作电压源来列写方程，即把受控电流源两端设的电压列入网孔电流方程（KVL）。由于多了受控电流源电压这一未知量，需要增补方程，增补方程的原则是利用已知条件的同时不再增加未知量，因此，补充受控电流源的电流与网孔电流之间的关系方程。即受控电流源电流等于流过受控电流源的所有网孔电流的代数和。

b. 含有受控电流源和电阻的并联。可以通过电源等效变换等效为受控电压源与电阻的串联，然后列写网孔电流方程。等效变换是对外电路进行等效，若计算受控电流源与其并联电阻的参数，则不可以使用此方法。

（2）由于在列写方程时，除了未知量网孔电流外，多了受控源的控制量，因此需要补充方程，补充的原则是不增加未知量，不论是受控电流源还是受控电压源，都要补充控制量与网孔电流之间的关系方程。

5. 结点电压法

结点电压法是以结点电压为未知变量，对结点列 KCL 方程，从而求解电路参数的方法。**结点电压法也有两种：**一般法和观察法（标准形式法）。

一般法是根据定义列写独立结点的 KCL 方程，然后各支路电流用结点电压来表示。

解题步骤：

（1）选择参考结点，标上接地符号，给独立结点标上标号，如 1、2、3 等，若题目已选择参考结点，则无须再选；

（2）列写独立结点的 KCL 方程，把电阻所在支路电流用结点电压表示；

（3）联立结点电压方程，求解结点电压；

（4）进行其他分析。

观察法是指写出结点电压方程的标准形式，观察得出自电导、互电导及流入结点的所有电流源代数和，然后代入标准方程。

解题步骤：

（1）选择连通电路中任一结点为参考结点，用接地符号表示；标出独立结点电压，其参考方向总是独立结点为“+”，参考结点为“-”；

（2）写出 $n-1$ 个独立结点电压方程的标准形式，用观察法得到每个独立结点的自电导、互电导和等效电流源，然后代入结点电压方程的标准形式：

$$\begin{cases} G_{11}u_{n1}+G_{12}u_{n2}+\cdots+G_{l(n-1)}u_{nn-1}=i_{S11} \\ G_{21}u_{n1}+G_{22}u_{n2}+\cdots+G_{2(n-1)}i_{nn-1}=u_{S22} \\ \vdots \\ G_{(n-1)1}u_{n1}+G_{(n-1)2}u_{n2}+\cdots+G_{(n-1)(n-1)}u_{nn-1}=i_{S(n-1)(n-1)} \end{cases}$$

（3）联立各结点电压方程求解，得到各结点电压；

（4）进行其他分析。

6. 结点电压法的应用

不管是一般法还是观察法，都要选择参考结点，给独立结点标上标号。

1）含独立电压源电路的结点电压法

含有独立电压源的电路有两种情况：一种是独立电压源与电阻的串联，另一种是无伴电压源。

(1) 当独立电压源与电阻串联时，可以先通过电源的等效变换等效为电流源与电阻并联电路后，再列写结点电压方程。

(2) 当电路中含有无伴电压源时，方法有以下两种。

方法一：设独立电压源上流过的电流，然后把电压源看作电流源列写方程，即把独立电压源设的电流当作结点方程中的等效电流源。由于增加了电压源的电流变量，需要补充方程，补充的原则是在不增加未知量的前提下，利用已知条件（电压源两端的电压），因此补充结点电压与电压源电压之间的关系方程。这种方法比较直观，但需要增补方程，往往列写的方程数较多。

方法二：选择合适的参考结点，使无伴电压源电压等于某一结点电压。此时，往往设独立电压源负极或正极所在的结点为参考结点。这种方法列写的方程数比方法一列写的方程数少。

2）含受控源支路的结点电压法

列写含受控源电路的结点电压方程时，先把受控源看作独立电源列方程，即把受控电压源看作独立电压源列方程，受控电流源看作独立电流源列方程；再补充控制量与结点电压之间的关系方程。具体情况如下。

对于含有受控源电路的结点电压法的应用，方程列写需分以下两步。

(1) 将受控源看作独立电源列方程。

①将受控电流源当作独立电流源列方程，即把受控电流源的电流和独立电流源的电流一样直接列入结点电压方程（KCL）。

②将受控电压源当作独立电压源列方程。有两种情况：无伴受控电压源，受控电压源与电阻串联。

a. 无伴受控电压源。

方法一：设受控电压源上流过的电流，然后把受控电压源看作电流源列写方程，即把受控电压源所设的电流当作结点方程中的等效电流源的电流一样列入结点电压方程。由于增加了受控电压源的电流变量，需要补充方程，补充的原则是在不增加未知量的前提下，利用已知条件（受控电压源两端的电压），因此补充结点电压与受控电压源电压之间的关系方程。

方法二：选择合适的参考结点，使无伴受控电压源电压等于某一结点电压。此时，往往设受控电压源负极或正极所在的结点为参考结点。

b. 含有受控电压源和电阻串联电路。

可以通过电源等效变换等效为受控电流源与电阻并联，然后列写结点电压方程。

(2) 由于在列写结点方程时，除了未知量结点电压外，多了受控源的控制量，因此需要补充方程，补充的原则是不增加未知量，不论是受控电流源还是受控电压源，都要补充控制量与结点电压之间的关系方程。

教材同步习题详解

2-1 利用支路电流法求解题图 2-1 中的电流 i。

解：支路电流法分析电路方法参照**知识要点 1**。

各支路电流及其参考方向如题图 2-1（解图）所示。

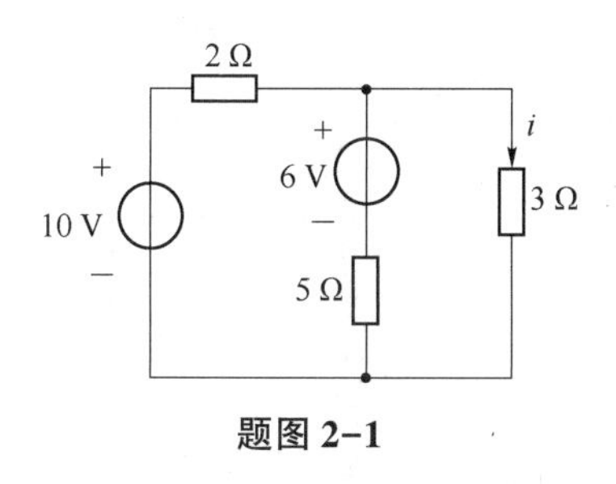

题图 2-1

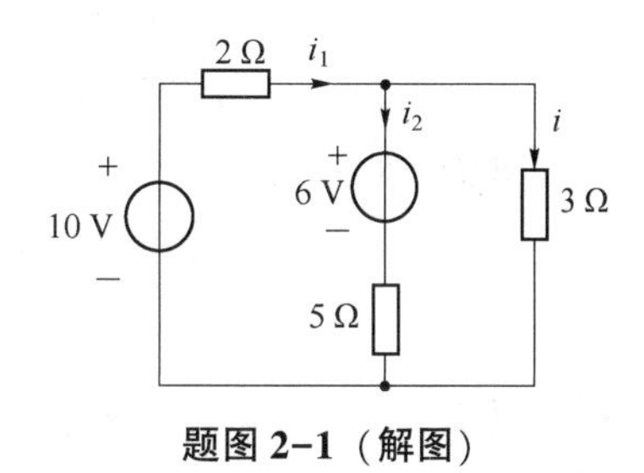

题图 2-1（解图）

对其中一个结点列 KCL 方程： $i_1=i_2+i$

列两个 KVL 方程：

左边网孔：顺时针绕行方向

$$2i_1+6+5i_2-10=0$$

右边网孔：顺时针绕行方向

$$3i-5i_2-6=0$$

联立以上三个方程，解得： $i=2\text{A}$

2-2 利用支路电流法求解题图 2-2 中的电压 u。

解：本题所给电路中含有的电源为独立电压源，按照支路电流法的解题步骤进行分析即可。

各支路电流及其参考方向如题图 2-2（解图）所示。

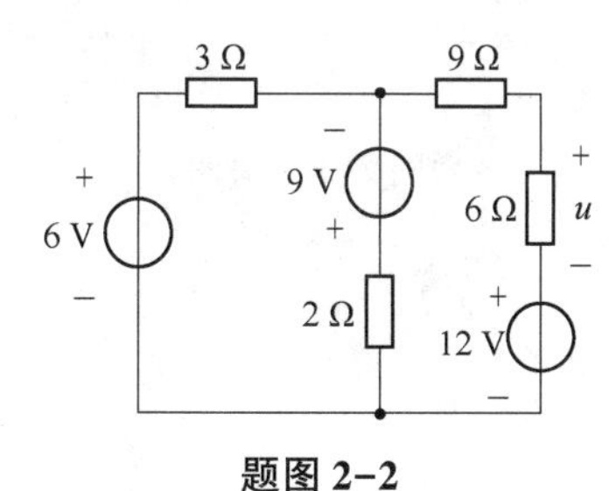

题图 2-2

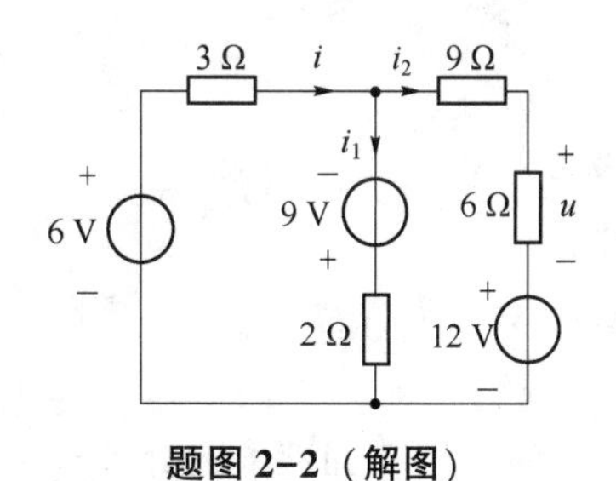

题图 2-2（解图）

对一个结点列 KCL 方程： $i=i_1+i_2$

列两个 KVL 方程：

左边网孔：顺时针绕行方向

$$3i-9+2i_1-6=0$$

右边网孔：顺时针绕行方向

$$9i_2+6i_2+12-2i_1+9=0$$

联立以上三个方程，解得： $i_2=-\frac{75}{81}\ \text{A}=-0.93\ \text{A}$

$$u=6i_2=-5.58\ \text{V}$$

2-3　利用支路电流法求解题图 2-3 中 5 Ω 电阻消耗的功率。

解：本题所给电路中含有独立电流源与电阻的并联支路，有两种方法。

方法一：可以把 3 A 电流源所在支路电流看作已知，列写 KCL、KVL 方程求解。

各支路电流及其参考方向如题图 2-3（解图）（a）所示，

对①、②两个结点列 KCL 方程：

$$i_1+i_2=3$$

$$i_2=i_3+i_4$$

列两个 KVL 方程：

网孔Ⅰ：顺时针绕行方向

$$10+5i_3-2i_1=0$$

网孔Ⅱ：顺时针绕行方向

$$4i_4+5-5i_3=0$$

联立以上四个方程，解得： $i_3=-0.16\ \text{A}$

5 Ω 电阻消耗的功率 $p=i_3^2\times5=0.13\ \text{W}$。

方法二：根据电源等效变换把 3 A 电流源与 2 Ω 电阻的并联等效变换为 6 V 电压源与 2 Ω 电阻的串联，然后列写 KCL、KVL 方程。

利用电源等效变换，得到等效电路图如题图 2-3（解图）（b）所示。

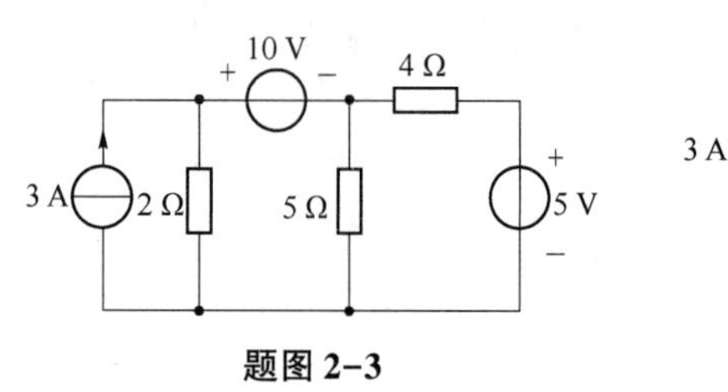

题图 2-3

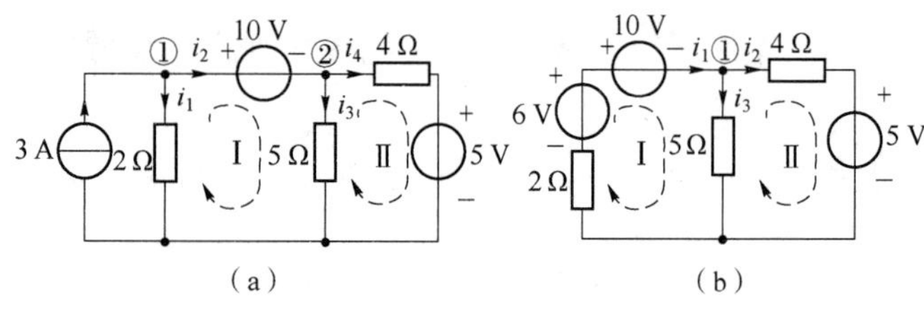

题图 2-3（解图）

对结点①列 KCL 方程：

$$i_1=i_2+i_3$$

分别对左右两个网孔列写 KVL 方程：

网孔Ⅰ：顺时针绕行方向

$$10+5i_3+2i_1-6=0$$

网孔Ⅱ：顺时针绕行方向

$$4i_2+5-5i_3=0$$

联立 KCL 方程和 KVL 方程，解得：$i_3=-0.16\ \text{A}$

5 Ω 电阻消耗的功率 $p=i_3^2\times5=0.13\ \text{W}$。

2-4　利用支路电流法计算题图 2-4 所示电路中电源的功率，并说明实际是吸收功率还是发出功率。

解：本题考查的知识点为：含独立电流源电路的支路电流法。见**知识要点 2** 中特殊情况分析中的第一种。

各支路电流、电流源端电压及其参考方向如题图 2-4（解图）(a) 所示。

方法一：电流源所在支路电流看作已知。

对结点①列写 KCL 方程：

$$i_1+2=i_2$$

列写最外围回路的 KVL 方程：顺时针绕行方向（选回路时避开电流源所在支路）

$$20i_1+30i_1+4i_2+5=0$$

联立以上两个方程，解得：

$$i_1=-0.24\ \text{A}\quad i_2=1.76\ \text{A}$$

对左边网孔列写 KVL 方程：顺时针绕行方向

$$(20+30)i_1-5\times2+u=0\Rightarrow u=22\ \text{V}$$

方法二：设电流源两端电压为 u，参考方向如题图 2-4（解图）(b) 所示。

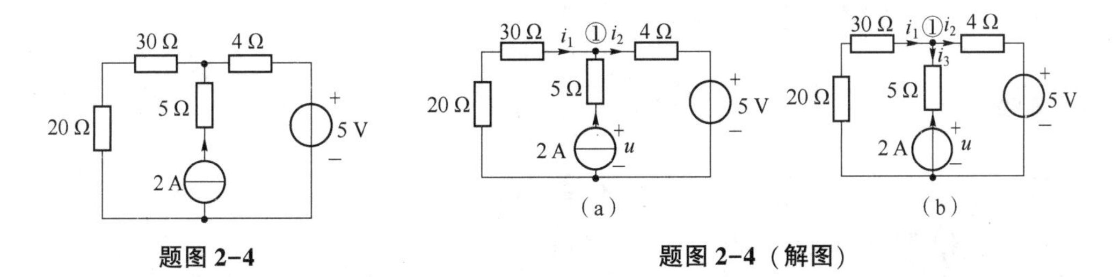

题图 2-4　　**题图 2-4（解图）**

对结点①列 KCL 方程：

$$i_1=i_2+i_3$$

对两个网孔分别列写 KVL 方程：

$$(20+30)i_1+5i_3+u=0$$

$$4i_2+5-u-5i_3=0$$

补充方程：　$i_3=-2\ \text{A}$

联立以上方程求解：

$$i_1=-0.24\ \text{A}\quad i_2=1.76\ \text{A}$$

$$(20+30)i_1-5\times2+u=0\Rightarrow u=22\ \text{V}$$

电流源端电压 u 与其 2 A 电流参考方向为非关联参考方向，则有：

$$p_{\text{电流源发}}=2u=2\times22\ \text{W}=44\ \text{W}，实际发出功率$$

电压源端电压 5 V 与其电流 i_2 参考方向为关联参考方向，则有：

$$p_{\text{电压源吸}}=5i_2=5\times1.76\ \text{W}=8.8\ \text{W}，实际吸收功率$$

2-5　利用支路电流法计算题图 2-5 中的电压 u。

解：本题含受控电流源支路，求解方法见**知识点 2** 中特殊情况“含受控源电路的支路电流法”。

把受控电流源所在支路电流看作已知，最后补充控制量与支路电流之间的关系方程。

支路电流 i_1、i_2 及参考方向如题图 2-5（解图）所示。

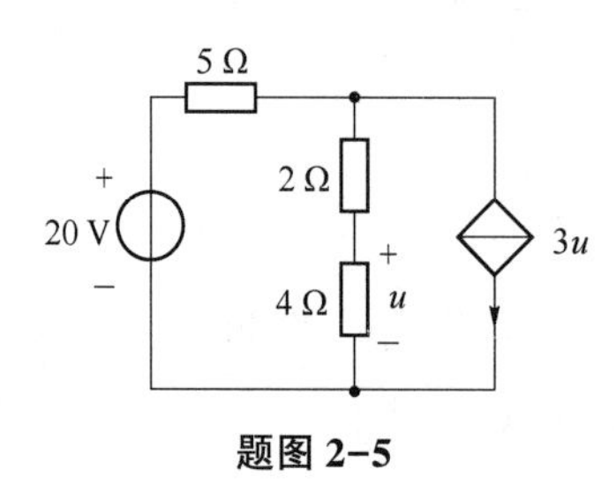

题图 2-5

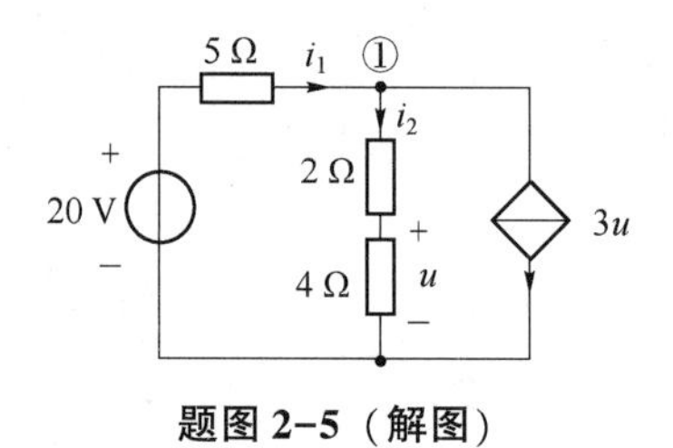

题图 2-5（解图）

对结点①列写 KCL 方程：

$$i_1 = i_2 + 3u$$

对左边网孔列写 KVL 方程：

$$5i_1 + 2i_2 + 4i_2 - 20 = 0$$

补充控制量 u 与支路电流之间的关系方程：

$$u = 4i_2$$

联立以上三个方程解得：

$$i_2 = 0.28\ \text{A}$$

$$u = 4i_2 = 1.12\ \text{V}$$

2-6　利用支路电流法计算题图 2-6 中的电流 i。

解：采用含受控电压源支路的支路电流法，将受控电压源当作独立电压源列方程，补充控制量与支路电流之间的关系方程。

支路电流 i_1、i_2 及其参考方向如题图 2-6（解图）所示。

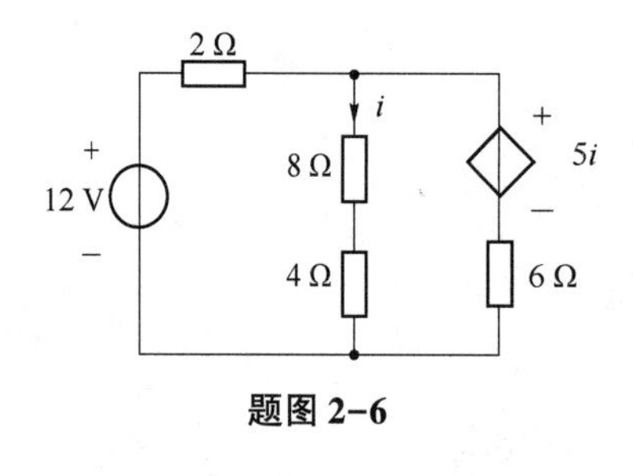

题图 2-6

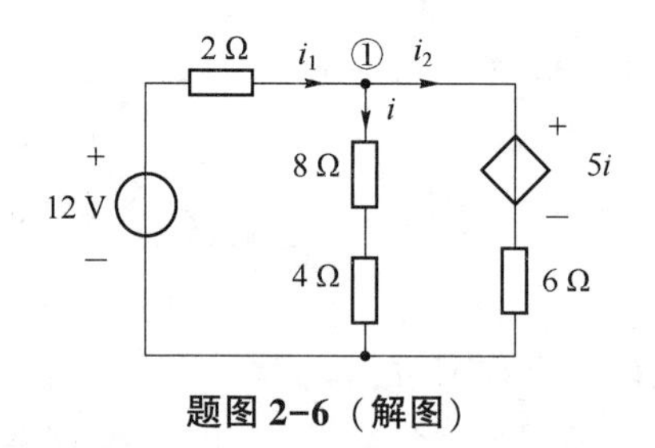

题图 2-6（解图）

对结点①列写 KCL 方程：　　$i_1 = i + i_2$

分别对左右两个网孔列写 KVL 方程：

$$2i_1 + 8i + 4i - 12 = 0$$

$$5i + 6i_2 - 4i - 8i = 0$$

联立以上三个方程解得：　　$i = 0.73\ \text{A}$

2-7 利用网孔电流法计算题图 2-7 中的电流 i_1、i_2 和 i_3。

解：含电压源和电阻串联的电路可以直接列网孔电流方程。

标出网孔电流 i_{l1}、i_{l2}及其参考方向，如题图 2-7（解图）所示。按照网孔电流方程标准形式列写网孔电流方程：

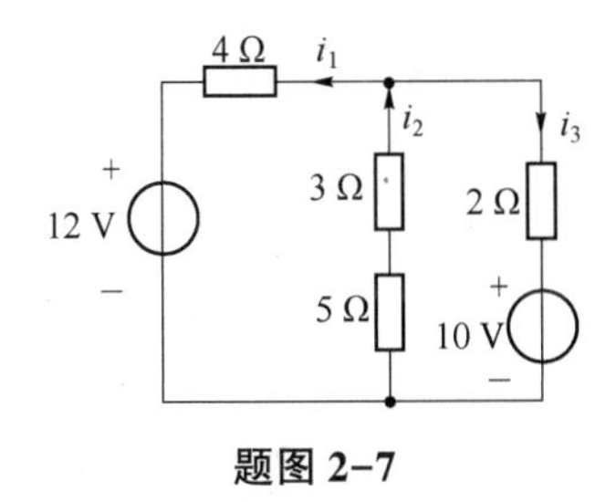

题图 2-7

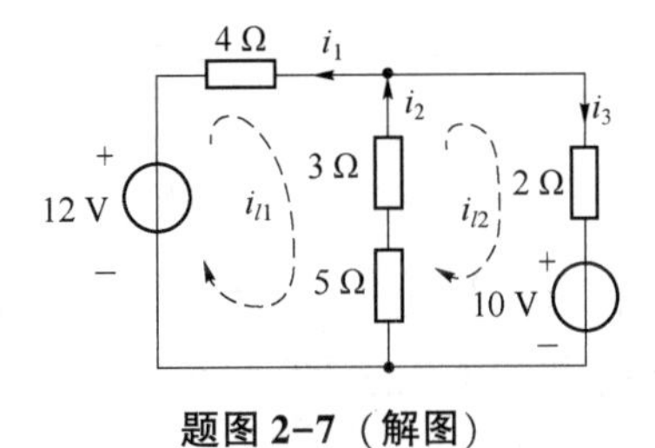

题图 2-7（解图）

$$\begin{cases}(4+3+5)i_{l1}-(3+5)i_{l2}=12\\-(3+5)i_{l1}+(3+2+5)i_{l2}=-10\end{cases}$$

解得：

$$i_{l1}=0.71\ \text{A}$$

$$i_{l2}=-0.43\ \text{A}$$

根据网孔电流与支路电流的关系得：

$$i_1=-i_{l1}=-0.71\ \text{A}$$

$$i_2=i_{l2}-i_{l1}=-1.14\ \text{A}$$

$$i_3=i_{l2}=-0.43\ \text{A}$$

2-8 利用网孔电流法计算题图 2-8 中桥式电路的电流 i。

解：标出网孔电流 i_{l1}、i_{l2}、i_{l3}及其参考方向，如题图 2-8（解图）所示。按照网孔电流方程标准形式列写网孔电流方程：

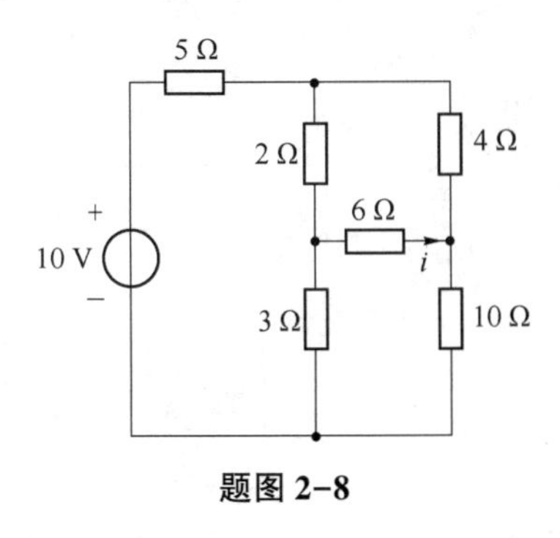

题图 2-8

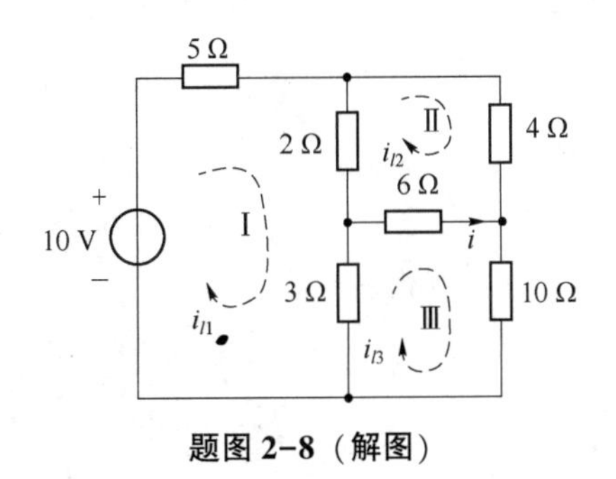

题图 2-8（解图）

网孔Ⅰ： $(5+2+3)i_{l1}-2i_{l2}-3i_{l3}=10$

网孔Ⅱ： $-2i_{l1}+(2+6+4)i_{l2}-6i_{l3}=0$

网孔Ⅲ： $-3i_{l1}-6i_{l2}+(3+6+10)i_{l3}=0$

解得：

$$i_{l1}=1.15\ \text{A}$$

$$i_{l2}=0.34\ \text{A}$$

$$i_{l3}=0.29\ \text{A}$$

$$i=i_{l3}-i_{l2}=-0.05\ \text{A}$$

2-9　列写题图 2-9 所示电路的网孔电流方程。

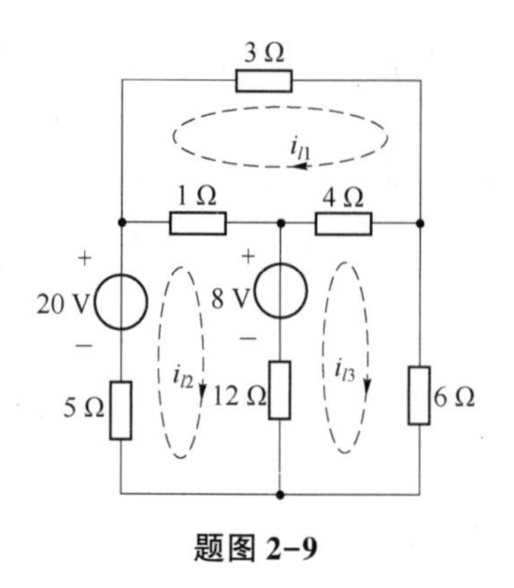

题图 2-9

解：对三个网孔列写网孔电流方程的标准形式：

$$\begin{cases}(3+4+1)i_{l1}-1i_{l2}-4i_{l3}=0\\-1i_{l1}+(1+12+5)i_{l2}-12i_{l3}=20-8\\-4i_{l1}-12i_{l2}+(4+6+12)i_{l3}=8\end{cases}$$

化简得：

$$\begin{cases}8i_{l1}-i_{l2}-4i_{l3}=0\\-i_{l1}+18i_{l2}-12i_{l3}=12\\-4i_{l1}-12i_{l2}+22i_{l3}=8\end{cases}$$

2-10　利用网孔电流法计算题图 2-10 中的电压 u。

解：本题电路图中含有电流源，且电流源只属于 1 个网孔，则电流源电流即为该网孔电流。

标出网孔电流 i_{l1}、i_{l2}、i_{l3}及其参考方向，如题图 2-10（解图）所示。按照网孔电流方程标准形式列写网孔电流方程：

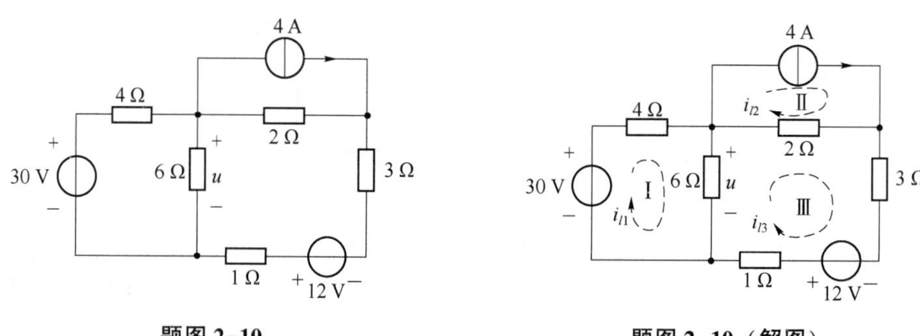

题图 2-10　　　　题图 2-10（解图）

网孔Ⅰ：　$(4+6)i_{l1}-6i_{l3}=30$

网孔Ⅱ：　$i_{l2}=4$

网孔Ⅲ：　$-6i_{l1}-2i_{l2}+(2+3+6+1)i_{l3}=12$

联立以上三个方程，解得：

$$i_{l1}=\frac{40}{7}\ \text{A}=5.71\ \text{A}$$

$$i_{l3}=\frac{95}{21}\ \text{A}=4.52\ \text{A}$$

$$u=6(i_{l1}-i_{l3})=7.14\ \text{V}$$

2-11　利用网孔电流法计算题图 2-11 中的电流 i。

解：本题电路图中含有电流源，且电流源属于两个网孔，需要先设电流源两端电压，然后利用观察法列写网孔电流方程，最后补充电流源电流与网孔电流之间的关系方程。

设电流源端电压为 u，参考方向如题图 2-11（解图）所示，标出网孔电流 i_{l1}、i_{l2}、i_{l3}及其参考方向。按照网孔电流方程标准形式列写网孔电流方程：

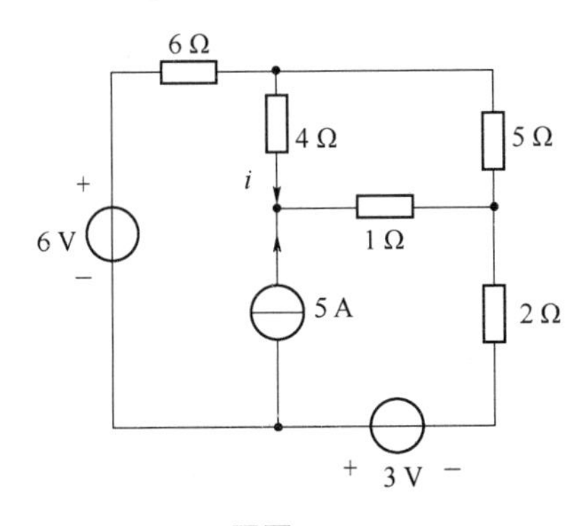

题图 2-11

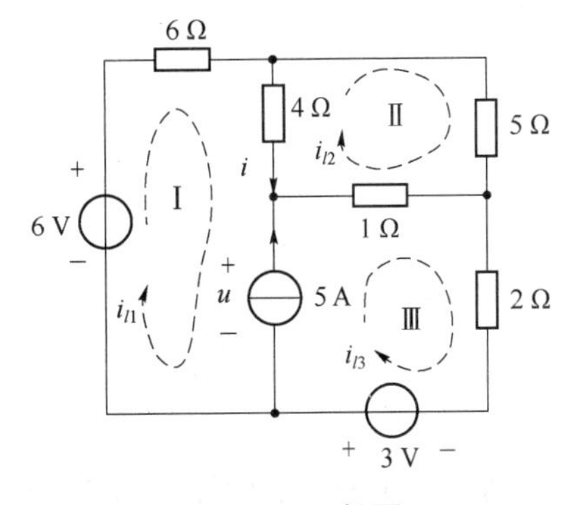

题图 2-11（解图）

$$\begin{cases}(6+4)i_{l1}-4i_{l2}=-u+6\\ -4i_{l1}+(4+5+1)i_{l2}-i_{l3}=0\\ -i_{l2}+(1+2)i_{l3}=3+u\end{cases}$$

由于多设了一个未知数 u，因此补充方程：$i_{l3}-i_{l1}=5$。

联立以上方程，解得：

$$i_{l1}=-0.33\ \text{A}$$

$$i_{l2}=0.33\ \text{A}$$

$$i_{l3}=4.67\ \text{A}$$

$$i=i_{l1}-i_{l2}=-0.66\ \text{A}$$

2-12　利用网孔电流法计算题图 2-12 中的电流 i 和电压 u。

解：本题电路图中含有两个电流源，其中 5 A 电流源只属于一个网孔，因此 5 A 电流源电流即为该网孔的网孔电流。10 A 电流源属于两个网孔，但其中一个网孔电流为电流源电流，因此，只需列写两个网孔电流与电流源之间的关系方程。

网孔电流及其参考方向如题图 2-12（解图）所示，对三个网孔列写网孔电流方程标准形式：

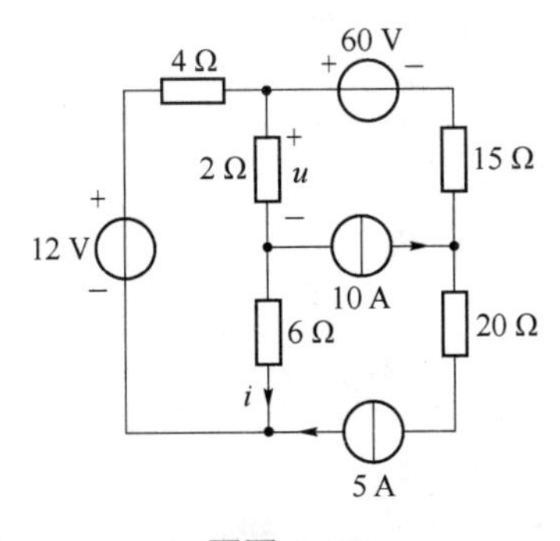

题图 2-12

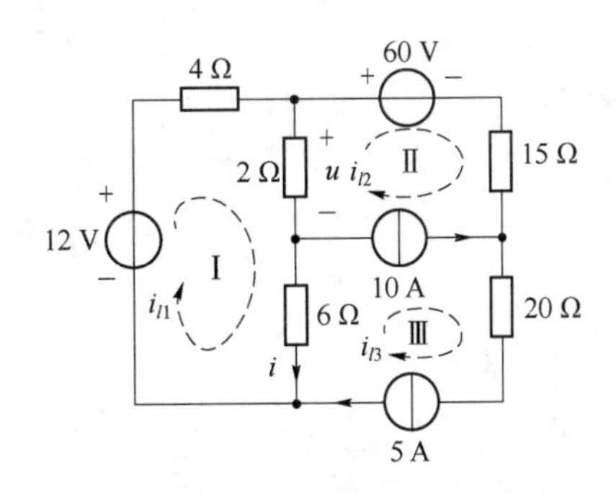

题图 2-12（解图）

$$\begin{cases}(4+2+6)i_{l1}-2i_{l2}-6i_{l3}=12\\ i_{l3}-i_{l2}=10\\ i_{l3}=5\end{cases}$$

解得：

$$i_{l1}=\frac{8}{3}\ \text{A}=2.67\ \text{A}$$

$$i_{l2}=-5\ \text{A}$$

$$i_{l3}=5\ \text{A}$$

$$i=i_{l1}-i_{l3}=-\frac{7}{3}\ \text{A}=-2.33\ \text{A}$$

$$u=2(i_{l1}-i_{l2})=15.33\ \text{V}$$

2-13　利用网孔电流法计算题图 2-13 中的电流 i。

解：本题采用含受控电压源电路的网孔电流法，把受控电压源当作独立电源列方程，最后补充控制量与网孔电流之间的关系方程。

网孔电流 i_{l1}、i_{l2}、i_{l3} 如题图 2-13（解图）所示，对三个网孔列写网孔电流方程标准形式：

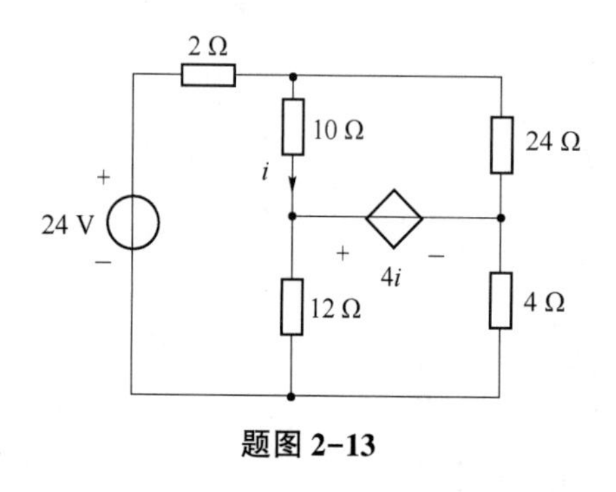

题图 2-13

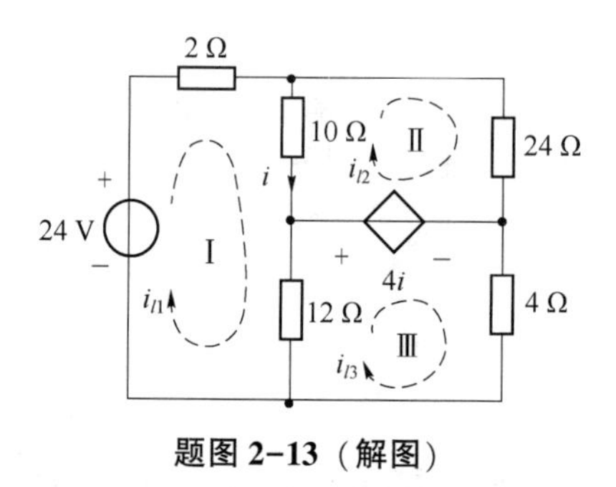

题图 2-13（解图）

$$\begin{cases}(2+10+12)i_{l1}-10i_{l2}-12i_{l3}=24\\-10i_{l1}+(10+24)i_{l2}=4i\\-12i_{l1}+(12+4)i_{l3}=-4i\end{cases}$$

由于含有受控源，因此补充控制量与网孔电流之间的关系方程：

$$i=i_{l1}-i_{l2}$$

联立以上四个方程，解得：

$$i_{l1}=1.82\ \text{A}$$

$$i_{l2}=0.67\ \text{A}$$

$$i_{l3}=1.08\ \text{A}$$

$$i=1.15\ \text{A}$$

2-14　利用网孔电流法计算题图 2-14 中所有电阻的功率。

解：本题采用含受控电压源电路的网孔电流法，把受控电压源当作独立电源列方程，最后补充控制量与网孔电流之间的关系方程。

网孔电流 i_{l1}、i_{l2} 如题图 2-14（解图）所示，对两个网孔列写网孔电流方程标准形式：

$$\begin{cases}(3+8)i_{l1}-8i_{l2}=-2u+6\\-8i_{l1}+(8+6)i_{l2}=2u\end{cases}$$

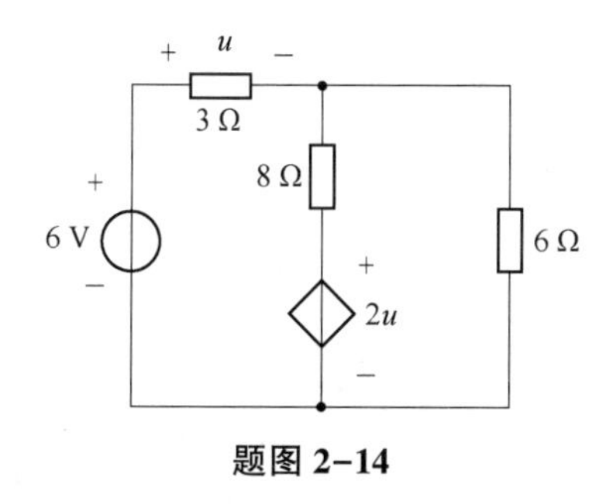

题图 2-14

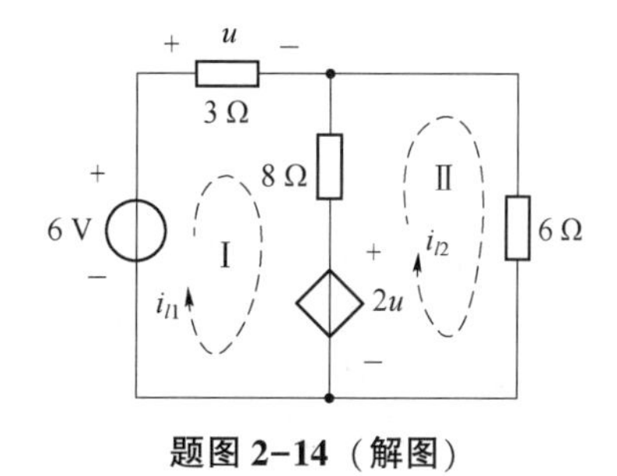

题图 2-14（解图）

由于含有受控源，因此补充控制量 u 与网孔电流之间的关系方程：

$$u=3i_{l1}$$

联立以上三个方程，解得：

$$i_{l1}=i_{l2}=\frac{2}{3}\ \text{A}=0.67\ \text{A}$$

$$p_{3\,\Omega}=i_{l1}{}^{2}\times 3=1.35\ \text{W}$$

$$p_{6\,\Omega}=i_{l2}{}^{2}\times 6=2.69\ \text{W}$$

$$p_{8\,\Omega}=(i_{l1}-i_{l2})^{2}\times 8=0\ \text{W}$$

2-15　利用网孔电流法计算题图 2-15 中 50 V 电压源的功率。

解：本题采用含受控电流源电路的网孔电流法，把受控电流源当作独立电流源列方程，最后补充控制量与网孔电流之间的关系方程。

网孔电流 i_{l1}、i_{l2}、i_{l3} 如题图 2-15（解图）所示，对三个网孔列写网孔电流方程标准形式：

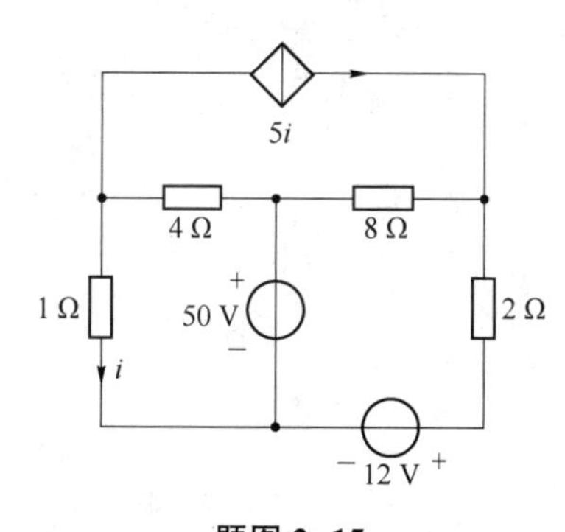

题图 2-15

题图 2-15（解图）

$$\begin{cases}i_{l1}=5i\\-4i_{l1}+(4+1)i_{l2}=-50\\-8i_{l1}+(8+2)i_{l3}=-12+50\end{cases}$$

由于含有受控源，因此补充控制量 i 与网孔电流之间的关系方程：

$$i=-i_{l2}$$

联立以上四个方程，解得：

$$i_{l1}=10\ \text{A}$$

$$i_{l2}=-2\ \text{A}$$

$$i_{l3}=11.8\ \text{A}$$

$$i=2\ \text{A}$$

$$p_{50\ \text{V吸}}=50(i_{l2}-i_{l3})=-690\ \text{W}$$

2-16　列出题图 2-16 中的网孔电流方程，并用回路电流法求解电压 u。

解：题图 2-16 所示电路图中 $4i$ 受控电流源只属于一个网孔，所以该网孔电流为受控源电流 $4i$。6 A 电流源属于两个网孔，但其中一个网孔电流为受控电流源电流，因此，只需列写两个网孔电流与电流源之间的关系方程。受控电压源正常列写网孔电流方程。最后补充受控电压源和受控电流源的控制量与网孔电流之间的关系方程。

网孔电流法：

对四个网孔列写网孔电流方程标准形式：

$$\begin{cases}(4+20+2)i_{l1}-20i_{l2}-2i_{l3}=60\\ i_{l2}=4i\\ -2i_{l1}+(2+6)i_{l3}-6i_{l4}=-5u+10\\ i_{l4}-i_{l2}=6\end{cases}$$

补充方程：　$i=i_{l3}-i_{l4}$

则有：　$u=4i_{l1}$

回路电流法：根据回路电流法中回路选取的技巧性，让电流源（受控电流源）所在支路只属于一个回路。四个回路及其回路电流方向如题图 2-16（解图）所示，列回路方程：

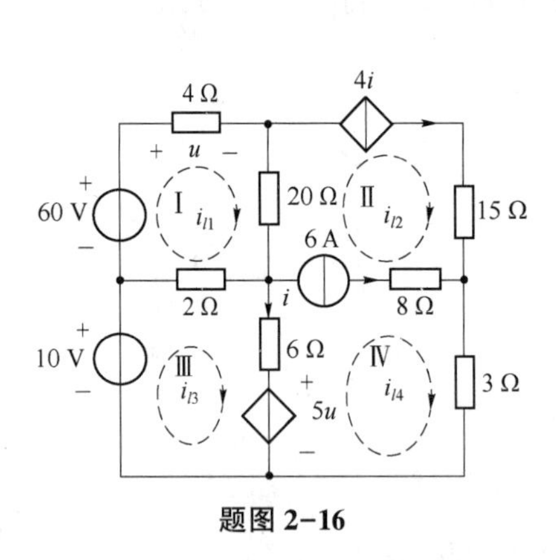

题图 2-16

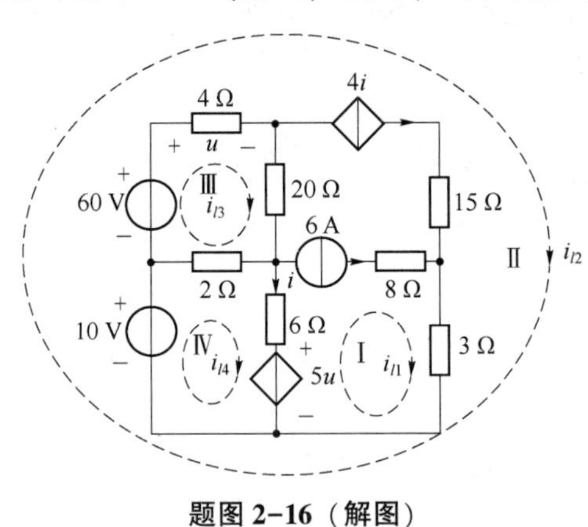

题图 2-16（解图）

$$\begin{cases}i_{l1}=6\\ i_{l2}=4i\\ 4i_{l2}+(4+20+2)i_{l3}-2i_{l4}=60\\ -6i_{l1}-2i_{l3}+(2+6)i_{l4}=-5u+10\end{cases}$$

由于含有受控源，因此补充控制量 i 与网孔电流之间的关系方程：

$$i=i_{l4}-i_{l1}$$

$$u=4(i_{l2}+i_{l3})$$

联立以上方程，解得：

$$i_{l2}=-2.65\ \text{A}$$
$$i_{l3}=3.13\ \text{A}$$
$$i_{l4}=5.34\ \text{A}$$
$$i=i_{l4}-i_{l1}=-0.66\ \text{A}$$
$$u=4(i_{l2}+i_{l3})=1.92\ \text{V}$$

2-17　用结点电压法计算题图 2-17 中的电压 u。

解：结点电压法解题方法和步骤详见**知识要点 4**。

选取参考点，对独立结点标结点标号，如题图 2-17（解图）所示。

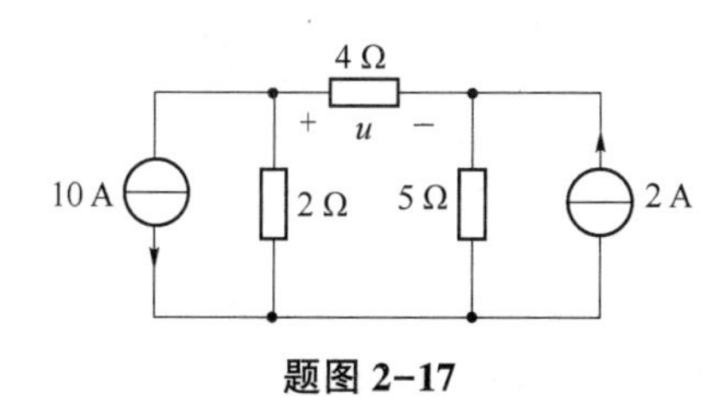

题图 2-17

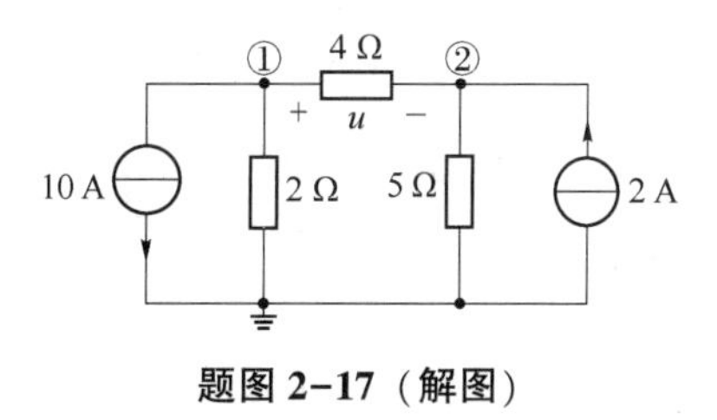

题图 2-17（解图）

结点①：

$$\left(\frac{1}{2}+\frac{1}{4}\right)u_{n1}-\frac{1}{4}u_{n2}=-10$$

结点②：

$$-\frac{1}{4}u_{n1}+\left(\frac{1}{4}+\frac{1}{5}\right)u_{n2}=2$$

解得：

$$u_{n1}=-14.55\ \text{V}$$
$$u_{n2}=-3.64\ \text{V}$$
$$u=u_{n1}-u_{n2}=-10.91\ \text{V}$$

2-18　列写题图 2-18 所示电路中的结点电压方程。

解：本题需要注意的是：与 2 A 电流源串联的10 Ω 电阻不列入结点电压方程。

结点①：

$$\left(\frac{1}{8}+\frac{1}{2}+\frac{1}{6}\right)u_{n1}-\frac{1}{2}u_{n2}-\frac{1}{6}u_{n3}=2-3$$

结点②：

$$-\frac{1}{2}u_{n1}+\left(\frac{1}{2}+\frac{1}{5}+\frac{1}{3}\right)u_{n2}-\frac{1}{3}u_{n3}=0$$

结点③：

$$-\frac{1}{6}u_{n1}-\frac{1}{3}u_{n2}+\left(\frac{1}{3}+\frac{1}{1}+\frac{1}{6}\right)u_{n3}=3-4$$

化简为：

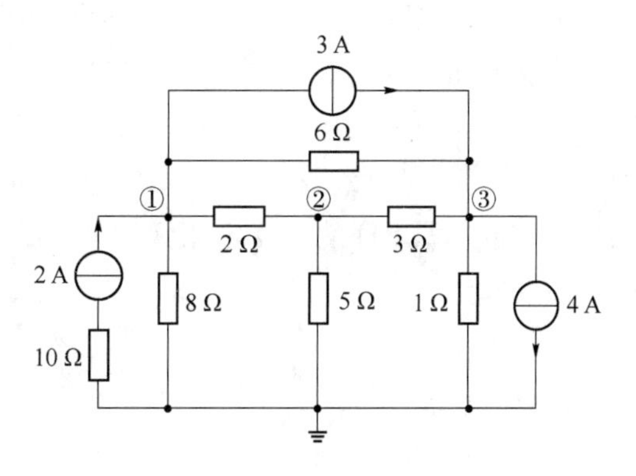

题图 2-18

$$\begin{cases}19u_{n1}-12u_{n2}-4u_{n3}=-24\\-15u_{n1}+31u_{n2}-10u_{n3}=0\\-u_{n1}-2u_{n2}+9u_{n3}=-6\end{cases}$$

2-19　利用结点电压方程计算题图 2-19 中的电流 i。

解：本题所示电路中含有电压源与电阻的串联，首先将其等效变换为电流源与电阻的并联，然后列写结点电压方程。等效电路如题图 2-19（解图）所示。选取参考点，对独立结点标结点标号。

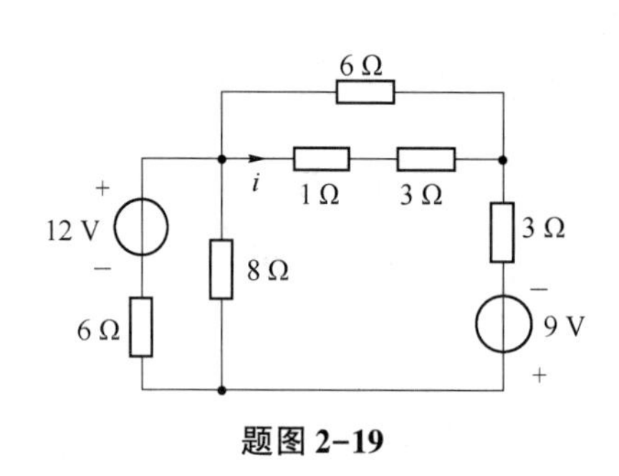

题图 2-19

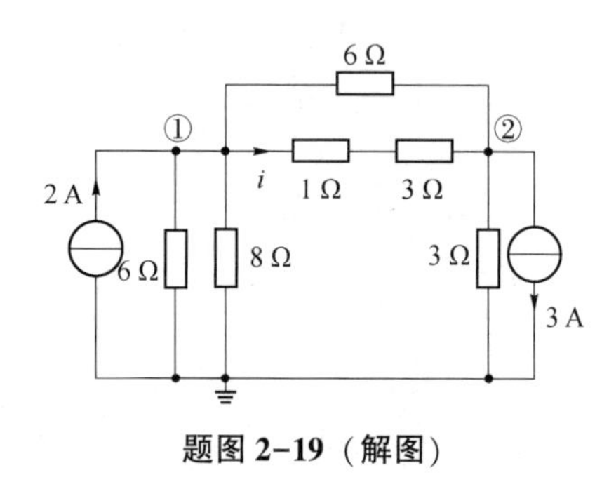

题图 2-19（解图）

结点①：

$$\left(\frac{1}{6}+\frac{1}{8}+\frac{1}{1+3}+\frac{1}{6}\right)u_{n1}-\left(\frac{1}{1+3}+\frac{1}{6}\right)u_{n2}=2$$

结点②：

$$-\left(\frac{1}{1+3}+\frac{1}{6}\right)u_{n1}+\left(\frac{1}{6}+\frac{1}{1+3}+\frac{1}{3}\right)u_{n2}=-3$$

解得：

$$u_{n1}=0.7\ \text{V}$$

$$u_{n2}=-3.61\ \text{V}$$

$$i=\frac{u_{n1}-u_{n2}}{1+3}=1.08\ \text{A}$$

2-20　利用结点电压法计算题图 2-20 中的电压 u。

解：本题电路中含有无伴电压源及电流源与电阻的串联。对于无伴电压源，在选参考点时，建议选择无伴电压源的“-”或“+”。与电流源串联的电阻不列入计算。

选参考点，标独立结点标号。由于含有无伴电压源，因此选择无伴电压源负极所在结点为参考点（选择正极所在结点为参考点也可以），如题图 2-20（解图）所示。本题还应注意与 2 A 电流源串联的 1 Ω 电阻无须列入结点电压方程。

结点①：

$$u_{n1}=20\ \text{V}$$

结点②：

$$\left(\frac{1}{20}+\frac{1}{4}\right)u_{n2}-\frac{1}{4}u_{n3}=2$$

结点③：

$$-\frac{1}{2+3}u_{n1}-\frac{1}{4}u_{n2}+\left(\frac{1}{3+2}+\frac{1}{10}+\frac{1}{4}\right)u_{n3}=0$$

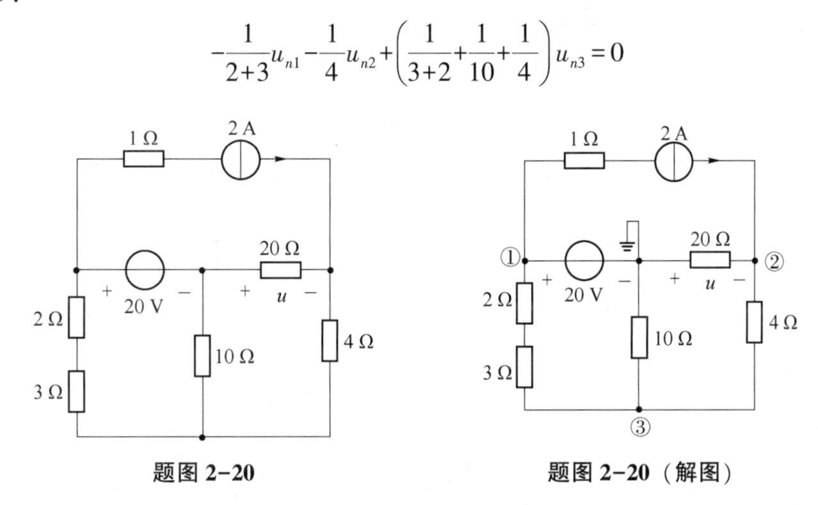

题图 2-20　　　　题图 2-20（解图）

解得：

$$u_{n1}=20\ \text{V}$$

$$u_{n2}=20.49\ \text{V}$$

$$u_{n3}=16.59\ \text{V}$$

$$u=0-u_{n2}=-20.49\ \text{V}$$

2-21　利用结点电压法计算题图 2-21 中的电压 u。

解：本题含有受控电流源，列完结点电压方程后，需补充控制量与结点电压之间的关系方程。

选参考结点，标独立结点标号，如题图 2-21（解图）所示。本题电阻标注的是电导，列结点电压方程时应注意。

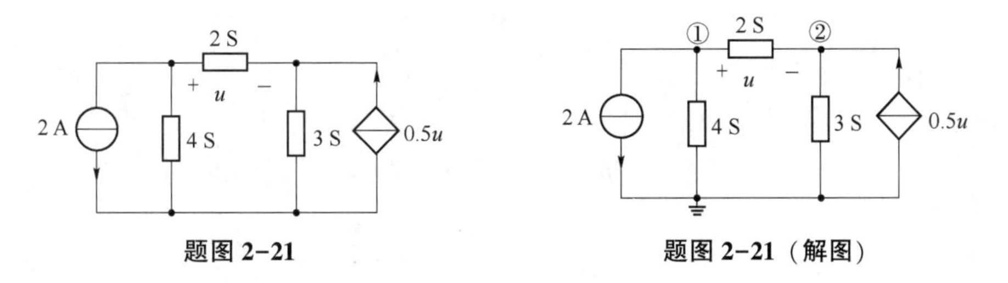

题图 2-21　　　　题图 2-21（解图）

结点①：　$$(2+4)u_{n1}-2u_{n2}=-2$$

结点②：　$$-2u_{n1}+(2+3)u_{n2}=0.5u$$

由于含有受控源，因此补充控制量与结点电压之间的关系方程：

$$u=u_{n1}-u_{n2}$$

联立以上方程，解得：

$$u_{n1}=-0.39\ \text{V}$$

$$u_{n2}=-0.18\ \text{V}$$

$$u=-0.21\ \text{V}$$

2-22　利用结点电压法计算题图 2-22 中电流 i 及各电阻的功率。

解：选参考结点，标独立结点标号，如题图 2-22（解图）所示。

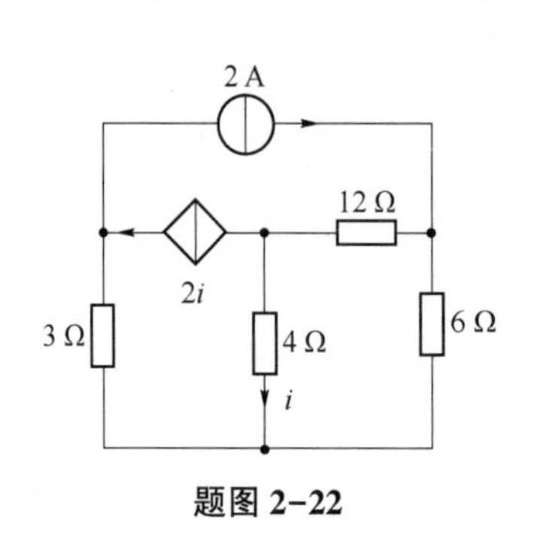

题图 2-22

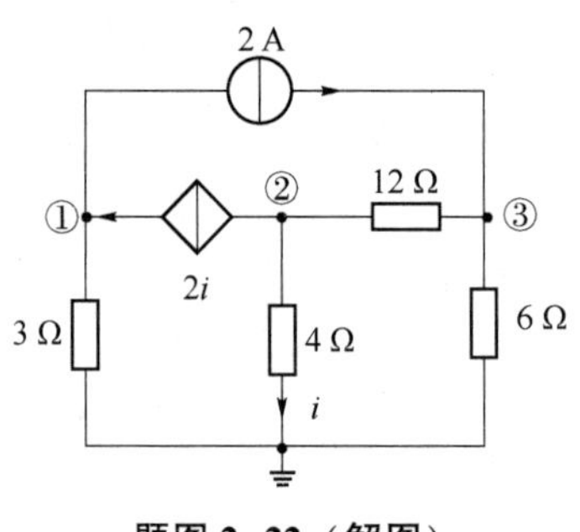

题图 2-22（解图）

结点①：
$$\frac{1}{3}u_{n1}=2i-2$$

结点②：
$$\left(\frac{1}{4}+\frac{1}{12}\right)u_{n2}-\frac{1}{12}u_{n3}=-2i$$

结点③：
$$-\frac{1}{12}u_{n2}+\left(\frac{1}{12}+\frac{1}{6}\right)u_{n3}=2$$

由于含有受控源，因此补充控制量与结点电压之间的关系方程：
$$i=\frac{u_{n2}}{4}$$

联立以上方程，解得：
$$u_{n1}=-4.76\ \text{V}$$
$$u_{n2}=0.83\ \text{V}$$
$$u_{n3}=8.28\ \text{V}$$
$$i=0.21\ \text{A}$$

各电阻功率：
$$p_{3\,\Omega}=\frac{u_{n1}^2}{3}=7.55\ \text{W}$$
$$p_{4\,\Omega}=\frac{u_{n2}^2}{4}=0.17\ \text{W}$$
$$p_{12\,\Omega}=\frac{(u_{n2}-u_{n3})^2}{12}=4.63\ \text{W}$$
$$p_{6\,\Omega}=\frac{u_{n3}^2}{6}=11.43\ \text{W}$$

2-23　利用结点电压法计算题图 2-23 中的电压 u。

解：本题电路中含有受控电压源与电阻的串联，需要先利用电源等效变换将其等效为受控电流源与电阻的并联，再列写结点电压方程，最后补充控制量与结点电压之间的关系方程。

利用电源等效变换，把 $2u$ 受控电压源与 2 Ω 电阻的串联等效为受控电流源与 2 Ω 电阻的并联，受控电流源为$\frac{2u}{2}=u$，选参考点，标独立结点标号，如题图 2-23（解图）所示。

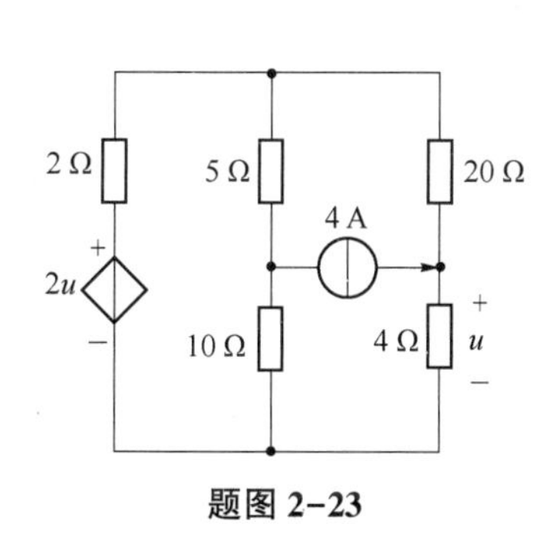

题图 2-23

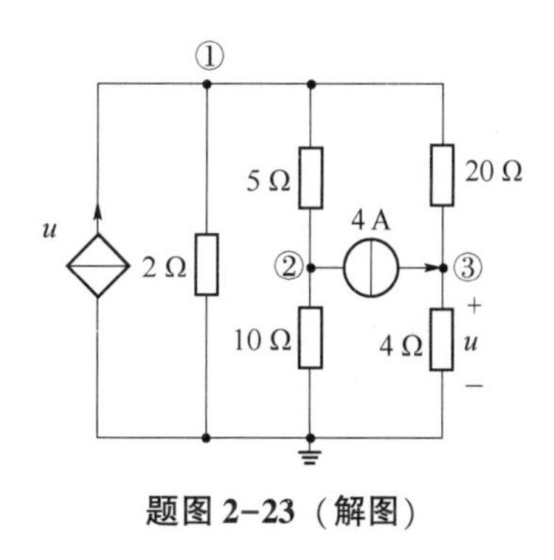

题图 2-23（解图）

结点①：
$$\left(\frac{1}{2}+\frac{1}{5}+\frac{1}{20}\right)u_{n1}-\frac{1}{5}u_{n2}-\frac{1}{20}u_{n3}=u$$

结点②：
$$-\frac{1}{5}u_{n1}+\left(\frac{1}{5}+\frac{1}{10}\right)u_{n2}=-4$$

结点③：
$$-\frac{1}{20}u_{n1}+\left(\frac{1}{20}+\frac{1}{4}\right)u_{n3}=4$$

由于含有受控源，因此补充控制量与结点电压之间的关系方程：

$$u=u_{n3}$$

联立以上方程，解得：

$$u_{n1}=25.66\ \text{V}$$
$$u_{n2}=3.77\ \text{V}$$
$$u_{n3}=17.61\ \text{V}$$
$$u=17.61\ \text{V}$$

2-24　利用结点电压法计算题图 2-24 中的电流 i。

解：选参考点，标独立结点标号。由于含有 12 V 无伴电压源，因此选择无伴电压源正极所在结点为参考点（选择负极所在结点为参考点也可以），如题图 2-24（解图）所示。

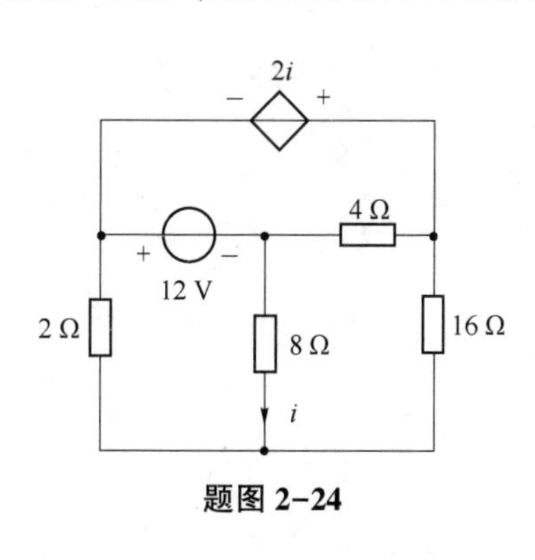

题图 2-24

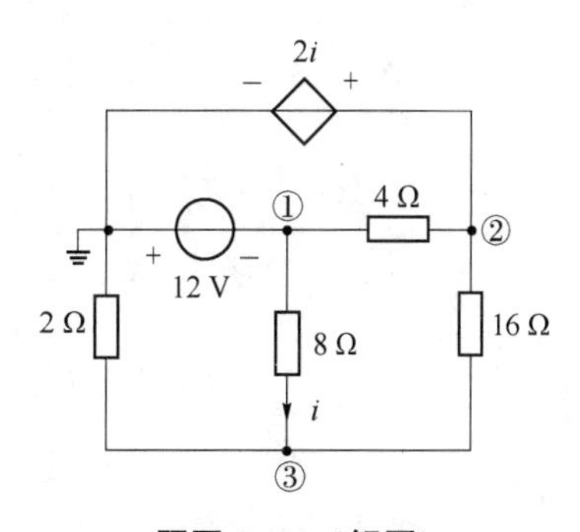

题图 2-24（解图）

结点①：
$$u_{n1}=-12$$

结点②：
$$u_{n2}=2i$$

结点③：
$$-\frac{1}{8}u_{n1}-\frac{1}{16}u_{n2}+\left(\frac{1}{2}+\frac{1}{8}+\frac{1}{16}\right)u_{n3}=0$$

由于含有受控源，因此补充控制量与结点电压之间的关系方程：

$$i=\frac{u_{n1}-u_{n3}}{8}$$

联立以上方程，解得：

$$u_{n1}=-12\ \text{V}$$

$$u_{n2}=-2.4\ \text{V}$$

$$u_{n3}=-2.4\ \text{V}$$

$$i=-1.2\ \text{V}$$

2-25　利用结点电压法计算题图 2-25 中的电压 u 和电流 i。

解：本题含有受控电流源、独立电压源与电阻的串联、受控电压源与电阻的串联。对于独立电压源与电阻的串联、受控电压源与电阻的串联，利用电源等效变换分别等效为独立电流源与电阻的并联、受控电流源与电阻的并联，再列写结点电压方程。最后补充控制量与结点电压之间的关系方程。

利用电源等效变换，把 12 V 电压源与 4 Ω 电阻的串联等效为$\frac{12}{4}$ A = 3 A 电流源与 4 Ω 电阻的并联，把 4i 受控电压源与 2 Ω 电阻的串联等效为受控电流源与 2 Ω 电阻的并联，受控电流源为 $\frac{4i}{2}=2i$，设参考结点，标独立结点标号，如题图 2-25（解图）所示。

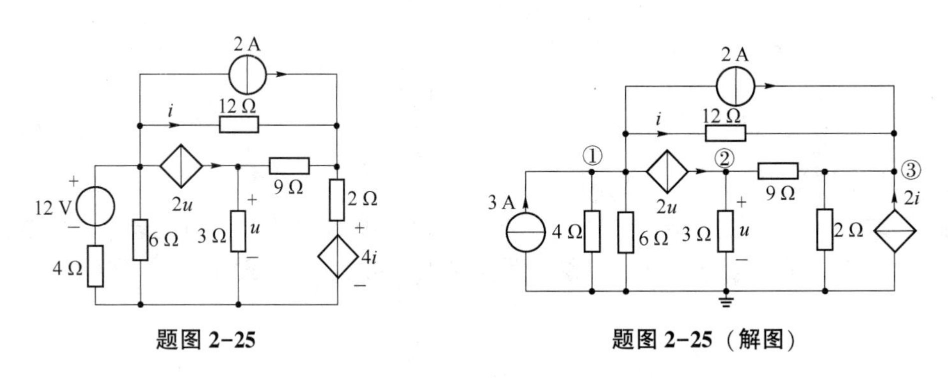

题图 2-25　　**题图 2-25（解图）**

结点①：

$$\left(\frac{1}{4}+\frac{1}{6}+\frac{1}{12}\right)u_{n1}-\frac{1}{12}u_{n3}=-2-2u+3$$

结点②：

$$\left(\frac{1}{3}+\frac{1}{9}\right)u_{n2}-\frac{1}{9}u_{n3}=2u$$

结点③：

$$-\frac{1}{12}u_{n1}-\frac{1}{9}u_{n2}+\left(\frac{1}{9}+\frac{1}{2}+\frac{1}{12}\right)u_{n3}=2+2i$$

含有两个受控源，因此补充两个受控源控制量与结点电压之间的关系方程：

$$u=u_{n2}$$

$$i=\frac{u_{n1}-u_{n3}}{12}$$

解得：

$$u_{n1}=3.50\ \text{V}$$

$$u_{n2}=-0.24\ \text{V}$$

$$u_{n3}=3.31\ \text{V}$$

$$u=u_{n2}=-0.24\ \text{V}$$

$$i=0.02\ \text{A}$$

历年考研真题

真题 2-1 在真题图 2-1 所示电路中，按指定结点用结点电压法求各受控源发出的功率。[2014 年中国矿业大学电路考研真题]

解：根据电源等效变换，将 6 V 电压源与 2 Ω 电阻的串联等效为 3 A 电流源与 2 Ω 电阻的并联。

本题还应注意与受控电流源串联的 1 Ω 电阻不列入结点电压方程。

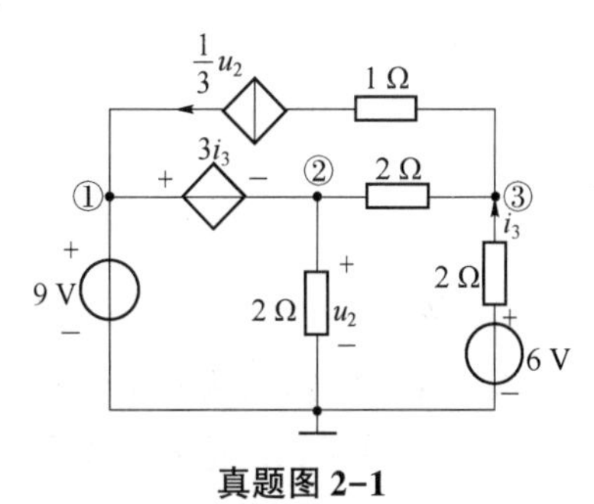

真题图 2-1

列结点电压方程：

结点①： $u_{n1}=9$

结点②： $9-u_{n2}=3i_3$

结点③： $-\dfrac{1}{2}u_{n2}+\left(\dfrac{1}{2}+\dfrac{1}{2}\right)u_{n3}=-\dfrac{1}{3}u_2+3$

由于含有两个受控源，因此补充两个控制量与结点电压之间的关系方程：

$$u_2=u_{n2}$$

$$u_{n3}=6-2i_3$$

联立以上方程求解，可得：

$$u_{n2}=6\ \text{V}$$

$$u_2=6\ \text{V}$$

$$i_3=1\ \text{A}$$

$$u_{n3}=4\ \text{V}$$

设受控电压源电流为 i，参考方向与受控电压源电压的参考方向方向相同，列写结点②的 KCL 方程，则有：

$$i=\frac{u_{n2}}{2}+\frac{u_{n2}-u_{n3}}{2}=4\ \text{A}$$

$$p_{\text{受控电压源发}}=-3i_3 i=-12\ \text{W}$$

设受控电流源两端电压为 u，参考方向与受控电流源电流的参考方向相同，则

$$u_{n1}-u_{n3}=-u-\frac{1}{3}u_2\cdot 1=(7-2)\ \text{V}=5\ \text{V}$$

$$p_{\text{受控电流源发}}=-u\cdot\frac{1}{3}u_2=14\ \text{W}$$

真题 2-2 用结点电压法求真题图 2-2 所示电路中的 i_1、i_2、i_3 及 3 A 电流源吸收的功率。[2015 年中国矿业大学电路考研真题]

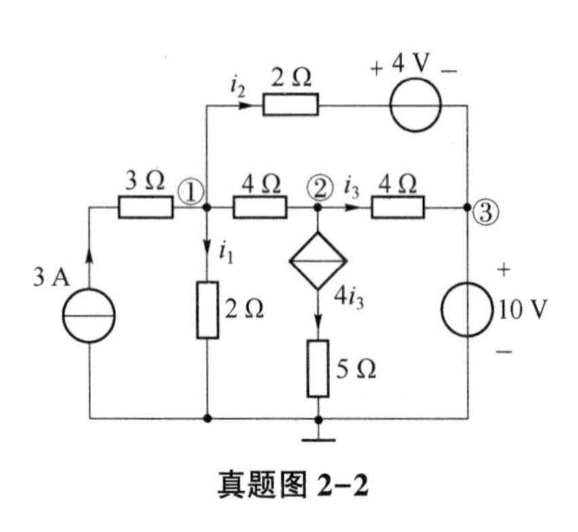

真题图 2-2

解：本题需注意的是，与3 A电流源串联的3 Ω电阻及与受控电流源串联的5 Ω电阻都不列入结点电压方程。4 V电压源与2 Ω电阻的串联等效为电流源与电阻的并联。

结点电压方程为：

结点①：$\left(\frac{1}{2}+\frac{1}{4}+\frac{1}{2}\right)u_{n1}-\frac{1}{4}u_{n2}-\frac{1}{2}u_{n3}=3+\frac{4}{2}$

结点②：$-\frac{1}{4}u_{n1}+\left(\frac{1}{4}+\frac{1}{4}\right)u_{n2}-\frac{1}{4}u_{n3}=-4i_3$

结点③：$u_{n3}=10\text{ V}$

补充控制量与结点电压之间的关系方程：

$$i_3=\frac{u_{n2}-u_{n3}}{4}$$

解得：

$$u_{n1}=10\text{ V},\ u_{n2}=10\text{ V},\ i_3=0\text{ A}$$

$$i_1=\frac{u_{n1}}{2}=5\text{ A},\ i_2=\frac{u_{n1}-u_{n3}-4}{2}=-2\text{ A}$$

设3 A电流源两端电压为u，上正下负，即电流源端电压与3 A电流参考方向为非关联参考方向（可以直接把u及参考方向标在电路图上）。则有：

$$u_{n1}=(-3)\times3+u$$

解得$u=19\text{ V}$，$p_{3A吸收}=-3u=-57\text{ W}$。

真题 2-3 在真题图2-3所示电路中，左边电流源电流i_S为多大时，电压u_0为零？（设点O为参考点，用结点电压法求解）［2013年北京交通大学电路考研真题］

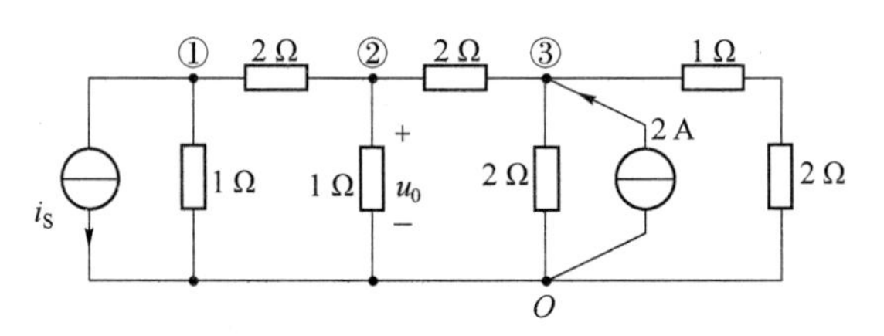

真题图 2-3

解：列结点电压方程：

结点①：
$$\left(\frac{1}{1}+\frac{1}{2}\right)u_{n1}-\frac{1}{2}u_{n2}=-i_S$$

结点②：
$$-\frac{1}{2}u_{n1}+\left(\frac{1}{2}+\frac{1}{1}+\frac{1}{2}\right)u_{n2}-\frac{1}{2}u_{n3}=0$$

结点③：
$$-\frac{1}{2}u_{n2}+\left(\frac{1}{2}+\frac{1}{2}+\frac{1}{1+2}\right)u_{n3}=2$$

电压$u_0=0$，即$u_{n2}=0$，代入以上方程求解可得：$i_S=2.25\text{ A}$。

即：左边电流源电流i_S为2.25 A时，电压u_0为零。

真题 2-4 各回路电流的参考方向已标注于真题图2-4所示电路中，若列写回路电流Ⅱ的方程，将受控源的控制量i_3与回路电流的关系式代入整理后，该回路电流Ⅱ方程中的i_{l2}前面系

数为________，该回路中的 i_{L3} 前面的系数为________。[2018 年江苏大学电路考研真题]

解：列写回路电流方程：

回路Ⅰ：$(R_1+R_3)i_{L1}-R_3i_{L2}=u_{S1}-u_{S4}$

回路Ⅱ：$-R_3i_{L1}+(R_2+R_3+R_5)i_{L2}-R_5i_{L3}=-ri_3$

回路Ⅲ：$-R_5i_{L2}+(R_5+R_6)i_{L3}=u_{S4}$

补充控制量与回路电流之间的关系方程：$i_3=i_{L1}-i_{L2}$

把补充方程带入回路Ⅱ方程，整理得：

$$(r-R_3)i_{L1}+(R_2+R_3+R_5-r)i_{L2}-R_5i_{L3}=0$$

因此，回路电流Ⅱ方程中的 i_{L2} 前面系数为 $R_2+R_3+R_5-r$，

该回路中的 i_{L3} 前面的系数为 $-R_5$。

真题 2-5 已知电路如真题图 2-5 所示，各回路绕向及编号均已指定，请列写该电路的回路电流方程，并求出电流 i。[2019 年江苏大学电路考研真题]

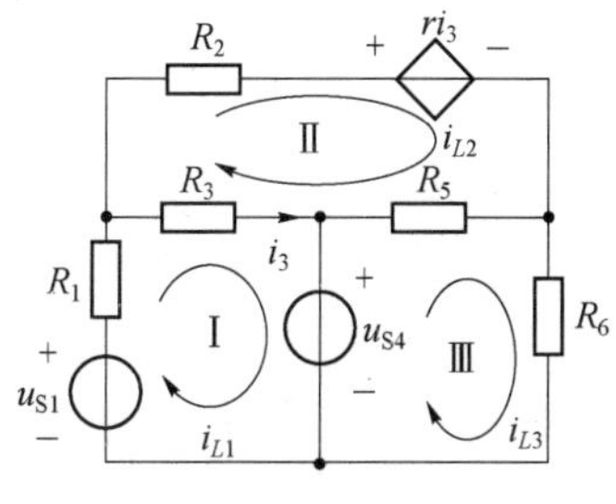

真题图 2-4

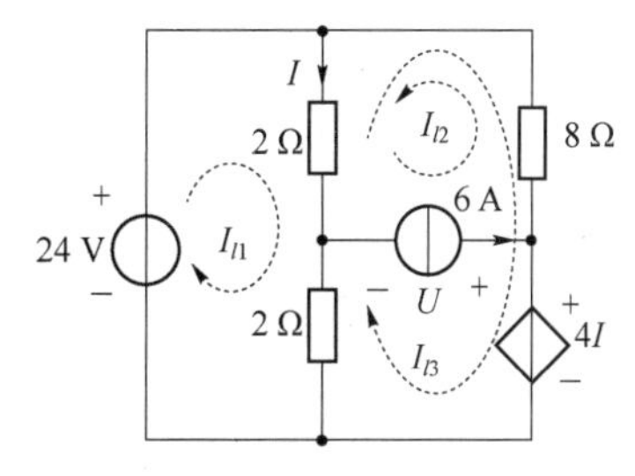

真题图 2-5

解：回路电流方程：

$$(2+2)i_{l1}+2i_{l2}-(2+2)i_{l3}=24$$

$$i_{l2}=6$$

$$-(2+2)i_{l1}-(2+8)i_{l2}+(2+8+2)i_{l3}=-4i$$

补充控制量与回路电流之间的关系方程：

$$i=i_{l1}+i_{l2}-i_{l3}$$

解得：$i_{l1}=7.5$ A，$i_{l2}=6$ A，$i_{l3}=4.5$ A，$i=9$ A。

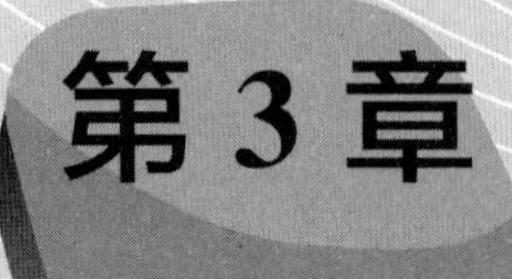

第3章 电路定理

学习目标

1. 理解并掌握叠加定理、戴维南定理、诺顿定理及最大功率传输定理的内容和应用条件。

2. 能综合利用叠加定理、戴维南定理、诺顿定理及最大功率传输定理解决电路中的相关问题。

知识要点

1. 线性电路的齐次性

线性电路的响应为激励的线性组合。当只有一个激励时，响应与激励成正比。线性电路中，若所有激励（独立电源）都增大（或减小）相同的倍数，则中响应（电压或电流）也增大（或减小）相同的倍数。

2. 叠加定理

由多个独立电源共同作用的**线性电路**中，任一支路的电流（或电压）都可以看成是电路中每一个独立电源单独作用于电路时，在该支路上产生的电流（或电压）的**代数和**。

叠加定理分析问题的步骤如下。

(1) 画出每个独立电源单独作用时的电路图，即**分电路图**，**标分量**。

每个独立电源单独作用时，其他独立电源为零（独立电压源短路，独立电流源开路）。分量标在原来的位置（不管原来位置的元件是开路还是短路），参考方向可以任意标示，受控源保留在分电路中，但控制量变为相应的分量。

（2）在分电路图中求分量。

（3）叠加。即总量等于相应分量的**代数和**。

3. 戴维南定理

任何一个线性含源二端网络，对外电路来讲，都可以等效为一个独立电压源和电阻的串联，该组合电路称为戴维南等效电路。

其中，独立电压源的电压等于二端网络端口处的开路电压，参考方向与开路电压的参考方向一致。串联的电阻等于二端网络的输入电阻（或等效电阻）。等效电阻的求解方法详见**第 1 章知识要点 9**。

戴维南定理的应用：有两种题型。

（1）已知一线性二端网络，求解其戴维南等效电路，如图 3-1、图 3-2 所示。

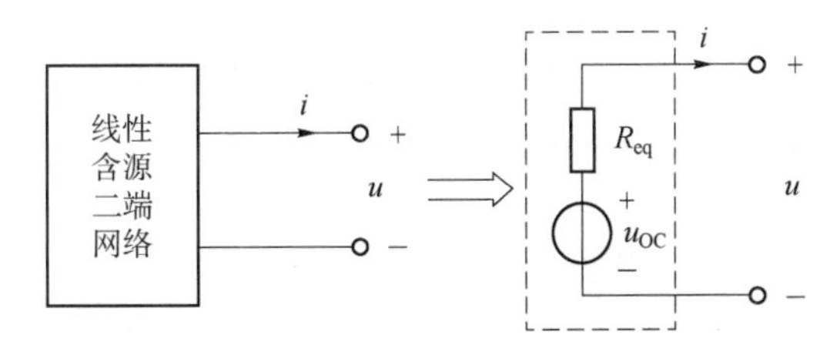

图 3-1　戴维南定理

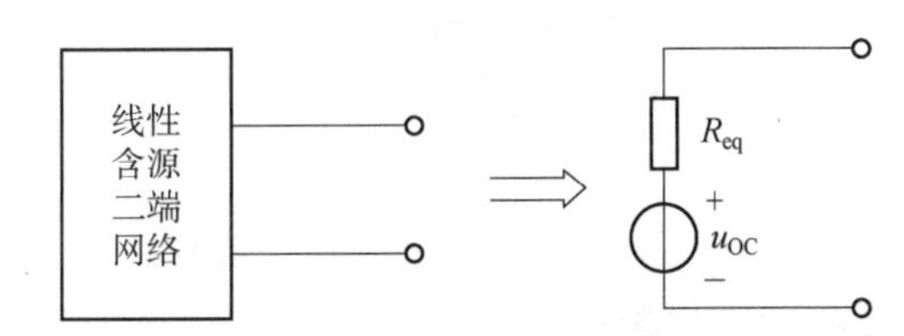

图 3-2　线性含源二端网络戴维南等效电路

此题型的解题步骤是：利用电源等效变换（有时候是多次利用）把线性含源二端网络化简为一个独立电压源与一个电阻的串联。或者是：求其开路电压；求其等效电阻；画出戴维南等效电路。

（2）已知一复杂电路，求解某一支路电压或求解某一支路电流，如图 3-3 所示。

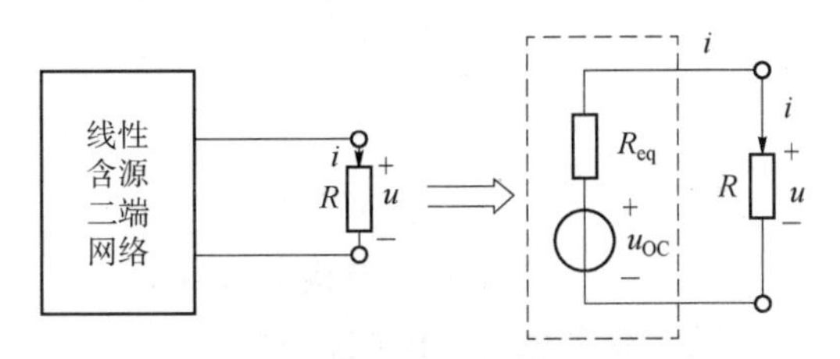

图 3-3　戴维南定理在带有负载电路中的应用

此题型的解题步骤是：断开待求支路（把待求支路从原电路图中移走），标出余下二端网络的开路电压；计算余下二端网络的开路电压；计算余下二端网络的戴维南等效电阻；画出余下二端网络的戴维南等效电路，并把断开的待求支路连接在戴维南等效电路两个端子间，然后在等效电路中求解参数。

4. 诺顿定理

任何一个线性含源二端网络，对于外电路而言，可以等效为一个独立电流源和电阻的并联。该组合电路称为诺顿等效电路，如图 3-4 所示。

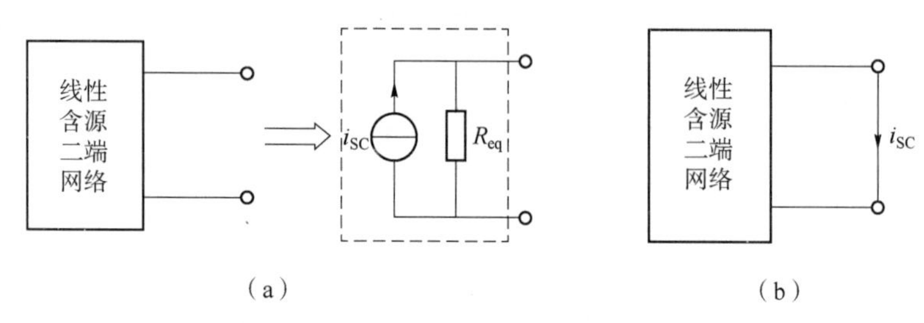

图 3-4　诺顿定理及电流源电流求解

其中，独立电流源的电流等于二端网络端口处的短路电流，参考方向与开路电压的参考方向一致。并联的电阻等于二端网络的输入电阻（或等效电阻）。等效电阻的求解方法详见**第 1 章知识要点 9**。

5. 最大功率传输定理

对于线性含源二端网络，当其外接负载 $R_L = R_{eq}$时，负载可以获得最大功率，此条件称为**最大功率匹配条件**，如图 3-5 所示。此时获得的最大功率为 $p_{max} = \dfrac{u_{OC}^2}{4R_{eq}}$。

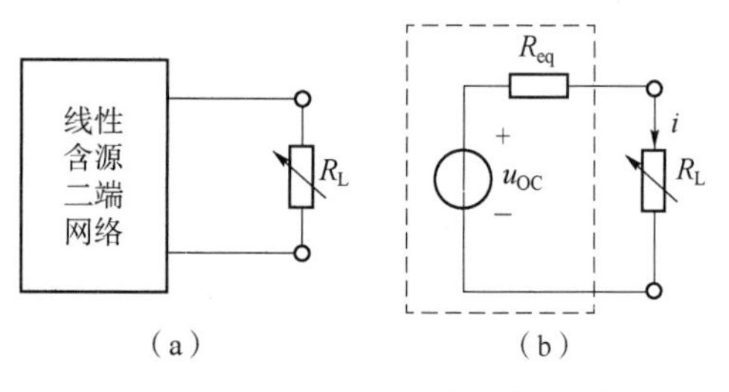

图 3-5　最大功率传输定理示例

应用最大功率传输定理解题的步骤：

（1）断开负载 R_L，求余下二端网络的开路电压 u_{OC}；

（2）求余下二端网络的等效电阻 R_{eq}（方法见**第 1 章知识要点 9**）；

（3）根据最大功率传输定理，当负载 $R_L = R_{eq}$时，负载可以获得最大功率：

$$p_{max} = \frac{u_{OC}^2}{4R_{eq}}$$

教材同步习题详解

3-1　在题图 3-1 中，已知当 $u_S = 1$ V，$i_S = 4$ A 时，电流 $i = 2$ A；当 $u_S = 3$ V，$i_S = 6$ A 时，电流 $i = 4$ A。问：当 $u_S = 6$ V，$i_S = 12$ A 时，电流 i 为多少？

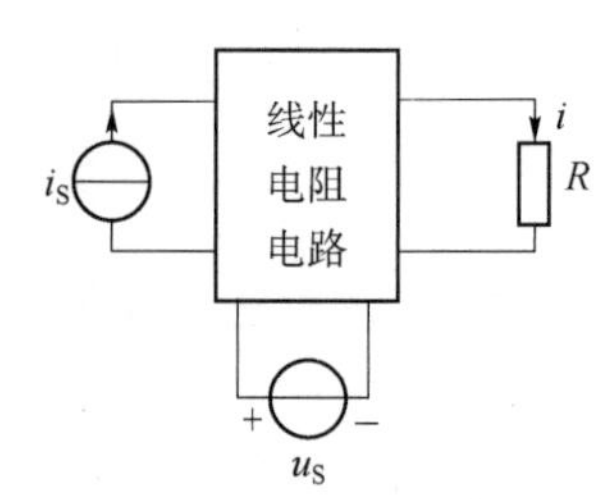

题图 3-1

解：线性电路中响应是激励的线性组合。因此，设

$$i = k_1 u_S + k_2 i_S$$

把已知条件代入，可得：

$$\begin{cases} k_1 + 4k_2 = 2 \\ 3k_1 + 6k_2 = 4 \end{cases}\quad 解得：k_1 = \frac{2}{3},\ k_2 = \frac{1}{3}$$

即 $i=\frac{2}{3}u_{\mathrm{S}}+\frac{1}{3}i_{\mathrm{S}}$，把已知条件 $u_{\mathrm{S}}=6\ \mathrm{V}$，$i_{\mathrm{S}}=12\ \mathrm{A}$ 代入，解得：

$$i=\left(\frac{2}{3}\times6+\frac{1}{3}\times12\right)\mathrm{A}=8\ \mathrm{A}$$

3-2　利用叠加定理计算题图 3-2 中的电压 u。

解：叠加定理应用的解题步骤：画分电路图、标分量、求分量、叠加。

30 V 电压源单独作用时，2 A 电流源开路，u 的分量为 u'，分电路图如题图 3-2（解图）(a) 所示，则有：

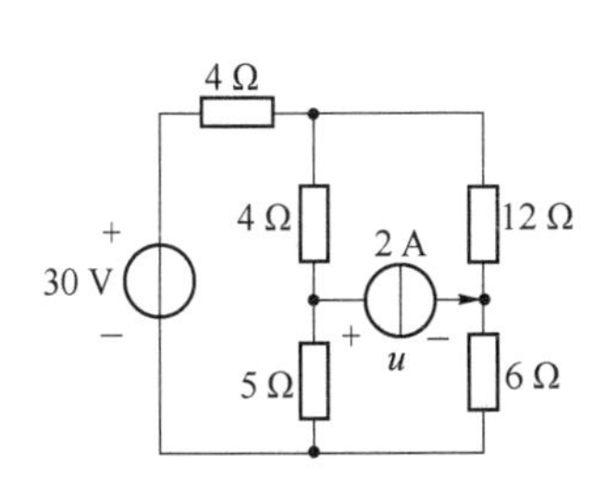

题图 3-2

(a)

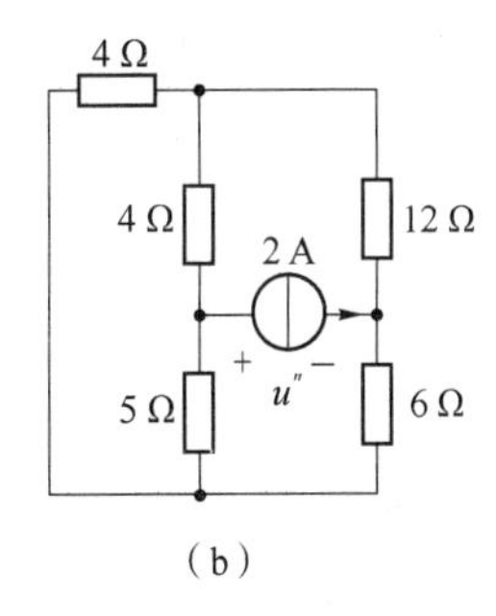

(b)

题图 3-2（解图）

$$R_{\text{总}}=[4+(4+5)/\!/(12+6)]\Omega=10\ \Omega$$

$$i'=\frac{30}{10}\ \mathrm{A}=3\ \mathrm{A}$$

根据分流公式得：
$$i_1'=\frac{12+6}{4+5+12+6}i'=2\ \mathrm{A}$$

$$i_2'=i'-i_1'=(3-2)\mathrm{A}=1\ \mathrm{A}$$

$$u'=-4i_1'+12i_2'=4\ \mathrm{V}$$

2 A 电流源单独作用时，30 V 电压源短路，u 的分量为 u''，分电路图如题图 3-2（解图）(b) 所示。

利用 Y—△ 变换得：$R_{\text{总}}=6.34\ \Omega$

$$u''=-2R_{\text{总}}=-2\times6.34\ \mathrm{V}=-12.68\ \mathrm{V}$$

$$u=u'+u''=(4-12.68)\mathrm{V}=-8.68\ \mathrm{V}$$

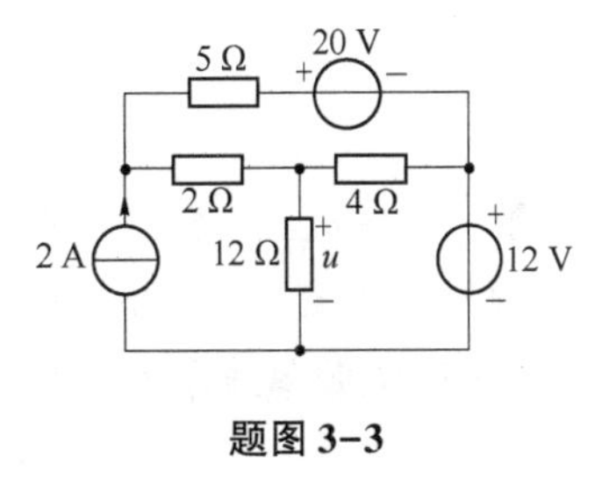

题图 3-3

3-3　利用叠加定理计算题图 3-3 中的电压 u。

解：画分电路图、标分量、求分量、叠加。

20 V 电压源单独作用时，2 A 电流源开路，12 V 电压源短路，分电路图如题图 3-3（解图）(a) 所示。其中 4 Ω 电阻与 12 Ω 电阻并联，等效电阻为

$$12/\!/4\ \Omega=3\ \Omega$$

根据分压公式得：
$$u'=\frac{3}{3+2+5}\times20\ \mathrm{V}=6\ \mathrm{V}$$

2 A 电流源单独作用时，20 V 电压源和 12 V 电压源短路，分电路图如题图 3-3（解图）(b) 所示。其中 12 Ω 电阻与 4 Ω 电阻并联，等效电阻为

$$12 /\!/ 4\ \Omega = 3\ \Omega$$

根据分流公式得：
$$i'' = \left(\frac{2+3}{2+3+5} \times 2\right) \text{A} = 1\ \text{A}$$

$$u'' = 3i'' = 3 \times 1\ \text{V} = 3\ \text{V}$$

12 V 电压源单独作用时，2 A 电流源开路，20 V 电压源短路，分电路图如题图 3-3（解图）（c）所示。其中 2 Ω 电阻与 5 Ω 电阻串联，整体与 4 Ω 并联，等效电阻为：

$$4 /\!/ (5+2) = \frac{28}{11}\ \Omega$$

则有：

$$u''' = \frac{12}{12+28/11} \times 12\ \text{V} = 9.9\ \text{V}$$

$$u = u' + u'' + u''' = (6+3+9.9)\ \text{V} = 18.9\ \text{V}$$

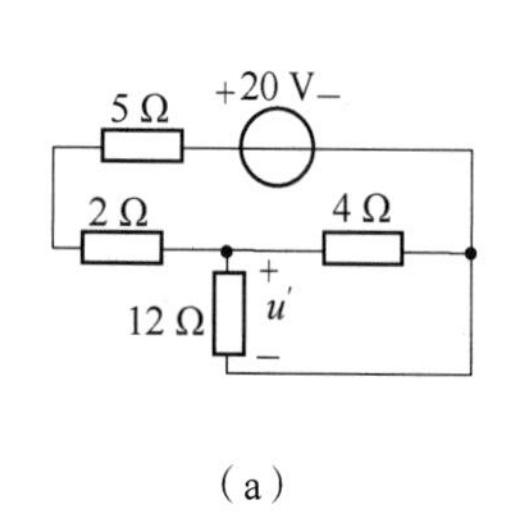

(a)

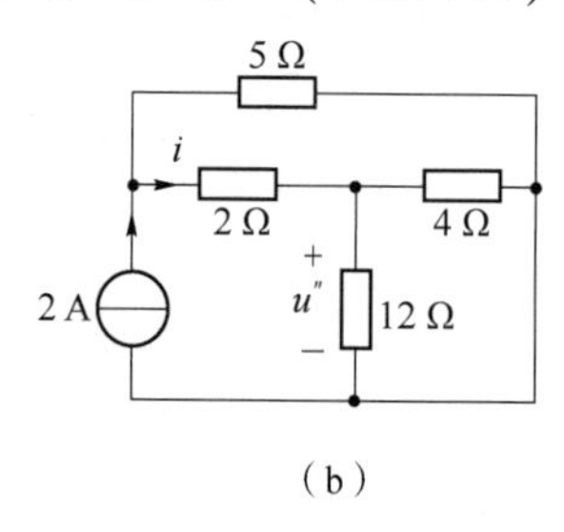

(b)

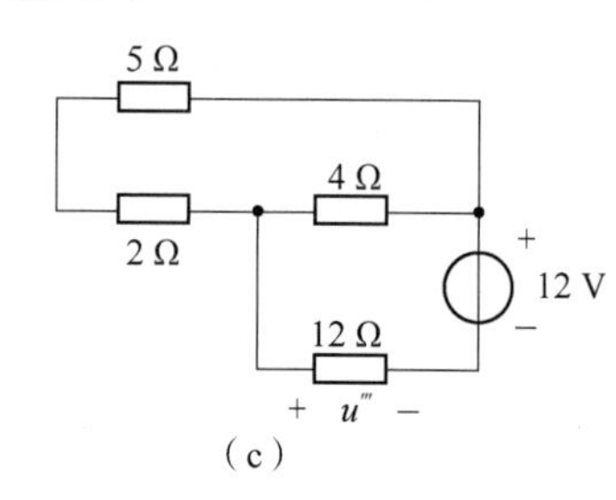

(c)

题图 3-3（解图）

3-4　利用叠加定理计算题图 3-4 中的电流 i。

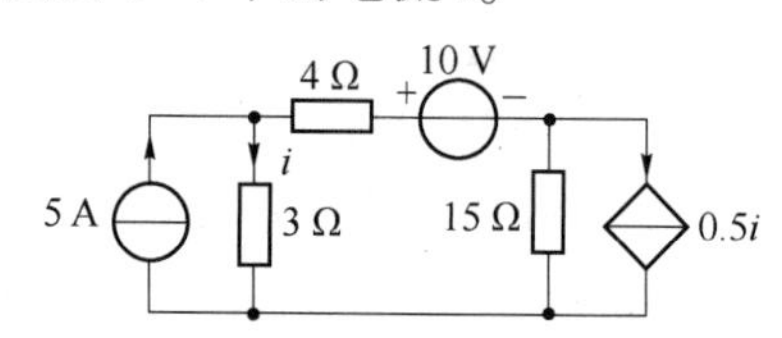

题图 3-4

解：本题应注意独立电源单独作用时，受控源保留，控制量变成相应的分量。

画分电路图、标分量、求分量、叠加。

5 A 电流源单独作用时，分电路图如题图 3-4（解图）（a）所示。

利用电源等效变换，得到等效电路如题图 3-4（解图）（b）所示。则有：

$$i_1' = 5 - i'$$

列写右边网孔 KVL 方程：

$$(4+15)i_1' - 7.5i' = 0$$

解得：
$$i' = 3.22\ \text{A}$$

10 V 电压源单独作用时，分电路如题图 3-4（解图）（c）所示。利用电源等效变换，得到等效电路如题图 3-4（解图）（d）所示。

列写 KVL 方程：
$$(4+15+3)i'' + 7.5i'' = 10$$

解得：
$$i'' = 0.34\ \text{A}$$

$$i=i'+i''=(3.22+0.34)\text{ A}=3.56\text{ A}$$

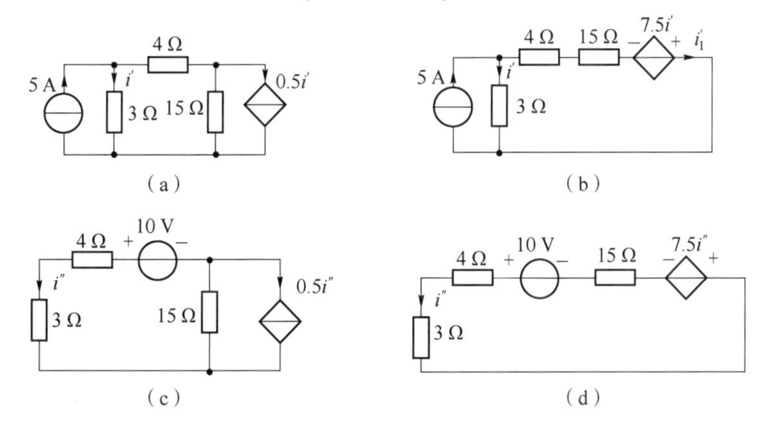

题图 3-4（解图）

3-5　利用叠加定理计算题图 3-5 中的电压 u。

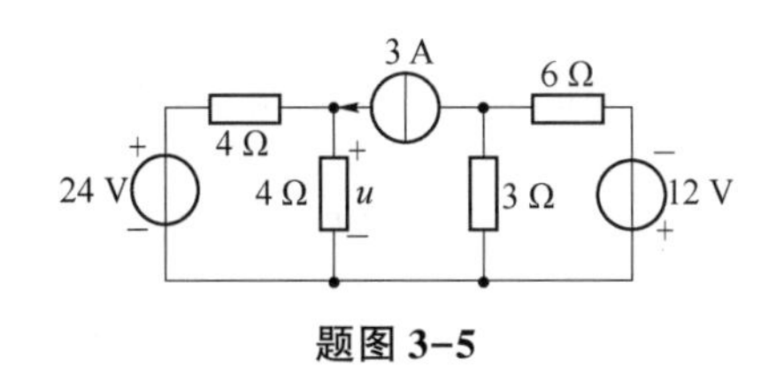

题图 3-5

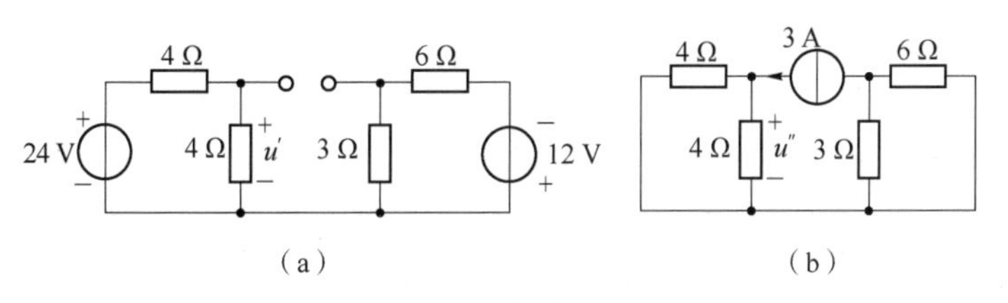

题图 3-5（解图）

解：应用叠加定理时，每个独立电源可以单独作用，也可以分组共同作用。本题中让 3 A 电流源单独作用，24 V 电压源与 12 V 电压源共同作用。

24 V 电压源与 12 V 电压源共同作用时，分电路图如题图 3-5（解图）（a）所示。则有：

$$u'=\left(\frac{4}{4+4}\times 24\right)\text{V}=12\text{ V}$$

3 A 电流源单独作用时，分电路图如题图 3-5（解图）（b）所示。则有：

$$u''=\left(3\times\frac{4\times 4}{4+4}\right)\text{V}=6\text{ V}$$

$$u=u'+u''=(6+12)\text{V}=18\text{ V}$$

3-6　利用叠加定理计算题图 3-6 中的电流 i 和 2 Ω 电阻的功率。

解：本题应注意独立电源单独作用时，受控源保留，控制量变成相应的分量。

20 V 电压源单独作用时，分电路图如题图 3-6（解图）（a）所示。

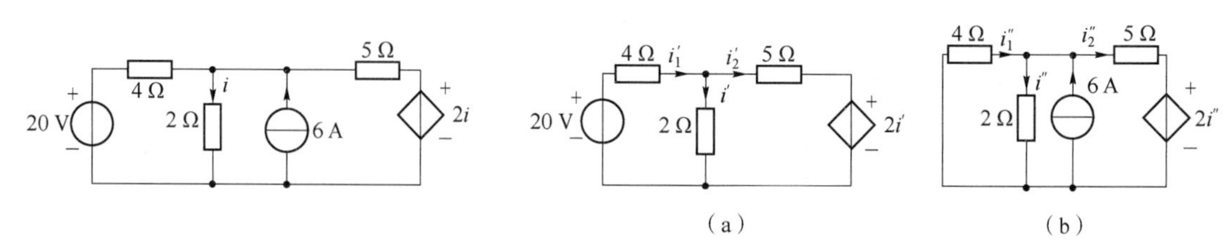

题图 3-6　　　　题图 3-6（解图）

列写 KCL 方程：　$i_1'=i'+i_2'$

列写两个网孔的 KVL 方程：

$$4i_1'+2i'=20$$

$$5i_2'+2i'-2i'=0$$

解得：　$i'=3.33\ \text{A}$

6 A 电流源单独作用时，分电路图如题图 3-6（解图）（b）所示。

2 Ω 电阻与 4 Ω 电阻并联，电流比为电阻的反比，因此有：

$$i_1''=-\frac{1}{2}i''$$

列写 KCL 方程：　$i_2''=6-\frac{1}{2}i''-i''$

列写 KVL 方程：　$5i_2''+2i''-2i''=0$

解得：　$i''=4\ \text{A}$

$$i=i'+i''=(3.33+4)\text{A}=7.33\ \text{A}$$

$$p_{2\,\Omega}=2i^2=107.46\ \text{W}$$

3-7　利用叠加定理计算题图 3-7 中的电压 u 与电流 i。

解：本题应注意独立电源单独作用时，受控源保留，控制量变成相应的分量。画分电路图、标分量、求分量、叠加。

12 V 电压源单独作用时，分电路图如题图 3-7（解图）（a）所示。

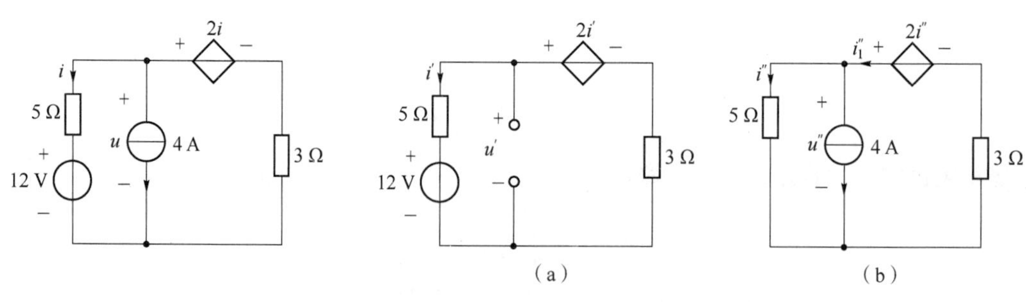

题图 3-7　　　　题图 3-7（解图）

列写 KVL 方程：　$2i'-3i'-5i'=12$

解得：

$$i'=-2\ \text{A}$$

$$u'=5i'+12=2\ \text{V}$$

4 A 电流源单独作用时，分电路图如题图 3-7（解图）（b）所示。

列写 KCL 方程：　　　　$i_1''=4+i''$

列写最外围回路 KVL 方程：　　$5i''+3i_1''-2i''=0$

解得：　　　　$i''=-2\ \text{A}$

$$u''=5i''=-10\ \text{V}$$

叠加：

$$i=i'+i''=-4\ \text{A}$$

$$u=u'+u''=-8\ \text{V}$$

3-8　求题图 3-8 中的戴维南等效电路。

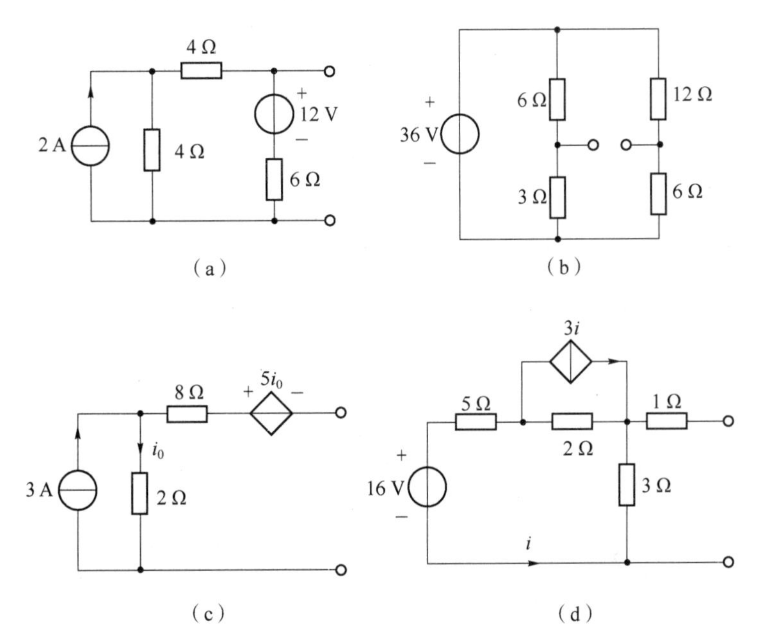

题图 3-8

解：(a) 根据电源等效变换，可以将题图 3-8（a）等效变换为题图 3-8（解图）(a)、(b)、(c)。其中题图 3-8（解图）(c) 为题图 3-8（a）的戴维南等效电路。

本题也可以先求出二端网络的开路电压和等效电阻，然后直接画出戴维南等效电路。

(b) 求题图 3-8（b）中的开路电压 u_{OC}，参考方向如题图 3-8（解图）(d) 所示。

根据分压公式得：

$$u_1=\frac{6}{6+3}\times 36\ \text{V}=24\ \text{V}$$

$$u_2=\frac{12}{12+6}\times 36\ \text{V}=24\ \text{V}$$

$$u_{OC}=-u_1+u_2=0\ \text{V}$$

把独立电源置零，求等效电阻 R_{eq}，等效电路如题图 3-8（解图）(e) 所示。则有：

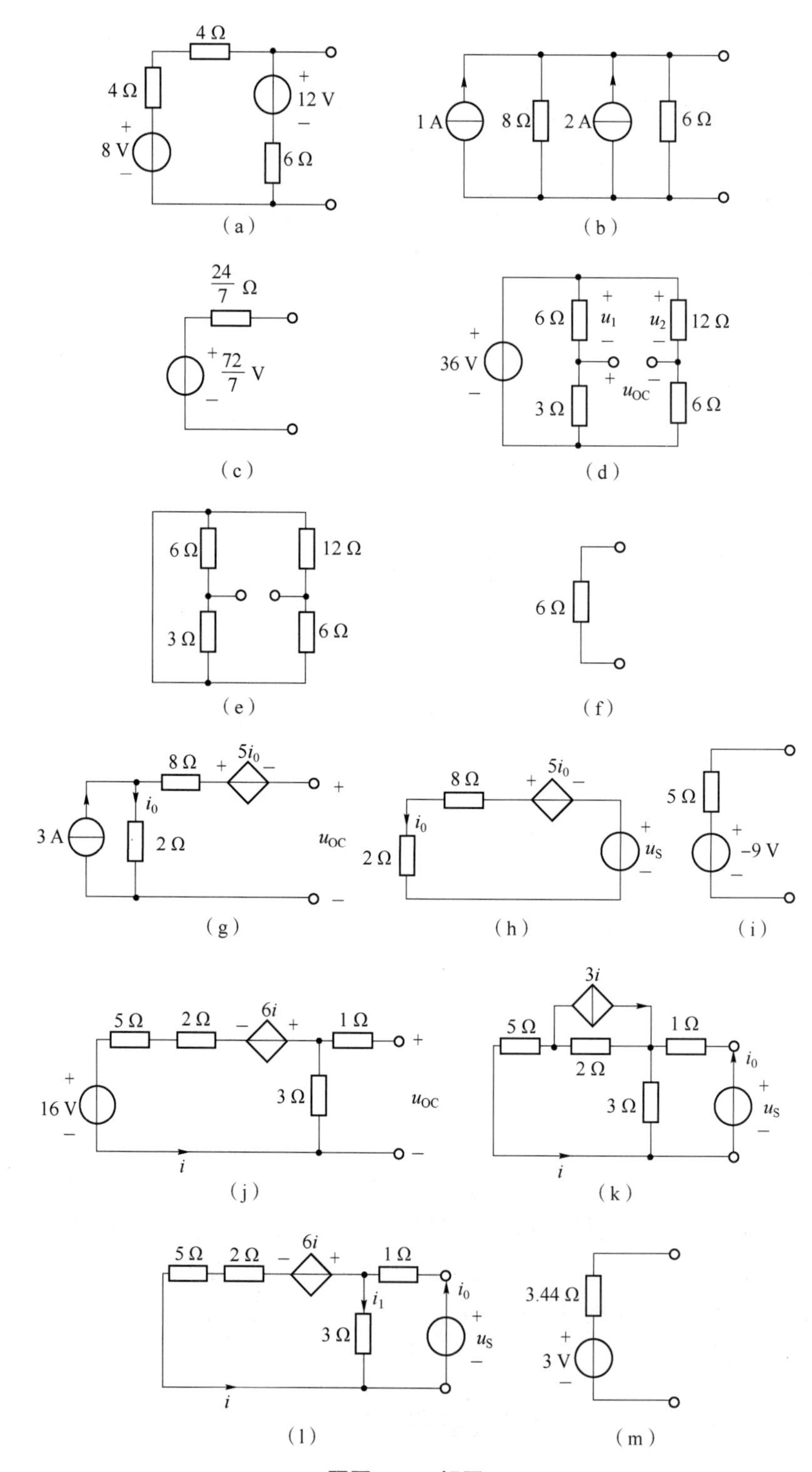

题图 3-8（解图）

$$R_{eq}=(6/\!/3+12/\!/6)\,\Omega=6\ \Omega$$

戴维南等效电路如题图 3-8（解图）（f）所示。

(c) 求题图 3-8（解图）(c) 中的开路电压 u_{OC}，参考方向如题图 3-8（解图）(g) 所示。

$$i_0=3\ \text{A}$$

$$u_{OC}=-5i_0+2i_0=-9\ \text{V}$$

计算等效电阻 R_{eq}，将独立电源置零，采用外加电源法，等效电路如题图 3-8（解图）(h) 所示。

列写 KVL 方程 ：$u_S=-5i_0+8i_0+2i_0=5i_0$

$$R_{eq}=\frac{u_S}{i_0}=5\ \Omega$$

戴维南等效电路如题图 3-8（解图）(i) 所示。

(d) 根据电源等效变换，可以将题图 3-8 (d) 等效为题图 3-8（解图）(j)。计算开路电压 u_{OC}。

列写 KVL 方程：

$$3i+6i+2i+5i+16=0$$

$$i=-1\ \text{A}$$

$$u_{OC}=-3i=3\ \text{V}$$

计算等效电阻 R_{eq}，将独立电源置零，采用外加电源法，等效电路如题图 3-8（解图）(k) 所示，再利用电源等效变换，可得等效电路如题图 3-8（解图）(l)。

列写 KCL 方程：$i_1=i_0-i$

列写左边网孔 KVL 方程：$6i+5i+2i-3i_1=0$

列写右边网孔 KVL 方程：$u_S=i_0+3i_1=4i_0-3i=4i_0-3\times\frac{3}{16}i_0=3.44i_0$

$$R_{eq}=\frac{u_S}{i_0}=3.44\ \Omega$$

戴维南等效电路如题图 3-8（解图）(m) 所示。

3-9 求题图 3-9 中 ab、bc 之间的戴维南等效电路。

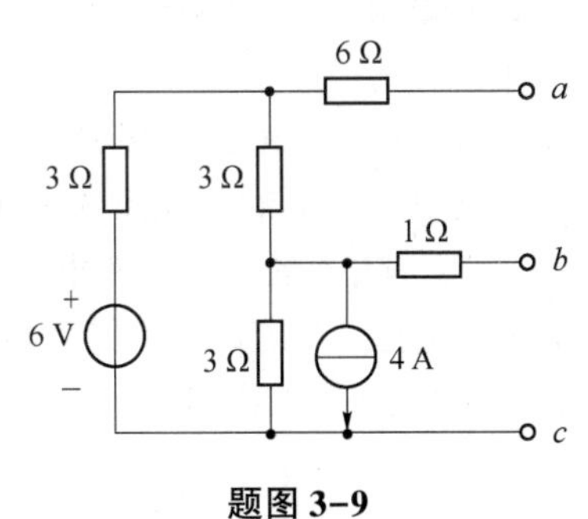

题图 3-9

解：(1) 求 ab 之间的戴维南等效电路。

利用电源等效变换，将题图 3-9 等效为题图 3-9（解图）(a)，求开路电压 u_{ab}。

列写 KVL 方程：

$$(3+3+3)i=12+6$$

$$i=2\ \text{A}$$

$$u_{ab}=3i=6\ \text{V}$$

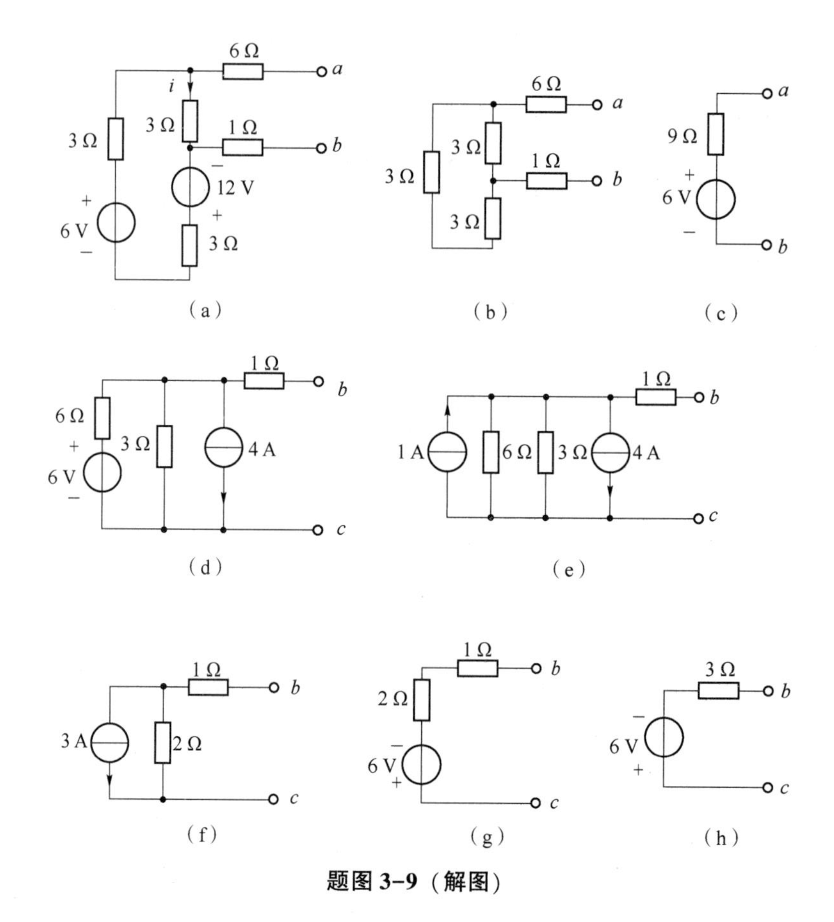

题图 3-9（解图）

求等效电阻 R_{ab}：将独立电源置零，等效电路如题图 3-9（解图）（b）所示。则有：

$$R_{ab}=[6+3/\!/(3+3)+1]\ \Omega=9\ \Omega$$

因此，ab 之间的戴维南等效电路如题图 3-9（解图）（c）所示。本题也可以利用电源等效变换及电阻、电源串并联等效为戴维南等效电路。

（2）求 bc 之间的戴维南等效电路。

将题图 3-9（a）等效为题图 3-9（解图）（d），接着利用电源等效变换等效为题图 3-9（解图）（e），再利用电流源并联、电阻并联等效为题图 3-9（解图）（f），然后经过电源等效变换为题图 3-9（解图）（g），最后等效为戴维南等效电路，如题图 3-9（解图）（h）所示。本题也可以求出开路电压和等效电阻，画出戴维南等效电路。

3-10　利用戴维南定理计算题图 3-10 中的电流 i。

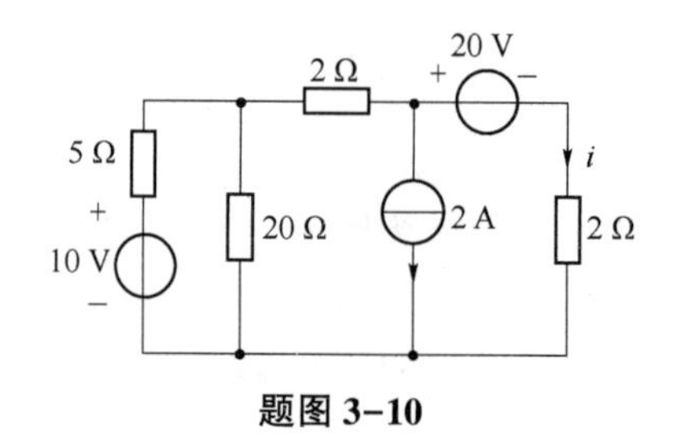

题图 3-10

解：本题为戴维南定理的应用，解题思路和步骤见**知识要点 3**。

（1）首先断开最右侧 2 Ω 电阻，求余下二端网络的开路电压 u_{OC}。参考方向如题图 3-10（解图）（a）所示。利用电源等效变换等效为题图 3-10（解图）（b）。则有：

$$u_{OC}=[-20-(4+2)\times2+8]\text{ V}=-24\text{ V}$$

（2）在题图 3-10 中，断开最右侧 2 Ω 电阻，将独立电源置零，等效电路如题图 3-10（解图）（c）所示，求解等效电阻 R_{eq}：

$$R_{eq}=(5/\!/20+2)\ \Omega=6\ \Omega$$

（3）画出戴维南等效电路，把最右侧 2 Ω 电阻放入该电路，如题图 3-10（解图）（d）所示。则有：

$$i=\frac{-24}{6+2}\text{ A}=-3\text{ A}$$

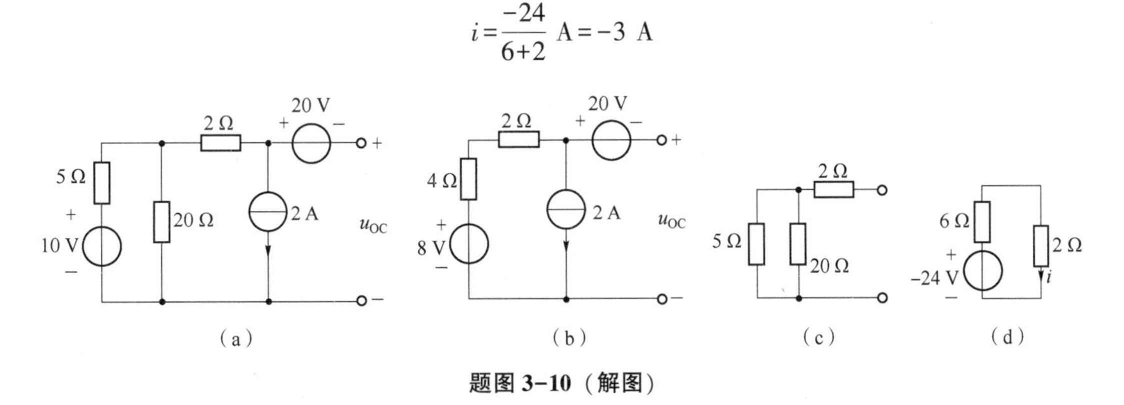

题图 3-10（解图）

3-11　利用戴维南定理计算题图 3-11 中的电流 i。

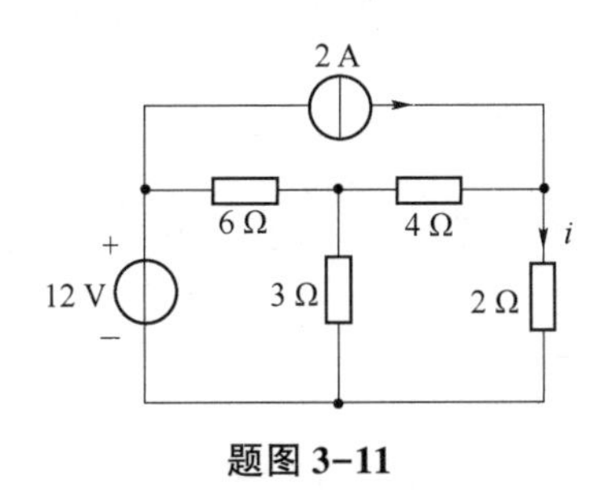

题图 3-11

解：本题为戴维南定理的应用，解题思路和步骤见**知识要点 3**。

（1）断开 2 Ω 电阻，如题图 3-11（解图）（a）所示，求余下二端网络的戴维南等效电路。

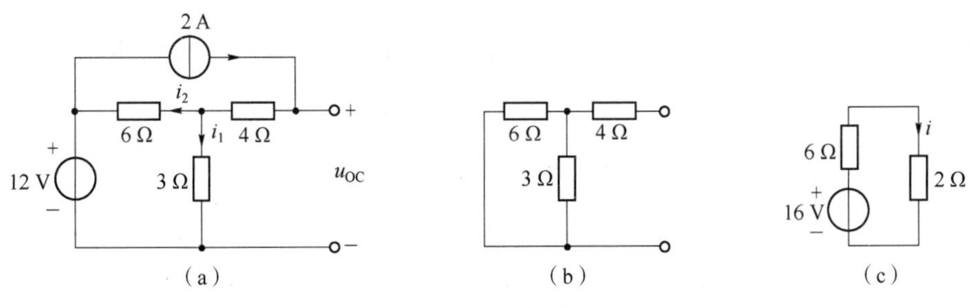

题图 3-11（解图）

列写 KCL 方程： $$i_1+i_2=2$$
列写 KVL 方程： $$3i_1-12-6i_2=0$$
解得： $$i_2=-\frac{2}{3}\ \text{A}$$
$$u_{OC}=4\times2+6i_2+12=16\ \text{V}$$

（2）在题图 3-11 电路中，断开 2 Ω 电阻，将独立电源置零，求等效电阻 R_{eq}，等效电路如题图 3-11（解图）（b）所示。则有：

$$R_{eq}=(6/\!/3+4)\,\Omega=6\ \Omega$$

（3）画出戴维南等效电路，把 2 Ω 电阻接入电路，如题图 3-11（解图）（c）所示。则有：

$$i=\frac{16}{6+2}\ \text{A}=2\ \text{A}$$

3-12　利用戴维南定理计算题图 3-12 中的电压 u。

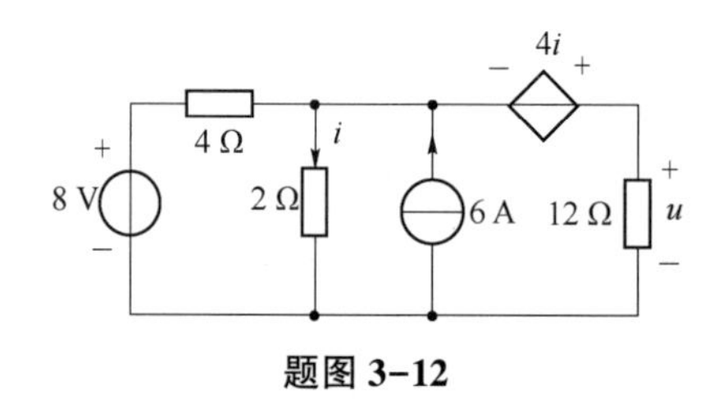

题图 3-12

解：本题为戴维南定理的应用，解题思路和解题步骤见**知识要点 3**。

（1）断开 12 Ω 电阻，如题图 3-12（解图）（a）所示，求余下二端网络的戴维南等效电路。

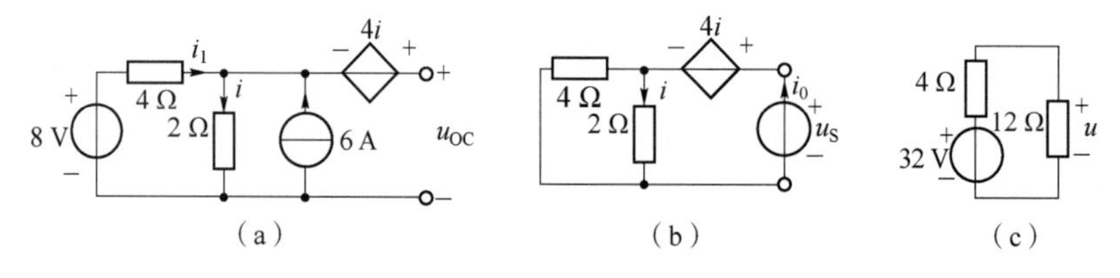

题图 3-12（解图）

列写 KCL 方程： $$i=i_1+6$$
列写左边网孔 KVL 方程： $$4i_1+2i=8$$
$$u_{OC}=4i+2i=6i=32\ \text{V}$$

（2）在题图 3-12 电路中，断开 12 Ω 电阻，将独立电源置零，采用外加电源法，求等效电阻 R_{eq}，等效电路如题图 3-12（解图）（b）所示。

分流公式： $$i=\frac{4}{4+2}i_0=\frac{2}{3}i_0$$

列写 KVL 方程： $$u_S=4i+2i=6i=6\times\frac{2}{3}i_0=4i_0$$

$$R_{eq}=\frac{u_S}{i_0}=4\ \Omega$$

（3）画出戴维南等效电路，把 12 Ω 电阻接入电路，如题图 3-12（解图）（c）所示。则有：

$$u=\frac{12}{4+12}\times 32\ \text{V}=24\ \text{V}$$

3-13　利用戴维南定理计算题图 3-13 中的电流 i。

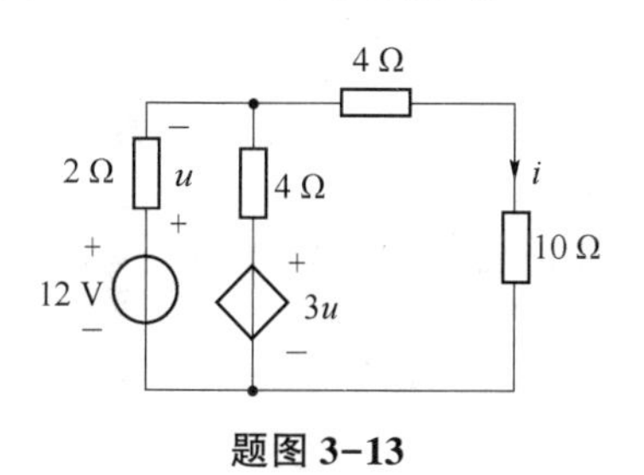

题图 3-13

解：本题为戴维南定理的应用，解题思路和解题步骤见**知识要点 3**。

断开最上侧 4 Ω 电阻和 10 Ω 电阻串联的支路，如题图 3-13（解图）（a）所示，求余下二端网络的戴维南等效电路。

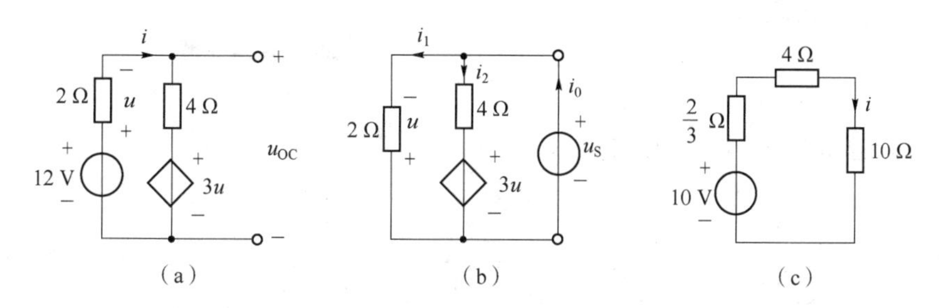

题图 3-13（解图）

（1）求开路电压 u_{OC}。

$$u=2i$$

列写 KVL 方程：

$$2i+4i+3u=12$$

解得：

$$i=1\text{A}$$

$$u_{OC}=-2i+12=10\ \text{V}$$

（2）在题图 3-13 电路中，断开 4 Ω 和 12 Ω 串联的支路，将独立电源置零，采用外加电源法求等效电阻 R_{eq}，等效电路如题图 3-13（解图）（b）所示。则有：

$$u_S=-u\qquad u=-2i_1\qquad i_0=i_1+i_2\qquad u_S=4i_2+3u$$

$$R_{eq}=\frac{u_S}{i_0}=\frac{2}{3}\ \Omega$$

（3）画出戴维南等效电路，把 4 Ω 电阻和 10 Ω 电阻接入电路，如题图 3-13（解图）（c）所示。则有：

$$i=\frac{10}{2/3+4+10}\ \text{A}=0.68\ \text{A}$$

3-14　在题图 3-14 所示电路中，当开关打在“1”的位置时，电压表的读数为 24 V；当开关打在“2”的位置时，电流表的读数为 4 A。计算当开关打在“3”的位置时，4 Ω 电阻上流过的电流 i。

解：本题为戴维南定理的应用。

电压表的读数为线性含源二端网络的开路电压，电流表读数为线性含源二端网络的短路电流。则有：

$$u_{OC}=24\ \text{V}$$

$$i_{SC}=4\ \text{A}$$

等效电阻为：
$$R_{eq}=\frac{u_{OC}}{i_{SC}}=\frac{24}{4}\Omega=6\ \Omega$$

根据戴维南定理，题图 3-14 的等效电路如题图 3-14（解图）所示。则有：

$$i=\frac{24}{6+4}\ \text{A}=2.4\ \text{A}$$

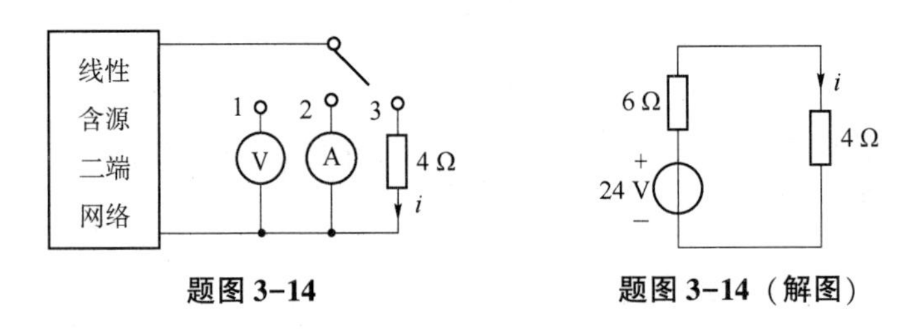

题图 3-14　　　　**题图 3-14（解图）**

3-15　求题图 3-15 电路的诺顿等效电路。

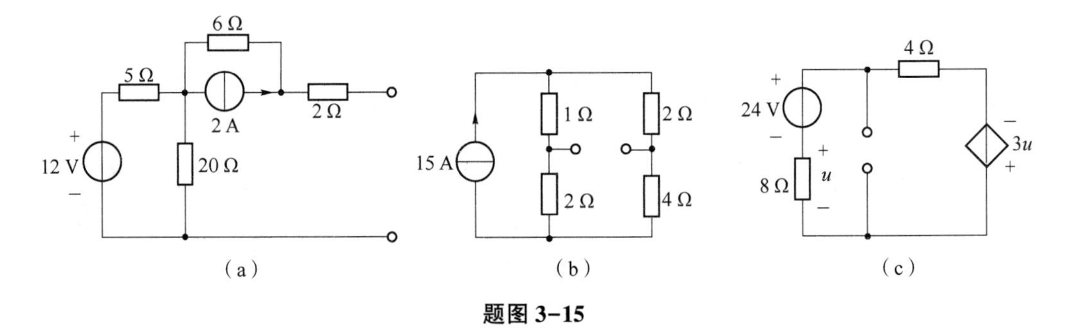

题图 3-15

解：(a) 利用电源等效变换，可以将题图 3-15（a）等效为题图 3-15（解图）(a) 和题图 3-15（解图）(b)，然后利用电源串并联、电阻串并联，等效为题图 3-15（解图）(c)，再利用电源等效变换，等效为诺顿等效电路，如题图 3-15（解图）(d) 所示。

(b) 求题图 3-15（b）中的开路电压 u_{OC}，参考方向如题图 3-15（解图）(e) 所示。

根据分流公式得：
$$i_1=\frac{2+4}{2+4+1+2}\times 15=10\ \text{A}$$

列写 KCL 方程：
$$i_2=(15-10)\ \text{A}=5\ \text{A}$$

$$u_{OC}=-1i_1+2i_2=0\ \text{V}$$

求等效电阻 R_{eq}，等效电路如题图 3-15（解图）(f) 所示。则有：

$$R_{eq}=[(1+2)/\!/(2+4)]\Omega=2\ \Omega$$

短路电流 $i_{SC}=\dfrac{u_{OC}}{R_{eq}}=0\ \text{A}$。

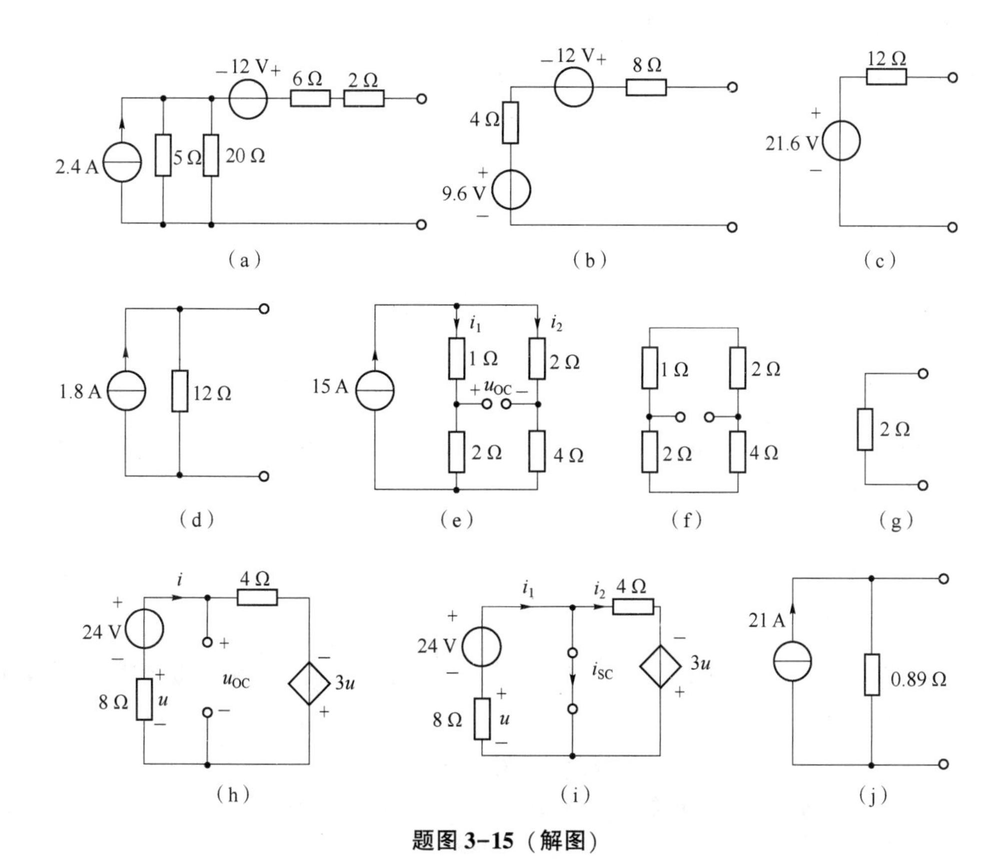

题图 3-15（解图）

诺顿等效电路如题图 3-15（解图）（g）所示。

（c）求题图 3-15（c）中的开路电压 u_{OC}，参考方向如题图 3-15（解图）（h）所示。则有：

$$u=-8i$$

列写 KVL 方程：

$$4i-3u-u-24=0$$

解得：

$$i=0.67\ \text{A}$$

$$u_{OC}=4i-3u=18.67\ \text{V}$$

求短路电流 i_{SC}，等效电路如题 3-15（解图）（i）所示。

列写左边网孔 KVL 方程：

$$i_1=\frac{24}{8}\ \text{A}=3\ \text{A}$$

$$u=-8i_1=-24\ \text{V}$$

列写右边网孔 KVL 方程：

$$4i_2-3u=0$$

解得 $i_2=-18\ \text{A}$。

列写 KCL 方程：

$$i_{SC}=i_1-i_2=21\ \text{A}$$

等效电阻 $R_{eq}=\dfrac{u_{OC}}{i_{SC}}=0.89\ \Omega$。

等效电阻的求解也可以利用外加电源法。

诺顿等效电路如题图 3-15（解图）（j）所示。

3-16　晶体管模型如题图 3-16 所示，请利用诺顿定理计算 6 kΩ 电阻上流过的电流 i。

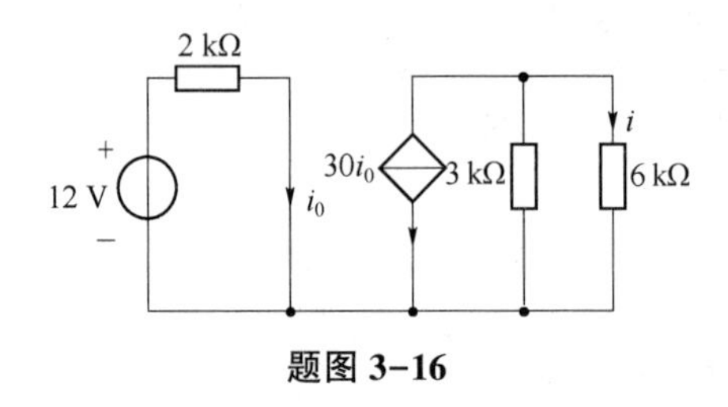

题图 3-16

解：在题 3-16 电路中，断开 6 kΩ 电阻，求余下二端网络的诺顿等效电路。

（1）求短路电流 i_{SC}，参考方向如题图 3-16（解图）（a）所示。则有：

$$i_0=\frac{12}{2\times10^3}\text{A}\ =6\ \text{mA}$$

$$i_{SC}=-30i_0=-180\ \text{mA}$$

（2）在题图 3-16 电路中，断开 6 kΩ 电阻，将独立电源置零，求等效电阻 R_{eq}，等效电路如题图 3-16（解图）（b）所示。则有：

$$i_0=0,\ R_{eq}=3\ \text{k}\Omega$$

（3）画出诺顿等效电路，同时接入 6 kΩ 电阻，如题图 3-16（解图）（c）所示。则有：

$$i=\frac{3}{3+6}\times(-180)\,\text{mA}=-60\ \text{mA}$$

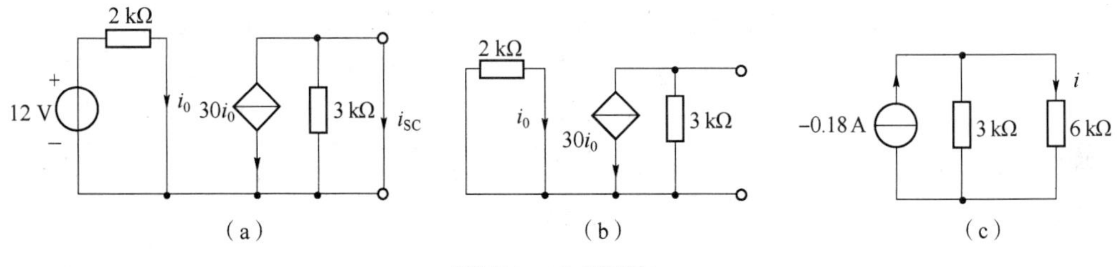

题图 3-16（解图）

3-17　在题图 3-17 所示电路中，问：当电阻 R_L 为何值时，可以获得最大功率，获得的最大功率为多少？

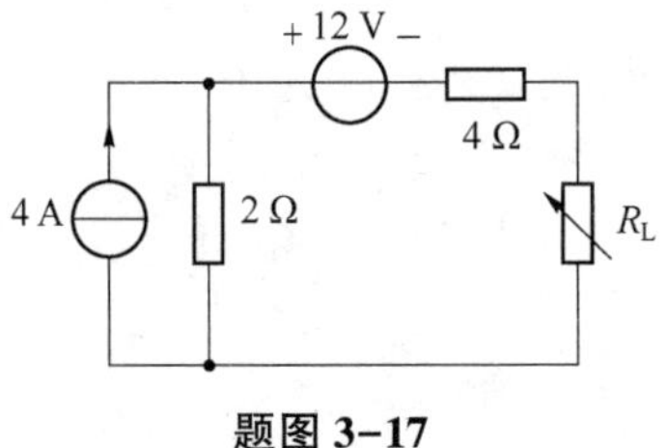

题图 3-17

解：本题为最大功率的计算，解题思路和步骤见**知识要点 4**。

在题图 3-17 电路中，断开电阻 R_L，求余下二端网络的戴维南等效电路，如题图 3-17（解图）（a）所示。

利用电源等效变换，将题图 3-17（解图）（a）等效为题图 3-17（解图）（b），再利用电压源串联、电阻串联将其等效为题图 3-17（解图）（c）。

因此，当电阻 $R_L=6\ \Omega$ 时，可以获得最大功率。最大功率 $p_{max}=\frac{4\times4}{4\times6}$ W=0.67 W。

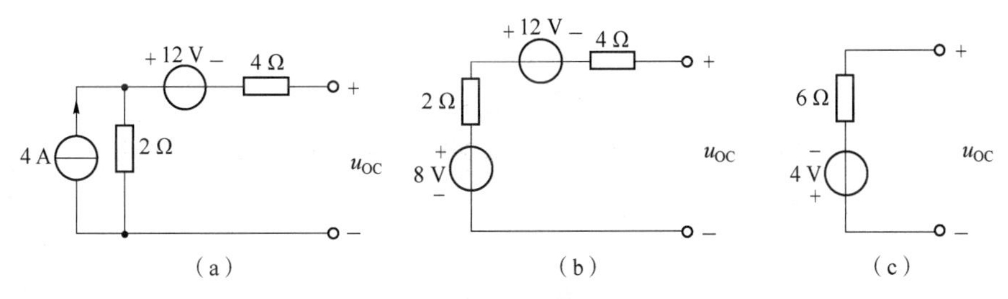

题图 3-17（解图）

3-18　在题图 3-18 所示电路中，问：当电阻 R_L 为何值时，可以获得最大功率，获得的最大功率为多少？

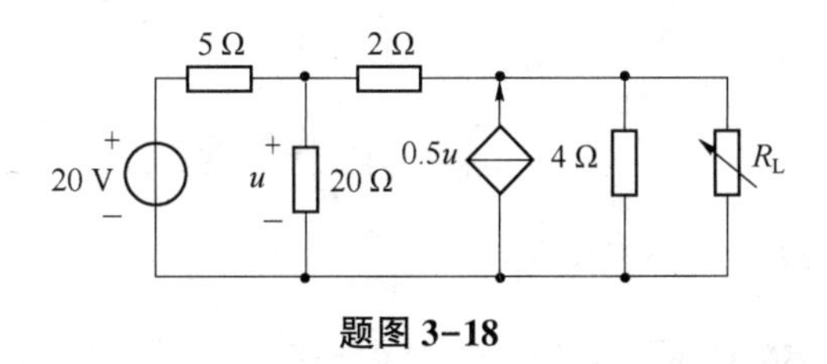

题图 3-18

解：(1) 在题图 3-18 电路中，断开电阻 R_L，求余下二端网络的戴维南等效电路，如题图 3-18（解图）（a）所示。

利用电源等效变换，等效为题图 3-18（解图）（b）。

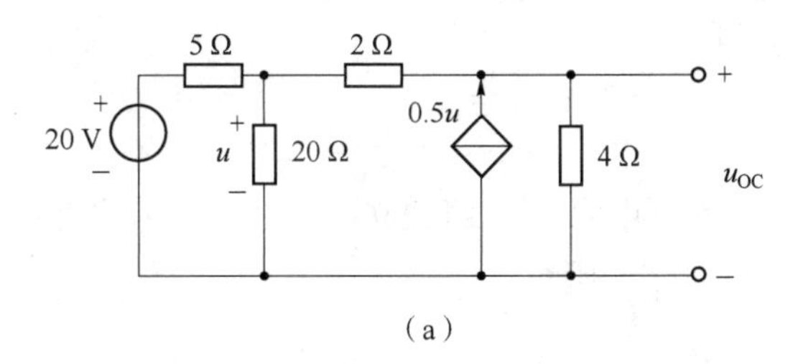

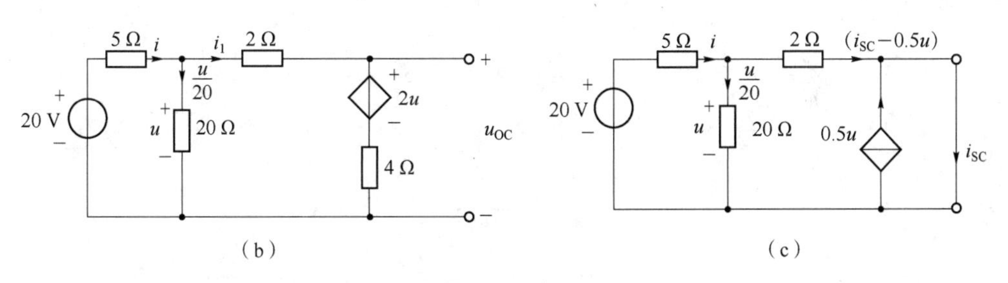

题图 3-18（解图）

列写 KCL 方程：

$$i=\frac{u}{20}+i_1$$

分别对两个网孔列写 KVL 方程：

$$5i+u-20=0$$

$$2i_1+2u+4i_1-u=0$$

联立以上三个方程，解得：

$$i_1=-8\ \text{A},\ u=48\ \text{V}$$

$$u_{OC}=2u+4i_1=64\ \text{V}$$

（2）在题图 3-18 电路中，断开 R_L，求短路电流 i_{SC}，等效电路如题图 3-18（解图）（c）所示，4 Ω 电阻被短路。

列写 KCL 方程：

$$i=\frac{u}{20}+i_{SC}-0.5u$$

列写 KVL 方程：

$$5i+u-20=0$$

$$-u+2(i_{SC}-0.5u)=0$$

联立以上三个方程解得： $i_{SC}=5.33\ \text{A}$

等效电阻： $R_{eq}=\frac{u_{OC}}{i_{SC}}=12\ \Omega$

等效电阻的求解也可以利用外加电源法。

（3）当电阻 $R_L=R_{eq}=12\ \Omega$ 时，可以获得最大功率。最大功率 $p_{max}=\frac{u_{OC}^2}{4R_{eq}}=85.33\ \text{W}$。

3-19　在题图 3-19 电路中，问：当电阻 R_L 为何值时，可以获得最大功率，获得的最大功率为多少?。

解：在题图 3-19 电路中，断开电阻 R_L，如题图 3-19（解图）（a）所示，求余下二端网络的戴维南等效电路。则有：

$$i=2\ \text{A},\ i_1=-(i+3i)=-4i=-8\ \text{A}$$

$$u_{OC}=-2i_1+i=18\ \text{V}$$

在题图 3-19 电路中，断开电阻 R_L，将独立电源置零，采用外加电源法求等效电阻 R_{eq}，如题图 3-19（解图）（b）所示。则有：

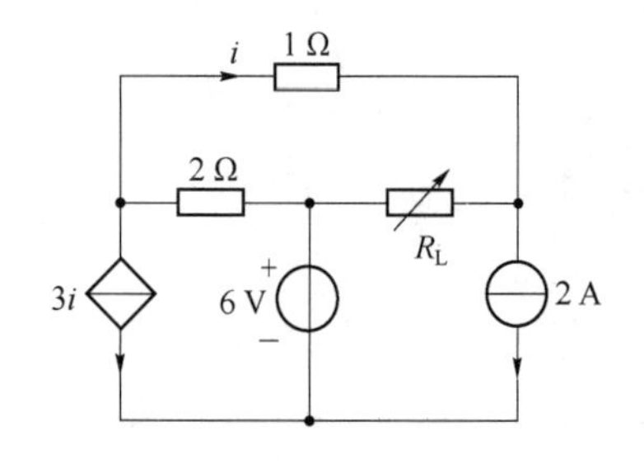

题图 3-19

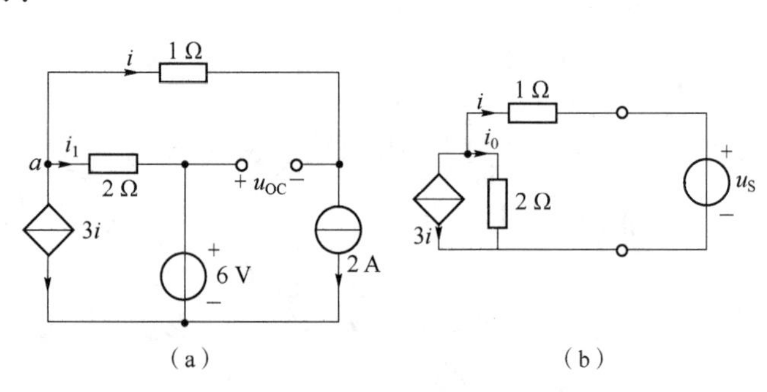

题图 3-19（解图）

$$i_0=-i-3i=-4i$$

$$u_S=-1i+2i_0=-9i$$

$$R_{eq}=-\frac{u_S}{i}=9\ \Omega$$

当电阻 $R_L=9\ \Omega$ 时，可以获得最大功率。最大功率：$p_{max}=\frac{u_{OC}^2}{4R_{eq}}=\frac{18\times18}{4\times9}\ W=9\ W$。

3-20　在题图 3-20 电路中，问：当电阻 R_L 为何值时，可以获得最大功率，获得的最大功率为多少？

解：利用电源等效变换，将题图 3-20 等效为题图 3-20（解图）（a），再利用电阻串联和电压源串联等效为题图 3-20（解图）（b）。

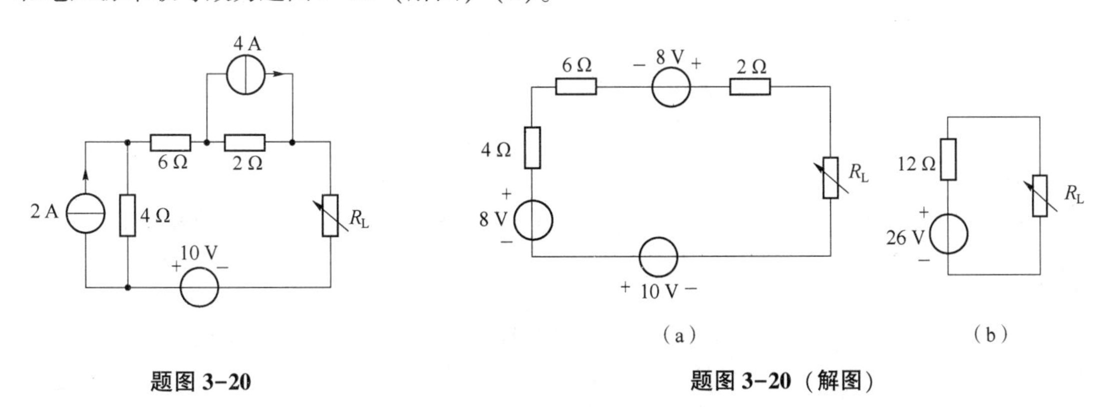

题图 3-20　　题图 3-20（解图）

根据最大功率传输定理，当 $R_L=12\ \Omega$ 时，可以获得最大功率。

最大功率：$p_{max}=\frac{26^2}{4\times12}\ W=14.08\ W$。

3-21　在题图 3-21 所示电路中，已知当 $R_L=100\ \Omega$ 时，电压表的读数为 30 V；当 $R_L=200\ \Omega$ 时，电压表的读数为 40 V；问：当 $R_L=400\ \Omega$ 时，电压表的读数为多少？

解：线性含源二端网络的戴维南等效电路如题图 3-21（解图）所示。

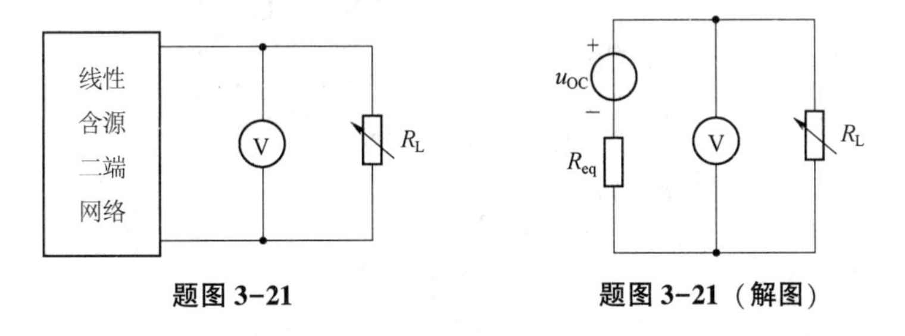

题图 3-21　　题图 3-21（解图）

根据分压公式，可知电压表读数为$\frac{R_L}{R_L+R_{eq}}u_{OC}$。

把已知数据代入，可得：

$$30=\frac{100}{100+R_{eq}}u_{OC}$$

$$40=\frac{200}{200+R_{eq}}u_{OC}$$

两式相除，解得：$R_{eq}=100\ \Omega$，$u_{OC}=60\ V$。即电压表读数为$\frac{R_L}{R_L+100}\times60$，把 $R_L=400\ \Omega$ 代入，可得：当 $R_L=400\ \Omega$ 时的电压表读数为 48 V。

历年考研真题

真题 3-1 求真题图 3-1 所示电路的戴维南等效电路。[2014 年中国矿业大学电路考研真题]

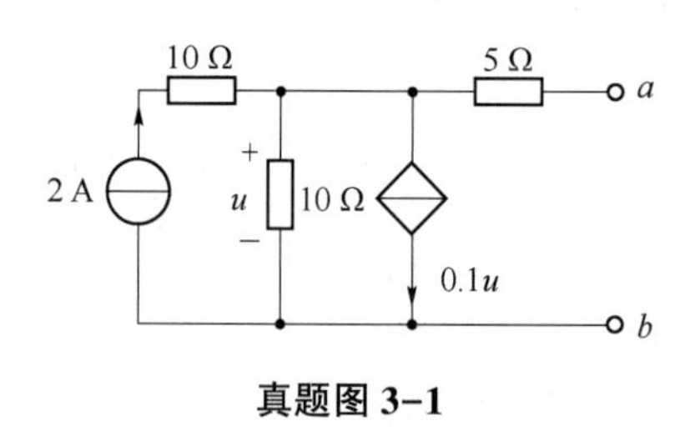

真题图 3-1

解：方法一：

求开路电压 u_{ab}。10 Ω 电阻电流 i 参考方向如真题图 3-1（解图）（a）所示。

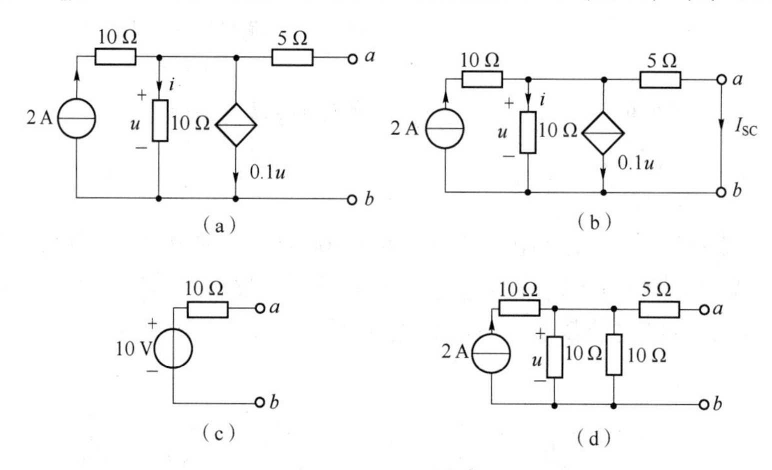

真题图 3-1（解图）

列写 KCL 方程：
$$i=2-0.1u$$
根据欧姆定律得：
$$u=10i=10(2-0.1u)$$
解得：
$$u_{ab}=u=10\ V$$
求短路电流 I_{SC}，等效电路如真题图 3-1（解图）（b）所示。则有：

$$i=\frac{u}{10}$$

$$i_{SC}=\frac{u}{5}$$

列写 KCL 方程：　　　　　　$i+0.1u+i_{SC}=2$

解得：　　　　　　$i_{SC}=1\ \text{A}$

等效电阻 $R_{eq}=\dfrac{u_{ab}}{i_{SC}}=10\ \Omega$，因此，戴维南等效电路如真题图 3-1（解图）（c）所示。

方法二：

受控源可以等效为一电阻，电阻阻值为$\dfrac{u}{0.1u}=10\ \Omega$，因此，原电路等效为真题图 3-1（解图）（d），利用电源等效变换，可等效为戴维南等效电路，如真题图 3-1（解图）（c）所示。

真题 3-2　在真题图 3-2（a）所示电路中，当 S 断开时，$u_{AB}=12.5\ \text{V}$；当 S 闭合时，$i=10\ \text{mA}$，求有源电阻网络 N_S的等效电源中的参数（如真题图 3-2（b）所示）u_{OC}及 R_{eq}。[2014 年中国矿业大学电路考研真题]

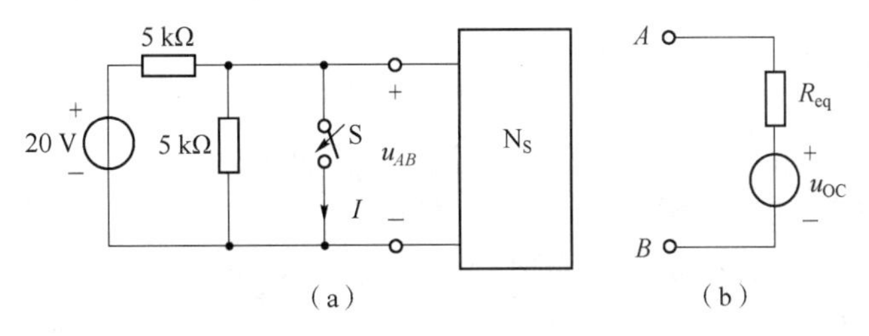

真题图 3-2

解：S 断开后，把 N_S 用其戴维南等效电路等效后，等效电路如真题图 3-2（解图）（a）所示，利用电源等效变换等效为真题图 3-2（解图）（b）；S 闭合后，等效电路如真题图 3-2（解图）（c）所示。

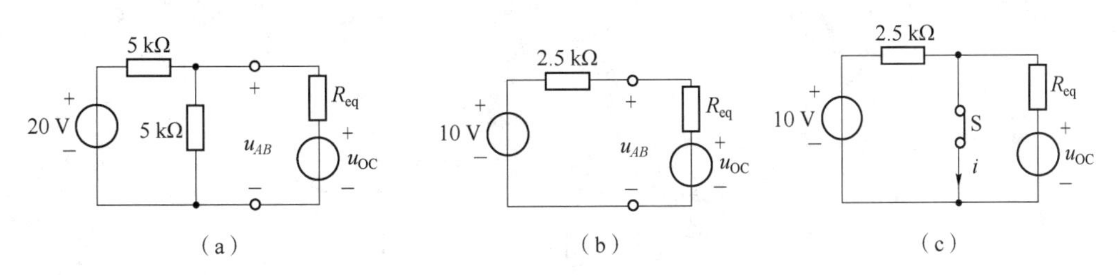

真题图 3-2（解图）

真题图 3-2（解图）（b）电路中：

$$u_{AB}=10-\frac{10-u_{OC}}{2\,500+R_{eq}}\times 2\,500=12.5\ \text{V}$$

真题图 3-2（解图）（c）电路中：

列写 KCL 方程：
$$\frac{10}{2\,500}+\frac{u_{OC}}{R_{eq}}=0.01$$

解得：　　　　　　$u_{OC}=15\ \text{V}$，$R_{eq}=2.5\ \text{k}\Omega$

真题 3-3　真题图 3-3 所示无源电阻网络 P 在 $u_S=8\ \text{V}$、$i_S=2\ \text{A}$ 时，开路电压 $u_{AB}=0\ \text{V}$；当 $u_S=8\ \text{V}$、$i_S=0\ \text{A}$ 时，开路电压 $u_{AB}=6\ \text{V}$，短路电流为 6 A。则当 $u_S=0\ \text{V}$、$i_S=2\ \text{A}$，且 AB

间接入 9 Ω 电阻时，电流 i 为多少？[2014 年北京交通大学电路考研真题]

解：当 $u_S=0$ V、$i_S=2$ A 时，电压源 u_S、电流源 i_S 及无源电阻网络 P 的戴维南等效电路如真题图 3-3（解图）所示。等效电阻与电路结构及电阻大小有关，与电源的大小无关，由于 $u_S=8$ V、$i_S=0$ A 时，开路电压 $u_{AB}=6$ V，短路电流为 6 A，因此等效电阻为：

$$R_{eq}=\frac{6}{6}\ \Omega=1\ \Omega$$

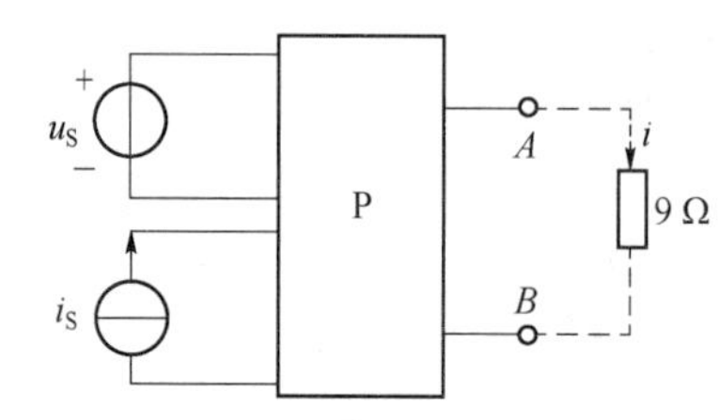

真题图 3-3

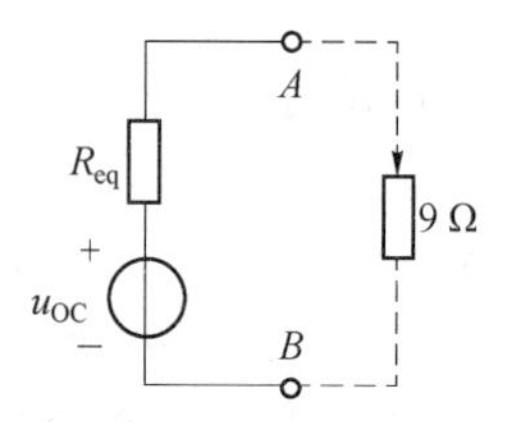

真题图 3-3（解图）

利用叠加定理：

当 $u_S=8$ V、$i_S=0$ A，即电压源单独作用时，$u'_{AB}=6$ V；

当 $u_S=8$ V、$i_S=2$ A，即电压源与电流源共同作用时，$u_{AB}=0$ V；

当 $u_S=0$ V、$i_S=2$ A，即电流源单独作用时，$u''_{AB}=u_{AB}-u'_{AB}=0-6=-6$ V。

即

$$u_{OC}=u''_{AB}=-6\ \text{V}$$

$$i=\frac{u_{OC}}{R_{eq}+9}=\frac{-6}{1+9}\ \text{A}=-0.6\ \text{A}$$

真题 3-4 在真题图 3-4 所示电路中，电压源为 24 V，电流源为 4 A，此时电阻 R 消耗的功率为 9 W；当电压源短路，电流源为 6 A 时，电阻 R 消耗的功率也为 9 W。求电压源为 24 V，电流源为 6 A 时，电阻 R 消耗的功率。[2015 年北京交通大学电路考研真题]

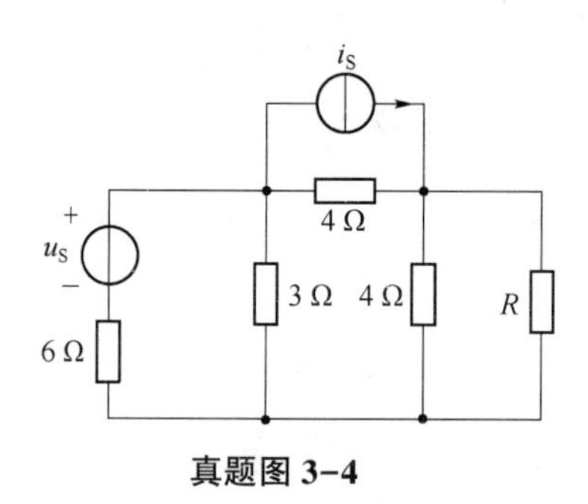

真题图 3-4

解：设电阻 R 上的电流为 I，线性电路中，响应是激励的线性组合。

设 $i=K_1u_S+K_2i_S$，则有 $p=i^2R=9$ W。把已知条件代入，可得：

$$24K_1+4K_2=i$$

$$0+6K_2=i$$

解得：

$$K_2=12K_1,\ p=i^2R=(6K_2)^2R=9\ \text{W}$$

设电压源为 24 V，电流源为 6 A 时，电阻 R 的电流为 i_1，即：

$$i_1=K_1u_S+K_2i_S=24K_1+6K_2=8K_2$$

所以，电压源为 24 V，电流源为 6 A 时，电阻 R 消耗的功率为：

$$p=i_1^2R=(8K_2)^2R=64K_2^2R=64\times\frac{9}{36}\ \text{W}=16\ \text{W}$$

真题 3-5 电路如真题图 3-5 所示，利用叠加定理分别求出各电源单独作用时的响应（设定每个分电路的电压与电流的参考方向与真题图 3-5 所示一致），电压源单独作用时的响应 $u^{(1)}=$________ V，电流源单独作用时的响应 $u^{(2)}=$________ V。[2018 年江苏大学电路考研真题]

解：电压源单独作用时，将电流源置零，分电路图如真题图 3-5（解图）(a) 所示。

根据分压公式得：
$$u^{(1)}=\frac{6}{6+3}\times 18=12\ \text{V}$$

电流源单独作用时，将电压源置零，分电路图如真题图 3-5（解图）(b) 所示。

总电阻为$\left(10+\dfrac{3\times 6}{3+6}\right)\Omega=12\ \Omega$，则有：

$$u^{(2)}=3\times 12\ \text{V}=36\ \text{V}$$

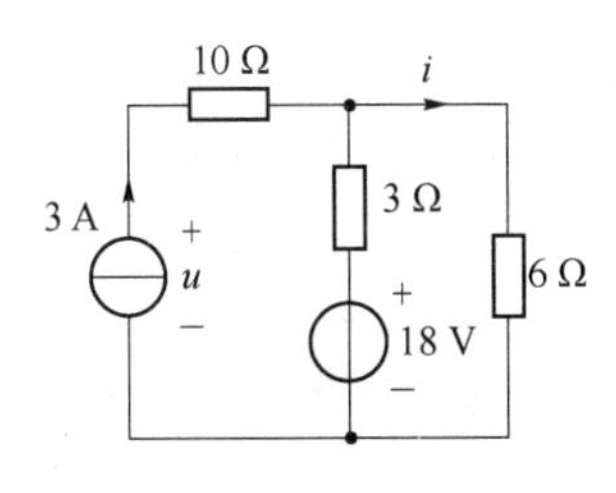

真题图 3-5

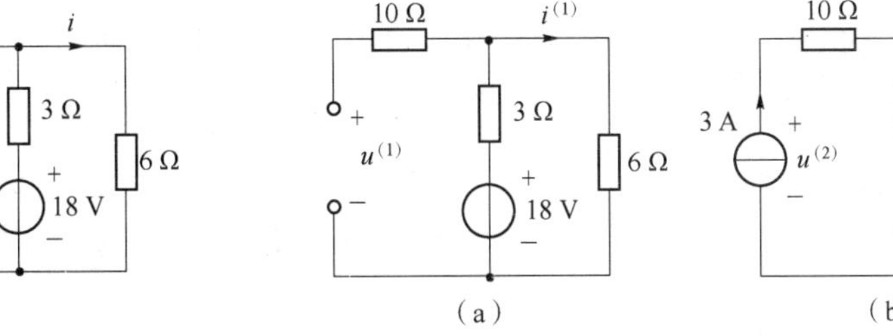

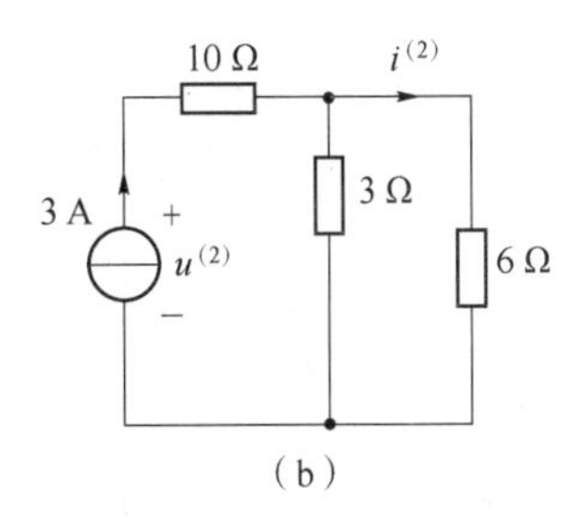

真题图 3-5（解图）

真题 3-6 已知真题图 3-6 (a) 所示电路的诺顿等效电路如真题图 3-6 (b) 所示，则该诺顿等效电路中的 $i_{SC}=$________ A。[2019 年江苏大学电路考研真题]

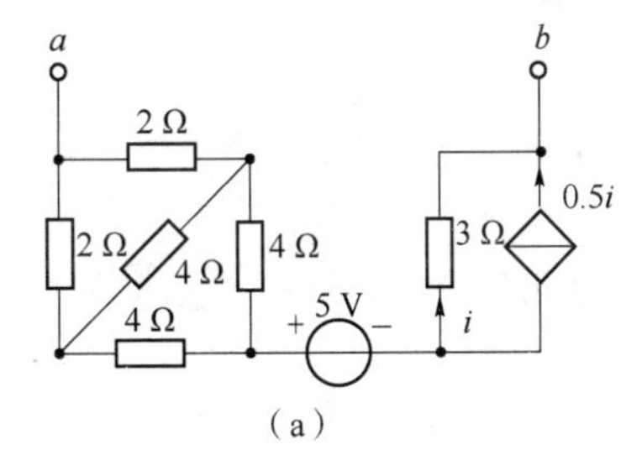

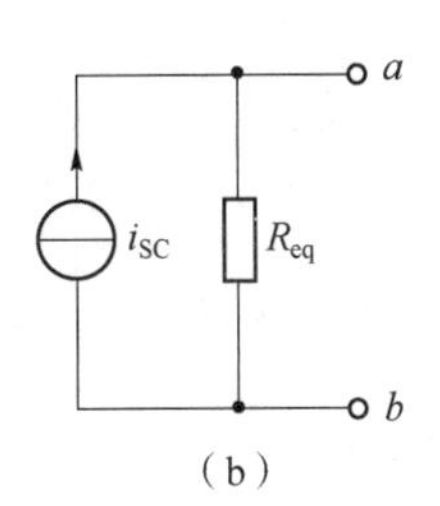

真题图 3-6

解：求开路电压 u_{ab}，$i=0$ A，因此，$u_{ab}=5$ V。

求等效电阻：

受控源可以用一电阻等效，该电阻大小为$\dfrac{3i}{0.5i}=6\ \Omega$。

左侧电桥电路平衡，因此，等效电阻 $R_{eq}=(2/\!/2+4/\!/4+3/\!/6)\Omega=5\ \Omega$。

电路电流 $i_{SC}=\dfrac{u_{ab}}{R_{eq}}=\dfrac{5}{5}\ \text{A}=1\ \text{A}$。

真题 3-7 已知电路如真题图 3-7 所示，请用叠加定理计算：当 $u_S=4$ V 时，电流 i 为多大？当 $u_S=8$ V 时，电流 i 为多大？[2019 年江苏大学电路考研真题]

解：采用叠加定理。

(1) $u_S=4$ V 时。

电压源单独作用时，电流源开路，等效电路如真题图 3-7（解图）(a) 所示。则有：

$$i_1'=\frac{u_S}{2\ 000}=2\ \text{mA}$$

列写 KCL 方程：　　$i_2=i'-0.5i_1'=i'-0.001$

列写 KVL 方程：　　$1\ 000i_2+1\ 000i'=u_S=4$

解得：　　$i'=2.5\ \text{mA}$

电流源单独作用时，电压源短路，等效电路如真题图 3-7（解图）(b) 所示。

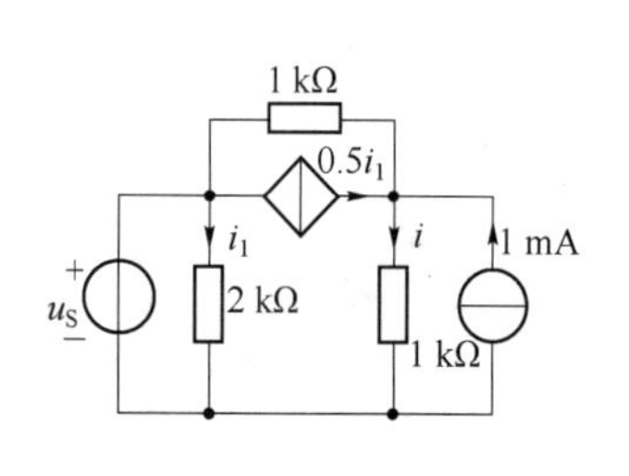

真题图 3-7

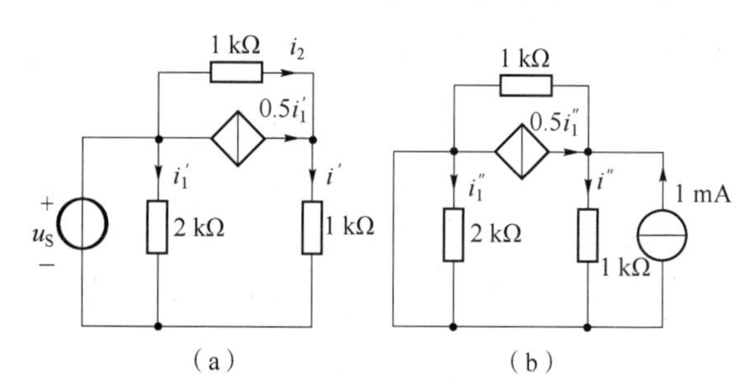

真题图 3-7（解图）

$$i_1''=0\ \text{A}$$

$$0.5i_1''=0\ \text{A}$$

根据分流公式得：　　$i''=\frac{1\times1}{1+1}\times1\ \text{mA}=0.5\ \text{mA}$

叠加：　　$i=i'+i''=(2.5+0.5)\text{mA}=3\ \text{mA}$

(2) $u_S=8$ V 时。

电压源单独作用时，电流源开路，等效电路如真题图 3-7（解图）(a) 所示，根据线性电路的齐次性，电流 i 的分量 $i^{(1)}=2i'=2\times2.5\ \text{mA}=5\ \text{mA}$。

电流源单独作用时，电压源短路，等效电路如真题图 3-7（解图）(b) 所示，电流 i 的分量 $i^{(2)}=i''=0.5\ \text{mA}$。

叠加：　　$i=i^{(1)}+i^{(2)}=(5+0.5)\text{mA}=5.5\ \text{mA}$

第 4 章

正弦稳态电路分析

学习目标

1. 掌握正弦稳态交流电路的基本概念：正弦量三要素、同频正弦量相位差、正弦量有效值。

2. 掌握正弦量相量表示法的基本应用。

3. 了解基尔霍夫定律的相量形式。

4. 掌握元件 VCR 相量形式的推导思路及其对应相量表达式。

5. 理解无源一端口网络阻抗、导纳的定义及与之相关联的容抗、容纳、感抗、感纳的定义。

6. 理解 R、L、C 单一元件对应的阻抗、导纳。

7. 掌握 R、L、C 串、并联支路的阻抗、导纳表达式的推导求解。

8. 掌握应用相量法对正弦稳态电路进行分析计算的思路。

9. 掌握正弦稳态电路各种类型功率的定义及其功率因数提高的意义与措施。

10. 理解最大功率传输定理的内容与工程意义，并能进行正确应用。

知识要点

1. 正弦量三要素

正弦量瞬时值由幅值、角频率和初相位共同确定，统称为正弦量的三要素。

若某一正弦交流电路支路中的正弦交流电流 $i(t)$ 的瞬时值函数表达式为：

$$i(t)=I_m\cos(\omega t+\phi_i)$$

则对应的三要素如下：

1）幅值

I_m称为正弦交流电流的幅值（Amplitude），也可称为振幅、最大值、峰值，反映正弦量变化幅度的大小。

2）角频率

$(\omega t+\phi_i)$称为正弦量的相位或相角。正弦量的相位随时间变化的速度称为正弦量的角频率（Angular Frequency），定义式为：

$$\omega=\frac{\mathrm{d}(\omega t+\phi_i)}{\mathrm{d}t}$$

其反映正弦量变化的快慢，单位为弧度/秒（rad/s）。

3）初相位

当时间 $t=0$ 时，正弦量的相位$(\omega t+\phi_i)$为 ϕ_i，ϕ_i 称为正弦量的初相位角，简称初相位（Initial Phase）、初相角或初相。初相反映了正弦量的计时起点，决定了正弦量在 $t=0$ 时刻初始值的大小。

2. 同频正弦量相位差

在正弦稳态交流电路中，要同时对多个同频率的正弦量进行分析、计算，其中两个同频率正弦量的相位之差，简称相位差，通常用 φ 来表示。

一般规定：$|\varphi|\leqslant\pi$。

3. 正弦量有效值

正弦量的有效值是从电阻性负载所消耗的功率等同的角度进行定义的。定义式为：

$$I=\sqrt{\frac{1}{T}\int_0^T i^2(t)\,\mathrm{d}t}$$

式中，I 被称为正弦交流电流 $i(t)$ 的有效值，也被称为方均根值或均方根值（Root Mean Square，RMS）。

正弦交流电压 $u(t)$ 的有效值 U 的定义式类似：

$$U=\sqrt{\frac{1}{T}\int_0^T u^2(t)\,\mathrm{d}t}$$

4. 正弦量的相量表示

将正弦量的幅值（或有效值）作为相量的模；将正弦量的初相作为相量的辐角。分别对应得到正弦相量的幅值相量和有效值相量。

相量的表征为电压、电流对应大写字母上方加实心圆点。

根据正弦电流量的时域形式，列写出正弦电流的幅值相量和有效值相量：

$$i(t)=\sqrt{2}I\cos(\omega t+\phi_i)$$

（1）幅值相量：

$$\dot{I}_m=I_m\underline{/\phi_i}=\sqrt{2}I\underline{/\phi_i}$$

（2）有效值相量：

$$\dot{I}=I\angle\phi_i$$

根据正弦电压量的时域形式：

$$u(t)=\sqrt{2}U\cos(\omega t+\phi_u)$$

电压相量列写如下：

（1）幅值相量：

$$\dot{U}_{\mathrm{m}}=\sqrt{2}U\angle\phi_u$$

（2）有效值相量：

$$\dot{U}=U\angle\phi_u$$

5. 基尔霍夫定律相量形式

基尔霍夫定律包括基尔霍夫电流定律（KCL）和基尔霍夫电压定律（KVL）。

在正弦稳态交流电路中，根据相量的运算法则，可以直接推理得到基尔霍夫电流定律的相量形式：

$$\sum\dot{I}=0$$

基尔霍夫电压定律的相量形式为：

$$\sum\dot{U}=0$$

6. 元件 VCR 的相量形式

1）线性电阻元件 VCR 的相量形式

线性电阻支路电流的有效值相量式：$\dot{I}_R=I_R\angle\phi_i$。

线性电阻支路电压的有效值相量式：$\dot{U}_R=U_R\angle\phi_u$。

2）线性电感元件 VCR 的相量形式

线性电感支路电流的有效值相量式：$\dot{I}_L=I_L\angle\phi_i$。

线性电感支路电压的有效值相量式：$\dot{U}_L=U_L\angle\phi_u$。

3）线性电容元件 VCR 的相量形式

线性电容支路电流的有效值相量式：$\dot{I}_C=\dot{I}_C\angle\phi_i$。

线性电容支路电压的有效值相量式：$\dot{U}_C=U_C\angle\phi_u$。

7. 无源一端口网络的阻抗和导纳

1）阻抗的定义

如图 4-1 所示，线性无源一端口网络在正弦量激励作用下，对外部电路的电路特性可以用等效参数——复阻抗 Z（简称阻抗）来表征。

阻抗 Z 定义为：线性无源一端口网络的端口电压相量与电流相量的比值。定义式：

$$Z=\frac{\dot{U}}{\dot{I}}=\frac{U}{I}\angle\phi_u-\phi_i=|Z|\angle\varphi_Z=R+\mathrm{j}X$$

阻抗 Z 是一个复数，因此也被称为复阻抗。阻抗的单位为欧姆（Ω）。

阻抗模为 $|Z|=\frac{U}{I}$。

阻抗辐角为 $\varphi_Z=\phi_u-\phi_i$。

阻抗的辐角实际是正弦稳态电路中对应支路电压与支路电流的相位差。

2）导纳的定义

如图 4-2 所示，线性无源一端口网络在正弦量激励作用下，对外部电路的电路特性也可以用等效参数——复导纳 Y（简称导纳）来表征。

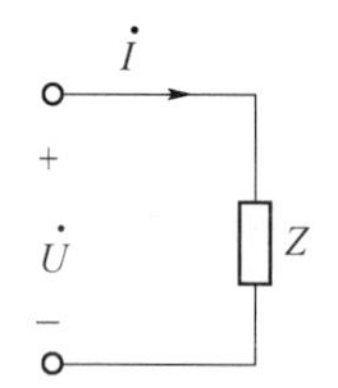

图 4-1　线性无源一端口网络阻抗支路

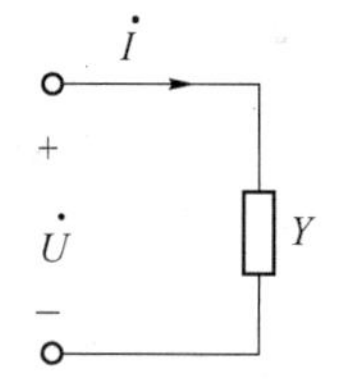

图 4-2　线性无源一端口网络导纳支路

导纳 Y 定义为：线性无源一端口网络的端口电流相量与电压相量的比值。定义式：

$$Y=\frac{\dot{I}}{\dot{U}}=\frac{I}{U}\angle\phi_i-\phi_u=|Y|\angle\varphi_Y=G+\mathrm{j}B$$

导纳 Y 是一个复数，因此也被称为复导纳。导纳的单位为西门子（S）。

导纳模为 $|Y|=\frac{I}{U}$。

导纳辐角为 $\varphi_Y=\phi_i-\phi_u$。

导纳的辐角是正弦稳态电路中对应支路电流与支路电压的相位差。

8. *R*、*L*、*C* 单一元件的阻抗和导纳

1）电阻 R 的阻抗和导纳

（1）电阻的阻抗 Z_R。

电阻 R 的 VCR 相量关系式为 $\dot{U}_R=R\dot{I}_R$。

根据以阻抗 Z 表达的欧姆定律相量式 $\dot{U}=Z\dot{I}$ 可知，电阻支路的阻抗为：

$$Z_R=R$$

（2）电阻的导纳 Y_R。

电阻 R 的 VCR 相量关系式也可以表达为 $\dot{I}_R=\frac{1}{R}\dot{U}_R=G\dot{U}_R$。

根据以导纳 Y 表达的欧姆定律相量式 $\dot{I}=Y\dot{U}$ 可知，电阻支路的导纳为：

$$Y_R=\frac{1}{R}=G$$

2）电感 L 的阻抗和导纳

（1）电感的阻抗 Z_L。

电感 L 的 VCR 相量关系式为 $\dot{U}_L=\mathrm{j}\omega L\dot{I}_L=\mathrm{j}X_L\dot{I}_L$。

根据以阻抗 Z 表达的欧姆定律相量式 $\dot{U}=Z\dot{I}$ 可知，电感支路的阻抗为：

$$Z_L=\mathrm{j}\omega L=\mathrm{j}X_L$$

（2）电感的导纳 Y_L。

电感 L 的 VCR 相量关系式也可以表达为 $\dot{I}_L=\frac{1}{\mathrm{j}\omega L}\dot{U}_L=\mathrm{j}\left(-\frac{1}{\omega L}\right)\dot{U}_L=\mathrm{j}B_L\dot{U}_L$。

根据以导纳 Y 表达的欧姆定律相量式 $\dot{I}=Y\dot{U}$ 可知，电感支路的导纳为：

$$Y_L=\frac{1}{\mathrm{j}\omega L}=\mathrm{j}\left(-\frac{1}{\omega L}\right)=\mathrm{j}B_L$$

3）电容 C 的阻抗和导纳

（1）电容的阻抗 Z_C。

电容 C 的 VCR 相量关系式为 $\dot{U}_C=\frac{1}{\mathrm{j}\omega C}\dot{I}_C=\mathrm{j}\left(-\frac{1}{\omega C}\right)\dot{I}_C=\mathrm{j}X_C\dot{I}_C$。

根据以阻抗 Z 表达的欧姆定律相量式 $\dot{U}=Z\dot{I}$ 可知，电感支路的阻抗为：

$$Z_C=\frac{1}{\mathrm{j}\omega C}=\mathrm{j}X_C$$

（2）电容的导纳 Y_C。

电容 C 的 VCR 相量关系式也可以表达为 $\dot{I}_C=\mathrm{j}\omega C\dot{U}_C=\mathrm{j}B_C\dot{I}_C$。

根据以导纳 Y 表达的欧姆定律相量式 $\dot{I}=Y\dot{U}$ 可知，电容支路的导纳为：

$$Y_C=\mathrm{j}\omega C=\mathrm{j}B_C$$

9. *R*、*L*、*C* 串并联支路的阻抗和导纳

1）R、L、C 串联支路总阻抗

图 4-3 为 R、L、C 串联支路相量模型图。

根据多个阻抗串联求总阻抗的关系式 $Z=\sum_{i=1}^{n}Z_i$ 可得：

$$Z=R+\mathrm{j}\omega L+\frac{1}{\mathrm{j}\omega C}=R+\mathrm{j}\omega L-\mathrm{j}\frac{1}{\omega C}=R+\mathrm{j}\left(\omega L-\frac{1}{\omega C}\right)$$

根据上式可以进行推导得：

$$Z=R+\mathrm{j}(X_L+X_C)=R+\mathrm{j}X=|Z|\angle\varphi_Z$$

2）R、L、C 并联支路总导纳

图 4-4 为 R、L、C 并联支路相量模型图。

根据多个导纳并联求总导纳的关系式 $Y=\sum_{i=1}^{n}Y_i$ 可得：

$$Y=\frac{1}{R}+\frac{1}{\mathrm{j}\omega L}+\mathrm{j}\omega C=\frac{1}{R}-\mathrm{j}\frac{1}{\omega L}+\mathrm{j}\omega C=G+\mathrm{j}\left(\omega C-\frac{1}{\omega L}\right)$$

根据上式可以进行推导得到：

$$Y=G+\mathrm{j}(B_C+B_L)=G+\mathrm{j}B=|Y|\angle\varphi_Y$$

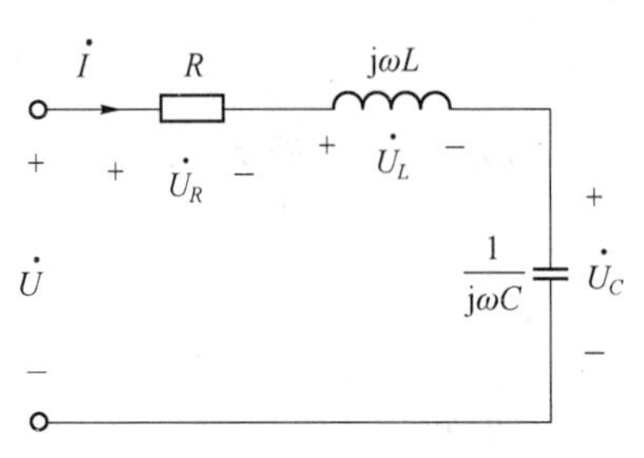

图 4-3　R、L、C 串联支路相量模型图

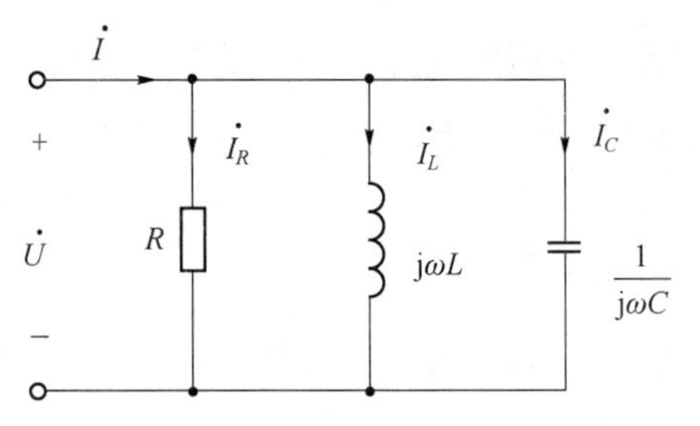

图 4-4　R、L、C 并联支路相量模型图

10. 相量法分析正弦稳态电路

实际电源两种模型的等效变换、支路电流法、网孔电流法、回路电流法、结点电压法、叠加定理、戴维南定理、诺顿定理、最大功率传输定理等，在 KVL、KCL 相量式，以及 R、L、C 三个电路基本元件 VCR 关系的相量式对应下，全部可以推广应用于正弦稳态电路的相量法分析中。

11. 正弦稳态电路的功率

1）瞬时功率 p

正弦电压 u 与正弦电流 i 的乘积则为瞬时功率，以字母表征，单位为瓦（W）。即：

$$p=ui=\sqrt{2}U\cos(\omega t+\phi_u)\cdot\sqrt{2}I\cos(\omega t+\phi_i)$$

利用三角函数的积化和差公式 $2\cos\alpha\cos\beta=\cos(\alpha+\beta)+\cos(\alpha-\beta)$，上式可整理为：

$$p=ui=UI\cos\varphi+UI\cos(2\omega t+\phi_u+\phi_i)$$

式中，$\varphi=\phi_u-\phi_i$。

2）有功功率（平均功率）P

对于无源一端口网络的瞬时功率三角函数表达式，利用积分运算求和，再在一个周期 T 内求平均，可得到无源一端口网络的平均功率 P。即：

$$P=\frac{1}{T}\int_0^T p\mathrm{d}t=\frac{1}{T}\int_0^T[UI\cos\varphi+UI\cos(2\omega t+\phi_u+\phi_i)]\mathrm{d}t$$

化简为：

$$P=UI\cos\varphi$$

平均功率 P 的单位为瓦（W）。

平均功率 P 表示无源一端口网络实际消耗的功率，属于不可逆的电能消耗，也被称为有功功率。

3）无功功率 Q

对于含有感性、容性电磁特性元件的正弦稳态电路无源一端口网络，在理想化状态下，电感性元件与电容性元件并不消耗电能，只对能量进行存储与释放。即电感与电容元件的存在会令无源一端口网络中的部分或全部能量只是与外电路之间进行交换。

反映此种能量交换的电路功率被定义为无功功率，用字母 Q 表征，单位为乏（var）。定义式为：

$$Q=UI\sin\varphi$$

式中，$\varphi=\phi_u-\phi_i$。

$Q>0$，表示无源一端口网络吸收无功功率；$Q<0$，表示无源一端口网络发出无功功率。

无功功率 Q 的大小反映无源一端口网络与外电路交换功率的大小，是无源一端口网络对外电路能量交换率的最大值。无功功率 Q 属于可逆的能量交换。

4）视在功率 S

视在功率反映了无源一端口网络电气设备的容量，或者说提供的最大功率值。视在功率用字母 S 表征，单位为伏安（VA）。定义式为：

$$S=UI$$

有功功率、视在功率与功率因数三者之间的函数关系式：

$$P=UI\cos\varphi=S\cos\varphi$$

5）复功率

若正弦稳态电路线性无源一端口网络的端口电压和端口电流的有效值相量式设定如下：

$$\dot{U}=U\underline{/\phi_u}，\ \dot{I}=I\underline{/\phi_i}$$

则此线性无源一端口网络对应的复功率 $\overline{S}$ 定义式为：

$$\overline{S}=\dot{U}\dot{I}^*$$

式中，$\dot{I}^*$ 是 $\dot{I}$ 的共轭复数。

复功率的单位为伏安（VA），与视在功率 S 的单位相同。

结合线性无源一端口网络端口电压和端口电流的有效值相量式，有功功率、无功功率、视在功率各自的定义式、相互关系式，复功率可以在其定义式的基础上进行如下的等式变换推导：

$$\begin{aligned}\overline{S}&=\dot{U}\dot{I}^*\\&=U\underline{/\phi_u}\times I\underline{/-\phi_i}\\&=UI\underline{/\phi_u-\phi_i}\\&=UI\underline{/\varphi}\\&=S\underline{/\varphi}\\&=UI\cos\varphi+\mathrm{j}UI\sin\varphi\\&=P+\mathrm{j}Q\end{aligned}$$

12. 最大功率传输定理

正弦稳态电路的最大功率传输定理表明了变化的负载阻抗从其激励源获取最大功率的条件和获取的最大功率值。正弦稳态电路最大功率传输定理内容如下。如图 4-5 所示，当可变的负载阻抗 Z_L 等于有源一端口网络去除独立电源之后求得的等效阻抗 Z_{eq} 的共轭复数 Z_{eq}^* 时，即：

$$Z_L=Z_{eq}^*=R_{eq}-\mathrm{j}X_{eq}$$

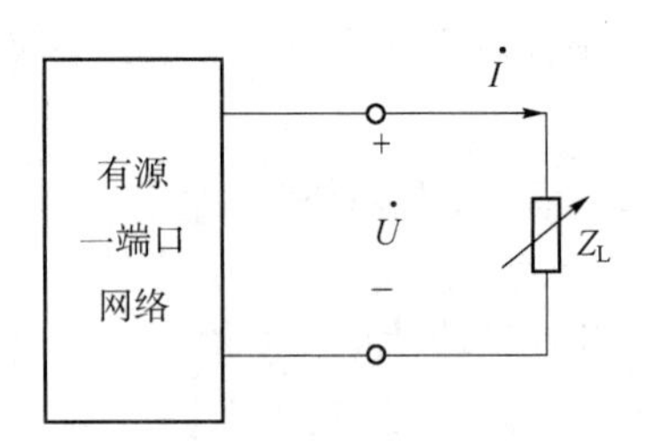

图 4-5　正弦稳态电路最大功率传输定理图

则负载阻抗可以从有源一端口网络获得最大有功功率，最大功率值 P_{Lmax} 为：

$$P_{Lmax}=\frac{U_{OC}^2}{4R_{eq}}$$

注意：

通常将满足 $Z_L=Z_{eq}^*$ 条件的匹配，称为共轭匹配。在通信和电子设备设计中，通常要求满足共轭匹配，以期负载获得最大功率。

教材同步习题详解

4-1　已知正弦稳态电路一端口网络的端电压和端口电流瞬时值三角函数式为：

$$u=10\sqrt{2}\cos(314t+15°)\text{ V}$$

$$i=5\sqrt{2}\sin(314t+30°)\text{ A}$$

求：(1) 两正弦量的有效值、频率、周期；

(2) 两个同频率正弦量的相位差。

解：(1) 正弦电压量的有效值为 10 V，角频率为 314 rad/s

频率为 $f=\frac{\omega}{2\pi}=\frac{314}{2\pi}$ Hz≈50 Hz。

周期为 $T=\frac{1}{f}=\frac{1}{50}$ s=0.02 s。

首先将正弦电流量的三角函数表达式进行等效变换：

$$\begin{aligned}i&=5\sqrt{2}\sin(314t+30°)\text{ A}=5\sqrt{2}\cos(314t+30°-90°)\text{ A}\\&=5\sqrt{2}\cos(314t-60°)\text{ A}\end{aligned}$$

由此等效变换式可知：

正弦电流量的有效值为 5 A，角频率为 314 rad/s；

频率为 $f=\frac{\omega}{2\pi}=\frac{314}{2\pi}$ Hz≈50 Hz；

周期为 $T=\frac{1}{f}=\frac{1}{50}$ s=0.02 s。

(2) 两个同频率正弦量的相位差：

$$\varphi=\phi_u-\phi_i=15°-(-60°)=75°$$

4-2　已知两个同频率正弦电流量的时域表达式为：

$$i_1(t)=4\sqrt{2}\cos(314t+45°)\ \text{A}$$

$$i_2(t)=5\sqrt{2}\cos(314t+30°)\ \text{A}$$

利用相量法求两正弦电流量的差值 i。

解：由两正弦电流量的三角函数表达式，可得到两正弦量的有效值相量：

$$\dot{I}_1=4\angle 45°\ \text{A}$$

$$\dot{I}_2=5\angle 30°\ \text{A}$$

然后求解两有效值相量的差值有效值相量：

$$\dot{I}=\dot{I}_1-\dot{I}_2=(4\angle 45°-5\angle 30°)\ \text{A}=(-1.502+\text{j}0.328)\ \text{A}=1.54\angle 167.68°\ \text{A}$$

最后由差值有效值相量得到对应的两电流差值时域形式：

$$i=1.54\sqrt{2}\cos(314t+167.68°)$$

4-3　已知正弦电流量 i 的时域形式为：

$$i=\sqrt{2}I\cos(\omega t-\phi_i)$$

请推导其对应微分量、积分量的有效值相量与 i 的有效值相量对应的关系式。

解：(1) 先由正弦量的时域形式，求解微分量表达式：

$$\begin{aligned}\frac{\text{d}i}{\text{d}t}&=\frac{\text{d}[\sqrt{2}I\cos(\omega t+\phi_i)]}{\text{d}t}\\&=-\sqrt{2}I\sin(\omega t+\phi_i)\omega\\&=\sqrt{2}\omega I\cos\left(\omega t+\phi_i+\frac{\pi}{2}\right)\end{aligned}$$

由上式可得到微分量有效值相量与 i 的有效值相量对应的关系式：

$$\left(\frac{\text{d}i}{\text{d}t}\right)=\omega I\angle\phi_i+\frac{\pi}{2}=\text{j}\omega\dot{I}$$

(2) 先由正弦量的时域形式，求解积分量表达式：

$$\begin{aligned}\int i\text{d}t&=\int\sqrt{2}I\cos(\omega t+\phi_i)\text{d}t\\&=\sqrt{2}\ \frac{I}{\omega}\sin(\omega t+\phi_i)\\&=\sqrt{2}\ \frac{I}{\omega}\cos\left(\omega t+\phi_i-\frac{\pi}{2}\right)\end{aligned}$$

由上式可得到积分量有效值相量与 i 的有效值相量对应的关系式：

$$\left(\int i\text{d}t\right)=\frac{I}{\omega}\angle\phi_i+\frac{\pi}{2}=\frac{\dot{I}}{\text{j}\omega}$$

4-4　请根据正弦稳态电路中 3 个二端元件的端电压和流经电流的瞬时值表达式，分析二端元件的具体元件属性，并求解其特征参数。

(1) $\begin{cases}u=10\sqrt{2}\cos(10t+45°)\ \text{V}\\ i=5\sqrt{2}\cos(10t-45°)\ \text{A}\end{cases}$；

(2) $\begin{cases} u=10\sin(100t)\text{ V} \\ i=5\cos(100t)\text{ A} \end{cases}$;

(3) $\begin{cases} u=8\cos(314t+35^\circ)\text{ V} \\ i=2\cos(314t+35^\circ)\text{ A} \end{cases}$。

解：(1) 两个同频率正弦量有效值相量分别为：

$$\dot{U}=10\angle 45^\circ\text{ V},\ \dot{I}=5\angle -45^\circ\text{A}$$

$$Z=\frac{\dot{U}}{\dot{I}}=\frac{U}{I}\angle \phi_u-\phi_i=\frac{10}{5}\angle 45^\circ-(-45^\circ)\ \Omega=2\angle 90^\circ\ \Omega$$

由二端元件阻抗求解结果可知，元件的端电压相量比流经电流相量相位超前 90°，所以，此二端元件呈纯感性。因此可得到：

$$Z=\frac{\dot{U}}{\dot{I}}=2\angle 90^\circ\ \Omega=\omega L\angle 90^\circ$$

$$\omega L=2$$

$$L=\frac{2}{\omega}=\frac{2}{10}\text{ H}=0.2\text{ H}$$

(2) 首先对电压量三角函数式进行等效变换：

$$\begin{aligned} u&=10\sin(100t) \\ &=10\cos(100t-90^\circ) \end{aligned}$$

则两同频率正弦量有效值相量分别为：

$$\dot{U}=5\sqrt{2}\angle -90^\circ\text{ V},\ \dot{I}=3.54\angle 0^\circ\text{ A}$$

$$Z=\frac{\dot{U}}{\dot{I}}=\frac{U}{I}\angle \phi_u-\phi_i=\frac{5\sqrt{2}}{3.54}\angle -90^\circ\ \Omega=2\angle -90^\circ\ \Omega$$

由二端元件阻抗求解结果可知，元件的端电压相量比流经电流相量相位滞后 90°，所以，此二端元件呈纯容性。因此可得到：

$$Z=\frac{\dot{U}}{\dot{I}}=2\angle -90^\circ\ \Omega=\frac{1}{\omega C}\angle -90^\circ$$

$$\frac{1}{\omega C}=2$$

$$C=\frac{1}{2\omega}=\frac{1}{200}\text{ F}=5\times10^{-3}\text{ F}$$

(3) 两个同频率正弦量有效值相量为：

$$\dot{U}=4\sqrt{2}\angle 35^\circ\text{ V},\ \dot{I}=\sqrt{2}\angle 35^\circ\text{ A}$$

$$Z=\frac{\dot{U}}{\dot{I}}=\frac{U}{I}\angle \phi_u-\phi_i=\frac{4\sqrt{2}}{\sqrt{2}}\angle 35^\circ-35^\circ\ \Omega=4\angle 0^\circ\ \Omega$$

由二端元件阻抗求解结果可知，元件的端电压相量与流经电流相量相位一致，相位差为 0°，所以，此二端元件呈纯阻性。因此可得到：

$$Z=\frac{\dot{U}}{\dot{I}}=4\angle 0^\circ\ \Omega=R\angle 0^\circ$$

$$R=4\ \Omega$$

4-5 在题图 4-1 所示的相量模型中，已知：$\dot{U}_S=220\angle 0°\ \text{V}$，$R_1=10\ \Omega$，$R_2=20\ \Omega$，$X_1=10\sqrt{3}\ \Omega$，求电流 $\dot{I}$。

解：

$$\dot{I}_1=\frac{\dot{U}_S}{R_1+\text{j}X_1}=\frac{220\angle 0°}{10+\text{j}10\sqrt{3}}\ \text{A}=11\angle -60°\ \text{A}$$

$$\dot{I}_2=\frac{\dot{U}_S}{R_2}=\frac{220\angle 0°}{20}\ \text{A}=11\angle 0°\ \text{A}$$

$$\dot{I}=\dot{I}_1+\dot{I}_2=(16.5-\text{j}9.53)\ \text{A}=11\sqrt{3}\angle -30°\ \text{A}$$

4-6 在题图 4-2 所示的相量模型中，电流表Ⓐ₁的读数为 5 A，Ⓐ₂的读数为 20 A，Ⓐ₃的读数为25 A，求电流表Ⓐ和Ⓐ₄的读数。

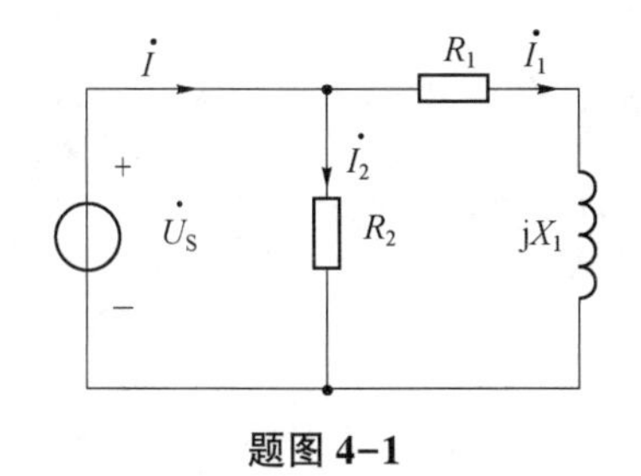

题图 4-1

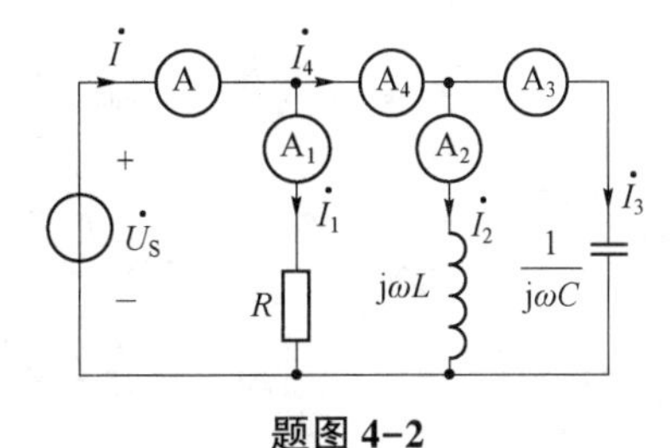

题图 4-2

解：根据 R、L、C 三个元件各自的 VCR，设电压源端电压为参考相量，则：

$$\dot{U}_S=U_S\angle 0°$$

$$\dot{I}_1=5\angle 0°\ \text{A}$$

$$\dot{I}_2=20\angle -90°\ \text{A}=-\text{j}20\ \text{A}$$

$$\dot{I}_3=25\angle 90°\ \text{A}=\text{j}25\ \text{A}$$

$$\dot{I}_4=\dot{I}_2+\dot{I}_3=\text{j}5\ \text{A}=5\angle 90°\ \text{A}$$

$$\dot{I}=\dot{I}_1+\dot{I}_4=(5+\text{j}5)\ \text{A}=7.07\angle 45°\ \text{A}$$

所以，电流表 A 读数为 7.07 A；电流表 A_4的读数为 5 A。

4-7 根据如题图 4-3 所示的电路，绘制其对应相量模型，标注完整参数，选择合适的参考结点，列写出全部独立结点的结点电压方程式。

解：参考结点和独立结点标号如题图 4-3（解图）所示。

三个独立结点①②③的结点电压方程式依次如下：

结点①：

$$\dot{U}_{n1}=\dot{U}_S$$

结点②：

$$\left(\frac{1}{R_1+\text{j}\omega L}+\frac{1}{R_2}+\frac{1}{R_3}\right)\dot{U}_{n2}-\frac{1}{R_2}\dot{U}_{n1}-\frac{1}{R_3}\dot{U}_{n3}=0$$

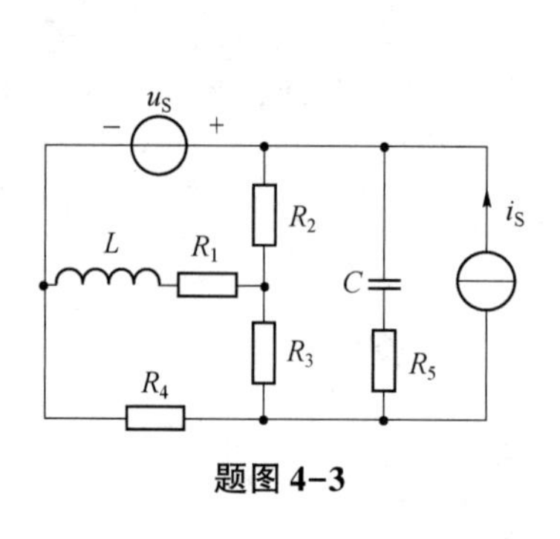

题图 4-3

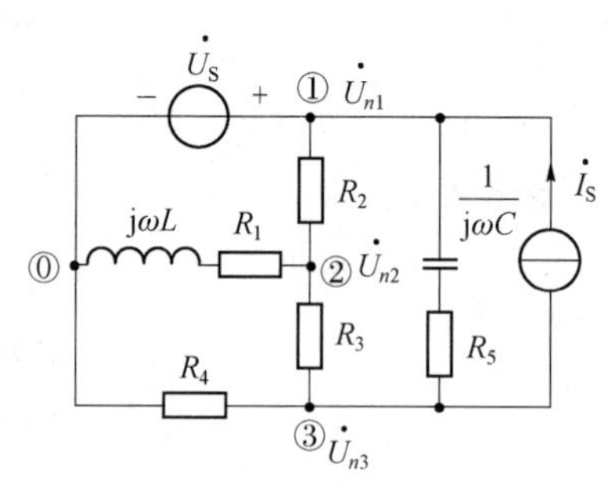

题图 4-3（解图）

结点③：

$$\left(\frac{1}{R_3}+\frac{1}{R_4}+\frac{1}{\frac{1}{j\omega C}+R_5}\right)\dot{U}_{n3}-\frac{1}{R_3}\dot{U}_{n2}-\frac{1}{\frac{1}{j\omega C}+R_5}\dot{U}_{n1}=-\dot{I}_S$$

4-8　求如题图 4-4 所示有源一端口网络的戴维南等效电路。

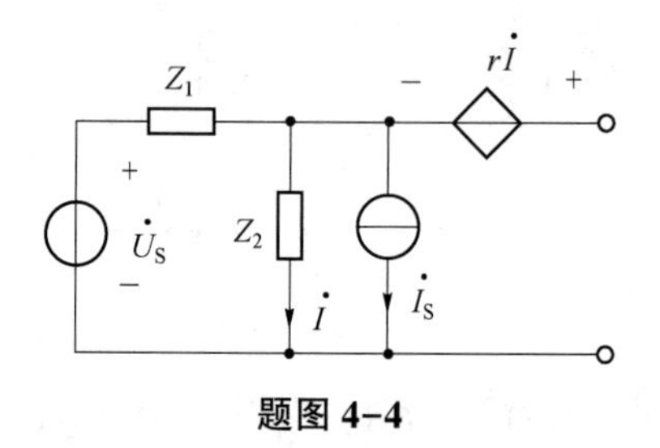

题图 4-4

解：(1) 求解开路电压。

求解有源一端口网络开路电压的等效电路如题图 4-4（解图）(a) 所示。根据题所选电压回路，由 KVL 可得：

$$\dot{U}_{OC}=r\dot{I}+Z_2\dot{I}=(Z_2+r)\dot{I}$$

独立结点①的结点电压方程式：

$$\left(\frac{1}{Z_1}+\frac{1}{Z_2}\right)\dot{U}_{n1}=\frac{\dot{U}_S}{Z_1}-\dot{I}_S$$

又因：

$$\dot{U}_{n1}=Z_2\dot{I}$$

所以：

$$\dot{I}=\frac{\dot{U}_S-Z_1\dot{I}_S}{Z_1+Z_2}$$

开路电压：

$$\dot{U}_{OC}=\frac{(Z_2+r)(\dot{U}_S-Z_1\dot{I}_S)}{Z_1+Z_2}$$

（2）求解等效阻抗。

求一端口网络等效阻抗的电路如题图 4-4（解图）（b）所示。

将有源一端口网络内部独立电源置零，在端口处附加一电压源，利用加压求流法进行有源一端口网络等效阻抗的求解。

由分流公式，可得：

$$\dot{I}=\frac{Z_1}{Z_1+Z_2}\dot{I}_0$$

对右侧网孔列 KVL 方程，可得：

$$\dot{U}_0=r\dot{I}+Z_2\dot{I}$$

所以：

$$Z_{eq}=\frac{(Z_2+r)\ Z_1}{Z_1+Z_2}$$

（3）有源一端口网络的戴维南等效电路如题图 4-4（解图）（c）所示。

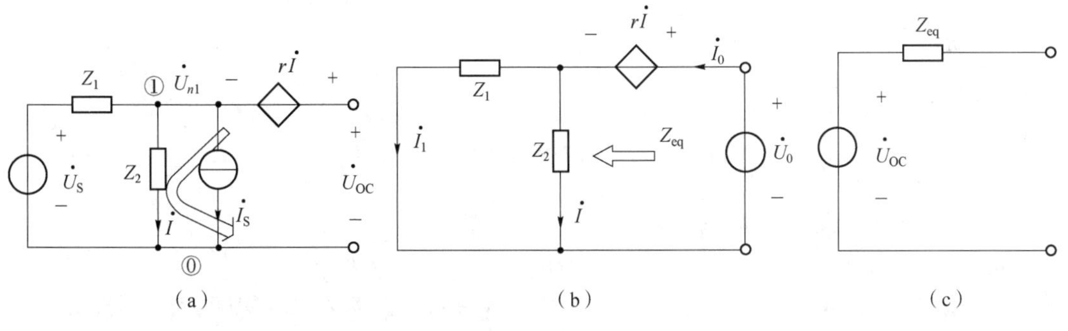

题图 4-4（解图）

4-9 利用交流电压表、交流电流表和交流功率表测量电感线圈支路，接法如题图 4-5 所示。已知 $f=50$ Hz，通过上述三个交流仪表测得 $U=50$ V，$I=1$ A，$P=30$ W。计算电感线圈的电阻 R 和自感系数 L。

解：因为 $P=I^2R$，所以：

$$R=\frac{P}{I^2}=\frac{30}{1}\ \Omega=30\ \Omega$$

$$|Z|=\frac{U}{I}=\frac{50}{1}\ \Omega=50\ \Omega$$

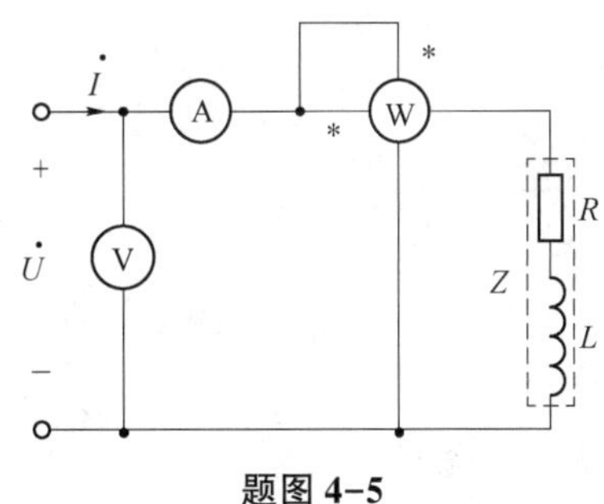

题图 4-5

又因为：

$$|Z|=\sqrt{R^2+(\omega L)^2}$$

则：

$$\omega L=\sqrt{|Z|^2-R^2}=\sqrt{50^2-30^2}\ \Omega=40\ \Omega$$

所以：

$$L=\frac{40}{\omega}=0.127\ \text{H}$$

4-10 在如题图 4-6 所示的电路中，$\dot{U}_S=8\angle 0^\circ$ V，求负载 Z_L 满足共轭匹配条件时获得的最大功率。

解：**(1) 求解等效阻抗的等效电路如题图 4-6（解图）(a) 所示，断开 Z_L，将独立电压源 U_S 置零。则有：**

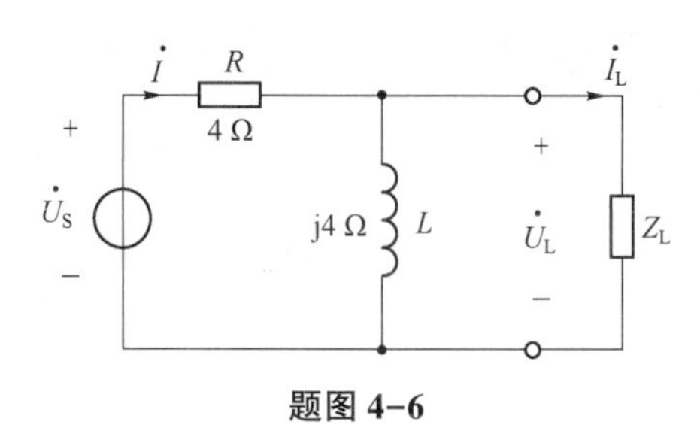

题图 4-6

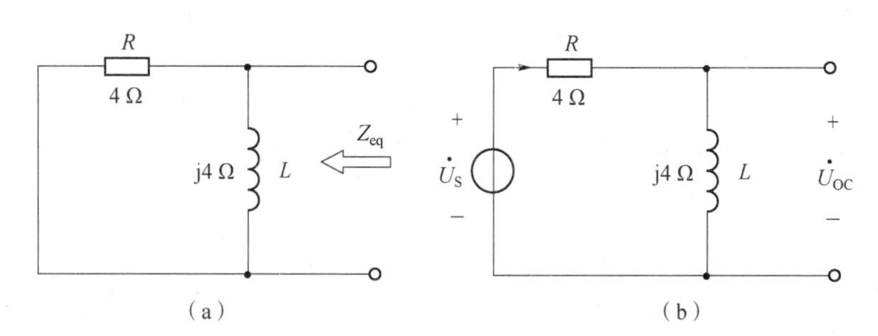

题图 4-6（解图）

$$Z_{eq}=(4/\!/\mathrm{j}4)\,\Omega=2\sqrt{2}\,\underline{/45^\circ}\,\Omega=2(1+\mathrm{j})\,\Omega=(2+\mathrm{j}2)\,\Omega$$

所以，当 $Z_L=Z_{eq}^*=(2-\mathrm{j}2)\,\Omega$ 时，负载阻抗获得最大功率 P_{Lmax}。

(2) 求解含源一端口交流网络开路电压的等效电路如题图 4-6（解图）(b) 所示。

根据分压公式，可得：

$$\dot{U}_{OC}=\frac{\mathrm{j}4}{4+\mathrm{j}4}\dot{U}_S=4\sqrt{2}\,\underline{/45^\circ}\ \mathrm{V}$$

所以：

$$P_{Lmax}=\frac{U_{OC}^2}{4R_{eq}}=\frac{(4\sqrt{2})^2}{4\times 2}\ \mathrm{W}=4\ \mathrm{W}$$

历年考研真题

真题 4-1 已知电路如真题图 4-1 所示，Z 可能是电阻、电感或电容，若 $\dot{I}$ 滞后 $\dot{U}$ 30°，则 Z 是（　　）。[2018 年江苏大学电路考研真题]

A. 电阻　　B. 电感

C. 电容　　D. 电感或电容

解：因为总电流 $\dot{I}$ 滞后 $\dot{U}$，所以该电路显感性，Z 为电感，故答案为 B。

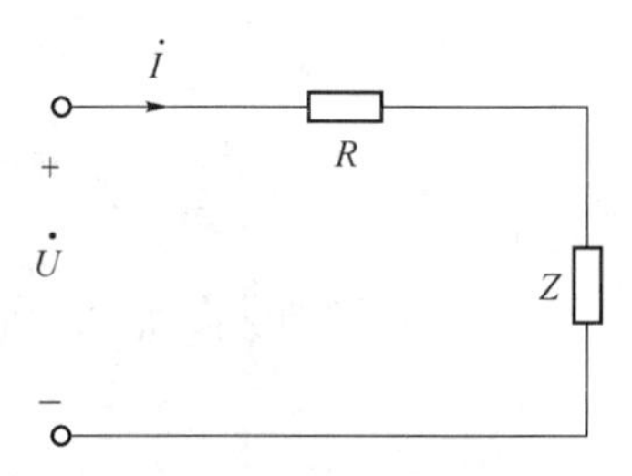

真题图 4-1

真题 4-2 已知正弦稳态电路如真题图 4-2 所示，$Z=(2+\mathrm{j}2)\,\Omega$，$R$、$L$、$C$ 并联支路各自的电流有效值为 $I_R=5$ A，$I_L=3$ A，$I_C=8$ A，电路消耗的总功率为 200 W，电源频率为

50 Hz。请：

（1）以 $\dot{U}_2$ 为参考相量，定性绘制电路的电流相量图；

（2）求 $\dot{I}$、R、L、C；

（3）求 $\dot{U}_1$、$\dot{U}_2$、$\dot{U}$。［2019 年江苏大学电路考研真题］

解：（1）根据电阻两端的电压与其上通过的电流同相位，电感两端的电压超前其上通过的电流 90°，电容两端的电压滞后其上通过的电流 90°，$\dot{I}=\dot{I}_R+\dot{I}_L+\dot{I}_C$，绘制相量图如真题图 4-2（解图）所示。

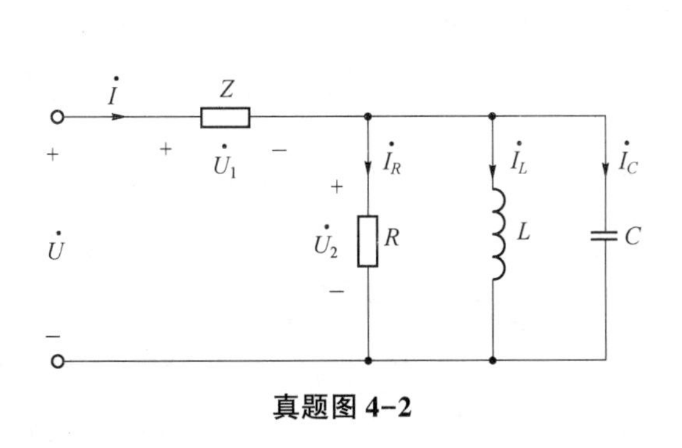

真题图 4-2

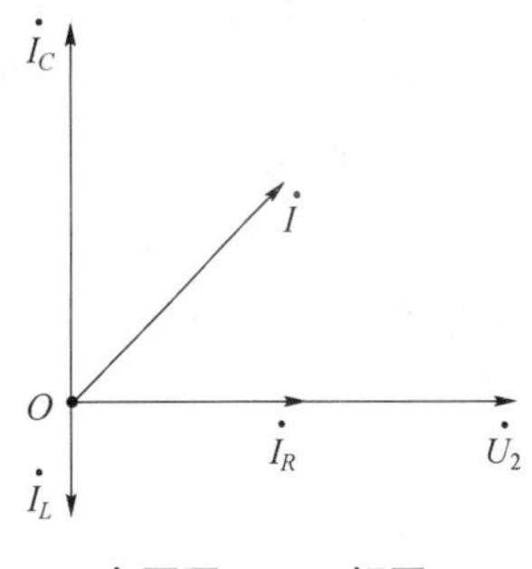

真题图 4-2（解图）

（2）由相量图可知 $\dot{I}=5\sqrt{2}\angle 45°$ A，电路消耗的总功率为 Z 的实部 2 Ω 及电阻 R 消耗掉的功率之和。则有：

$$P=I_R^2R+2I^2 \Rightarrow R=4\ \Omega$$

$$\dot{U}_2=R\dot{I}_R=4\times 5\angle 0°\ \text{V}=20\angle 0°\ \text{V}$$

$$U_2=I_L\omega L \Rightarrow L=\frac{U_2}{2\pi f I_L}=\frac{20}{2\times 3.14\times 50\times 3}\ \text{H}=0.021\ \text{H}$$

$$U_2=I_C\frac{1}{\omega C} \Rightarrow C=\frac{I_C}{2\pi f U_2}=\frac{8}{2\times 3.14\times 50\times 20}\ \text{F}=1.274\times 10^{-3}\ \text{F}$$

（3）
$$\dot{U}_1=\dot{I}Z=5\sqrt{2}\angle 45°(2+\text{j}2)\ \text{V}=20\angle 90°\ \text{V}$$

$$\dot{U}_2=R\dot{I}_R=4\times 5\angle 0°\ \text{V}=20\angle 0°\ \text{V}$$

$$\dot{U}=\dot{U}_1+\dot{U}_2=(20\angle 90°+20\angle 0°)\ \text{V}=(20+\text{j}20)\ \text{V}$$

真题 4-3 在真题图 4-3 所示电路中，已知 $U=100$ V，且 $\dot{U}$ 与 $\dot{I}$ 同相，电路吸收的平均功率 $P=400$ W，求阻抗 Z。［2015 年中国矿业大学电路考研真题］

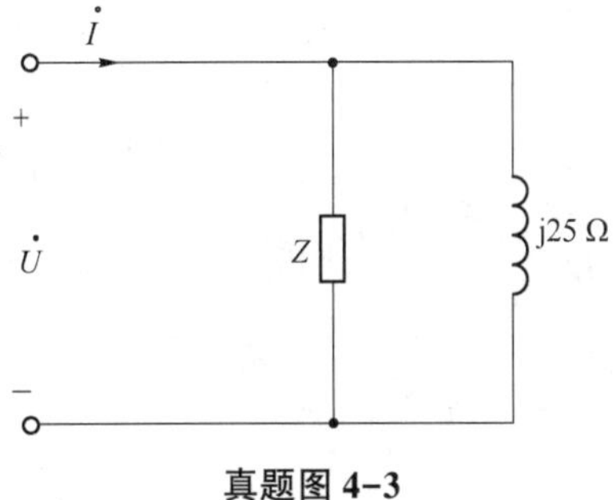

真题图 4-3

解：由于 $\dot{U}$ 与 $\dot{I}$ 同相位，因此，$\dot{U}$ 与 $\dot{I}$ 相差 $\phi=0°$，则有：

$$P=UI\cos\phi=UI$$

$$I=\frac{P}{U}=\frac{400}{100}=4\ \text{A}$$

设 $\dot{U}=100\angle 0°$ V，则 $\dot{I}=4\angle 0°$ A。

$$\dot{I}_{\mathrm{L}}=\frac{\dot{U}}{\mathrm{j}25}=\frac{100\underline{/0^{\circ}}}{\mathrm{j}25}\ \mathrm{A}=-\mathrm{j}4\ \mathrm{A}$$

$$\dot{I}_2=\dot{I}-\dot{I}_{\mathrm{L}}=[4\underline{/0^{\circ}}-(-\mathrm{j}4)]\mathrm{A}=(4+\mathrm{j}4)\mathrm{A}=4\sqrt{2}\underline{/45^{\circ}}\mathrm{A}$$

$$Z=\frac{100\underline{/0^{\circ}}}{4\sqrt{2}\underline{/45^{\circ}}}\mathrm{A}=\frac{25}{\sqrt{2}}\underline{/-45^{\circ}}\mathrm{A}=(12.5-\mathrm{j}12.5)\mathrm{A}$$

本题也可以利用第 6 章谐振的知识点进行计算。

真题 4-4 在真题图 4-4 所示正弦稳态电路中，已知 $U=10$ V，$f=50$ Hz，$I_C=\sqrt{2}I=\sqrt{2}I_{RL}$，电路所消耗的功率是 10 W，试求当 U 保持不变、$f=1\ 000$ Hz 时，各支路电流的有效值及电路消耗的有功功率。[2019 年中国矿业大学电路考研真题]

解：本题先利用已知条件计算参数 R 、L、C。

设 $\dot{U}=10\underline{/0^{\circ}}$ V，电容流过的电流 $\dot{I}_C$ 超前其端电压 $\dot{U}$ 90°，$\dot{I}=\dot{I}_C+\dot{I}_{RL}$，$I_C=\sqrt{2}I=\sqrt{2}I_{RL}$，绘制相量图如真题图 4-4（解图）所示。则有：

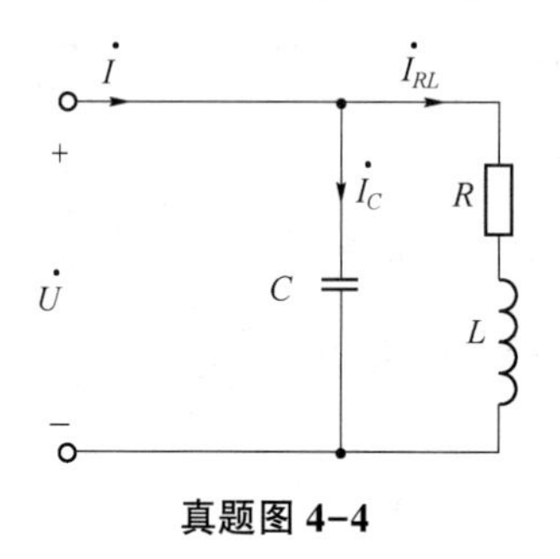

真题图 4-4

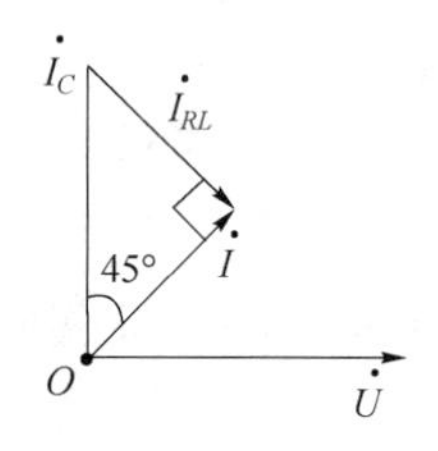

真题图 4-4（解图）

$$P=UI\cos(-45^{\circ})=10I\times\frac{\sqrt{2}}{2}=10\ \mathrm{W}$$

解得：$I=\sqrt{2}$ A，$I_{RL}=\sqrt{2}$ A，$I_C=2$ A

所以：$P=I_{RL}^2R=(\sqrt{2})^2R=10$ W，$R=5\ \Omega$

$f=50$ Hz 时：容抗 $X'_C=\dfrac{1}{\omega' C}=\dfrac{U}{I_C}=\dfrac{10}{2}\ \Omega=5\ \Omega$，感抗 $X'_L=\omega' L=\dfrac{U}{I_C}=\dfrac{10}{2}\ \Omega=5\ \Omega$。

$f=1\ 000$ Hz 时：容抗 $X''_C=\dfrac{1}{20\omega' C}=\dfrac{U}{20I_C}=0.25\ \Omega$，感抗 $X''_L=20\omega' L=20\dfrac{U}{I_C}=100\ \Omega$。则有：

$$\dot{I}'_C=\frac{\dot{U}}{-\mathrm{j}X''_C}=\frac{10}{-\mathrm{j}0.25}\mathrm{A}=\mathrm{j}40\ \mathrm{A}=40\underline{/90^{\circ}}\ \mathrm{A}$$

$$\dot{I}'_{RL}=\frac{\dot{U}}{R+\mathrm{j}X''_L}=\frac{10}{5+\mathrm{j}100}\ \mathrm{A}\approx0.1\underline{/-87.14^{\circ}}\ \mathrm{A}$$

$$\dot{I}'=\dot{I}'_C+\dot{I}'_{RL}=39.9\underline{/89.99^{\circ}}\ \mathrm{A}$$

$$P'=I'^2_{RL}R=0.1^2\times5\ \mathrm{W}=0.05\ \mathrm{W}$$

第 5 章 三相电路

学习目标

1. 掌握三相交流电路配电线路形式、基本名词术语。
2. 掌握对称三相交流电路构成特点及其正弦量线值、相值关系式。
3. 掌握对称三相交流电路基本分析计算方法：一相计算法。
4. 掌握不对称三相电路基本电路特性及定性分析思路。
5. 掌握三相交流电路功率测量方法。

知识要点

1. 三相交流电路主要名词术语

对称三相电路是由对称三相电源通过阻抗相同的输电线与对称的三相负载相连接而构成的。

对称三相电源是由三个同频率、等幅值、初相依次滞后 120°的正弦电压源连接成星形或三角形构成的电源。对称的三相负载是指三个负载的阻抗相等。

如图 5-1 所示，三相发电机三个电枢绕组分别标记为 A-X、B-Y、C-Z，其中 A、B、C 三端被称为始端，X、Y、Z 三端被称为末端。对称三相电源的输出即发电机三个电枢绕组对应的感应电压 u_A、u_B、u_C。三相电压源依次被称为：A 相、B 相、C 相。在实际工程应用中也被对应称为 U 相、V 相、W 相。三相电源的引出线被称为相线、端线，俗称火线。对应电源导线外部的绝缘漆的颜色分别为黄、绿、红三色。对称三相电源电压有效值相量图如图 5-2 所示。

A 相电压为参考正弦量，初相 ϕ_A为 0°。因此，同频率、等幅值、初相依次滞后 120°的 A、B、C 三相电源的电压瞬时值表达式如下：

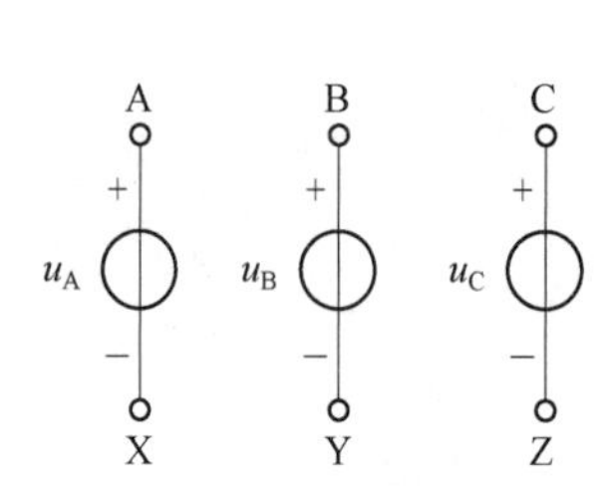

图 5-1　三相电源电压

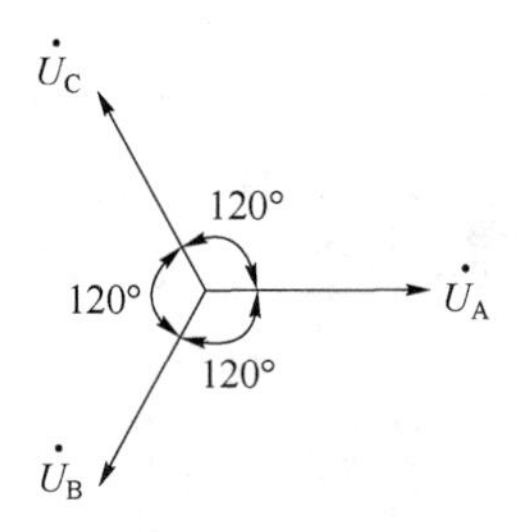

图 5-2　对称三相电源电压有效值相量图

$$\begin{cases} u_A(t)=\sqrt{2}U\cos(\omega t+\phi_A) \\ u_B(t)=\sqrt{2}U\cos(\omega t+\phi_A-120^\circ) \\ u_C(t)=\sqrt{2}U\cos(\omega t+\phi_A+120^\circ) \end{cases}$$

因为 $\phi_A=0$，所以三相电源的电压瞬时值表达式也可简化表达如下：

$$\begin{cases} u_A(t)=\sqrt{2}U\cos(\omega t) \\ u_B(t)=\sqrt{2}U\cos(\omega t-120^\circ) \\ u_C(t)=\sqrt{2}U\cos(\omega t+120^\circ) \end{cases}$$

A、B、C 三相电源的电压有效值相量式：

$$\begin{cases} \dot{U}_A=U\angle 0^\circ \\ \dot{U}_B=U\angle -120^\circ \\ \dot{U}_C=U\angle 120^\circ \end{cases}$$

三相电源中每相绕组的端电压称为电源端相电压，端线与端线之间的电压称为电源端线电压。负载端端线之间的电压称为负载端的线电压，每相负载的端电压称为负载端的相电压。三相电源端与三相负载端相连接的支路中的电流，即流经各条端线的电流，称为线电流；流经负载支路的电流称为相电流；三相电源端的中性点与三相负载端的中性点相连接的支路（称为中性线，俗称零线）中的电流，称为中性线电流。

2. 三相交流电路连接方式

由于三相电源和三相负载均有 Y 连接、△连接两种连接方式，因此三相交流电路实际的构成具有 Y_N-Y_n、Y-Y、Y—△、△—Y、△—△五种连接方式。

我国电力电网 10 kV、110 kV 、220 kV 、500 kV、1 000 kV 的高压输电线路采用的是三相三线制，没有中性线。而在低压配电网中，输电线路一般采用三相四线制，确保有中性线。

五种连接方式各自对应的电压、电流关系式，可结合下面四种情况进行理解。

（1）对称三相电源 Y 连接。

在对称三相电源 Y 连接方式下，线电压相量与相电压相量之间的关系对应如下：

①线电压相量的模是对应的相电压相量的模的$\sqrt{3}$倍；

②线电压相量的辐角比对应的相电压相量的辐角超前 30°。

（2）对称三相电源△连接。

在对称三相电源△连接方式下，线电压相量与对应的相电压相量相等。

（3）Y_N-Y_n、Y-Y 连接方式。

在不考虑传输线阻抗的前提下，三相负载端的相电压等于对应的三相电源的相电压，且相量对称；三相负载端的线电压等于对应的三相电源的线电压，且相量对称。

（4）Y—△连接方式。

对称三相负载采用△连接方式时，线电流相量和相电流相量之间对应的关系如下：

①线电流相量的模是对应的相电流相量的模的$\sqrt{3}$倍；

②线电流相量的辐角比对应的相电流相量的辐角滞后 30°。

3. 对称三相电路的分析计算：一相计算法

对称三相电路的计算方法是一相计算法。

一相计算法的解题思路是：只选择对称三相电路中的一相电路作为分析计算的对象，得到此相电路的相关电路参数后，直接列写出其他两相电路的相关电路参数。

（1）在 Y_N-Y_n 连接的对称三相电路中，任一相的相电流只和此相的相电压和阻抗有关，与其他两相无关，即各相的相电流和相电压的计算具有独立性。

（2）对称三相电路 Y-Y 连接虽然没有连接中性线，但实质与 Y_N-Y_n 连接等效；若三相电源为△连接方式，则可以直接用 Y 连接方式替代，只要确保后续提供给负载端的线电压一致即可；若三相负载为△连接方式，则可以将三相负载进行△→Y 的等效电路变换。因此，Y—△、△—Y、△—△三种连接方式均可以等效转换为 Y_N-Y_n 连接。

（3）在对称三相电路中，三相的相电流、相电压、线电流、线电压均是对称的，因此只要计算出其中某一相的电参量后，其他两相的电参量可以根据对应的相序关系（即对应电参量的相位是超前 120°还是滞后 120°）直接列写。

4. 不对称三相电路分析

对称三相电路要求三相电源对称、三相负载对称、三相传输线对称，只要有任一要素不对称，都被称为是不对称三相电路。不对称三相电路是实际电力系统中最常见的电路形态。因为在实际的电力系统应用中，很难确保三相负载完全相等。另外，电路中某一相电路的电源、负载出现短路或开路等电路故障，也会导致不对称三相电路形态的存在。

不对称三相电路的分析计算不能应用一相计算法，要用复杂交流电路分析法。

当三相负载不对称时，三相电路电源端的中性点 N 与三相负载端的中性点 n 不再等电位，即在相量图中，三相电源端的中性点 N 与三相负载端的中性点 n 不再重合。此现象称为中性点位移。

在三相电源对称的前提下，可以根据中性点位移的情况来判断三相负载端不对称的程度。当中性点位移较大时，会造成三相负载的相电压严重不对称，可能导致负载不能正常工作，甚至处于不安全的供电状态。

5. 三相电路的功率

对称三相电路每一相电路的瞬时功率为周期变换的函数，但其总的瞬时功率为恒定常量。

1）对称三相电路有功功率

由于对称三相电路三相电源对称、三相负载对称，因此只要求出其中任意一相的有功功率，对称三相电路总的有功功率按其 3 倍求取即可。

设对称三相电路任意一相电路的有功功率 P_P 表达式为：

$$P_P = U_P I_P \cos\varphi$$

式中，U_P、I_P 为对称三相电路每一相的相电压值和相电流值，$\cos\varphi$ 为每相电路的功率因数。

不论三相负载是 Y 还是△连接方式，对称三相电路总的有功功率 P 均为：

$$P = 3P_P = 3U_P I_P \cos\varphi$$

（1）三相电路线值表达的负载为 Y 连接方式下的三相电路总的有功功率关系式：

$$P = 3 \cdot \frac{1}{\sqrt{3}} U_l I_l \cos\varphi = \sqrt{3} U_l I_l \cos\varphi$$

式中，$\cos\varphi$ 依然为每相电路的功率因数，即 φ 是每一相电路的相电压与相电流的相位差。

（2）三相电路线值表达的负载为△连接方式下的三相电路总的有功功率关系式：

$$P = 3U_l \cdot \frac{1}{\sqrt{3}} I_l \cos\varphi = \sqrt{3} U_l I_l \cos\varphi$$

即：对称三相电路总的有功功率，不论以相值表达还是以线值表达，负载是 Y 连接方式还是△连接方式，最终表达式都一致。

2）对称三相电路总的无功功率 Q

对称三相电路总的无功功率也为 A、B、C 三相电路无功功率的总和：

$$Q = Q_A + Q_B + Q_C = 3Q_P = 3U_P I_P \sin\varphi$$

若分别以相值、线值表达，对应的表达式如下：

$$Q = 3U_P I_P \sin\varphi = \sqrt{3} U_l I_l \sin\varphi$$

3）对称三相电路总的视在功率 S

对称三相电路总的视在功率可由对称三相电路总的有功功率 P 和总的无功功率 Q 求取，求解表达式如下：

$$S = \sqrt{P^2 + Q^2} = 3U_P I_P = \sqrt{3} U_l I_l$$

4）对称三相电路总的复功率 $\overline{S}$

对称三相电路总的复功率也为 A、B、C 三相电路复功率的总和：

$$\overline{S} = \overline{S}_A + \overline{S}_B + \overline{S}_C = 3\overline{S}_P = P + jQ$$

式中，P、Q 为对称三相电路总的有功功率和无功功率。

5）对称三相电路的功率因数 $\cos\varphi$

对称三相电路的功率因数即为 $\cos\varphi$，对应表达式如下：

$$\cos\varphi = \frac{P}{S}$$

教材同步习题详解

5-1　对称三相电源的三相绕组为 Y 连接，已知线电压 $u_{AB} = 380\sin(\omega t + 30°)$ V，写出三相电源 3 个相电压的三角函数式及其相量式。

解：首先对线电压 $u_{AB}=380\sin(\omega t+30°)$ V 进行三角函数式等效变换：

$$u_{AB}=380\sin(\omega t+30°)\ \text{V}$$
$$=380\cos(\omega t+30°-90°)\ \text{V}$$
$$=380\cos(\omega t-60°)\ \text{V}$$

由线电压 $u_{AB}=380\cos(\omega t-60°)$ V，可列写出 A 相电源端的相电压三角函数式及其有效值相量式：

$$u_A=220\cos(\omega t-60°-30°)\ \text{V}$$
$$=220\cos(\omega t-90°)\ \text{V}$$
$$\dot{U}_A=110\sqrt{2}\angle{-90°}\ \text{V}$$

按照 A、B、C 正相序关系 A→B→C，依次写出 B、C 两相的相电压的三角函数式及其有效值相量式。

B 相相电压：

$$u_B=220\cos(\omega t-90°-120°)\ \text{V}$$
$$=220\cos(\omega t-210°)\ \text{V}$$
$$\dot{U}_B=110\sqrt{2}\angle{-210°}\ \text{V}$$

C 相相电压：

$$u_C=220\cos(\omega t-90°+120°)\ \text{V}$$
$$=220\cos(\omega t+30°)\ \text{V}$$
$$\dot{U}_C=110\sqrt{2}\angle{30°}\ \text{V}$$

5-2　对称三相电路的负载为△连接方式，已知三相电路中 A 相负载的线电流相量式为 $\dot{I}_A=10\angle{0°}$ A，写出 A 相负载端的相电流和 B、C 相的线电流与相电流。

解：因为负载为△连接方式，根据对称三相电路负载端线电流与相电流的相量关系，可直接列写出 A 相负载的相电流相量式：

$$\dot{I}_{AB}=\frac{\dot{I}_A}{\sqrt{3}}\angle{30°}=5.8\angle{30°}\ \text{A}$$

按照 A、B、C 正相序关系 A→B→C，依次写出 B、C 两相的线电流、相电流。

B 相线电流：

$$\dot{I}_B=10\angle{-120°}\ \text{A}$$

C 相线电流：

$$\dot{I}_C=10\angle{120°}\ \text{A}$$

B 相相电流：

$$\dot{I}_{BC}=\dot{I}_{AB}\angle{-120°}=5.8\angle{-90°}\ \text{A}$$

C 相相电流：

$$\dot{I}_{CA}=\dot{I}_{AB}\angle{120°}=5.8\angle{150°}\ \text{A}$$

5-3　有一台三相交流电动机，定子绕组采用 Y 连接方式，对称三相电源的线电压 U_l 为 380 V，对应的定子绕组线电流 I_l 为 5 A，每相绕组支路的功率因数 λ 为 0.8。求电动机每相绕组的相电压、相电流及其阻抗。

解：设 A 相的相电压为参考电压，初相为 0°，$\dot{U}_A=220\angle 0°$ V，则：

$$\dot{U}_B=220\angle -120°\ \text{V},\ \dot{U}_C=220\angle 120°\ \text{V}$$

因为 $\cos\varphi=0.8$，则 $\varphi=37°$。

由于 Y 连接线电流等于对应的相电流，因此：

$$\dot{I}_A=5\angle -37°\ \text{A},\ \dot{I}_B=5\angle -157°\ \text{A},\ \dot{I}_C=5\angle 83°\ \text{A}$$

阻抗：
$$Z=\frac{\dot{U}_A}{\dot{I}_A}=\frac{220\angle 0°}{5\angle -37°}\Omega=44\angle 37°\ \Omega=(35+\text{j}26)\Omega$$

由于是对称绕组，因此三相绕组的阻抗值相同。

5-4 在三相四线制三相电路中，电源线电压 U_l 为 380 V，接入 Y 连接方式的对称三相白炽灯负载，电阻值 R 为 11 Ω。求 A、B、C 三相的线电流 $\dot{I}_A$、$\dot{I}_B$、$\dot{I}_C$ 及中性线的电流 $\dot{I}_N$。将其中 C 相的白炽灯用电感 X_L 代替，X_L 为 22 Ω，求 A、B、C 三相的线电流和中性线的电流。(可设 $\dot{U}_{AB}=380\angle 0°$ V，且不考虑传输线阻抗)

解：设 A 相电源端线电压为参考电压，即 $\dot{U}_{AB}=380\angle 0°$ V。

则电源端三相相电压分别为：

$$\dot{U}_A=220\angle -30°\ \text{V}\quad \dot{U}_B=220\angle -150°\ \text{V}\quad \dot{U}_C=220\angle 90°\ \text{V}$$

(1) 白炽灯负载。

求解 A 相线电流：
$$\dot{I}_A=\frac{\dot{U}_A}{R}=\frac{220\angle -30°}{11}\text{A}=20\angle -30°\ \text{A}$$

按照 A、B、C 正相序关系 A→B→C，依次写出 B、C 两相三相线电流：

$$\dot{I}_B=20\angle -150°\ \text{A}\quad \dot{I}_C=20\angle 90°\ \text{A}$$

中性线电流：
$$\dot{I}_N=0\ \text{A}$$

(2) 将 C 相白炽灯用电感 X_L 代替。

因为为三相四线制连接方式，有中性线的存在，所以 C 相负载的变化，不会对 A、B 相电路参数产生影响，只对 C 相的线电流产生影响。则有：

$$\dot{I}_A=20\angle -30°\ \text{A}$$

$$\dot{I}_B=20\angle -150°\ \text{A}$$

$$\dot{I}_C=\frac{\dot{U}_C}{\text{j}X_L}\ \text{A}=\frac{220\angle 90°}{\text{j}22}\text{A}=10\ \text{A}$$

$$\dot{I}_N=\dot{I}_A+\dot{I}_B+\dot{I}_C=(10-\text{j}20)\,\text{A}=10\sqrt{5}\angle -63°\ \text{A}$$

5-5 在对称三相电路中，已知每相负载的阻抗为 $10\angle 30°$ Ω。若电源线电压 U_l 为 380 V，求负载在 Y 连接方式下 A、B、C 三相对应的相电压、相电流和线电流，并作出相量图。若电源线电压 U_l 为 220 V，求负载在△连接方式下 A、B、C 三相对应的相电压、相电流和线电流，并作出相量图。(不考虑传输线阻抗)

解：(1) 电源线电压 U_l 为 380 V，负载采用 Y 连接方式。

由于电源的线电压有效值 $U_l=380$ V，因此电源的相电压有效值 $U_p=220$ V。

设 A 相的相电压为参考电压，初相为 0°，则三相的相电压分别为：

$$\dot{U}_A = 220\angle 0^\circ\ \text{V}\quad \dot{U}_B = 220\angle -120^\circ\ \text{V}\quad \dot{U}_C = 220\angle 120^\circ\ \text{V}$$

负载采用 Y 连接时（不考虑负载阻抗），负载的相电压等于电源的相电压，而线电流等于对应的相电流。

则 A 相线电流（相电流）：

$$\dot{I}_A = \frac{\dot{U}_A}{Z} = \frac{\dot{U}_A}{10\angle 30^\circ} = 22\angle -30^\circ\ \text{A}$$

按照 A、B、C 正相序关系 A→B→C，依次写出 B、C 两相的线电流（相电流）：

$$\dot{I}_B = 22\angle -150^\circ\ \text{A}$$

$$\dot{I}_C = 22\angle 90^\circ\ \text{A}$$

所以，负载采用 Y 连接时的相量图如题图 5-1（解图）（a）所示。

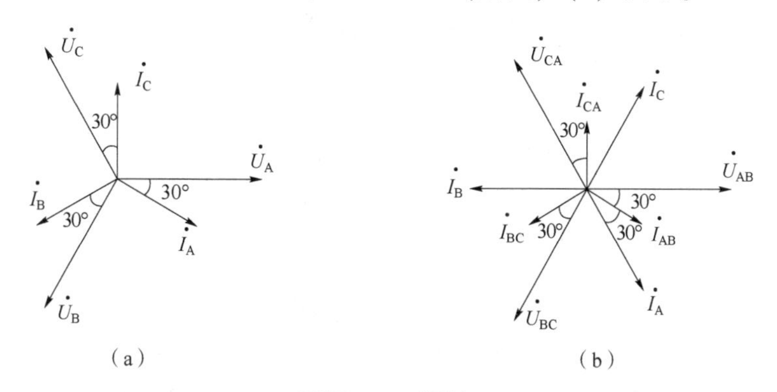

题图 5-1（解图）

（2）电源线电压 U_l 为 220 V，负载采用△连接方式。

设 A 相线电压为参考电压，初相为 0°，则三相的线电压分别为：

$$\dot{U}_{AB} = 220\angle 0^\circ\ \text{V}\quad \dot{U}_{BC} = 220\angle -120^\circ\ \text{V}\quad \dot{U}_{CA} = 220\angle 120^\circ\ \text{V}$$

负载采用△连接（不考虑负载阻抗）时，负载的相电压等于电源的线电压。

则 A 相负载端的相电流为 $\dot{I}_{AB} = \frac{\dot{U}_{AB}}{Z} = \frac{\dot{U}_{AB}}{10\angle 30^\circ} = 22\angle -30^\circ$ A。

按照 A、B、C 正相序关系 A→B→C，依次写出 B、C 两相的相电流：

$$\dot{I}_{BC} = 22\angle -150^\circ\ \text{A}\quad \dot{I}_{CA} = 22\angle 90^\circ\ \text{A}$$

由于负载为△连接，因此负载的线电流等于相电流的$\sqrt{3}$倍，相位滞后于对应的相电流相位 30°。

则三相负载端的线电流分别为：

$$\dot{I}_A = 22\sqrt{3}\angle -60^\circ\ \text{A}\quad \dot{I}_B = 22\sqrt{3}\angle -180^\circ\ \text{A}\quad \dot{I}_{CA} = 22\sqrt{3}\angle 60^\circ\ \text{A}$$

负载采用△连接时的相量图如题图 5-1（解图）（b）所示。

5-6　三相四线制三相电路中，电源端对称中线阻抗为 0，且忽略传输线阻抗。若负载采用 Y 连接时不对称，则请分析三相负载的相电压是否对称？如果中线断开，请分析三相负载相电压是否对称？

解：在三相四线制电路中，如果Y负载不对称，则负载相电压仍然对称；如果中线断开，则负载电压将不对称。

5-7　在题图5-2所示的三相四线制电路中，电源线电压 U_l 为380 V，三相负载采用Y连接，$R_A=5\ \Omega$，$R_B=10\ \Omega$，$R_C=20\ \Omega$（不考虑传输线阻抗）。

（1）求解三相负载各自对应的相电压、相电流和中性线电流，并作出相量图。

（2）当中性线断开时，求解A、B、C三相负载的相电压和中性点电压。

（3）当中性线断开，并且A相短路时，求B、C相负载的相电压和相电流。

（4）当中性线断开，并且A相断路时，求B、C相负载的相电压和相电流。

解：设A相的相电压为参考电压，初相为0°。按A、B、C正相序关系A→B→C。

（1）中性线未断开。

三相负载的相电压分别为：

$$\dot{U}_A=220\angle 0°\ \text{V}\quad \dot{U}_B=220\angle -120°\ \text{V}\quad \dot{U}_C=220\angle 120°\ \text{V}$$

负载为Y连接，且不考虑负载阻抗，负载端的相电压等于电源端的相电压，而线电流等于对应的相电流。

三相的线电流（相电流）分别为：

$$\dot{I}_A=\frac{\dot{U}_A}{R_A}=44\angle 0°\ \text{A}\quad \dot{I}_B=\frac{\dot{U}_B}{R_B}=22\angle -120°\ \text{A}\quad \dot{I}_C=\frac{\dot{U}_C}{R_C}=11\angle 120°\ \text{A}$$

中性线电流：

$$\dot{I}_N=\dot{I}_A+\dot{I}_B+\dot{I}_C=(27.5-\text{j}9.5)\ \text{A}=29\angle 19°\ \text{A}$$

相量图如题图5-2（解图）所示。

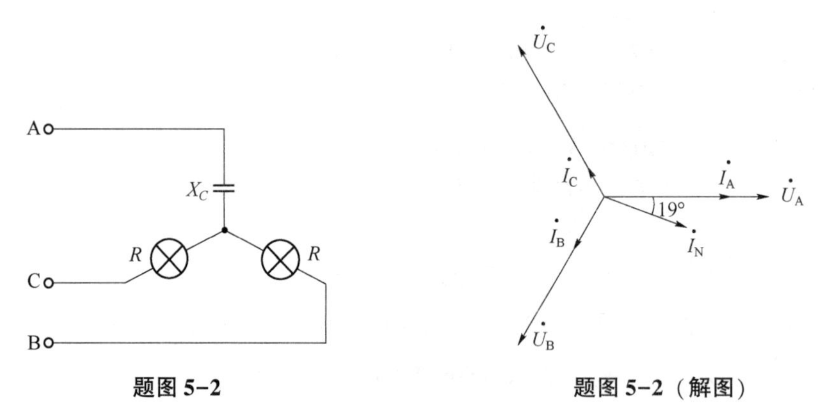

题图5-2　　　　题图5-2（解图）

（2）中性线断开。

首先，应用结点电压法求解中性点电压：

$$U_{nN}=\frac{\dfrac{\dot{U}_A}{R_A}+\dfrac{\dot{U}_B}{R_B}+\dfrac{\dot{U}_C}{R_C}}{\dfrac{1}{R_A}+\dfrac{1}{R_B}+\dfrac{1}{R_C}}=\frac{\dfrac{220\angle 0°}{5}+\dfrac{220\angle -120°}{10}+\dfrac{220\angle 120°}{20}}{\dfrac{1}{R_A}+\dfrac{1}{R_B}+\dfrac{1}{R_C}}$$

$$=(78.6-\text{j}27)\ \text{A}=83\angle -19°\ \text{A}$$

A、B、C 三相负载的相电压：

$$\dot{U}_{R_A}=\dot{U}_{AN'}=\dot{U}_A-\dot{U}_{nN}=144\angle 11^\circ\ \text{V}$$

$$\dot{U}_{R_B}=\dot{U}_{BN'}=\dot{U}_B-\dot{U}_{nN}=250\angle 221^\circ\ \text{V}$$

$$\dot{U}_{R_C}=\dot{U}_{CN'}=\dot{U}_C-\dot{U}_{nN}=288\angle -49^\circ\ \text{V}$$

（3）中性线断开且 A 相短路。

A、B、C 三相负载的相电压：

$$\dot{U}_{R_A}=0\ \text{V}$$

$$\dot{U}_{R_B}=\dot{U}_{AB}=380\angle 30^\circ\ \text{V}$$

$$\dot{U}_{R_C}=\dot{U}_{CA}=380\angle 150^\circ\ \text{V}$$

B、C 三相负载的相电流为：

$$\dot{I}_B=\frac{\dot{U}_{AB}}{R_B}=38\angle 30^\circ\ \text{A}\quad \dot{I}_C=\frac{\dot{U}_{CA}}{R_C}=19\angle 150^\circ\ \text{A}$$

A 三相负载的相电流为（三相负载相电流参考方向均流向负载中性点）：

$$\dot{I}_A=-\dot{I}_B-\dot{I}_C=32.9\angle 60^\circ \text{A}$$

（4）中性线断开且 A 相断路。

B、C 两相构成单网口回路，B、C 两负载串联分压 B、C 相的线电压。B、C 负载的相电压为：

$$\dot{U}_{R_B}=\frac{R_B}{R_B+R_C}\dot{U}_{BC}=\frac{380}{3}\angle -120^\circ\ \text{V}=126.7\angle -120^\circ\ \text{V}$$

$$\dot{U}_{R_C}=\frac{R_C}{R_B+R_C}\dot{U}_{BC}=\frac{2\times 380}{3}\angle -120^\circ\ \text{V}=253.3\angle -120^\circ\ \text{V}$$

若负载相电流参考方向均流向负载中性点，则 B、C 负载的相电流为：

$$\dot{I}_B=-\dot{I}_C=\frac{\dot{U}_{BC}}{R_B+R_C}=12.7\angle -120^\circ\ \text{A}$$

5-8　已知对称三相电路的线电压为 380 V，线电流为 6.1 A，三相负载总的有功功率为 3.31 kW，求负载阻抗 Z。

解：设定负载是 Y 连接，线电流即为流经负载的相电流，则每相负载阻抗模为：

$$|Z|=\frac{380/\sqrt{3}}{6.1}\ \Omega=36\ \Omega$$

由题意可列等式 $P=\sqrt{3}U_lI_l\cos\varphi=\sqrt{3}\times 380\times 6.1\times\cos\varphi=3\,310$ W，则：

$$\cos\varphi=0.82,\ \varphi=34.5^\circ$$

所以，每相负载阻抗：

$$Z=|Z|\cos\varphi+\text{j}|Z|\sin\varphi=(29.5+\text{j}20.4)\,\Omega$$

负载为△连接，推导结论相同。

5-9　已知负载为△连接的三相电路，电路的线电压 U_l 为 220 V，负载阻抗为 $20\angle 36^\circ\ \Omega$，

求每相负载的视在功率和平均功率（不考虑传输线阻抗）。

解：$Z=20\angle 36^\circ\Omega=(16+\text{j}12)\Omega$。

因为负载为△连接（不考虑负载阻抗），所以负载的相电压等于电源的线电压。

即每相的相电流有效值为 $I_p=\dfrac{U_l}{|Z|}=\dfrac{220}{20}\text{A}=11\ \text{A}$。

并且，每相负载的视在功率和平均功率都相等。则有：

$$P=RI_p^2=16\times 11^2\ \text{W}=1\ 936\ \text{W}$$

$$Q=X_LI_p^2=12\times 11^2\ \text{var}=1\ 452\ \text{var}$$

$$S=\sqrt{P^2+Q^2}=\sqrt{1\ 936^2+1\ 452^2}\ \text{VA}=2\ 420\ \text{VA}$$

5-10　题图 5-3 所示电路是一种相序指示器，由一个电容和两个相同的白炽灯构成，用于测定三相电源的相序，其中 $X_C=-R$。证明：如果电容所接的电路为 A 相，则 B 相的电灯较亮，而 C 相的电灯较暗，并分析原因。

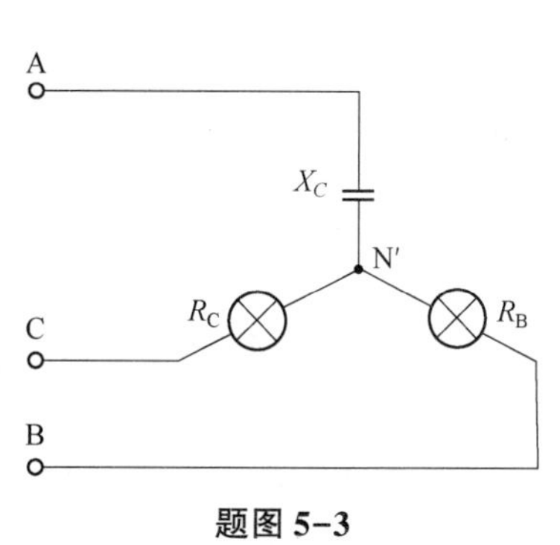

题图 5-3

解：电容会造成三相负载电压的不平衡，产生一只灯泡亮、一只灯泡暗的现象。若把电容连接的一端定为 A 相，则亮灯泡为 B 相，暗灯泡为 C 相。

设 A 相的相电压为参考电压，初相为 0°，则三相的相电压为：

$$\dot{U}_A=U\angle 0^\circ\quad \dot{U}_B=U\angle -120^\circ\quad \dot{U}_C=U\angle 120^\circ$$

应用结点电压法，因为 $X_C=-R$，则有：

$$U_{N'N}=\frac{\dfrac{\dot{U}_A}{\text{j}X_C}+\dfrac{\dot{U}_B}{R}+\dfrac{\dot{U}_C}{R}}{\dfrac{1}{\text{j}X_C}+\dfrac{1}{R}+\dfrac{1}{R}}=\frac{\dfrac{\dot{U}_A}{-\text{j}R}+\dfrac{\dot{U}_B}{R}+\dfrac{\dot{U}_C}{R}}{\dfrac{1}{-\text{j}R}+\dfrac{1}{R}+\dfrac{1}{R}}=\frac{U\angle 90^\circ+U\angle -120^\circ+U\angle 120^\circ}{2+\text{j}}$$

$$=-0.2U+\text{j}0.6U=0.63U\angle 108.4^\circ$$

$$\dot{U}_{R_B}=\dot{U}_B-\dot{U}_{N'N}=1.5U\angle -101.6^\circ$$

$$\dot{U}_{R_C}=\dot{U}_C-\dot{U}_{N'N}=0.4U\angle 138.4^\circ$$

B 相灯泡电压有效值大于 C 相灯泡电压有效值，因此 B 相灯泡亮，C 相灯泡暗。

历年考研真题

真题 5-1　将真题图 5-1 所示对称三相 Y 负载直接接在某对称三相电源上，测得交流电流表Ⓐ₁的读数为 1 A。若意外导致电路在 m 点发生断路，则此时交流电流表Ⓐ₂的读数应为（　　）。[2019 年江苏大学电路考研真题]

A. 0.866 A　　B. 0.5 A　　C. 1 A　　D. 1.732 A

解：m 点发生断路前，负载对称，$I_A=\dfrac{U_A}{|Z|}=1\ \text{A}$。

m 点发生断路后，负载为不对称负载，$I_{\mathrm{C}}=\dfrac{U_{\mathrm{BC}}}{2|Z|}=\dfrac{\sqrt{3}U_{\mathrm{A}}}{2|Z|}=\dfrac{\sqrt{3}}{2}\times1\ \mathrm{A}=0.866\ \mathrm{A}$，因此，答案选 A。

真题 5-2　对称三相电路如真题图 5-2 所示，已知电源相电压 $\dot{U}_{\mathrm{AN}}=220\angle0^\circ\ \mathrm{V}$，线电流 $\dot{I}_{\mathrm{A}}=10\angle-60^\circ\ \mathrm{A}$，则电源线电压 $\dot{U}_{\mathrm{AC}}=380\angle-30^\circ\ \mathrm{V}$，功率表采用如图接法，则此功率表读数为 $P_{\mathrm{W}}=$____W。[2018 年江苏大学电路考研真题]

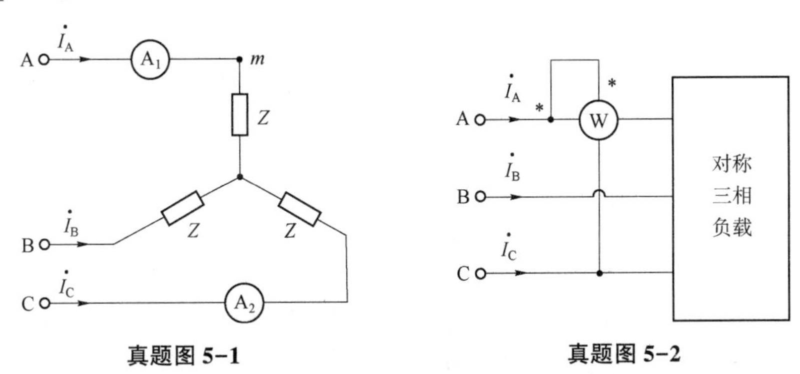

真题图 5-1　　　　**真题图 5-2**

解：根据对称性及线电压与相电压关系，可得：

$$\dot{U}_{\mathrm{CA}}=380\angle150^\circ\ \mathrm{V},\quad \dot{U}_{\mathrm{AC}}=380\angle-30^\circ\ \mathrm{V}$$

$$P_{\mathrm{W}}=\mathrm{Re}[\dot{U}_{\mathrm{AC}}\dot{I}_{\mathrm{A}}^{*}]=U_{\mathrm{AC}}I_{\mathrm{A}}\cos[-30^\circ-(-60^\circ)]$$

$$=380\times10\times\frac{\sqrt{3}}{2}\ \mathrm{W}=3\ 291\ \mathrm{W}$$

真题 5-3　真题图 5-3 所示电路为对称三相电源向两组对称负载供电电路。已知三相电源端的相电压分别为$\dot{U}_{\mathrm{AN}}=220\angle0^\circ\ \mathrm{V}$，$Z_1=60\angle30^\circ\ \Omega$，$Z_2=90\angle60^\circ\ \Omega$，$Z_{\mathrm{L}}=10\sqrt{2}\angle45^\circ\ \Omega$。试：

（1）画出 A 相的单相等效电路图；

（2）计算电流 $\dot{I}_{\mathrm{A}}$、$\dot{I}_{\mathrm{A2}}$、$\dot{I}_{\mathrm{AB2}}$ 和 $\dot{U}_{\mathrm{A'B'}}$；

（3）计算三相电源发出的有功功率 P。

[2018 年江苏大学电路考研真题]

解：（1）A 相等效电路如真题图 5-3（解图）所示。

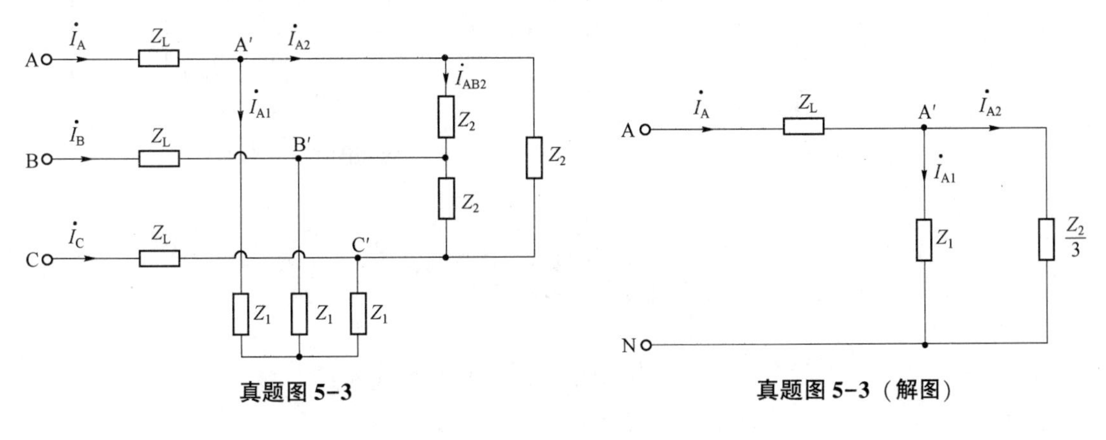

真题图 5-3　　　　**真题图 5-3（解图）**

(2) $\dfrac{Z_2}{3}=30\angle 60°\ \Omega$，则有：

$$\dot{I}_A=\frac{\dot{U}_{AN}}{Z_L+Z_1/\!/\frac{Z_2}{3}}=\frac{\dot{U}_{AN}}{Z_L+\dfrac{Z_1\cdot\frac{Z_2}{3}}{Z_1+\frac{Z_2}{3}}}=\frac{220\angle 0°}{10\sqrt{2}\angle 45°+\dfrac{60\angle 30°\times 30\angle 60°}{60\angle 30°+30\angle 60°}}\ \text{A}=6.33\angle -48°\ \text{A}$$

$$\dot{I}_{A2}=\frac{Z_1}{Z_1+\frac{Z_2}{3}}\dot{I}_A=\frac{60\angle 30°}{60\angle 30°+30\angle 60°}\times 6.33\angle -48°\ \text{A}=4.35\angle -58°\ \text{A}$$

$$\dot{I}_{AB2}=\frac{\dot{I}_{A2}}{\sqrt{3}}\angle 30°=\frac{4.35\angle -58°}{\sqrt{3}}\angle 30°\ \text{A}=2.51\angle -28°\ \text{A}$$

$$\dot{U}_{A'B'}=\dot{I}_{AB2}Z_2=2.51\angle -28°\times 90\angle 60°\ \text{V}=225.9\angle 32°\ \text{V}$$

(3) $P=3U_{AN}I_A\cos\varphi=3\times 220\times 6.33\cos[0°-(-48°)]\ \text{W}=2\ 795.5\ \text{W}$

真题 5-4 在真题图 5-4 所示三相四线制电路中，对称三相电源电压 $\dot{U}_A=100\angle 0°\ \text{V}$，不对称单相负载 $R=\omega L=100\ \Omega$，N 为对称三相感性负载，$P_{三相}=360\ \text{W}$，$\cos\varphi=0.6$。试求：

(1) A 相电流 $\dot{I}_A$ 和中性线电流 $\dot{I}_N$；

(2) 功率表读数；

(3) 电源发出的总有功功率和无功功率。

[2019 年中国矿业大学电路考研真题]

解：相关参数及参考方向如真题图 5-4（解图）所示。

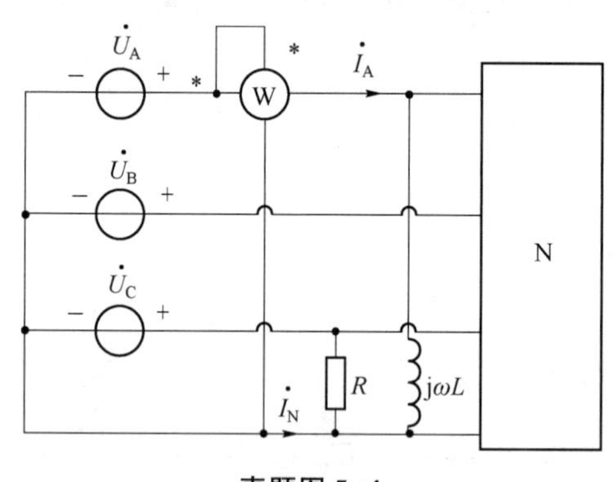

真题图 5-4

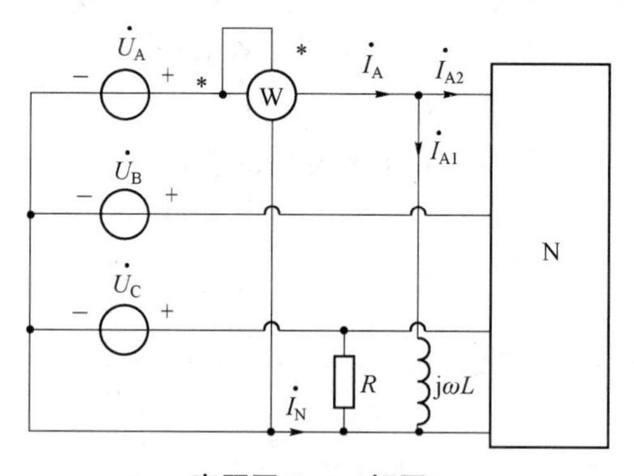

真题图 5-4（解图）

(1)
$$\dot{I}_{A1}=\frac{\dot{U}_A}{j\omega L}=\frac{100\angle 0°}{j100}\ \text{A}=-j\ \text{A}$$

$$P=3U_pI_p\cos\varphi\Rightarrow I_p=\frac{P}{3U_p\cos\varphi}=\frac{P}{3\times 100\times 0.6}=2\ \text{A}$$

因为 $\cos\varphi=0.6$，N 为感性负载，所以 $\varphi=53.1°$，则有：

$$\dot{I}_{A2}=2\angle -53.1^{\circ}\ \text{A}$$

$$\dot{I}_{A}=\dot{I}_{A1}+\dot{I}_{A2}=(-j+2\angle -53.1^{\circ})\ \text{A}=2.86\angle -65.2^{\circ}\ \text{A}$$

根据三相电源对称性得： $\dot{U}_{C}=100\angle 120^{\circ}\ \text{V}$

$$\dot{I}_{N}=-\frac{\dot{U}_{C}}{R}-\dot{I}_{A1}=\left[-\frac{100\angle 120^{\circ}}{100}-(-j)\right]\text{A}=0.52\angle 15.1^{\circ}\ \text{A}$$

（2）功率表读数为 $U_{AN}I_{A}\cos\varphi'=100\times 2.86\times\cos[0^{\circ}-(65.2^{\circ})]\ \text{W}=119.96\ \text{W}$。

（3）电源发出的总有功功率为电阻 R 消耗的功率与三相对称负载消耗的有功功率之和。即：

$$P_{总}=\frac{U_{C}^{2}}{R}+P_{三相}=\left(\frac{100^{2}}{100}+360\right)\text{W}=460\ \text{W}$$

电源发出的总无功功率为电感 L 的无功功率与三相对称负载的无功功率之和。即：

$$Q_{总}=\frac{U_{A}^{2}}{\omega L}+Q_{三相}=\frac{100^{2}}{100}+3U_{p}I_{p}\sin\varphi=(100+3\times 100\times 2\times\sin 53.1^{\circ})\ \text{var}=579.81\ \text{var}$$

真题 5-5 三相电路如真题图 5-5 所示，对称三相电源相电压 $\dot{U}_{A}=220\angle 0^{\circ}\ \text{V}$，$Z_{1}=(30+j40)\ \Omega$，$Z_{A}=200\ \Omega$，$Z_{B}=j190\ \Omega$，$Z_{C}=-j100\ \Omega$。求：

（1）真题图 5-5 中电流表Ⓐ₁和Ⓐ₂的读数；

（2）三相电源发出的平均功率。

［2017 年中国矿业大学电路考研真题］

解：（1）相关参数及参考方向如真题图 5-5（解图）所示。已知 $\dot{U}_{A}=220\angle 0^{\circ}\ \text{V}$，根据三相电源对称性及线电压与相电压关系，$\dot{U}_{B}=220\angle -120^{\circ}\ \text{V}$，$\dot{U}_{C}=220\angle 120^{\circ}\ \text{V}$，$\dot{U}_{AB}=380\angle 30^{\circ}\ \text{V}$，$\dot{U}_{BC}=380\angle -90^{\circ}\ \text{V}$，$\dot{U}_{CA}=380\angle 150^{\circ}\ \text{V}$，$\dot{U}_{AC}=380\angle -30^{\circ}\ \text{V}$。则有：

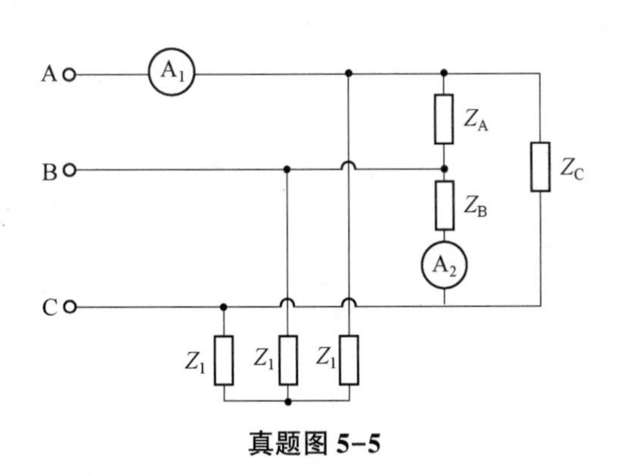

真题图 5-5

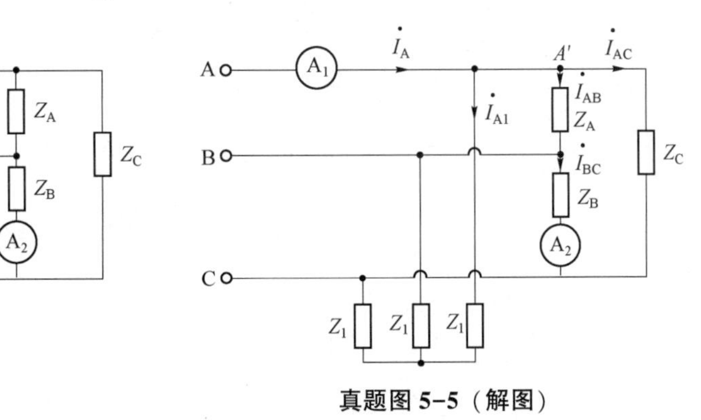

真题图 5-5（解图）

$$\dot{I}_{A1}=\frac{\dot{U}_{A}}{Z_{1}}=\frac{220\angle 0^{\circ}}{30+j40}\ \text{A}=4.4\angle -53.1^{\circ}\ \text{A}$$

$$\dot{I}_{AB}=\frac{\dot{U}_{AB}}{Z_{A}}=\frac{380\angle 30^{\circ}}{200}\ \text{A}=1.9\angle 30^{\circ}\ \text{A}$$

$$\dot{I}_{AC}=\frac{\dot{U}_{AC}}{Z_C}=\frac{380\underline{/-30^\circ}}{-j100}\ A=3.8\underline{/60^\circ}\ A$$

对结点 A'列 KCL 方程：

$$\dot{I}_A=\dot{I}_{A1}+\dot{I}_{AB}+\dot{I}_{AC}=(4.4\underline{/-53.1^\circ}+1.9\underline{/30^\circ}+3.8\underline{/60^\circ})\ A=6.23\underline{/6.65^\circ}\ A$$

电流表Ⓐ₁的读数为 6.23 A。

$$\dot{I}_{BC}=\frac{\dot{U}_{BC}}{Z_B}=\frac{380\underline{/-90^\circ}}{j190}\ A=-2\ A$$

电流表Ⓐ₂的读数为 2 A。

（2）三相电源发出的平均功率为 3 倍的 Z_1 消耗的功率加上 Z_A 消耗的功率。即：

$$P=3I_{A1}^2\times30+I_{AB}^2Z_A=(3\times4.4^2\times30+1.9^2\times200)\ W=2\ 464.4\ W$$

第6章 多频信号电路与谐振

学习目标

1. 掌握非正弦周期信号的合成和分解。
2. 熟练掌握计算非正弦交流电压及电流的有效值、平均值和平均功率的方法。
3. 熟练掌握非正弦周期电流电路的分析计算。
4. 掌握谐振的定义，*RLC* 串联电路、并联电路谐振的条件、特点及应用。
5. 熟练掌握谐振电路的分析计算。

知识要点

1. 非正弦周期电流电路的计算（谐波分析法）

非正弦周期电流、电压信号作用下的线性电路的稳态分析通常采用谐波分析法，即通过傅里叶级数展开方法，将非正弦周期信号分解为直流量和一系列不同频率的正弦量之和，再根据线性电路的叠加定理，分别计算在直流量作用下和各个正弦量单独作用下电路中产生的电流分量和电压分量，最后，把所得分量按时域形式叠加从而得到电路在非正弦周期激励下的稳态电流和电压。

非正弦周期电流电路的计算步骤：

（1）把给定电源的非正弦周期电流或电压进行傅里叶级数分解。将非正弦周期电流或电压信号展开成直流量和多个频率正弦信号的叠加。

（2）利用直流和正弦交流电路的计算方法，分别计算直流量和各次谐波激励的响应，计算时应画出对应的等效电路。

当直流量单独作用时，电路中电感相当于短路、电容相当于开路。

对于各次谐波（多个频率的正弦）电路的计算，采用**相量法**。对于不同频率的各次谐波，感抗与容抗是不同的。每次都要重新计算容抗和感抗。对 k 次谐波有：

$$X_{kL}=k\omega L \qquad X_{kC}=\frac{1}{k\omega C}$$

（3）将以上计算结果转换为瞬时值进行叠加。

2. 非正弦周期电流电路的平均值、有效值和平均功率

非正弦周期函数的有效值为直流分量及各次谐波分量有效值平方和的算术平方根。

已知非正弦周期电流：

$$i(t)=I_0+\sum_{k=1}^{\infty}I_{km}\cos(k\omega t+\varphi_k)$$

其电流有效值为 $I=\sqrt{I_0^2+I_1^2+I_2^2+I_3^2+\cdots}$，其中 I_0 为直流分量，I_1 为基波的有效值，I_2 为二次谐波的有效值，I_3 为三次谐波的有效值……。

已知非正弦周期电压 $u(t)=U_0+\sum_{k=1}^{\infty}U_{km}\cos(k\omega t+\varphi_k)$，其电压有效值 $U=\sqrt{U_0^2+U_1^2+U_2^2+U_3^2+\cdots}$，其中 U_0 为直流分量，U_1 为基波的有效值，U_2 为二次谐波的有效值，U_3 为三次谐波的有效值……。

非正弦周期电流电路的平均功率=直流分量的功率+各次谐波的平均功率，不同频率的信号不产生平均功率。即：

$$\begin{aligned}P&=U_0I_0+\sum_{k=1}^{\infty}U_kI_k\cos\varphi_k\\&=U_0I_0+U_1I_1\cos\varphi_1+U_2I_2\cos\varphi_2+U_3I_3\cos\varphi_3+\cdots\\&=P_0+P_1+P_2+P_3+\cdots\end{aligned}$$

3. 谐振

1）谐振定义

含有 R、L、C 的二端网络，在正弦激励作用下，如果出现端口电压、电流同相位的现象，则称该电路发生了谐振，即等效阻抗（导纳）虚部为零。

计算谐振频率时，可以计算出端口等效阻抗或等效导纳，然后令其虚部为零，计算出的频率即为谐振频率。

2）串联谐振（电压谐振）

RLC 串联谐振时，电路呈纯电阻性，谐振频率为：

$$f_0=\frac{1}{2\pi\sqrt{LC}}$$

串联谐振的特点：电感和电容上的电压大小相等、相位相反，串联总电压 $\dot{U}_L+\dot{U}_C=0$。LC 串联在一起相当于短路，所以串联谐振也称为电压谐振，此时，电源电压全部加在电阻上，即 $\dot{U}_R=\dot{U}$。

品质因数：

$$Q=\frac{\omega_0 L}{R}=\frac{1}{\omega_0 CR}=\frac{\rho}{R}=\frac{1}{R}\sqrt{\frac{L}{C}}$$

3）并联谐振

RLC 并联谐振时，输入导纳 $Y=G$，为纯电导，谐振频率为：

$$f_0=\frac{1}{2\pi\sqrt{LC}}$$

并联谐振的特点：电感和电容上的电流大小相等、相位相反，并联后总电流 $\dot{I}_L+\dot{I}_C=0$。*LC* 并联在一起相当于开路，所以并联谐振也称为电流谐振，此时电源电流全部通过电导，即 $\dot{I}_R=\dot{I}$。

并联谐振品质因数 $Q=\frac{R}{\omega_0 L}=\omega_0 RC$，并联谐振的品质因数与串联谐振的品质因数互为倒数。

教材同步习题详解

6-1　计算题图 6-1 所示周期电流信号 $i(t)$ 的傅里叶级数。

解：

方法一： 参考教材表 6-1，三角波函数的傅里叶级数为：

$$f(t)=\frac{A}{2}-\frac{4A}{\pi^2}\sum_{k=1}^{\infty}\frac{\cos(2k-1)\omega t}{(2k-1)^2}$$

根据本题波形有：

$$A=6,\ T=2\pi,\ \omega=\frac{2\pi}{T}=\frac{2\pi}{2\pi}=1$$

则本题电流 $i(t)$ 的傅里叶级数为：

$$i(t)=3-\frac{24}{\pi^2}\sum_{k=1}^{\infty}\frac{\cos(2k-1)t}{(2k-1)^2}$$

方法二： 数学求法。

根据本题给出的波形图，写出电流 $i(t)$ 一个周期的函数表达式：

$$M(t)=\begin{cases}\frac{6}{\pi}t & (0\leqslant t\leqslant\pi)\\ \frac{3}{\pi}(2\pi-t) & (\pi<t\leqslant 2\pi)\end{cases}$$

函数波形关于 y 轴对称，是偶函数，所以傅里叶级数分解为余弦函数级数：

$$f(t)=\frac{a_0}{2}+\sum_{k=1}^{\infty}a_k\cos kt$$

$$a_0=\frac{1}{\pi}\int_0^{2\pi}M(t)\,\mathrm{d}t=\frac{1}{\pi}\cdot 6\times 2\pi\times\frac{1}{2}=6$$　（注：求函数积分应用了积分的几何性质）

$$a_n=\frac{2}{\pi}\int_0^{\pi}M(t)\cos kt\mathrm{d}t=\frac{2}{\pi}\int_0^{\pi}\frac{6}{\pi}t\cdot\cos kt\mathrm{d}t=\frac{12}{\pi^2}\int_0^{\pi}t\cdot\cos kt\mathrm{d}t$$

求 $\int_0^{\pi} t\cdot\cos(kt)\mathrm{d}t$，因为：

$$原式=\frac{1}{k^2}\int_0^{\pi} kt\cdot\cos(kt)\mathrm{d}(kt)$$

令 $x=kt$，则：

$$原式=\frac{1}{k^2}\int_0^{n\pi} x\cdot\cos x\mathrm{d}x=\frac{1}{n^2}\left[x\sin x+\cos x\right]_0^{k\pi}$$

$$=\frac{1}{k^2}[\cos k\pi-1]=\begin{cases}-\dfrac{2}{k^2} & (k=1,3,5,\cdots)\\ 0 & (k=2,4,6,\cdots)\end{cases}$$

所以：

$$a_k=\begin{cases}-\dfrac{24}{\pi^2k^2} & (k=1,3,5,\cdots)\\ 0 & (k=2,4,6,\cdots)\end{cases}$$

则本题电流 $i(t)$ 的傅里叶级数为：

$$i(t)=3-\frac{24}{\pi^2}\sum_{k=1}^{\infty}\frac{\cos(2k-1)t}{(2k-1)^2}$$

6-2　求题图 6-2 所示周期电压信号 $u(t)$ 的傅里叶级数。

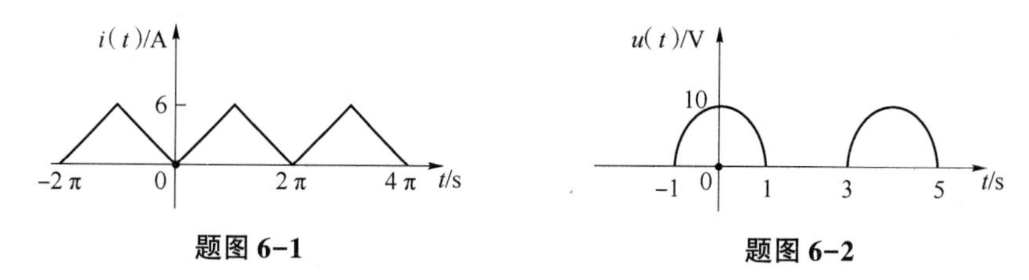

题图 6-1　　　　题图 6-2

解：本题波形图表示的函数周期不是 2π。高等数学中，周期为 $2l$ 的周期函数而且是偶函数的傅里叶级数为：

$$f(t)=\frac{a_0}{2}+\sum_{k=1}^{\infty}a_k\cos\frac{k\pi t}{l}$$

其中：

$$a_k=\frac{2}{l}\int_0^{l}f(t)\cos\frac{k\pi t}{l}\mathrm{d}t\quad(k=1,2,\cdots)$$

根据本题给出的波形图，电压 $u(t)$ 一个周期的函数表达式为：

$$M(t)=\begin{cases}\cos\dfrac{\pi}{2}t & (-1\leqslant t\leqslant 1)\\ 0 & (1<t\leqslant 3)\end{cases}$$

函数波形关于 y 轴对称，所以说该函数是偶函数。则有：

$$a_0=\frac{2}{T}\int_{-1}^{3}M(t)\mathrm{d}t=\frac{2}{4}\int_{-1}^{1}\cos t\mathrm{d}t=\frac{1}{2}\sin t\Big|_{-1}^{1}=\sin 1$$

$$a_k=\frac{2}{T}\int_{-1}^{1}\cos\frac{\pi}{2}t\cos\frac{k\pi t}{1/2T}\mathrm{d}t=\frac{2}{4}\int_{-1}^{1}\cos\frac{\pi}{2}t\cos\frac{k\pi t}{2}\mathrm{d}t=\int_0^{1}\cos\frac{\pi}{2}t\cos\frac{k\pi t}{2}\mathrm{d}t$$

令 $x=\frac{\pi}{2}t$，则有：

$$a_n=\frac{2}{\pi}\int_0^{\frac{\pi}{2}}\cos x\cos kx\mathrm{d}x=\frac{1}{\pi}\int_0^{\frac{\pi}{2}}[\cos(k-1)x+\cos(k+1)x]\mathrm{d}x$$

$$=\frac{1}{\pi}\left[\frac{1}{k-1}\sin(k-1)x+\frac{1}{k+1}\sin(k+1)x\right]_0^{\frac{\pi}{2}}$$

$$=\frac{1}{\pi}\left[\frac{1}{k-1}\sin(k-1)\frac{\pi}{2}+\frac{1}{k+1}\sin(k+1)\frac{\pi}{2}\right]$$

$$=\frac{2}{\pi}\begin{cases}0 & (k=2k-1)\\ \dfrac{(-1)^{k-1}}{(4k^2-1)} & (k=2k)\end{cases}$$

以上的计算对 a_1 不合适，a_1 为：

$$a_1=\frac{2}{4}\int_{-1}^{1}M(t)\cos\frac{\pi}{2}t\mathrm{d}t=\frac{2}{4}\int_{-1}^{1}\cos^2\frac{\pi}{2}t\mathrm{d}t=\frac{1}{\pi}\int_{-1}^{1}\cos^2\frac{\pi}{2}t\mathrm{d}\left(\frac{\pi}{2}t\right)$$

令 $x=\frac{\pi}{2}t$ ，则有：

$$a_1=\frac{1}{\pi}\int_{-\frac{\pi}{2}}^{\frac{\pi}{2}}\cos^2x\mathrm{d}x=\frac{2}{\pi}\int_0^{\frac{\pi}{2}}\cos^2x\mathrm{d}x=\frac{1}{\pi}\int_0^{\frac{\pi}{2}}(1+\cos 2x)\mathrm{d}x$$

$$=\frac{1}{\pi}\left[x\Big|_0^{\frac{\pi}{2}}+\frac{1}{2}\sin 2x\Big|_0^{\frac{\pi}{2}}\right]=\frac{1}{2}$$

则本题电压 $u(t)$ 的傅里叶级数为：

$$u(t)=\frac{\sin 1}{2}+\frac{1}{2}\cos\frac{\pi}{2}t+\sum_{k=1}^{\infty}\frac{(-1)^{k-1}}{4k^2-1}\cos k\pi t$$

6-3　已知题图 6-3 中电压源 $u_S(t)=\left(3-\frac{8}{\pi}\sum_{k=1}^{\infty}\frac{1}{k}\sin 2\pi kt\right)$ V，计算电感电压 $u_0(t)$。

解：本题考查点为非正弦周期电流电路的计算，采用谐波分析法。解题思路和步骤见**知识要点 1**。易知：

$$u_S(t)=3-\frac{8}{\pi}\left(\sin 2\pi t+\frac{1}{2}\sin 4\pi t+\frac{1}{3}\sin 6\pi t+\cdots\right)$$

$$=u_{S0}-[u_{S1}(t)+u_{S2}(t)+u_{S3}(t)+\cdots]$$

此题取前四项进行计算：

$$u_{S0}=3\ \text{V},u_{S1}(t)=\frac{8}{\pi}\sin 2\pi t,u_{S2}(t)=\frac{8}{\pi}\times\frac{1}{2}\sin 4\pi t=\frac{4}{\pi}\sin 4\pi t,$$

$$u_{S3}(t)=\frac{8}{\pi}\times\frac{1}{3}\sin 6\pi t=\frac{8}{3\pi}\sin 6\pi t$$

利用叠加定理：

（1）$u_{S0}=3$ V 单独作用时，电感相当于短路，其端电压为：

$$u_0^{(0)}=0\ \text{V}$$

（2）$u_{S1}(t)=\frac{8}{\pi}\sin 2\pi t$ 单独作用时，$\omega_1=2\pi$ rad/s，$\dot{U}_{S1}=\frac{4\sqrt{2}}{\pi}\angle 0^\circ$ V。

利用分压公式，电感端电压为：

$$\dot{U}_0^{(1)}=\frac{\mathrm{j}\omega_1 L}{R+\mathrm{j}\omega_1 L}\dot{U}_{\mathrm{S1}}=\frac{\mathrm{j}2\pi\times4}{1+\mathrm{j}2\pi\times4}\times\frac{4\sqrt{2}}{\pi}\mathrm{V}=1.80\angle 2.28^\circ\ \mathrm{V}$$

$$u_0^{(1)}(t)=1.80\sqrt{2}\sin(2\pi t+2.28^\circ)=2.545\sin(2\pi t+2.28^\circ)\mathrm{V}$$

（3）$u_{\mathrm{S2}}(t)=\frac{4}{\pi}\sin 4\pi t$ 单独作用时，$\omega_2=4\pi\ \mathrm{rad/s}$，$\dot{U}_{\mathrm{S2}}=\frac{2\sqrt{2}}{\pi}\angle 0^\circ\ \mathrm{V}$。

利用分压公式，电感端电压为：

$$\dot{U}_0^{(2)}=\frac{\mathrm{j}\omega_2 L}{R+\mathrm{j}\omega_2 L}\dot{U}_{\mathrm{S2}}=\frac{\mathrm{j}4\pi\times4}{1+\mathrm{j}4\pi\times4}\times\frac{2\sqrt{2}}{\pi}\mathrm{V}=0.9\angle 1.14^\circ\ \mathrm{V}$$

$$u_0^{(2)}(t)=0.9\sqrt{2}\sin(4\pi t+1.14^\circ)=1.273\sin(4\pi t+1.14^\circ)\mathrm{V}$$

（4）$u_{\mathrm{S3}}(t)=\frac{8}{3\pi}\sin 6\pi t$ 单独作用时，$\omega_3=6\pi\ \mathrm{rad/s}$，$\dot{U}_{\mathrm{S3}}=\frac{4\sqrt{2}}{3\pi}\angle 0^\circ\ \mathrm{V}$。

利用分压公式，电感端电压为：

$$\dot{U}_0^{(3)}=\frac{\mathrm{j}\omega_3 L}{R+\mathrm{j}\omega_3 L}\dot{U}_{\mathrm{S3}}=\frac{\mathrm{j}6\pi\times4}{1+\mathrm{j}6\pi\times4}\times\frac{4\sqrt{2}}{3\pi}\mathrm{V}=0.6\angle 0.76^\circ\ \mathrm{V}$$

所以：
$$u_0^{(3)}(t)=0.6\sqrt{2}\sin(6\pi t+0.76^\circ)=0.848\sin(6\pi t+0.76^\circ)\mathrm{V}$$

$$\begin{aligned}u_0(t)&=u_0^{(0)}-u_0^{(1)}(t)-u_0^{(2)}(t)-u_0^{(3)}(t)\\&=[-2.545\sin(2\pi t+2.28^\circ)-1.273\sin(4\pi t+1.14^\circ)-0.848\sin(6\pi t+0.76^\circ)]\mathrm{V}\end{aligned}$$

6-4　在题图 6-4 所示电路中，已知电压 $u_{\mathrm{S}}(t)=\left[\frac{1}{4}-\frac{2}{\pi^2}\left(\cos\pi t+\frac{1}{9}\cos 3\pi t+\frac{1}{25}\cos 5\pi t\right)\right]\mathrm{V}$，$R=2\ \Omega$，$C=1\ \mathrm{F}$，请计算电容两端的电压 $u(t)$。

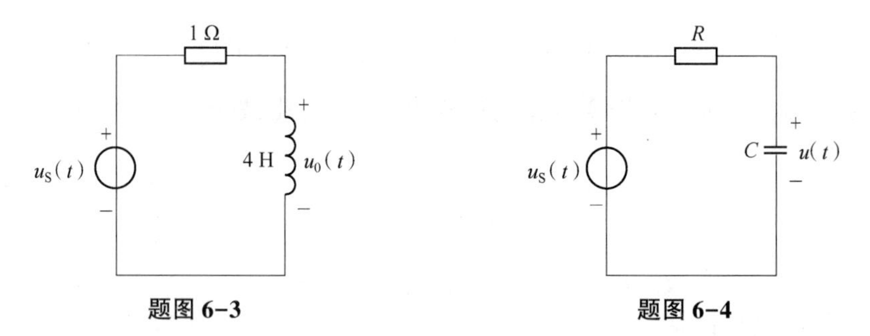

题图 6-3　　　　题图 6-4

解：本题考查点为非正弦周期电流电路的计算，采用谐波分析法。解题思路和步骤见**知识要点 1**。

$$\begin{aligned}u_{\mathrm{S}}(t)&=\frac{1}{4}-\frac{2}{\pi^2}\left(\cos\pi t+\frac{1}{9}\cos 3\pi t+\frac{1}{25}\cos 5\pi t\right)\\&=u_{\mathrm{S0}}-[u_{\mathrm{S1}}(t)+u_{\mathrm{S3}}(t)+u_{\mathrm{S5}}(t)]\end{aligned}$$

$$u_{\mathrm{S0}}=\frac{1}{4}\ \mathrm{V},\quad u_{\mathrm{S1}}(t)=\frac{2}{\pi^2}\cos\pi t,\quad u_{\mathrm{S3}}(t)=\frac{2}{9\pi^2}\cos 3\pi t,\quad u_{\mathrm{S5}}(t)=\frac{2}{25\pi^2}\cos 5\pi t$$

利用叠加定理：

（1）$u_{S0}=\frac{1}{4}$ V 单独作用时，电容相当于开路，其端电压 $u_0=u_{S0}=\frac{1}{4}$ V。

（2）$u_{S1}(t)=\frac{2}{\pi^2}\cos \pi t$ 单独作用时，$\omega_1=\pi$ rad/s，$\dot{U}_{S1}=\frac{\sqrt{2}}{\pi^2}\angle 0°$ V。

利用分压公式，电容端电压为：

$$\dot{U}_1=\frac{\frac{1}{\mathrm{j}\omega_1 C}}{R+\frac{1}{\mathrm{j}\omega_1 C}}\dot{U}_{S1}=\frac{1}{1+\mathrm{j}R\omega_1 C}\dot{U}_{S1}=\frac{1}{1+\mathrm{j}2\pi}\times\frac{\sqrt{2}}{\pi^2}\angle 0°\ \mathrm{V}=22.55\angle -80.95°\ \mathrm{mV}$$

$$u_1(t)=22.55\sqrt{2}\cos(\pi t-80.95°)\,\mathrm{mV}=31.89\cos(\pi t-80.95°)\ \mathrm{mV}$$

（3）$u_{S3}(t)=\frac{2}{9\pi^2}\cos 3\pi t$ 单独作用时，$\omega_3=3\pi$ rad/s，$\dot{U}_{S3}=\frac{\sqrt{2}}{9\pi^2}\angle 0°$ V。

利用分压公式，电容端电压为：

$$\dot{U}_3=\frac{\frac{1}{\mathrm{j}\omega_3 C}}{R+\frac{1}{\mathrm{j}\omega_3 C}}\dot{U}_{S3}=\frac{1}{1+\mathrm{j}R\omega_3 C}\dot{U}_{S3}=\frac{1}{1+\mathrm{j}2\times 3\pi}\times\frac{\sqrt{2}}{9\pi^2}\angle 0°\ \mathrm{V}=0.845\angle -86.96°\ \mathrm{mV}$$

$$u_3(t)=0.845\sqrt{2}\cos(3\pi t-86.96°)\,\mathrm{mV}=1.195\cos(3\pi t-86.96°)\ \mathrm{mV}$$

（4）$u_{S5}(t)=\frac{2}{25\pi^2}\cos 5\pi t$ 单独作用时，$\omega_5=5\pi$ rad/s，$\dot{U}_{S5}=\frac{\sqrt{2}}{25\pi^2}\angle 0°$ V。

利用分压公式，电容端电压为：

$$\dot{U}_5=\frac{\frac{1}{\mathrm{j}\omega_5 C}}{R+\frac{1}{\mathrm{j}\omega_5 C}}\dot{U}_{S5}=\frac{1}{1+\mathrm{j}R\omega_5 C}\dot{U}_{S5}=\frac{1}{1+\mathrm{j}2\times 5\pi}\times\frac{\sqrt{2}}{25\pi^2}\angle 0°\ \mathrm{V}=0.183\angle -88.18°\ \mathrm{mV}$$

$$u_5(t)=0.183\sqrt{2}\cos(5\pi t-88.18°)\,\mathrm{mV}=0.259\cos(5\pi t-88.18°)\ \mathrm{mV}$$

$$\begin{aligned}u(t)&=u_0-u_1(t)-u_3(t)-u_3(t)\\&=[250-31.89\cos(\pi t-80.95°)-1.195\cos(3\pi t-86.96°)-\\&\quad 0.259\cos(5\pi t-88.18°)]\,\mathrm{mV}\end{aligned}$$

6-5　已知题图 6-5 中电压源 $u_S(t)=\left(2-\sum_{k=1}^{\infty}\frac{1}{k^2}\cos 3kt\right)$ V，$R=2\ \Omega$，$L=1$ H，$C=10\ \mu$F，计算电容两端的电压 $u(t)$。

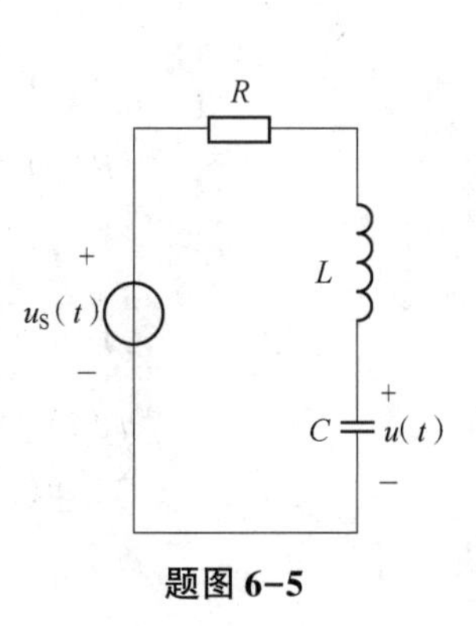

题图 6-5

解：本题考查点为非正弦周期电流电路的计算，采用谐波分析法。解题思路和步骤见**知识要点 1**。易知：

$$\begin{aligned}u_S(t)&=2-\left(\cos 3t+\frac{1}{4}\cos 6t+\frac{1}{9}\cos 9t+\cdots\right)\\&=u_{S0}-[u_{S1}(t)+u_{S2}(t)+u_{S3}(t)+\cdots]\end{aligned}$$

此题取前四项进行计算，即：

$$u_{S0}=2\text{ V},\ u_{S1}(t)=\cos 3t,\ u_{S2}(t)=\frac{1}{4}\cos 6t,\ u_{S3}(t)=\frac{1}{9}\cos 9t$$

利用叠加定理：

（1）$u_{S0}=2$ V 单独作用时，电容相当于开路，其端电压为：

$$u_0=u_{S0}=2\text{ V}$$

（2）$u_{S1}(t)=\cos 3t$ 单独作用时，$\omega_1=3$ rad/s，$\dot{U}_{S1}=\frac{\sqrt{2}}{2}\angle 0^\circ$ V。

利用分压公式，电容端电压为：

$$\dot{U}_1=\frac{\frac{1}{j\omega_1 C}}{R+j\omega_1 L+\frac{1}{j\omega_1 C}}\dot{U}_{S1}=\frac{1}{1-\omega_1^2 LC+jR\omega_1 C}\dot{U}_{S1}$$

$$=\frac{1}{1-3^2\times1\times10\times10^{-6}+j2\times3\times10\times10^{-6}}\times\frac{\sqrt{2}}{2}\angle 0^\circ\text{ V}=0.707\angle 0^\circ\text{ V}$$

$$u_1(t)=0.707\sqrt{2}\cos 3t\text{ V}=\cos 3t\text{ V}$$

（3）$u_{S2}(t)=\frac{1}{4}\cos 6t$ 单独作用时，$\omega_2=6$ rad/s，$\dot{U}_{S2}=\frac{\sqrt{2}}{8}\angle 0^\circ$ V。

利用分压公式，电容端电压为：

$$\dot{U}_2=\frac{\frac{1}{j\omega_2 C}}{R+j\omega_2 L+\frac{1}{j\omega_2 C}}\dot{U}_{S2}=\frac{1}{1-\omega_2^2 LC+jR\omega_2 C}\dot{U}_{S2}$$

$$=\frac{1}{1-6^2\times1\times10\times10^{-6}+j2\times6\times10\times10^{-6}}\times\frac{\sqrt{2}}{8}\angle 0^\circ\text{ V}=0.177\angle 0^\circ\text{ V}$$

$$u_2(t)=0.177\sqrt{2}\cos 6t\text{ V}=0.25\cos 6t\text{ V}$$

（4）$u_{S3}(t)=\frac{1}{9}\cos 9t$ 单独作用时，$\omega_3=9$ rad/s，$\dot{U}_{S3}=\frac{1}{9\sqrt{2}}\angle 0^\circ$ V。

利用分压公式，电容端电压为：

$$\dot{U}_3=\frac{\frac{1}{j\omega_3 C}}{R+j\omega_3 L+\frac{1}{j\omega_3 C}}\dot{U}_{S3}=\frac{1}{1-\omega_3^2 LC+jR\omega_3 C}\dot{U}_{S3}$$

$$=\frac{1}{1-9^2\times1\times10\times10^{-6}+j2\times9\times10\times10^{-6}}\times\frac{1}{9\sqrt{2}}\angle 0^\circ\text{ V}=0.079\angle -0.01^\circ\text{ V}$$

$$u_3(t)=0.079\sqrt{2}\cos(9t-0.01^\circ)\text{ V}=0.11\cos(9t-0.01^\circ)\text{ V}$$

$$u(t)=u_0-u_1(t)-u_2(t)-u_3(t)$$

$$=[2-\cos 3t-0.25\cos 6t-0.11\cos(9t-0.01^\circ)]\text{ V}$$

6-6　电路如题图 6-6 所示，已知电流源 $i_S(t)=\left(1+\cos 3t+\frac{1}{4}\cos 6t+9\cos 9t\right)$ A，$R_1=2\ \Omega$，$R_2=5\ \Omega$，$L=1$ H，计算电流 $i(t)$。

解：

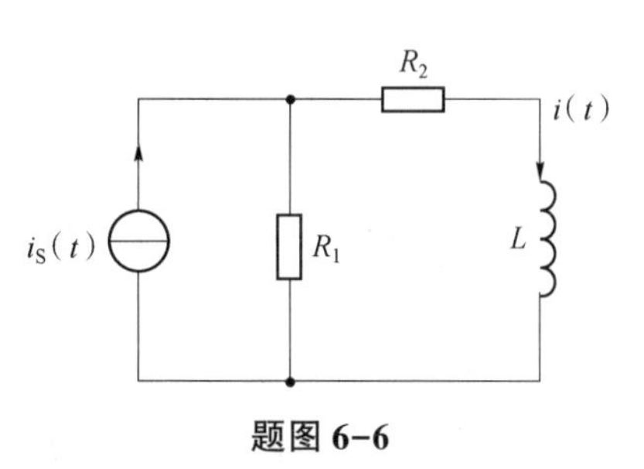

题图 6-6

$$i_S(t)=1+\cos 3t+\frac{1}{4}\cos 6t+9\cos 9t=i_{S0}+i_{S3}+i_{S6}+i_{S9}$$

$$i_{S0}=1\ \text{A},\ i_{S3}=\cos 3t,\ i_{S6}=\frac{1}{4}\cos 6t,\ i_{S9}=9\cos 9t$$

利用叠加定理：

（1）当 $i_{S0}=1$ A 单独作用时，L 相当于短路，此时电感上通过的电流为：

$$i_0=\frac{R_1}{R_1+R_2}i_{S0}=\frac{2}{2+5}\times 1\ \text{A}=0.286\ \text{A}$$

（2）当 $i_{S3}=\cos 3t$ 单独作用时，$\omega_3=3$ rad/s，$\dot{I}_{S3}=\frac{\sqrt{2}}{2}\angle 0^\circ$ A。

利用分流公式，此时电感上通过的电流为：

$$\dot{I}_3=\frac{R_1}{R_1+R_2+\text{j}\omega_3 L}\dot{I}_{S3}=\frac{2}{2+5+\text{j}3}\times\frac{\sqrt{2}}{2}\angle 0^\circ\ \text{A}=0.186\angle -23.7^\circ\ \text{A}$$

$$i_3(t)=0.186\sqrt{2}\cos(3t-23.7^\circ)\ \text{A}=0.263\cos(3t-23.7^\circ)\ \text{A}$$

（3）当 $i_{S6}=\frac{1}{4}\cos 6t$ 单独作用时，$\omega_6=6$ rad/s，$\dot{I}_{S6}=\frac{\sqrt{2}}{8}\angle 0^\circ$ A。

利用分流公式，此时电感上通过的电流为：

$$\dot{I}_6=\frac{R_1}{R_1+R_2+\text{j}\omega_6 L}\dot{I}_{S6}=\frac{2}{2+5+\text{j}6}\times\frac{\sqrt{2}}{8}\angle 0^\circ\ \text{A}=0.038\ 3\angle -40.6^\circ\ \text{A}$$

$$i_6(t)=0.038\ 3\sqrt{2}\cos(6t-40.6^\circ)\ \text{A}=0.054\ 2\cos(6t-40.6^\circ)\ \text{A}$$

（4）当 $i_{S9}=9\cos 9t$ 单独作用时，$\omega_9=9$ rad/s，$\dot{I}_{S9}=\frac{9\sqrt{2}}{2}\angle 0^\circ$ A。

利用分流公式，此时电感上通过的电流为：

$$\dot{I}_9=\frac{R_1}{R_1+R_2+\text{j}\omega_9 L}\dot{I}_{S9}=\frac{2}{2+5+\text{j}9}\times\frac{9\sqrt{2}}{2}\angle 0^\circ\ \text{A}=1.116\angle -52.13^\circ\ \text{A}$$

$$i_9(t)=1.116\sqrt{2}\cos(9t-52.13^\circ)\ \text{A}=1.579\cos(9t-52.13^\circ)\ \text{A}$$

$$\begin{aligned}i(t)&=i_0+i_3(t)+i_6(t)+i_9(t)\\&=[0.286+0.263\cos(3t-23.7^\circ)+0.054\ 2\cos(6t-40.6^\circ)+1.579\cos(9t-52.13^\circ)]\ \text{A}\end{aligned}$$

6-7　已知电压 $u(t)=[2+10\cos(t+15^\circ)+6\cos(3t+45^\circ)+2\cos(5t+60^\circ)]$ V，计算该电压的有效值。

解：由非正弦周期电压信号的有效值得：$U=\sqrt{U_0^2+U_1^2+U_2^2+U_3^2+\cdots}$，其中 U_0 为直流分量，U_1 为基波的有效值，U_2 为二次谐波的有效值，U_3 为三次谐波的有效值……。

电压有效值：$U=\sqrt{2^2+\left(\frac{10}{\sqrt{2}}\right)^2+\left(\frac{6}{\sqrt{2}}\right)^2+\left(\frac{2}{\sqrt{2}}\right)^2}\ \text{V}=8.6\ \text{V}$。

6-8　计算电流 $i(t)=[6+30\cos 2t+20\cos(4t+30°)+15\cos(6t+45°)+10\cos(8t+60°)]$ A 的有效值。

解：由非正弦周期电压信号的有效值得：$I=\sqrt{I_0^2+I_1^2+I_2^2+I_3^2+\cdots}$，其中，$I_0$为直流分量，$I_1$为基波的有效值，$I_2$为二次谐波的有效值，$I_3$为三次谐波的有效值……。

电流有效值：$I=\sqrt{6^2+\left(\frac{30}{\sqrt{2}}\right)^2+\left(\frac{20}{\sqrt{2}}\right)^2+\left(\frac{15}{\sqrt{2}}\right)^2+\left(\frac{10}{\sqrt{2}}\right)^2}\ \text{A}=29.13\ \text{A}$。

6-9　已知题图 6-7 所示电路两端的电压为 $u(t)=[5+40\sqrt{2}\cos t+20\sqrt{2}\cos(2t-30°)+5\sqrt{2}\cos(3t-45°)]$ V，电流为 $i(t)=[3+10\sqrt{2}\cos t+5\sqrt{2}\cos(2t-15°)]$ A，计算：

（1）电压、电流的有效值；

（2）二次谐波的输入阻抗；

（3）该电路的平均功率。

解：已知 $U_0=5$ V，$U_1=40$ V，$U_2=20$ V，$U_3=5$ V；

$I_0=3$ A，$I_1=10$ A，$I_2=5$ A，$I_3=0$ A；

$\dot{U}_1=40\angle 0°$ V，$\dot{U}_2=20\angle -30°$ V，$\dot{U}_3=5\angle -45°$ V；

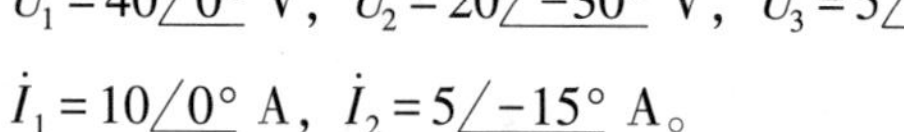

$\dot{I}_1=10\angle 0°$ A，$\dot{I}_2=5\angle -15°$ A。

（1）电压有效值：$U=\sqrt{U_0^2+U_1^2+U_2^2+U_3^2}=\sqrt{5^2+40^2+20^2+5^2}\ \text{V}=45.277\ \text{V}$。

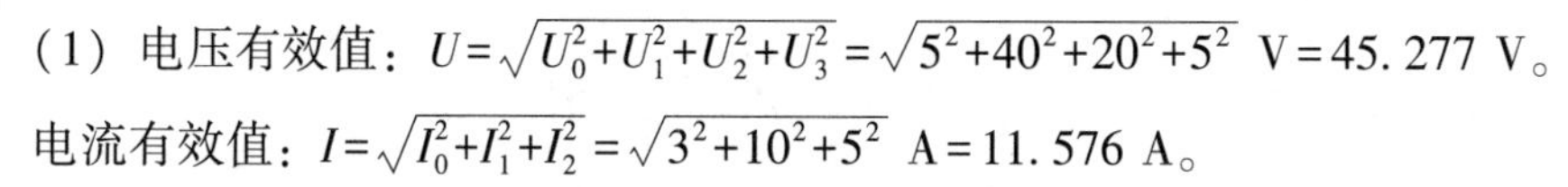

电流有效值：$I=\sqrt{I_0^2+I_1^2+I_2^2}=\sqrt{3^2+10^2+5^2}\ \text{A}=11.576\ \text{A}$。

题图 6-7

（2）二次谐波输入阻抗：$Z=\frac{\dot{U}_2}{\dot{I}_2}=\frac{20\angle -30°}{5\angle -15°}\ \Omega=(3.864-\text{j}1.035)\ \Omega$。

（3）平均功率：

$$
\begin{aligned}
P&=U_0I_0+U_1I_1\cos\varphi_1+U_2I_2\cos\varphi_2\\
&=\{5\times 3+40\times 10\cos 0°+20\times 5\cos[-30°-(-15°)]\}\ \text{W}\\
&=511.59\ \text{W}
\end{aligned}
$$

6-10　在题图 6-8 所示电路中，已知电压源 $u_S(t)=(100\cos \pi t+50\cos 2\pi t+30\cos 3\pi t)$ V，计算：

（1）电流 $i(t)$ 及其有效值；

（2）电路的平均功率。

解：本题为非正弦周期电流电路分析，利用谐波分析法计算电流，再利用非正弦周期信号的有效值和平均功率公式计算电流有效值和平均功率。

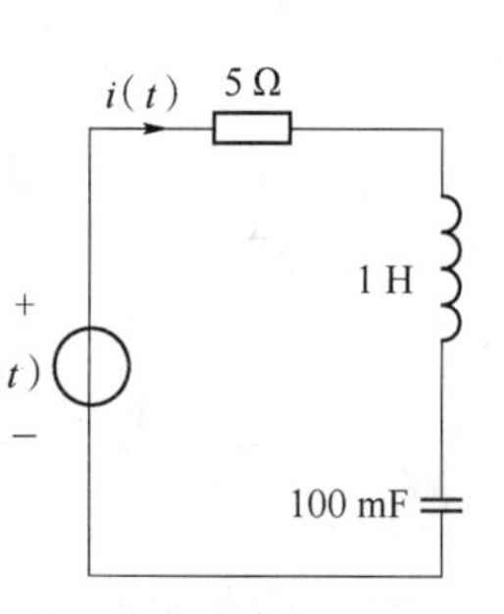

题图 6-8

（1）已知 $u_{S1}(t)=100\cos \pi t$，$u_{S2}(t)=50\cos 2\pi t$，$u_{S3}(t)=30\cos 3\pi t$，

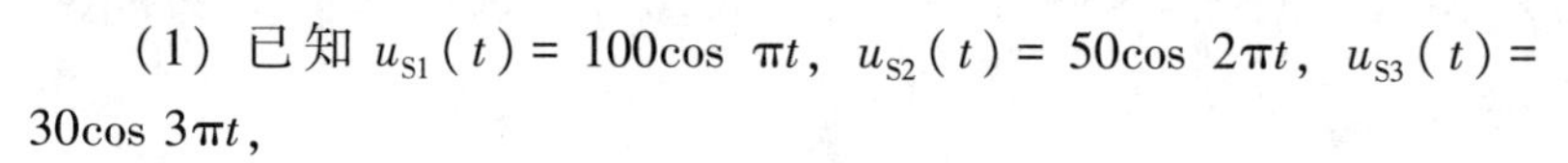

$\dot{U}_{S1}=50\sqrt{2}\angle 0°$ V，$\dot{U}_{S2}=25\sqrt{2}\angle 0°$ V，$\dot{U}_{S3}=15\sqrt{2}\angle 0°$ V。

①$u_{S1}(t)=100\cos\ \pi t$ 单独作用时，总阻抗为：

$$Z_1=5+j\omega_1 L+\frac{1}{j\omega_1 C}=\left(5+j\pi+\frac{1}{j\pi\times100\times10^{-3}}\right)\Omega=(5-j0.045)\Omega$$

$$\dot{I}_1=\frac{\dot{U}_{S1}}{Z_1}=\frac{50\sqrt{2}\angle 0^\circ}{5-j0.045}\ \mathrm{A}=14.14\angle 0.51^\circ\ \mathrm{A}$$

$$i_{S1}(t)=20\cos(\pi t+0.51^\circ)\ \mathrm{A}$$

②$u_{S2}(t)=50\cos\ 2\pi t$ 单独作用时，总阻抗为：

$$Z_2=5+j\omega_2 L+\frac{1}{j\omega_2 C}=\left(5+j2\pi+\frac{1}{j2\pi\times100\times10^{-3}}\right)\Omega=(5+j4.688)\Omega$$

$$\dot{I}_2=\frac{\dot{U}_{S2}}{Z_2}=\frac{25\sqrt{2}\angle 0^\circ}{5+j4.688}\ \mathrm{A}=5.158\angle -43.15^\circ\ \mathrm{A}$$

$$i_{S2}(t)=7.293\cos(2\pi t-43.15^\circ)\ \mathrm{A}$$

③$u_{S3}(t)=30\cos\ 3\pi t$ 单独作用时，总阻抗为：

$$Z_3=5+j\omega_3 L+\frac{1}{j\omega_3 C}=\left(5+j3\pi+\frac{1}{j3\pi\times100\times10^{-3}}\right)\Omega=(5+j8.358)\Omega$$

$$\dot{I}_3=\frac{\dot{U}_{S3}}{Z_3}=\frac{15\sqrt{2}\angle 0^\circ}{5+j8.358}\ \mathrm{A}=2.178\angle -59.11^\circ\ \mathrm{A}$$

$$i_3(t)=3.079\cos(3\pi t-59.11^\circ)\ \mathrm{A}$$

$$\begin{aligned}i(t)&=i_1(t)+i_2(t)+i_3(t)\\&=[20\cos(\pi t+0.51^\circ)+7.293\cos(2\pi t-43.15^\circ)+3.079\cos(3\pi t-59.11^\circ)]\ \mathrm{A}\end{aligned}$$

有效值 $I=\sqrt{I_1^2+I_2^2+I_3^2}=\sqrt{14.14^2+5.158^2+2.178^2}\ \mathrm{A}=15.21\ \mathrm{A}$。

（2）平均功率：

$$\begin{aligned}P&=U_{S1}I_1\cos\varphi_1+U_{S2}I_2\cos\varphi_2+U_{S3}I_3\cos\varphi_3\\&=[50\sqrt{2}\times10\sqrt{2}\cos(-0.51^\circ)+25\sqrt{2}\times5.158\cos 43.15^\circ+15\sqrt{2}\times2.178\cos 59.11^\circ]\ \mathrm{W}\\&=1.157\ \mathrm{kW}\end{aligned}$$

6-11　计算题图 6-9 所示电路的谐振频率。

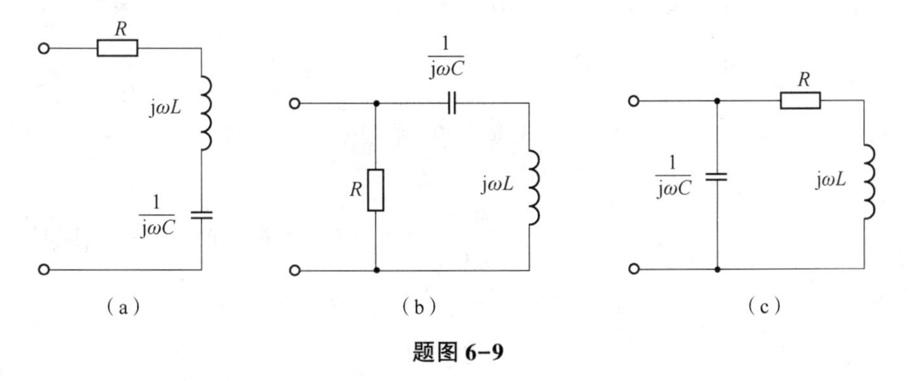

题图 6-9

解：本题为谐振频率的计算，可以根据谐振的定义计算。计算谐振频率时，先求其等效阻抗或等效导纳，然后令其虚部为零。

题图 6-9（a）的等效阻抗：

$$Z=R+\mathrm{j}\omega L+\frac{1}{\mathrm{j}\omega C}=R+\mathrm{j}\left(\omega L-\frac{1}{\omega C}\right)$$

令其虚部为零，即 $\omega L=\frac{1}{\omega C}$，则谐振频率 $f_0=\frac{1}{2\pi\sqrt{LC}}$。

题图 6-9（b）的等效阻抗：

$$Z=R/\!/\left(\mathrm{j}\omega L+\frac{1}{\mathrm{j}\omega C}\right)=\frac{R\left(\omega L-\frac{1}{\omega C}\right)^2}{R^2+\left(\omega L-\frac{1}{\omega C}\right)^2}+\mathrm{j}\frac{R^2}{R^2+\left(\omega L-\frac{1}{\omega C}\right)^2}\left(\omega L-\frac{1}{\omega C}\right)$$

令其虚部为零，即 $\omega L=\frac{1}{\omega C}$，则谐振频率 $f_0=\frac{1}{2\pi\sqrt{LC}}$。

题图 6-9（c）的等效阻抗：

$$Z=(R+\mathrm{j}\omega L)/\!/\frac{1}{\mathrm{j}\omega C}=\frac{\frac{RL}{C}-\mathrm{j}\frac{L}{C}\left(\omega L-\frac{1}{\omega C}\right)-\mathrm{j}\frac{R^2}{\omega C}-\frac{R}{\omega C}\left(\omega L-\frac{1}{\omega C}\right)}{R^2+\left(\omega L-\frac{1}{\omega C}\right)^2}$$

令其虚部为零，即 $\frac{L}{C}\left(\omega L-\frac{1}{\omega C}\right)+\frac{R^2}{\omega C}=0$，则谐振频率 $f_0=\frac{1}{2\pi}\sqrt{\frac{L-R^2C}{L^2C}}$。

6-12　在题图 6-10 所示的 RLC 串联电路中，已知电阻 $R=5\ \Omega$，电感 $L=10$ mH，输入信号 u_S 的频率 $f_0=500$ Hz，计算电路产生谐振时的电容和该电路的品质因数。

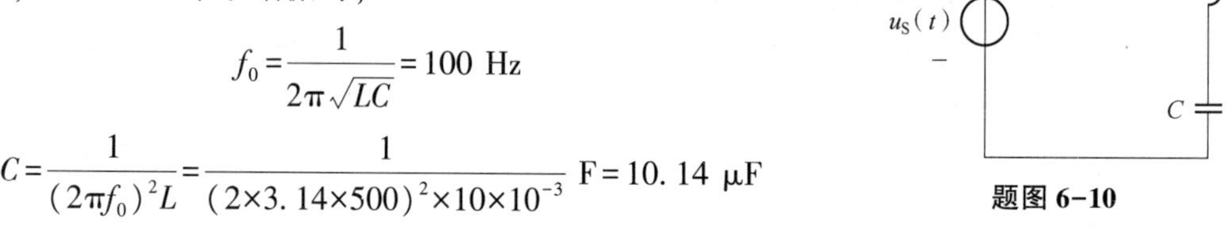

题图 6-10

解：因为当电路的固有频率与输入信号频率相等时，电路产生谐振，所以 RLC 串联谐振时，

$$f_0=\frac{1}{2\pi\sqrt{LC}}=100\ \text{Hz}$$

$$C=\frac{1}{(2\pi f_0)^2L}=\frac{1}{(2\times3.14\times500)^2\times10\times10^{-3}}\ \text{F}=10.14\ \mu\text{F}$$

品质因数 $Q=\frac{\omega_0L}{R}=\frac{2\times3.14\times500\times10\times10^{-3}}{5}=6.28$。

6-13　在 RLC 串联谐振电路中，谐振时的等效阻抗 $Z=80\ \Omega$，谐振时角频率 $\omega_0=800$ rad/s，品质因数 $Q=100$，计算电路参数 R、L 和 C。

解：根据串联谐振特点 $Z_{eq}=R$，$\omega_0L=\frac{1}{\omega_0C}$，可知 RLC 串联谐振时，等效阻抗 $Z_{eq}=R=80\ \Omega$，则有：

$$Q=\frac{\omega_0L}{R}=\frac{1}{\omega_0RC}$$

$$L=\frac{QR}{\omega_0}=\frac{100\times80}{800}\ \text{H}=10\ \text{H}$$

$$C=\frac{1}{Q\omega_0 R}=\frac{1}{100\times800\times80}\ \text{F}=0.156\ \mu\text{F}$$

6-14 如题图 6-11 所示，已知信号源 $u_S(t)=10\sqrt{2}\cos 2\,000t$ V，此时电路与信号源发生谐振，计算：

（1）谐振时的电容 C；

（2）谐振时的电流 I_0、电容两端的电压和电感两端的电压；

（3）品质因数 Q。

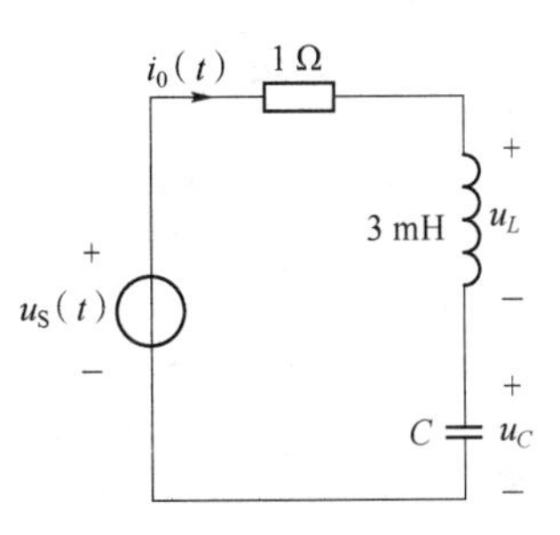

题图 6-11

解：本题考查知识点为串联谐振频率、串联谐振特点：$Z_{eq}=R$，$\dot{U}_L=-\dot{U}_C$。

（1）信号源频率为 2 000 rad/s。RLC 谐振时 $\omega_0=\frac{1}{\sqrt{LC}}$，因为当两个频率相等时，电路产生谐振，所以 $\omega_0=2\,000$ rad/s，则有：

$$C=\frac{1}{\omega_0^2 L}=\frac{1}{(2\,000)^2\times3\times10^{-3}}\ \text{F}=83.33\ \mu\text{F}$$

（2）

$$I_0=\frac{U_S}{R}=\frac{10}{1}\ \text{A}=10\ \text{A}$$

$$\dot{U}_L=\text{j}\omega_0 L\dot{I}_0$$

$$U_L=\omega_0 L I_0=2\,000\times3\times10^{-3}\times10\ \text{V}=60\ \text{V}$$

$$U_C=U_L=60\ \text{V}$$

（3）品质因数 $Q=\frac{\omega_0 L}{R}=\frac{2\,000\times3\times10^{-3}}{1}=6$。

6-15 在题图 6-12 所示电路中，已知信号源 $u_S(t)=50\sqrt{2}\cos 314t$ V，调节电容使得信号源电压 $u_S(t)$ 和电流 $i(t)$ 同相位，此时电压表读数为 100 V，电流表读数为 2 A，计算电阻 R、电感 L 和电容 C。

解：信号源电压 $u_S(t)$ 和电流 $i(t)$ 同相位，即产生谐振，谐振频率 $\omega_0=314$ rad/s，此时，$Z_{eq}=R$，$\dot{U}_L=-\dot{U}_C$。则有：

$$I=\frac{U_S}{R}=\frac{50}{R}=2\ \text{A}，R=25\ \Omega$$

$$\dot{U}_C=\frac{1}{\text{j}\omega_0 C}\dot{I}$$

$$U_C=\frac{I}{\omega_0 C}=100\ \text{V}$$

$$C=\frac{I}{U_C\omega_0}=\frac{2}{100\times314}\ \text{F}=63.7\ \mu\text{F}$$

$$L=\frac{U_L}{I\omega_0}=\frac{100}{2\times314}\ \text{H}=0.159\ \text{H}$$

6-16　在题图 6-13 所示电路中，已知信号源 $i_S(t)=2\sqrt{2}\cos(1\times10^6 t)$ mA。

（1）若要使电路和信号源发生谐振，则此时电容为多少？

（2）计算谐振时的各支路电流及端电压有效值。

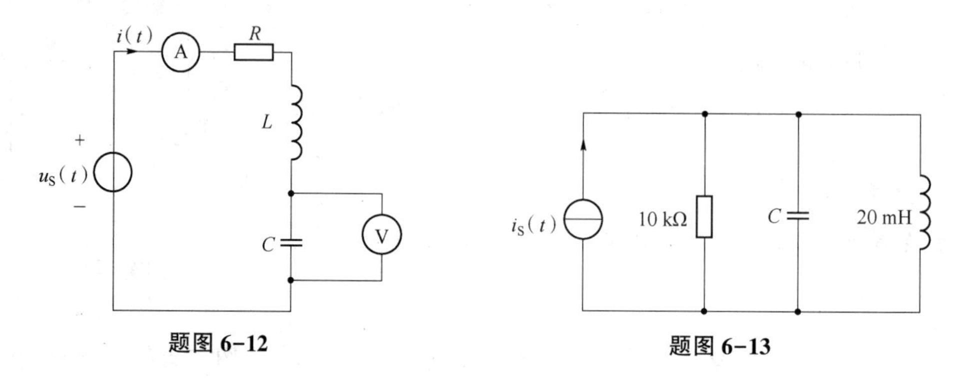

题图 6-12　　　　题图 6-13

解：当电路频率与信号源频率相等时，电路产生谐振。

（1）谐振频率为 $\omega_0=1\times10^6$ rad/s，则有：

$$\omega_0=\frac{1}{\sqrt{LC}}$$

$$C=\frac{1}{\omega_0^2 L}=\frac{1}{(1\times10^6)^2\times20\times10^{-3}}\ \text{F}=50\ \text{pF}$$

（2）谐振时，$\dot{I}_R=\dot{I}_S$，$I_R=I_S=2$ mA，则有：

$$\dot{I}_L=\frac{R}{\mathrm{j}\omega_0 L}\dot{I}_S,\quad I_L=I_C=\frac{RI_S}{\omega_0 L}=\frac{10\times10^3\times2\times10^{-3}}{1\times10^6\times20\times10^{-3}}\ \text{A}=1\ \text{mA}$$

端电压 $U=RI_S=10\times10^3\times2\times10^{-3}$ V = 20 V。

6-17　在题图 6-14 所示 RLC 并联电路中，信号源 $i_S(t)$ 的频率 $f_0=2$ MHz，电阻 $R=100$ kΩ，电路的品质因数 $Q=100$，计算 RLC 并联电路与信号源发生谐振时的电感 L 和电容 C。

解：并联谐振的品质因数

$$Q=\frac{R}{\omega_0 L}$$

$$L=\frac{R}{Q\omega_0}=\frac{R}{Q2\pi f_0}=\frac{100\times10^3}{100\times2\times3.14\times2\times10^6}\ \text{H}=79.62\ \mu\text{H}$$

$$Q=\omega_0 RC$$

$$C=\frac{Q}{R\omega_0}=\frac{Q}{R2\pi f_0}=\frac{100}{100\times10^3\times2\times3.14\times2\times10^6}\ \text{F}=79.62\ \text{pF}$$

6-18　半导体收音机的输入回路示意如题图 6-15 所示，已知可变电容 C 的变化范围为 40～360 pF，天线线圈的电感为 $L=310$ μH，内阻 $R=12$ Ω，计算该收音机可以接收到的广播电台的频率范围。

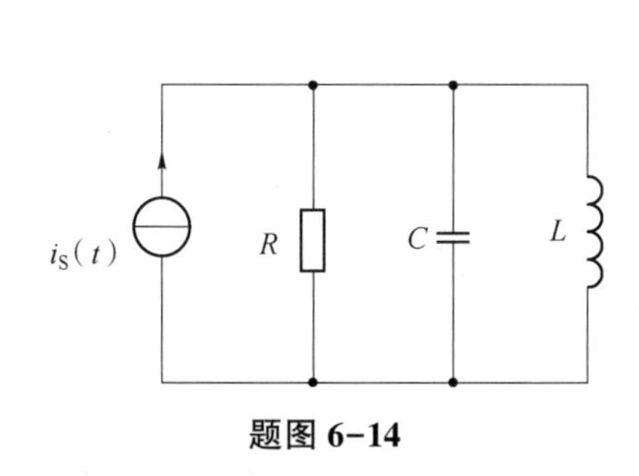

题图 6-14

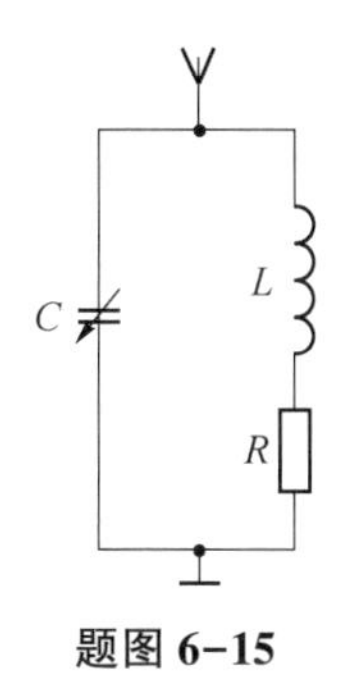

题图 6-15

解：谐振频率为：$f=\frac{1}{2\pi}\sqrt{\frac{L-R^2C}{L^2C}}$，把可变电容 $C=40$ pF 和 $C=360$ pF 分别代入谐振频率公式可得：

$$f_1=\frac{1}{2\times3.14}\sqrt{\frac{310\times10^{-6}-12^2\times40\times10^{-12}}{(310\times10^{-6})^2\times40\times10^{-12}}}\ \text{Hz}=1.43\ \text{MHz}$$

$$f_2=\frac{1}{2\times3.14}\sqrt{\frac{310\times10^{-6}-12^2\times360\times10^{-12}}{(310\times10^{-6})^2\times360\times10^{-12}}}\ \text{Hz}=0.477\ \text{MHz}$$

收音机可以接收到的广播电台的频率范围为 $f_1 \sim f_2$。

历年考研真题

真题 6-1 若流过 RL 串联支路的电流为 $i(t)=[I_0+8\sqrt{2}\cos(100t)+6\sqrt{2}\cos(200t+30°)]$ A，且 $R=5\ \Omega$，$L=5$ mH，该串联支路吸收的平均功率为 3.38 kW，则 $|I_0|=$________ A。

[2019 年江苏大学电路考研真题]

解：此题为非正弦周期电路的计算。

$I_1=8$ A，$I_2=6$ A，$P=I_0^2R+I_1^2R+I_2^2R=(I_0^2+64+36)\times5=3\ 380$ W

解得：$|I_0|=24$ A。

真题 6-2 电路如真题图 6-1 所示，$R=20\ \Omega$，$\frac{1}{\omega C}=45\ \Omega$，$\omega L=5\ \Omega$，外加电压为 $u(t)=(100+276\sin\omega t+100\sin 3\omega t)$ V，求：

（1）电流 $i(t)$；

（2）外加电压 $u(t)$ 的有效值 U。

[2018 年江苏大学电路考研真题]

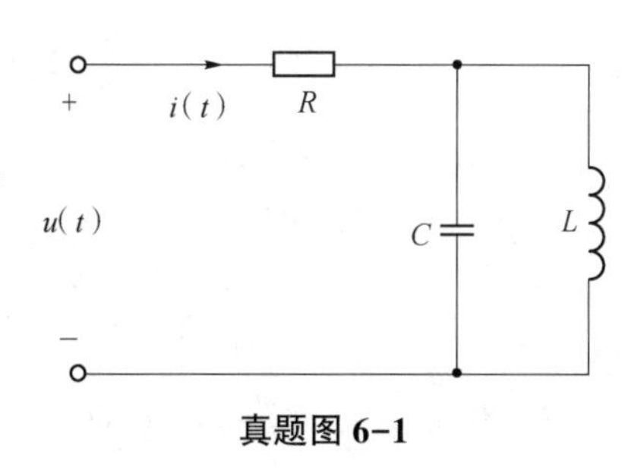

真题图 6-1

解：（1）非正弦电压信号中，$U_0=100$ V，$u_1(t)=276\sin\omega t$ V，$u_3(t)=100\sin 3\omega t$ V。

当 $U_0=100$ V 单独作用时，$I_0=\frac{U_0}{R}=\frac{100}{20}$ A $=5$ A。

当 $u_1(t)=276\sin\omega t$ V 单独作用时，$\dot{U}_1=\dfrac{276}{\sqrt{2}}\angle 0°$ V。

总阻抗 $Z_1=[20+(\mathrm{j}5)\mathbin{/\!/}(-\mathrm{j}45)]\Omega=20.78\angle 15.71°\ \Omega$，所以：

$$\dot{I}_1=\frac{\dot{U}_1}{Z_1}=\frac{\dfrac{276}{\sqrt{2}}}{20.78\angle 15.71°}\ \mathrm{A}=9.39\angle -15.71°\ \mathrm{A}$$

$$i_1(t)=13.28\sin(\omega t-15.71°)\ \mathrm{A}$$

当 $u_3(t)=100\sin 3\omega t$ V 单独作用时，$\dot{U}_3=\dfrac{100}{\sqrt{2}}\angle 0°$ V，此时，感抗为 $\mathrm{j}3\omega L_2=\mathrm{j}15\ \Omega$，容抗 $-\mathrm{j}\dfrac{1}{3\omega C}=-\mathrm{j}15\ \Omega$，$LC$ 谐振，所以：

$$i_3(t)=0\ \mathrm{A}$$

$$i(t)=I_0+i_1(t)+i_3(t)=[5+13.28\sin(\omega t-15.71°)]\ \mathrm{A}$$

（2）$U=\sqrt{U_0^2+U_1^2+U_3^2}=\sqrt{100^2+\left(\dfrac{276}{\sqrt{2}}\right)^2+\left(\dfrac{100}{\sqrt{2}}\right)^2}\ \mathrm{V}=230.4\ \mathrm{V}$

真题 6-3　在真题图 6-2 所示电路中，电源电压 $u_S=[100+60\sqrt{2}\cos\omega t+30\sqrt{2}\cos 3\omega t]$V，$R=20\ \Omega$，$\omega L=10\ \Omega$，$\dfrac{1}{\omega C}=20\ \Omega$，确定使电流 i 中含有尽可能大的基波分量时的元件 A，并求此时电流 i。[2014 年北京交通大学电路 970 考研真题]

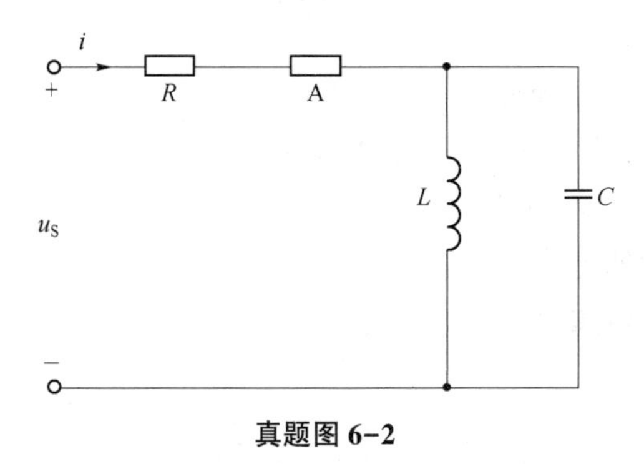

真题图 6-2

解：电流 i 中含有尽可能大的基波分量，是指基波时对应等效阻抗模最小，即产生串联谐振。设元件 A 的阻抗为 x，则基波时的等效阻抗：

$$Z_{eq}=R+x+(\mathrm{j}\omega L)\mathbin{/\!/}\frac{1}{\mathrm{j}\omega C}=R+x+\frac{\mathrm{j}10\times(-\mathrm{j}20)}{\mathrm{j}10+(-\mathrm{j}20)}=R+x+\mathrm{j}20$$

若 $|Z_{eq}|$ 最小，则 $x=-\mathrm{j}20\ \Omega$，A 相当于电容。

利用叠加原理，计算电流。

当 $U_{S0}=100$ V 单独作用时，$I_0=0$ A。

当 $u_{S1}=60\sqrt{2}\cos\omega t$ V 单独作用时，$\dot{U}_{S1}=60\angle 0°$ V，此时谐振

$$\dot{I}_1=\frac{\dot{U}_{S1}}{R}=\frac{60}{20}\ \text{A}=3\ \text{A}$$

$$i_1(t)=3\sqrt{2}\cos\omega t\ \text{A}$$

当 $u_{S3}=30\sqrt{2}\cos 3\omega t$ V 单独作用时，$\dot{U}_{S3}=30\underline{/0^\circ}$ V，总阻抗：

$$Z_3=\left[20-\text{j}\frac{20}{3}+(\text{j}30)/\!/\left(-\text{j}\frac{20}{3}\right)\right]\Omega=25.14\underline{/37.31^\circ}\ \Omega$$

$$\dot{I}_3=\frac{\dot{U}_{S1}}{Z_3}=\frac{30}{25.14\underline{/-37.31^\circ}}\ \text{A}=1.19\underline{/37.31^\circ}\ \text{A}$$

$$i_3(t)=1.68\cos(3\omega t+37.31^\circ)\ \text{A}$$

电流 $i(t)=I_0+i_1(t)+i_3(t)=[3\sqrt{2}\cos\omega t+1.68\cos(3\omega t+37.31^\circ)]$ A。

真题 6-4 若某 RLC 串联电路发生了谐振，电阻 $R=1$ kΩ，且用交流电流表测得电阻电流为1 mA，用交流电压表测得电感电压为 15 V，则该谐振电路的品质因数 Q 为________，该电路的外加电压 $U_S=$________ V。［2018 年江苏大学电路 830 考研真题］

解：$\omega L=\frac{U_L}{I}=\frac{15}{1\times10^{-3}}\ \Omega=15$ kΩ，由于是串联谐振，因此品质因数 $Q=\frac{\omega L}{R}=\frac{15}{1}=15$，$U_S=RI=1\times10^3\times1\times10^{-3}$ V $=1$ V。

第7章

耦合电感、理想变压器和二端口网络

学习目标

1. 掌握互感和互感电压的概念及同名端的含义。
2. 熟练掌握耦合电路的几种去耦方法，以及耦合电路的分析与计算。
3. 掌握理想变压器电路模型、伏安关系，以及含有理想变压器电路的分析与计算。
4. 熟练掌握二端口网络的 Z、Y、H、T 参数的求解，二端口网络的连接、换算关系，以及二端口网络的等效电路。

知识要点

1. 互感

空间位置相近的两个电感线圈，其中一个电感线圈的电流的变化会影响另外一个电感线圈的电流和电压，这种现象称为互感。

2. 同名端

当具有互感的两个线圈上通过的电流分别从两个线圈的对应端子同时流入或流出时，若产生的磁通相互增强，则这两个对应端子称为两互感线圈的**同名端**，用“·”“*”或“△”等符号标记。

3. 自感电压和互感电压正负的判别

自感电压是由线圈自身通过的电流产生的，当该电压参考方向与该电流参考方向相关联时，自感电压前取“+”号；反之，自感电压前取“-”号。

互感电压是由与该线圈产生互感的线圈通过的电流产生的，如果互感电压“+”极性端子与产生它的电流流进的端子为一对同名端，互感电压前应取“+”号，反之取“-”号。

4. 耦合电路的几种去耦方法

1) 串联耦合电感的去耦等效

(1) 顺向(接)串联。

图7-1(a)所示电路为耦合电感的顺接串联电路，去耦后的无互感等效电路如图7-1(b)所示。

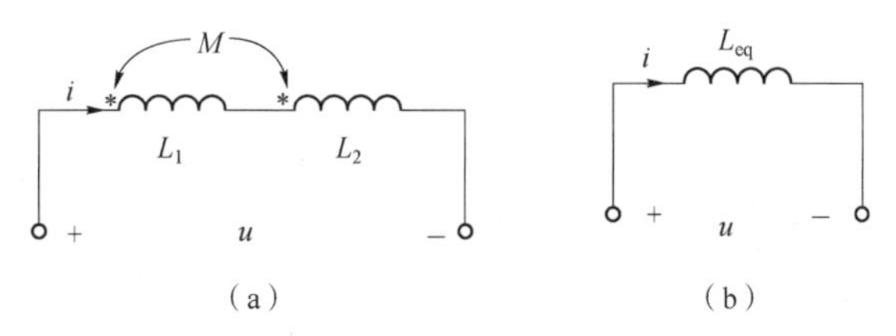

图7-1 顺接串联互感线圈的去耦等效

(a) 耦合电感的顺接串联电路；(b) 去耦等效

等效电感为：$L_{eq}=L_1+L_2+2M$。

(2) 反向(接)串联。

图7-2(a)所示电路为耦合电感的反接串联电路，去耦后的无互感等效电路如图7-2(b)所示。

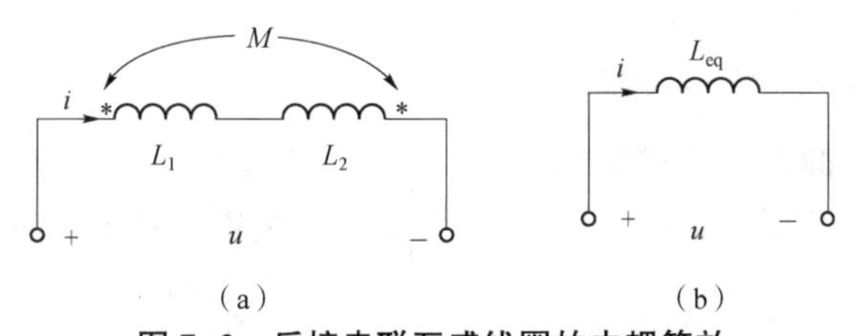

图7-2 反接串联互感线圈的去耦等效

(a) 耦合电感的反接串联电路；(b) 去耦等效

等效电感为：$L_{eq}=L_1+L_2-2M$。

2) 并联耦合电感的去耦等效

(1) 同侧并联。

图7-3(a)所示电路为耦合电感的同侧并联电路，去耦后的无互感等效电路如图7-3(b)所示。

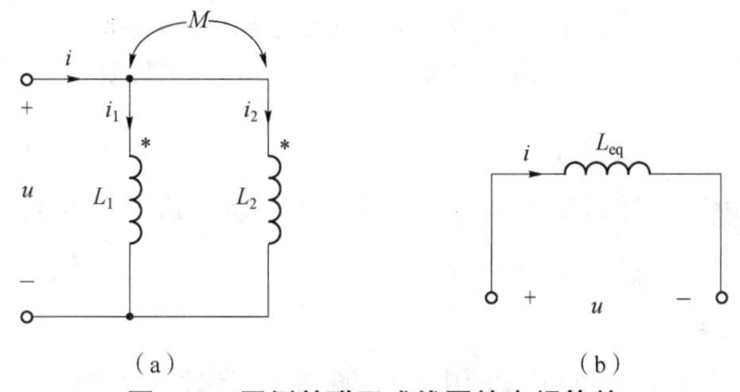

图7-3 同侧并联互感线圈的去耦等效

(a) 耦合电感的同侧并联电路；(b) 去耦等效

等效电感为：$L_{eq}=\dfrac{L_1L_2-M^2}{L_1+L_2-2M}$。

（2）异侧并联。

图 7-4（a）所示电路为耦合电感的异侧并联电路，去耦后的无互感等效电路如图 7-4（b）所示。

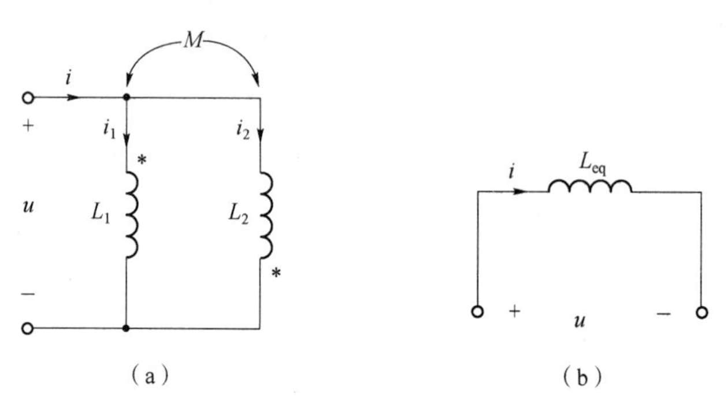

图 7-4　异侧并联互感线圈的去耦等效

（a）耦合电感的异侧并联电路；（b）去耦等效

等效电感为：$L_{eq}=\dfrac{L_1L_2-M^2}{L_1+L_2+2M}$。

3）T 形连接耦合电感的去耦等效

（1）同名端为共端的 T 形去耦等效。

图 7-5（a）所示电路为同名端为共端的 T 形电路，去耦后的无互感等效电路如图 7-5（b）所示。

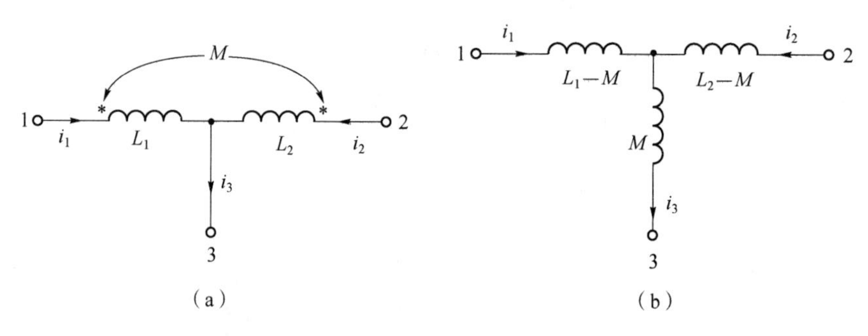

图 7-5　同名端为共端互感线圈的去耦等效

（a）同名端为共端的 T 形电路；（b）去耦等效

（2）异名端为共端的 T 形去耦等效

图 7-6（a）所示电路为异名端为共端的 T 形电路，去耦后的无互感等效电路如图 7-6（b）所示。

4）受控源等效电路

图 7-7（a）所示互感线圈可以用受控源进行等效，去耦后的无互感等效电路如图 7-7（b）所示。

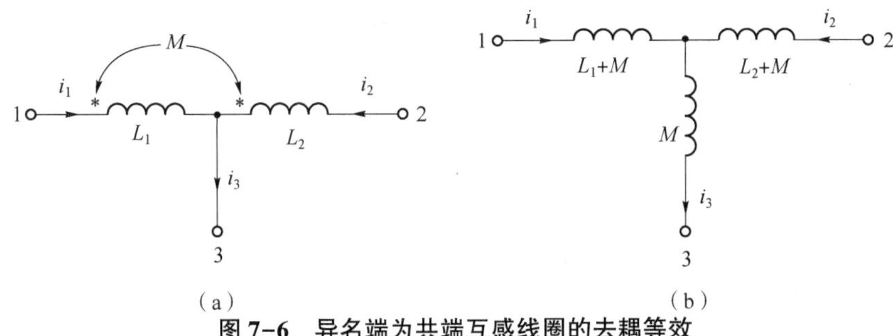

图 7-6 异名端为共端互感线圈的去耦等效

(a) 异名端为共端的T形电路；(b) 去耦等效

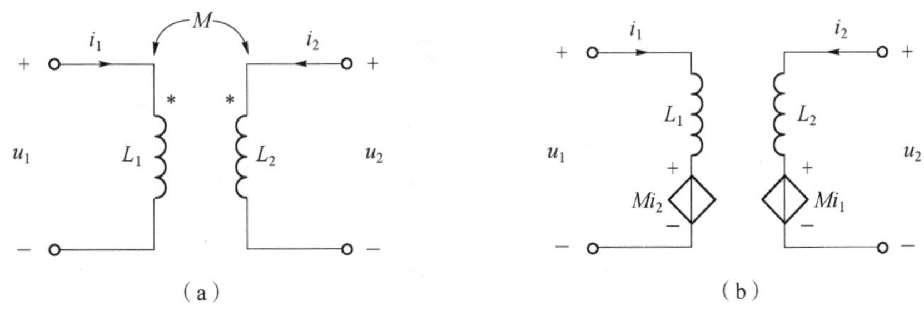

图 7-7 互感线圈的受控源去耦等效

(a) 互感线圈；(b) 去耦等效

5. 含有耦合电路的分析与计算

分析含有耦合电感（简称互感）的电路时，**常用两种方法：**

(1) 带着耦合进行分析计算，该方法在应用时应注意互感线圈上的电压除自感电压外，还应包含互感电压，多采用支路法和回路法进行计算；

(2) 先利用几种去耦方法进行去耦等效，再利用相量法进行分析。

6. 理想变压器

1) 理想变压器电路模型

理想变压器电路模型如图 7-8 所示。

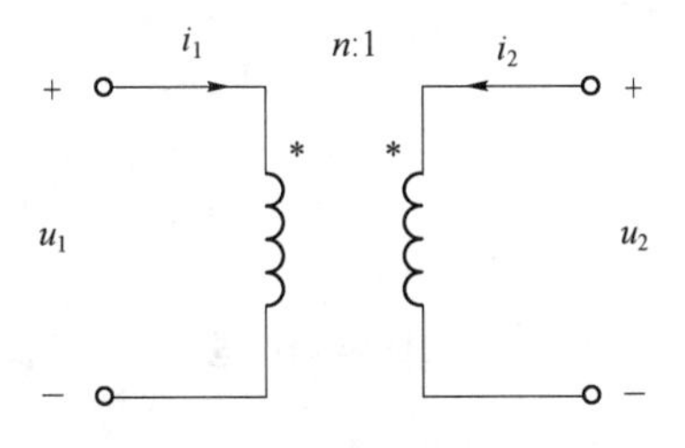

图 7-8 理想变压器电路模型

2) 理想变压器作用

变压：

$$\frac{u_1}{u_2}=\frac{N_1}{N_2}=n$$

式中，N_1 为变压器原边线圈匝数；N_2 为变压器副边线圈匝数。

变流：

$$\frac{i_1}{i_2}=-\frac{1}{n}$$

变阻抗：

设理想变压器副边线圈接阻抗 Z，如图 7-9（a）所示。由理想变压器的变压、变流关系得原边的输入阻抗为 $Z_{in}=n^2Z$，如图 7-9（b）所示。

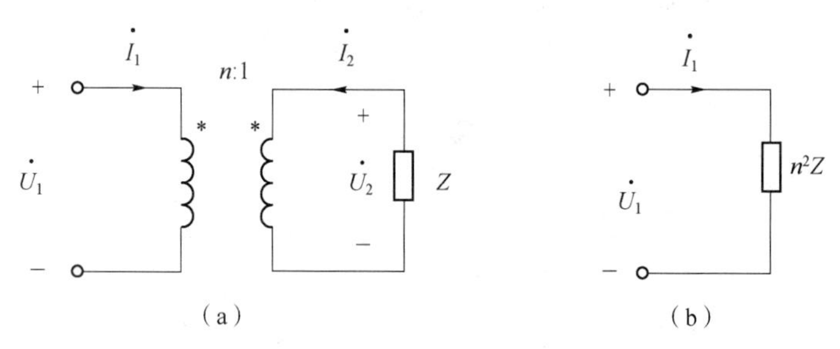

图 7-9　理想变压器变阻抗作用

3）含理想变压器电路的分析

在分析含有理想变压器的电路时，有两种方法：

（1）带着理想变压器进行分析计算，应用理想变压器的理想化条件及理想变压器的变电压、变电流的特性应用相量法进行分析；

（2）利用理想变压器变阻抗的性能将副边线圈阻抗折算到原边，消除电路中的理想变压器，然后应用相量法进行分析。

7. 二端口网络

当一个端子流入的电流等于从另一个端子流出的电流时，则该两个端子称为一个端口。二端口网络电压、电流关系如图 7-10 所示。

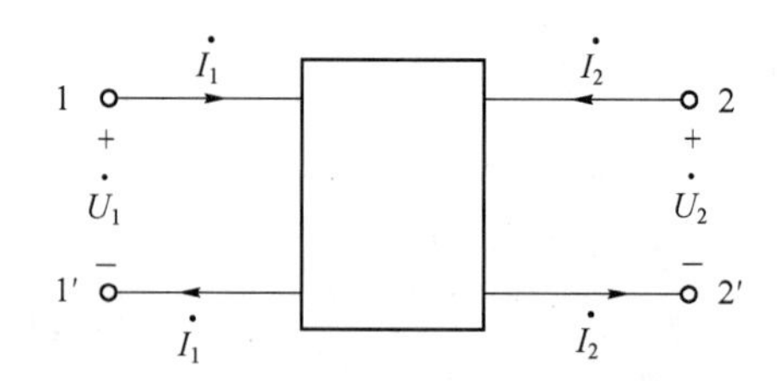

图 7-10　二端口网络端口电压、电流关系

二端口网络的端口电压、电流关系可以用二端口网络参数表示。

1）二端口网络参数

（1）Z 参数。

二端口网络的 Z 参数方程：

$$\begin{cases}\dot{U}_1 = Z_{11}\dot{I}_1 + Z_{12}\dot{I}_2 \\ \dot{U}_2 = Z_{21}\dot{I}_1 + Z_{22}\dot{I}_2\end{cases}$$

其中，Z 参数矩阵：
$$\boldsymbol{Z} = \begin{bmatrix} Z_{11} & Z_{12} \\ Z_{21} & Z_{22} \end{bmatrix}$$

Z 参数矩阵的求解方法：实验测定法或直接列写回路电压方程，整理成 Z 参数方程标准形式。

实验测定法：

画出 $\dot{I}_2=0$ 的等效电路，计算：

$$Z_{11} = \left.\frac{\dot{U}_1}{\dot{I}_1}\right|_{\dot{I}_2=0},\quad Z_{21} = \left.\frac{\dot{U}_2}{\dot{I}_1}\right|_{\dot{I}_2=0}$$

画出 $\dot{I}_1=0$ 的等效电路，计算：

$$Z_{12} = \left.\frac{\dot{U}_1}{\dot{I}_2}\right|_{\dot{I}_1=0},\quad Z_{22} = \left.\frac{\dot{U}_2}{\dot{I}_2}\right|_{\dot{I}_1=0}$$

不含受控源的二端口网络称为**互易二端口网络**。在由线性 R、$L(M)$、C 元件所组成的任何无源二端口网络中，$Z_{12}=Z_{21}$，Z 参数矩阵中只有三个独立参数。

（2）Y 参数。

二端口网络的 Y 参数方程：

$$\begin{cases}\dot{I}_1 = Y_{11}\dot{U}_1 + Y_{12}\dot{U}_2 \\ \dot{I}_2 = Y_{21}\dot{U}_1 + Y_{22}\dot{U}_2\end{cases}$$

其中，Y 参数矩阵：
$$\boldsymbol{Y} = \begin{bmatrix} Y_{11} & Y_{12} \\ Y_{21} & Y_{22} \end{bmatrix}$$

Y 参数矩阵的求解方法：实验测定法或直接列写结点电压方程，整理成 Y 参数方程标准形式。对于 π 形二端口网络，应用结点电压法比较容易列出导纳方程，比实验测定法简单。

实验测定法：

画出 $\dot{U}_2=0$ 的等效电路，即端口 2−2′短路，在端口 1−1′端施加电压源 $\dot{U}_1$，计算：

$$Y_{11} = \left.\frac{\dot{I}_1}{\dot{U}_1}\right|_{\dot{U}_2=0},\quad Y_{21} = \left.\frac{\dot{I}_2}{\dot{U}_1}\right|_{\dot{U}_2=0}$$

画出 $\dot{U}_1=0$ 的等效电路，即端口 1−1′短路，在端口 2−2′施加电压源 $\dot{U}_2$，计算：

$$Y_{12} = \left.\frac{\dot{I}_1}{\dot{U}_2}\right|_{\dot{U}_1=0},\quad Y_{22} = \left.\frac{\dot{I}_2}{\dot{U}_2}\right|_{\dot{U}_1=0}$$

对于互易二端口网络，Y 参数满足 $Y_{12}=Y_{21}$。对于对称二端口网络，除了满足 $Y_{12}=Y_{21}$ 外，还满足 $Y_{11}=Y_{22}$的条件。

开路阻抗矩阵 $\boldsymbol{Z}$ 与短路导纳矩阵 $\boldsymbol{Y}$ 之间存在互为逆的关系，即：

$$\boldsymbol{Z}=\boldsymbol{Y}^{-1} \text{或} \boldsymbol{Y}=\boldsymbol{Z}^{-1}$$

（3）H 参数。

二端口网络的 H 参数方程又称为混合方程：

$$\begin{cases}\dot{U}_1=H_{11}\dot{I}_1+H_{12}\dot{U}_2\\ \dot{I}_2=H_{21}\dot{I}_1+H_{22}\dot{U}_2\end{cases}$$

其中，H 参数矩阵：
$$\boldsymbol{H}=\begin{bmatrix}H_{11} & H_{12}\\ H_{21} & H_{22}\end{bmatrix}$$

H 参数的求解：利用实验测定法或根据网络列出 H 参数方程来求解。

画出 $\dot{U}_2=0$ 的等效电路，即端口 2-2′短路，计算：

$$H_{11}=\left.\frac{\dot{U}_1}{\dot{I}_1}\right|_{\dot{U}_2=0},\quad H_{21}=\left.\frac{\dot{I}_2}{\dot{I}_1}\right|_{\dot{U}_2=0}$$

画出 $\dot{I}_1=0$ 的等效电路，计算：

$$H_{12}=\left.\frac{\dot{U}_1}{\dot{U}_2}\right|_{\dot{I}_1=0},\quad H_{22}=\left.\frac{\dot{I}_2}{\dot{U}_2}\right|_{\dot{I}_1=0}$$

$$H_{11}=\frac{1}{Y_{11}},\quad H_{22}=\frac{1}{Z_{22}}$$

对于互易二端口网络，$H_{21}=-H_{12}$；对于对称的二端口网络，$H_{11}H_{22}-H_{12}H_{21}=1$。

（4）T 参数。

二端口网络的 T 参数方程又称为传输方程：

$$\begin{cases}\dot{U}_1=A\dot{U}_2+B(-\dot{I}_2)\\ \dot{I}_1=C\dot{U}_2+D(-\dot{I}_2)\end{cases}$$

其中，T 参数矩阵：
$$\boldsymbol{T}=\begin{bmatrix}A & B\\ C & D\end{bmatrix}$$

T 参数的求解：利用实验测定法或根据网络列出 T 参数方程来求解。

实验测定法：

画出 $\dot{I}_2=0$ 的等效电路，计算：

$$A=\left.\frac{\dot{U}_1}{\dot{U}_2}\right|_{\dot{I}_2=0},\quad C=\left.\frac{\dot{I}_1}{\dot{U}_2}\right|_{\dot{I}_2=0}$$

画出 $\dot{U}_2=0$ 的等效电路，即端口 2-2′短路，计算：

$$B=\left.\frac{\dot{U}_1}{-\dot{I}_2}\right|_{\dot{U}_2=0},\quad D=\left.\frac{\dot{I}_1}{-\dot{I}_2}\right|_{\dot{U}_2=0}$$

其中，A 和 D 分别是电压比和电流比，无量纲；B 为电阻的量纲；C 为电导的量纲。

互易二端口网络中，$AD-BC=1$；对称二端口网络中，$A=D$。二端口网络四种参数之间的关系如表 7-1 所示。

表 7-1　二端口网络四种参数之间的关系

	Z 参数	Y 参数	H 参数	T 参数
Z 参数	$\begin{matrix} Z_{11} & Z_{12} \\ Z_{21} & Z_{22} \end{matrix}$	$\begin{matrix} \frac{Y_{22}}{\Delta_Y} & -\frac{Y_{12}}{\Delta_Y} \\ -\frac{Y_{21}}{\Delta_Y} & \frac{Y_{11}}{\Delta_Y} \end{matrix}$	$\begin{matrix} \frac{\Delta_H}{H_{12}} & \frac{H_{12}}{H_{22}} \\ -\frac{H_{21}}{H_{22}} & \frac{1}{H_{22}} \end{matrix}$	$\begin{matrix} \frac{A}{C} & \frac{\Delta_T}{C} \\ \frac{1}{C} & \frac{D}{C} \end{matrix}$
Y 参数	$\begin{matrix} \frac{Z_{22}}{\Delta_Z} & \frac{Z_{12}}{\Delta_Z} \\ -\frac{Z_{21}}{\Delta_Z} & \frac{Z_{11}}{\Delta_Z} \end{matrix}$	$\begin{matrix} Y_{11} & Y_{12} \\ Y_{21} & Y_{22} \end{matrix}$	$\begin{matrix} \frac{1}{H_{11}} & -\frac{H_{12}}{H_{11}} \\ \frac{H_{21}}{H_{11}} & \frac{\Delta_H}{H_{11}} \end{matrix}$	$\begin{matrix} \frac{D}{B} & \frac{\Delta_T}{B} \\ \frac{1}{B} & \frac{A}{B} \end{matrix}$
H 参数	$\begin{matrix} \frac{\Delta_Z}{Z_{22}} & \frac{Z_{12}}{Z_{22}} \\ -\frac{Z_{21}}{Z_{22}} & \frac{1}{Z_{22}} \end{matrix}$	$\begin{matrix} \frac{1}{Y_{11}} & -\frac{Y_{12}}{Y_{11}} \\ \frac{Y_{21}}{Y_{11}} & \frac{\Delta_Y}{Y_{11}} \end{matrix}$	$\begin{matrix} H_{11} & H_{12} \\ H_{21} & H_{22} \end{matrix}$	$\begin{matrix} \frac{B}{D} & \frac{\Delta_T}{D} \\ -\frac{1}{D} & \frac{C}{D} \end{matrix}$
T 参数	$\begin{matrix} \frac{Z_{11}}{Z_{21}} & \frac{\Delta_Z}{Z_{21}} \\ \frac{1}{Z_{21}} & \frac{Z_{22}}{Z_{21}} \end{matrix}$	$\begin{matrix} -\frac{Y_{22}}{Y_{21}} & -\frac{1}{Y_{21}} \\ \frac{-\Delta_Y}{Y_{21}} & \frac{Y_{11}}{Y_{21}} \end{matrix}$	$\begin{matrix} -\frac{\Delta_H}{H_{21}} & -\frac{H_{11}}{H_{21}} \\ -\frac{H_{22}}{H_{21}} & -\frac{1}{H_{21}} \end{matrix}$	$\begin{matrix} A & B \\ C & D \end{matrix}$

表 7-1 中：

$$\Delta_Z=\begin{vmatrix} Z_{11} & Z_{12} \\ Z_{21} & Z_{22} \end{vmatrix},\ \Delta_Y=\begin{vmatrix} Y_{11} & Y_{12} \\ Y_{21} & Y_{22} \end{vmatrix},\ \Delta_H=\begin{vmatrix} H_{11} & H_{12} \\ H_{21} & H_{22} \end{vmatrix},\ \Delta_T=\begin{vmatrix} A & B \\ C & D \end{vmatrix}$$

2）二端口网络的连接

二端口网络的连接方式有串联、并联及级联。

（1）二端口网络的串联。

如图 7-11 所示，已知二端口网络 P_1 的 Z 参数矩阵为 $\boldsymbol{Z}'$，二端口网络 P_2 的 Z 参数矩阵为 $\boldsymbol{Z}''$，则 P_1 和 P_2 串联后的 Z 参数矩阵为：

$$\boldsymbol{Z}=\boldsymbol{Z}'+\boldsymbol{Z}''$$

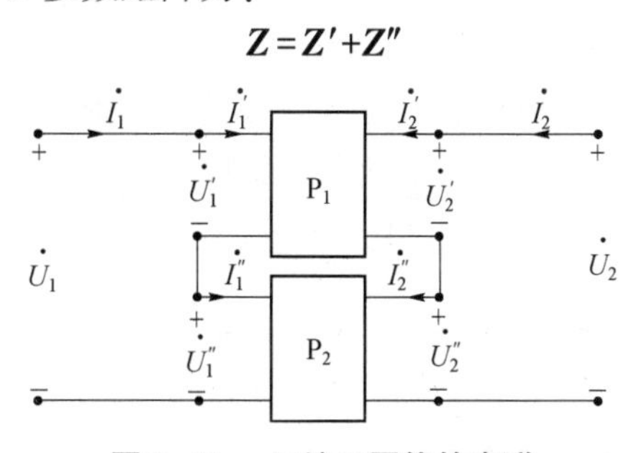

图 7-11　二端口网络的串联

两个二端口网络进行串联，串联后的等效二端口网络的 Z 参数矩阵为单个二端口网络 Z 参数矩阵之和。该结论可以推广到 n 个二端口网络的串联。

（2）二端口网络的并联。

如图 7-12 所示，已知二端口网络 P_1 的 Y 参数矩阵为 $\boldsymbol{Y}'$，二端口网络 P_2 的 Y 参数矩阵

为 $\boldsymbol{Y}''$，则 P_1 和 P_2 并联后的 Y 参数矩阵为：

$$\boldsymbol{Y}=\boldsymbol{Y}'+\boldsymbol{Y}''$$

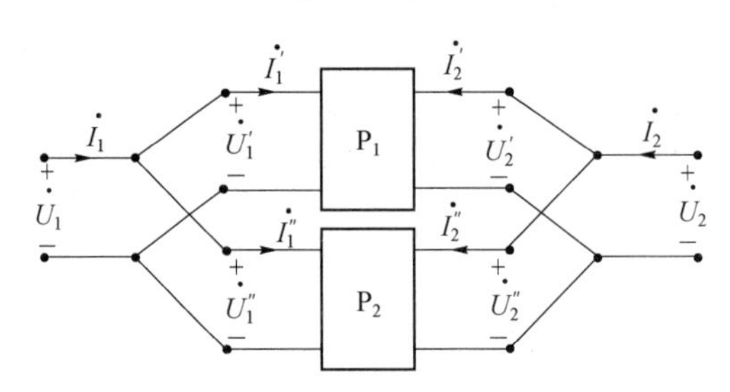

图 7-12　二端口网络的并联

两个二端口网络进行并联，并联后的等效二端口网络的 Y 参数矩阵为单个二端口网络 Y 参数矩阵之和。该结论可以推广到 n 个二端口网络的并联。

（3）二端口网络的级联。

如图 7-13 所示，已知二端口网络 P_1 的 T 参数矩阵为 $\boldsymbol{T}'$，二端口网络 P_2 的 T 参数矩阵为 $\boldsymbol{T}''$，则 P_1 和 P_2 级联后的 T 参数矩阵为：

$$\boldsymbol{T}=\boldsymbol{T}'\boldsymbol{T}''$$

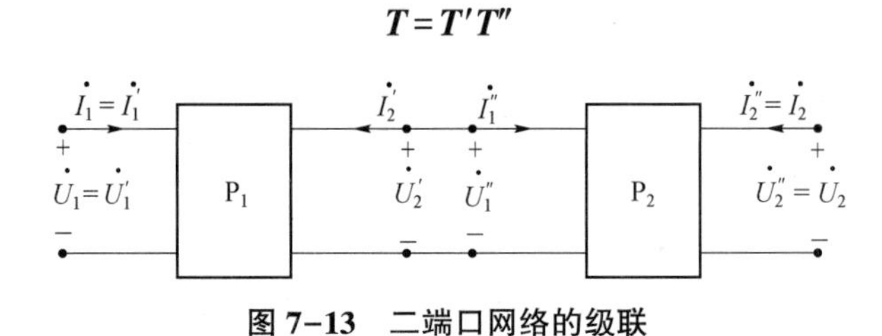

图 7-13　二端口网络的级联

两个二端口网络进行级联，级联后的等效二端口网络的 T 参数矩阵为单个二端口网络 T 参数矩阵之乘积。该结论可以推广到 n 个二端口网络的级联。

3）二端口网络的等效电路

无源二端口网络可以用一个简单的二端口电路模型来等效。

注意：等效电路的方程与原二端口网络的方程相同。

（1）互易二端口网络的等效。

互易二端口网络的 Z 参数矩阵中，$Z_{12}=Z_{21}$；Y 参数矩阵中，$Y_{12}=Y_{21}$。互易二端口网络的 Z 参数矩阵或 Y 参数矩阵中，只有 3 个独立的参数。因此，对于互易二端口网络，可以用 T 形电路或 π 形电路进行等效，如图 7-14 所示。

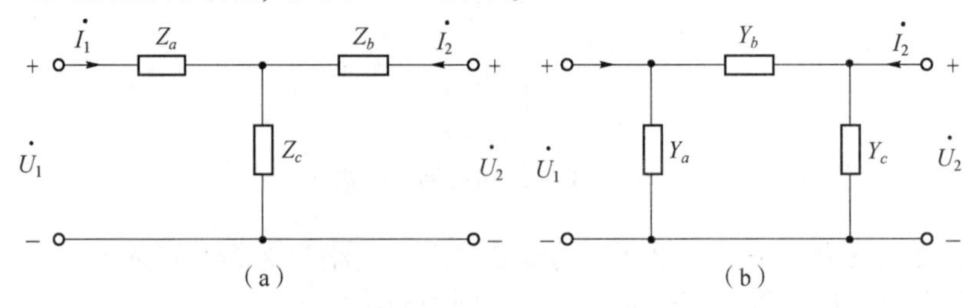

图 7-14　互易二端口网络的等效电路

（a）T 形等效电路；（b）π 形等效电路

方法：首先画出T形电路或π形等效电路；然后求出等效电路的Z参数或Y参数，令其与已知参数矩阵相等，求出等效电路中的参数。

（2）一般二端口网络的等效。

一般二端口网络是指除互易二端口网络之外的二端口网络，可以用Z参数表示的等效电路进行等效，也可以用Y参数表示的等效电路进行等效。

①用Z参数表示的等效电路。

可以用两种方法进行等效。

方法一：直接由参数方程得到等效电路。

二端口网络的Z参数方程为$\begin{cases}\dot{U}_1=Z_{11}\dot{I}_1+Z_{12}\dot{I}_2\\ \dot{U}_2=Z_{21}\dot{I}_1+Z_{22}\dot{I}_2\end{cases}$，可以得到等效电路，如图7-15（a）所示。

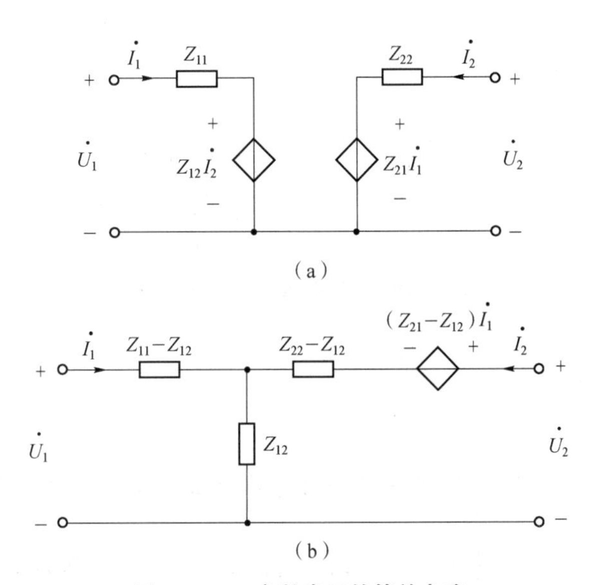

图7-15 Z参数表示的等效电路

方法二：把Z参数方程变换后进行等效。

Z参数方程进行变换后为：

$$\begin{cases}\dot{U}_1=Z_{11}\dot{I}_1+Z_{12}\dot{I}_2=(Z_{11}-Z_{12})\dot{I}_1+Z_{12}(\dot{I}_1+\dot{I}_2)\\ \dot{U}_2=Z_{21}\dot{I}_1+Z_{22}\dot{I}_2=Z_{12}(\dot{I}_1+\dot{I}_2)+(Z_{22}-Z_{12})\dot{I}_2+(Z_{21}-Z_{12})\dot{I}_1\end{cases}$$

可以用图7-15（b）进行等效。

②用Y参数表示的等效电路。

可以用两种方法进行等效。

方法一：直接由参数方程得到等效电路。

二端口网络的Y参数方程为$\begin{cases}\dot{I}_1=Y_{11}\dot{U}_1+Y_{12}\dot{U}_2\\ \dot{I}_2=Y_{21}\dot{U}_1+Y_{22}\dot{U}_2\end{cases}$，可以得到等效电路，如图7-16（a）所示。

方法二：把Y参数方程变换后进行等效。

Y 参数方程进行变换后为：

$$\begin{cases}\dot{I}_1=Y_{11}\dot{U}_1+Y_{12}\dot{U}_2=(Y_{11}+Y_{12})\dot{U}_1-Y_{12}(\dot{U}_1-\dot{U}_2)\\ \dot{I}_2=Y_{21}\dot{U}_1+Y_{22}\dot{U}_2=-Y_{12}(\dot{U}_2-\dot{U}_1)+(Y_{22}+Y_{12})\dot{U}_2+(Y_{21}-Y_{12})\dot{U}_1\end{cases}$$

可以用图 7-16（b）进行等效。

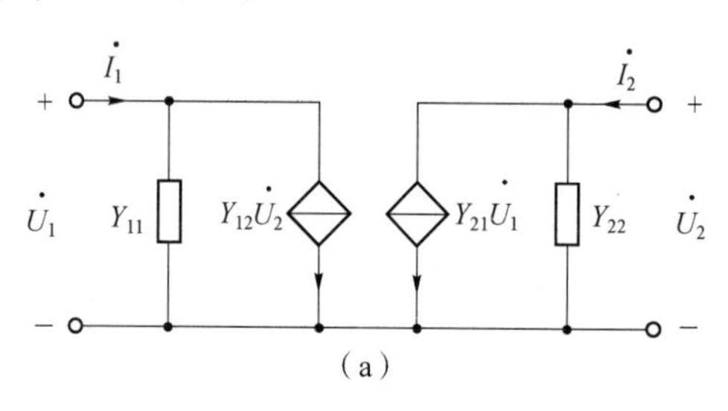

（a）

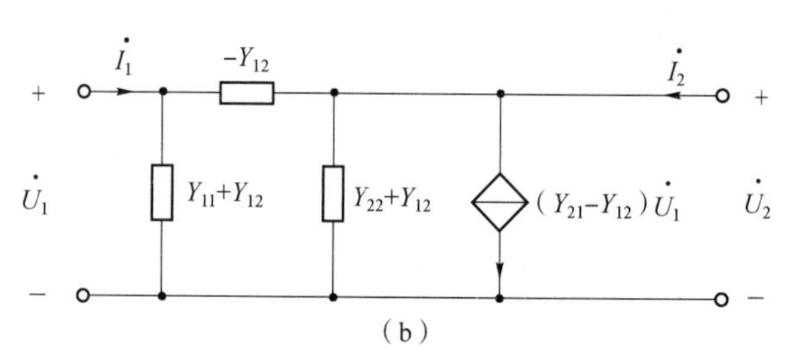

（b）

图 7-16　Y 参数表示的等效电路

教材同步习题详解

7-1　已知两个耦合电感，当顺接串联时等效电感为 2 H，当反接串联时等效电感为 0.5 H，请计算互感系数 M。

解：顺接串联时，等效电感 $L_{顺eq}=L_1+L_2+2M$；反接串联时，等效电感 $L_{反eq}=L_1+L_2-2M$。因此有：

$$M=\frac{L_{顺eq}-L_{反eq}}{4}=\frac{2-0.5}{4}\ \text{H}=0.375\ \text{H}$$

7-2　两耦合电感自感系数分别为 $L_1=0.1$ H、$L_2=0.4$ H，耦合系数为 $k=0.8$，请计算互感系数 M。

解：根据 $k=\dfrac{M}{\sqrt{L_1L_2}}$，可得 $M=k\sqrt{L_1L_2}=0.16$ H。

7-3　计算题图 7-1 中的等效电感 L_{ab}。

解：（a）题图 7-1（a），顺接串联：$L_{ab}=(2+5+2\times3)\ \text{H}=13\ \text{H}$。

（b）题图 7-1（b），反接串联：$L_{ab}=(2+5-2\times3)\ \text{H}=1\ \text{H}$。

（c）题图 7-1（c），同侧并联：$L_{ab}=\dfrac{L_1L_2-M^2}{L_1+L_2-2M}=\dfrac{6\times8-10^2}{6+8-2\times10}\ \text{H}=8.67\ \text{H}$。

（d）题图 7-1（d），异侧并联：$L_{ab}=\dfrac{L_1L_2-M^2}{L_1+L_2+2M}=\dfrac{6\times8-10^2}{6+8+2\times10}\ \text{H}=-1.53\ \text{H}$。

(e) 题图 7-1 (e), $L_{ab}=[(1+3+5\times2)+(3+8+4\times2)+(1+8-6\times2)]\text{H}=30\ \text{H}$。

(f) 题图 7-1 (f), 同名端 T 形等效及异侧并联等效为题图 7-1 (解图), 则有:

$$L_{ab}=\left[4+\frac{6\times(6+4+2)}{6+6+4+2}\right]\text{H}=8\ \text{H}$$

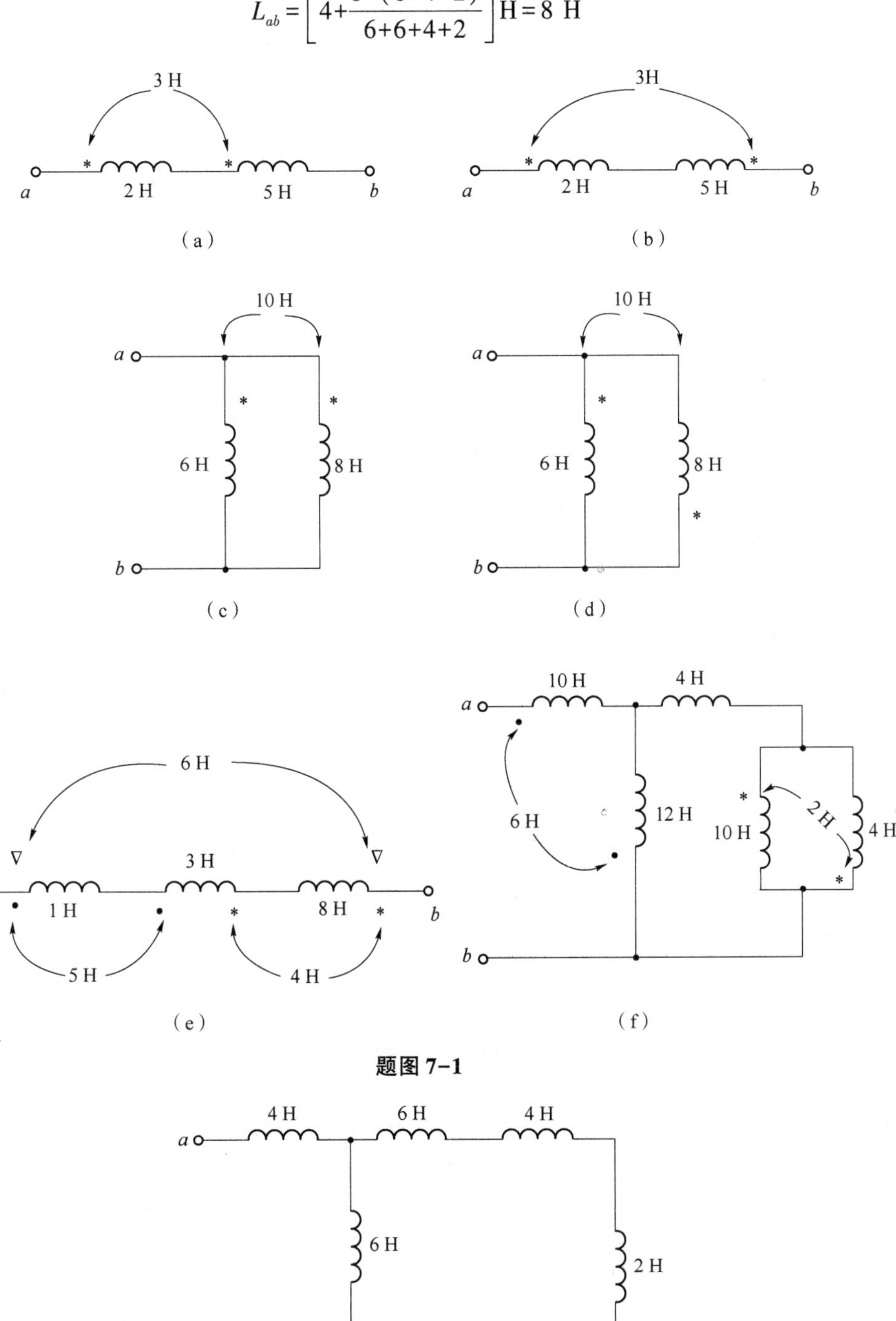

题图 7-1

题图 7-1 (解图)

7-4 计算题图 7-2 中的等效阻抗 Z_{ab}, 已知信号源角频率为 ω。

解：(a) 题图 7-2 (a) 等效为题图 7-2（解图）(a)，$Z_{ab}=\mathrm{j}\omega(L+L_1-M)+\mathrm{j}\omega M/\!/[R+\mathrm{j}\omega(L_2-M)]$。

(b) 题图 7-2 (b) 中 L_1、L_2 为异侧并联，等效电感 $L_{12}=\dfrac{L_1L_2-M^2}{L_1+L_2+2M}$，则：

$$Z_{ab}=\mathrm{j}\omega L_{12}+\frac{1}{\mathrm{j}\omega C}=\frac{\mathrm{j}\omega(L_1L_2-M^2)}{L_1+L_2+2M}+\frac{1}{\mathrm{j}\omega C}$$

(c) 题图 7-2 (c) 等效为题图 7-2（解图）(b)，则

$$Z_{ab}=R+\mathrm{j}\omega(L_2+M)-\frac{\mathrm{j}\omega M(L_1+M)}{L_1}=R+\mathrm{j}\omega\left(L_2-\frac{M^2}{L_1}\right)$$

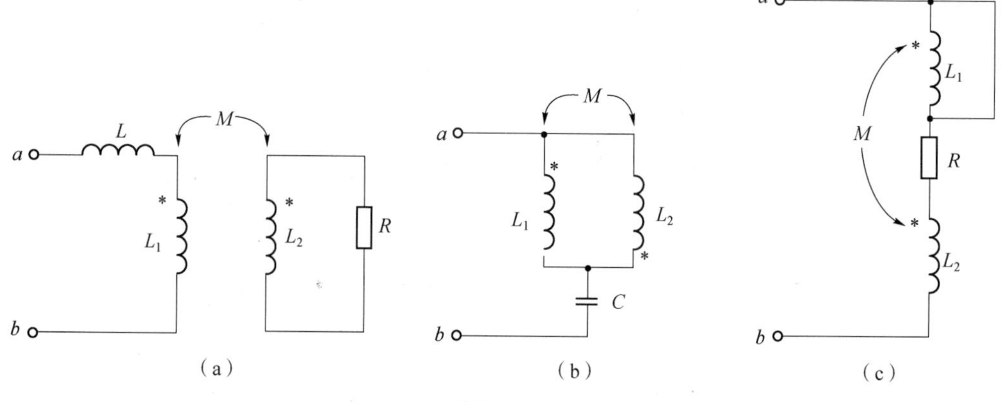

题图 7-2

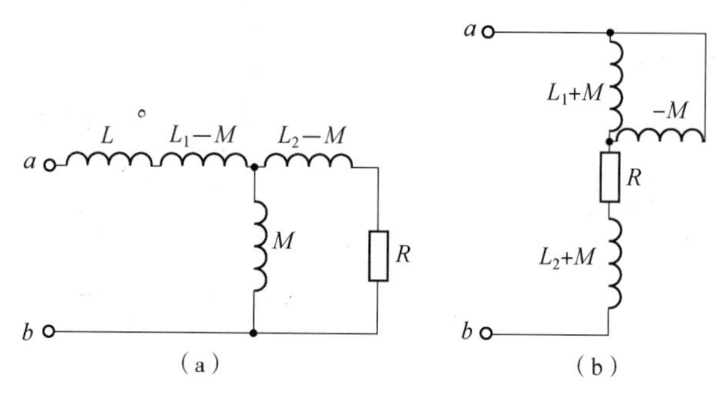

题图 7-2（解图）

7-5　已知题图 7-3 所示的电路中 $i_1=6\sqrt{2}\cos 10t$ A，$i_2=5\sqrt{2}\cos 10t$ A，请计算电压 u_1 和 u_2。

解：$\dot{I}_1=6\underline{/0°}$ A，$\dot{I}_2=5\underline{/0°}$ A，$\omega=10$ rad/s，利用受控源去耦等效，等效电路如题图 7-3（解图）所示。则有：

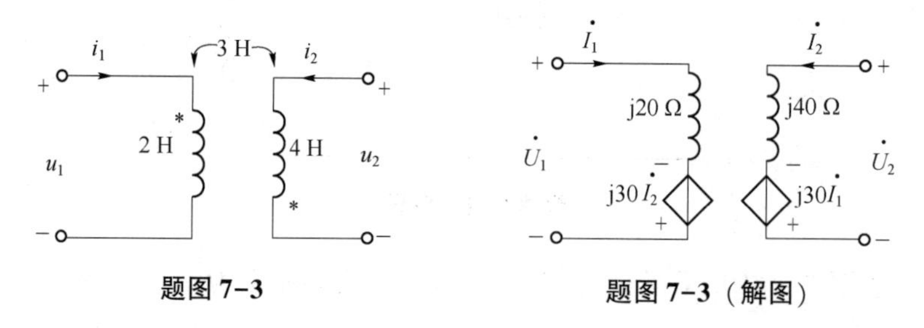

题图 7-3　　　　题图 7-3（解图）

$$\begin{cases}\dot{U}_1=\text{j}20\dot{I}_1-\text{j}30\dot{I}_2\\ \dot{U}_2=\text{j}40\dot{I}_2-\text{j}30\dot{I}_1\end{cases}$$

解得：$\dot{U}_1=-\text{j}30\ \text{V}$，$\dot{U}_2=\text{j}20\ \text{V}$

$$u_1=30\sqrt{2}\cos(10t-90°)\ \text{V},u_2=20\sqrt{2}\cos(10t+90°)\ \text{V}$$

7-6　在题图 7-4 所示电路中，已知电压源电压 $u_S=120\sqrt{2}\cos 100t\ \text{V}$，请计算电流 i 及两个线圈两端的电压 u_1 和 u_2。

解：$\dot{U}_S=120\underline{/0°}\ \text{V}$，$\omega=100\ \text{rad/s}$，相量模型图如题图 7-4（解图）所示。则有：

$$Z=(40+60+\text{j}200+\text{j}100-2\times\text{j}100)\ \Omega=(100+\text{j}100)\ \Omega$$

$$\dot{I}=\frac{\dot{U}_S}{Z}=\frac{120\underline{/0°}}{100+\text{j}100}\ \text{A}=0.85\underline{/-45°}\ \text{A}$$

$\dot{U}_1$ 和 $\dot{U}_2$ 包括自感电压和互感电压。则：

$$\dot{U}_1=(\text{j}200-\text{j}100)\dot{I}=85\underline{/45°}\ \text{V},\dot{U}_2=(\text{j}100-\text{j}100)\dot{I}=0\ \text{V}$$

$$u_1=85\sqrt{2}\cos(100t+45°)\ \text{V},u_2=0\ \text{V}$$

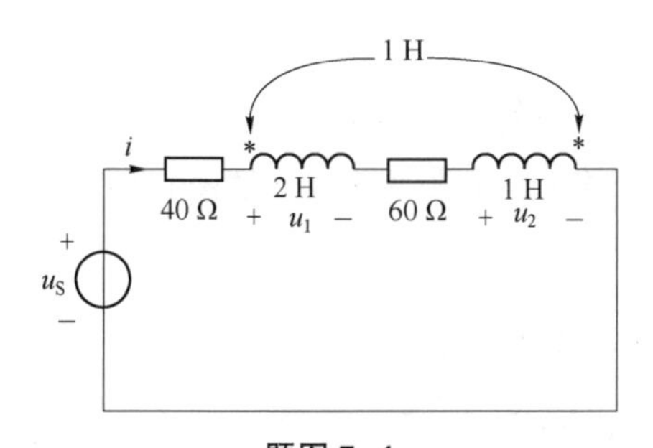

题图 7-4

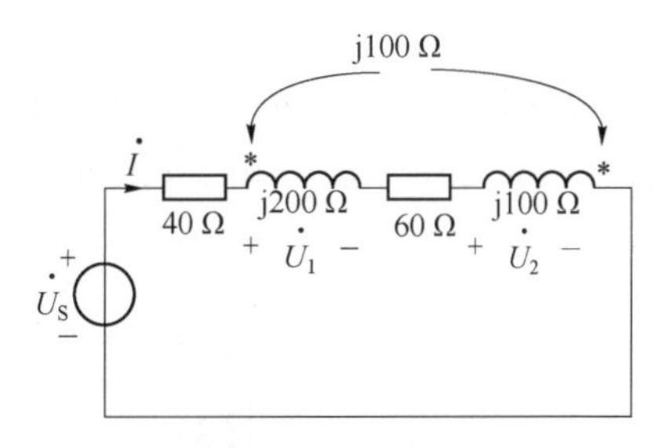

题图 7-4（解图）

7-7　题图 7-5 所示电路中的 $u_S=50\sqrt{2}\cos(10t+10°)\ \text{V}$，请计算电压 u。

解：利用同名端为共端的去耦等效，同时画出相量模型图，如题图 7-5（解图）所示。

$\dot{U}_S=50\underline{/10°}\ \text{V}$，$\omega=10\ \text{rad/s}$，利用分压公式得：

$$\dot{U}=\frac{\text{j}10-\text{j}20}{10+\text{j}20+\text{j}10-\text{j}20}\dot{U}_S=25\sqrt{2}\underline{/-125°}\ \text{V}$$

$$u=50\cos(10t-125°)\ \text{V}$$

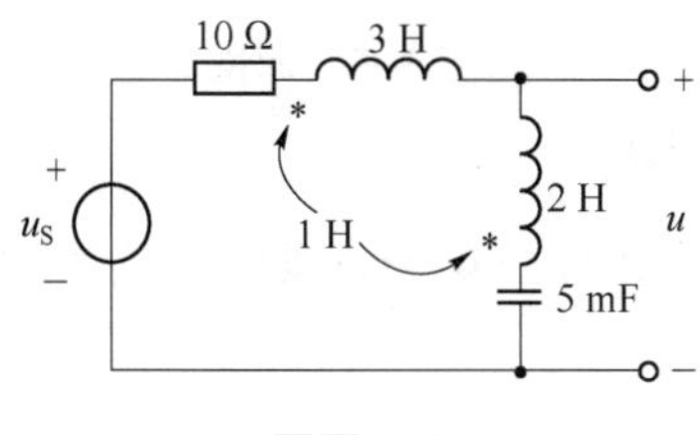

题图 7-5

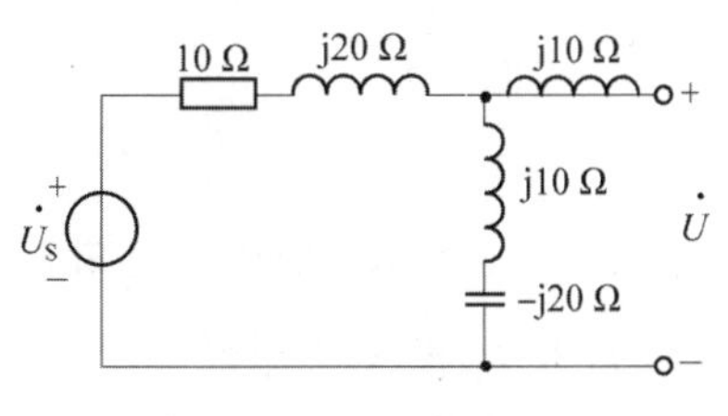

题图 7-5（解图）

7-8　在题图 7-6 所示电路中，已知 $\dot{U}_S=100\angle 30^\circ$ V，请计算电容两端的电压 $\dot{U}$。

解：支路电流参考方向如题图 7-6（解图）所示，列写 KVL 方程：

$$(2+j4)\dot{I}_1-j3\dot{I}_2=\dot{U}_S$$

$$(8-j6+j5)\dot{I}_2-j3\dot{I}_1=0$$

解得：

$$\dot{I}_2=\frac{j3}{29+j30}\dot{U}_S$$

$$\dot{U}=j6\dot{I}_2=j6\times\frac{j3}{29+j30}\dot{U}_S=43.14\angle 164^\circ\ \text{V}$$

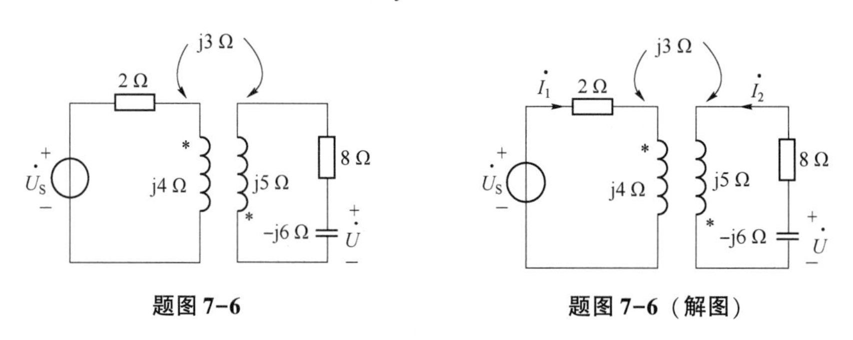

题图 7-6　　　　题图 7-6（解图）

7-9　在题图 7-7 所示电路中，$\dot{U}_S=10\angle 0^\circ$ V，请计算网孔电流 $\dot{I}_1$ 和 $\dot{I}_2$。

解：利用同名端为公共端的去耦等效，得到等效电路如题图 7-7（解图）所示。列写网孔电流方程：

$$\begin{cases}(5+15+j1+j3)\dot{I}_1-(15+j3)\dot{I}_2=\dot{U}_S\\(8+15+j3-j4+j3)\dot{I}_2-(15+j3)\dot{I}_1=0\end{cases}$$

解得：

$$\dot{I}_1=0.963\angle -5.11^\circ\ \text{A}$$

$$\dot{I}_2=0.638\angle -1.22^\circ\ \text{A}$$

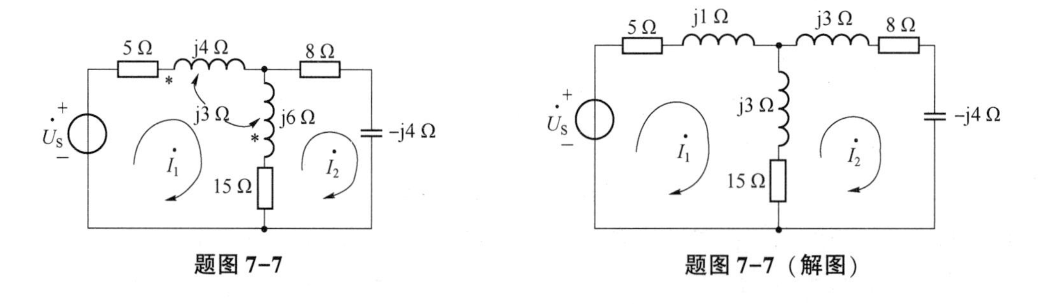

题图 7-7　　　　题图 7-7（解图）

7-10　在题图 7-8 所示电路中，已知 $\dot{U}_S=220\angle 0^\circ$ V，$Z_1=(0.5+j1.5)\text{k}\Omega$，$Z_L=(0.7+j)\text{k}\Omega$，请计算电流 $\dot{I}_1$、$\dot{I}_2$ 及 Z_L 消耗的有功功率。

解：利用异名端为公共端的去耦等效，得到等效电路如题图 7-8（解图）所示。列写网孔电流方程：

$$\begin{cases}(Z_1+\mathrm{j}1\ 500-\mathrm{j}500)\dot{I}_1-(-\mathrm{j}500)\dot{I}_2=\dot{U}_S\\(\mathrm{j}2\ 500+Z_L-\mathrm{j}500)\dot{I}_2-(-\mathrm{j}500)\dot{I}_1=0\end{cases}$$

解得：

$$\dot{I}_1=88.84\angle -77.91°\ \text{mA}$$

$$\dot{I}_2=14.42\angle 115.22°\ \text{mA}$$

$$P_{Z_L}=I_2^2R_L=0.014\ 42^2\times 700\ \text{W}=0.146\ \text{W}$$

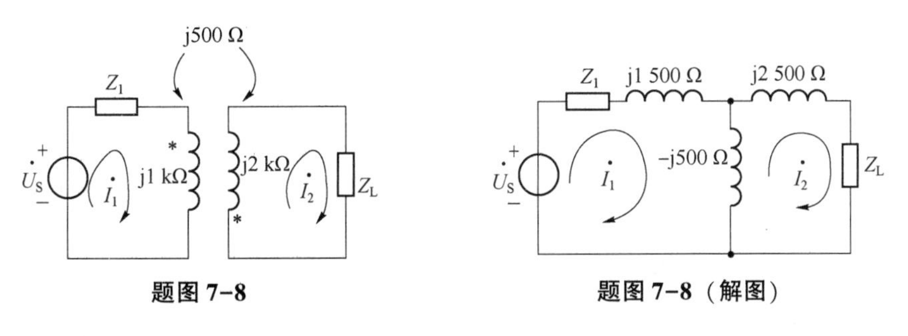

题图 7-8　　题图 7-8（解图）

7-11　在题图 7-9 所示电路中，$\dot{U}_S=10\angle 0°$V，请计算电流 $\dot{I}_2$。

解：利用理想变压器的变阻抗作用，可知等效阻抗为 $5^2\times 2\ \Omega=50\ \Omega$，得到等效电路如题图 7-9（解图）所示。则：

$$\dot{I}_1=\frac{\dot{U}_S}{8+50}=0.17\angle 0°\ \text{A}$$

$$\dot{I}_2=n\dot{I}_1=0.85\angle 0°\ \text{A}$$

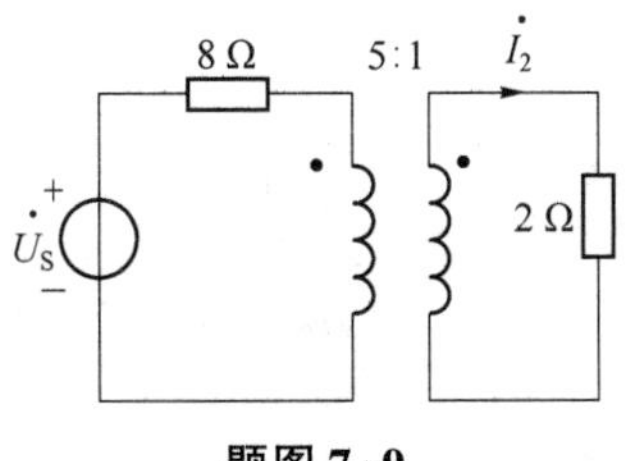

题图 7-9

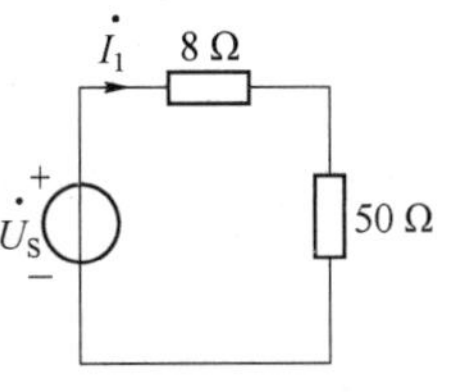

题图 7-9（解图）

7-12　计算题图 7-10 所示电路中的电流 $\dot{I}_1$ 和电压 $\dot{U}_2$。

解：利用变压器变阻抗作用进行等效，得到等效电路如题图 7-10（解图）所示。其中，等效阻抗为 $10^2\times 5\ \Omega=500\ \Omega$。则：

$$\dot{I}_1=\frac{36\angle 0°}{4+500}\ \text{A}=0.071\angle 0°\ \text{A}$$

$$\dot{U}_1=500\dot{I}_1=35.71\angle 0°\ \text{V}$$

$$\dot{U}_2=\frac{1}{n}\dot{U}_1=3.57\angle 0°\ \text{V}$$

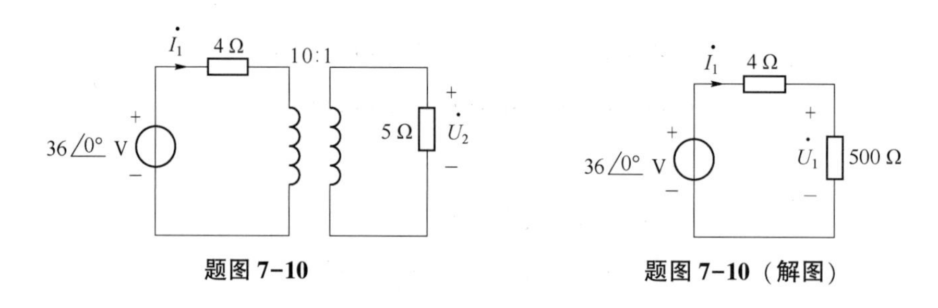

题图 7-10　　　　题图 7-10（解图）

7-13　在题图 7-11 所示电路中，当理想变压器的变比 n 为何值时，5 Ω 电阻可以获得最大功率？最大功率是多少？

解：利用理想变压器变阻抗作用，得到等效电路如题图 7-11（解图）所示。

根据最大功率的匹配条件，当 $n^2\times5=1\ 500$ 时，5 Ω 电阻可以获得最大功率，即 $n=17.32$ 时，5 Ω 电阻获得最大功率，最大功率为：

$$P_{\max}=\frac{U_{\mathrm{OC}}^2}{4R_{\mathrm{eq}}}=\frac{220^2}{4\times1\ 500}\ \mathrm{W}=8.07\ \mathrm{W}$$

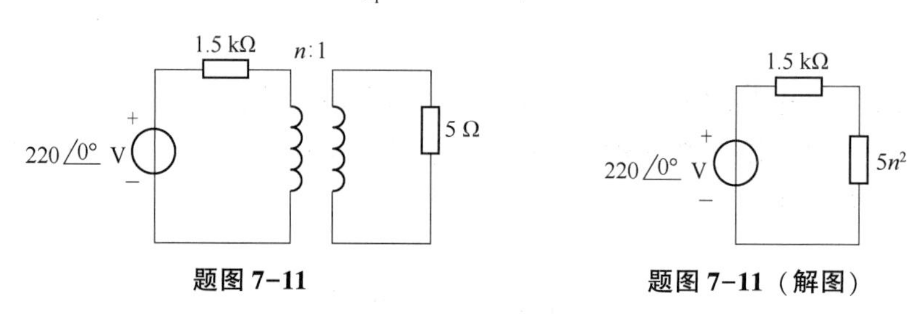

题图 7-11　　　　题图 7-11（解图）

7-14　计算题图 7-12 所示电路中的电流 $\dot{I}$。

解：网孔电流如题图 7-12（解图）所示，列网孔电流方程：

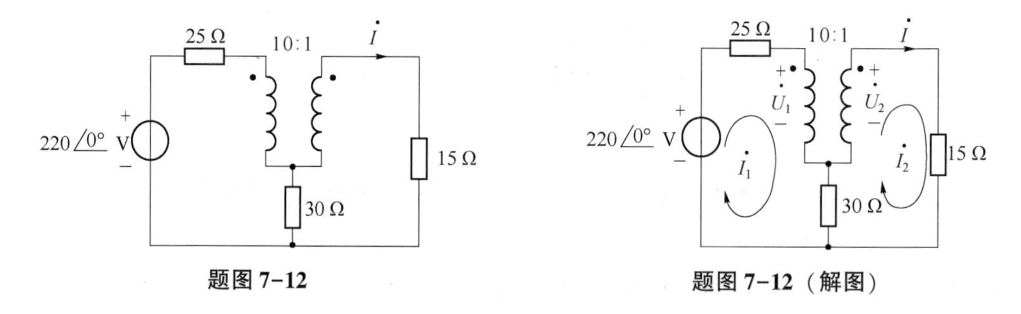

题图 7-12　　　　题图 7-12（解图）

$$\begin{cases}(25+30)\dot{I}_1+\dot{U}_1-30\dot{I}_2=220\angle 0^\circ\\(15+30)\dot{I}_2-\dot{U}_2-30\dot{I}_1=0\end{cases}$$

$$\dot{U}_1=10\dot{U}_2$$

$$\dot{I}_2=10\dot{I}_1$$

解得：

$$\dot{I}_1 = 55.63\angle 0^\circ \text{ mA}$$

$$\dot{I} = \dot{I}_2 = 10\dot{I}_1 = 556.3\angle 0^\circ \text{ mA}$$

7-15　计算题图 7-13 所示电路的等效阻抗 Z_{ab}。

解：(a) 根据理想变压器变阻抗及串并联等效，题图 7-13（a）可以等效为题图 7-13（解图）(a)、(b) 和 (c)，$Z_{ab}=(8+4^2\times6)\ \Omega=104\ \Omega$。

(b) 根据理想变压器变阻抗及串并联等效，题图 7-13（b）可以等效为题图 7-13（解图）(d)，$Z_{ab}=\{10+100\times[4+6/\!/(-j3)]\}\ \Omega=(530-j240)\ \Omega$。

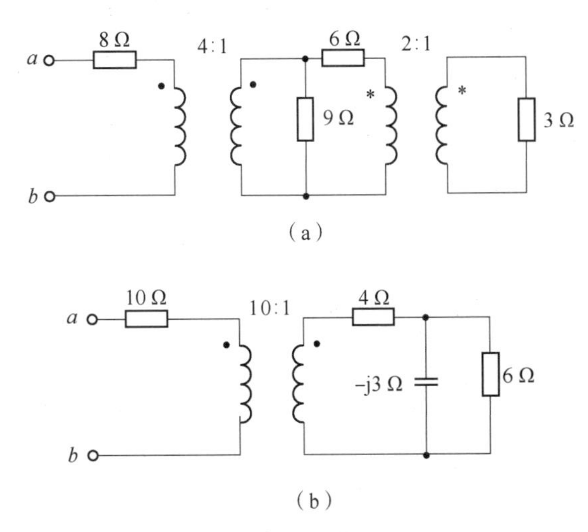

题图 7-13

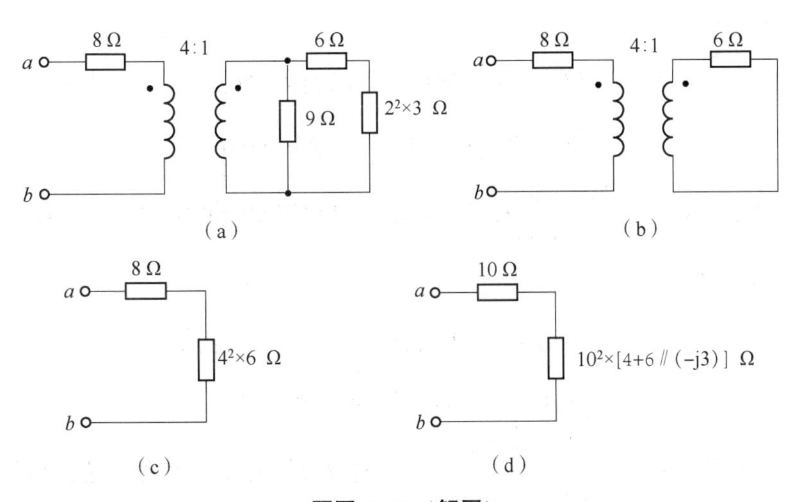

题图 7-13（解图）

7-16　计算题图 7-14 所示电路中的 Z 参数。

解：求解 Z 参数，可以列写 KVL 方程，整理成 Z 参数方程的标准形式，对应系数相等，写出 Z 参数矩阵；也可以利用实验测定法。使用实验测定法时，先写出 Z 参数方程标准形式，再画出求解各参数对应的等效电路，在对应的等效电路中去求解。

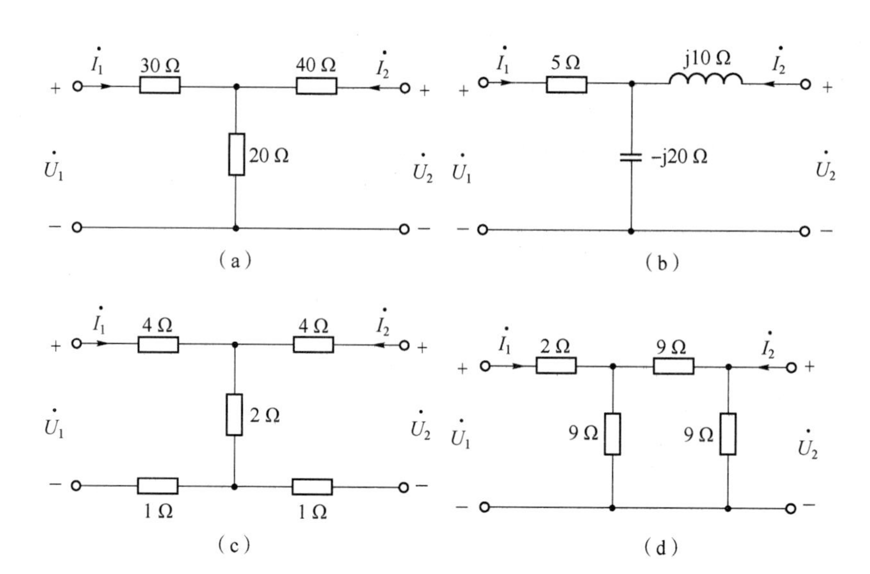

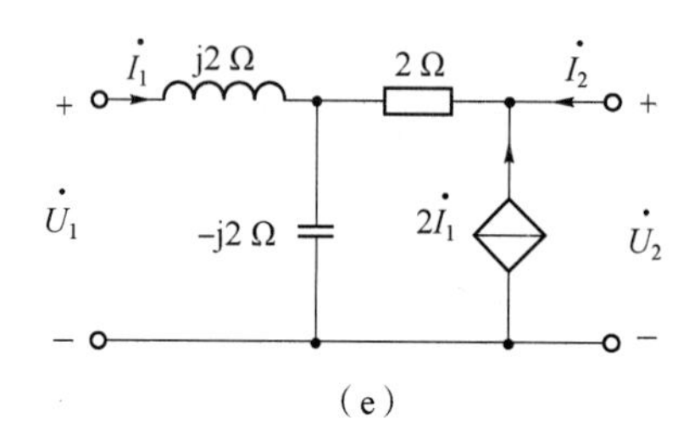

题图 7-14

(a) 列 KVL 方程：

$$\begin{cases}\dot{U}_1 = 30\dot{I}_1 + 20(\dot{I}_1 + \dot{I}_2) = 50\dot{I}_1 + 20\dot{I}_2 \\ \dot{U}_2 = 40\dot{I}_2 + 20(\dot{I}_1 + \dot{I}_2) = 20\dot{I}_1 + 60\dot{I}_2\end{cases}$$

可得 Z 参数矩阵：$\boldsymbol{Z} = \begin{bmatrix} 50 & 20 \\ 20 & 60 \end{bmatrix}\Omega$。此题也可以利用实验测定法进行计算。

(b) 列 KVL 方程：

$$\begin{cases}\dot{U}_1 = 5\dot{I}_1 - \mathrm{j}20(\dot{I}_1 + \dot{I}_2) = (5 - \mathrm{j}20)\dot{I}_1 - \mathrm{j}20\dot{I}_2 \\ \dot{U}_2 = \mathrm{j}10\dot{I}_2 - \mathrm{j}20(\dot{I}_1 + \dot{I}_2) = -\mathrm{j}20\dot{I}_1 - \mathrm{j}10\dot{I}_2\end{cases}$$

可得 Z 参数矩阵：$\boldsymbol{Z} = \begin{bmatrix} 5-\mathrm{j}20 & -\mathrm{j}20 \\ -\mathrm{j}20 & -\mathrm{j}10 \end{bmatrix}\Omega$。此题也可以利用实验测定法进行计算。

(c) 列 KVL 方程：

$$\begin{cases}\dot{U}_1 = 4\dot{I}_1 + 2(\dot{I}_1 + \dot{I}_2) + 1\dot{I}_1 = 7\dot{I}_1 + 2\dot{I}_2 \\ \dot{U}_2 = 4\dot{I}_2 + 2(\dot{I}_1 + \dot{I}_2) + 1\dot{I}_2 = 2\dot{I}_1 + 7\dot{I}_2\end{cases}$$

可得 Z 参数矩阵：$\boldsymbol{Z} = \begin{bmatrix} 7 & 2 \\ 2 & 7 \end{bmatrix}\Omega$。此题也可以利用实验测定法进行计算。

(d) 经过 Y—△变换，题图 7-14 (d) 等效为题图 7-14（解图）(a)，则：

$$\begin{cases}\dot{U}_1=(2+3)\dot{I}_1+3(\dot{I}_1+\dot{I}_2)=8\dot{I}_1+3\dot{I}_2\\ \dot{U}_2=3\dot{I}_2+3(\dot{I}_1+\dot{I}_2)=3\dot{I}_1+6\dot{I}_2\end{cases}$$

可得 Z 参数矩阵：$\mathbf{Z}=\begin{bmatrix}8 & 3\\ 3 & 6\end{bmatrix}\Omega$。此题也可以利用实验测定法进行计算。

(e) 采用实验测定法：

$$\begin{cases}\dot{U}_1=Z_{11}\dot{I}_1+Z_{12}\dot{I}_2\\ \dot{U}_2=Z_{21}\dot{I}_1+Z_{22}\dot{I}_2\end{cases}$$

画出 $\dot{I}_2=0$ 的等效电路，如题图 7-14（解图）(b) 所示，列 KVL 方程：

$$\dot{U}_1=\mathrm{j}2\dot{I}_1+(-\mathrm{j}2)\times3\dot{I}_1=-\mathrm{j}4\dot{I}_1$$

$$\dot{U}_2=2\times2\dot{I}_1+(-\mathrm{j}2)\times3\dot{I}_1=(4-\mathrm{j}6)\dot{I}_1$$

计算：

$$Z_{11}=\frac{\dot{U}_1}{\dot{I}_1}\bigg|_{\dot{I}_2=0}=\frac{-\mathrm{j}4\dot{I}_1}{\dot{I}_1}\bigg|_{\dot{I}_2=0}=-\mathrm{j}4\ \Omega$$

$$Z_{21}=\frac{\dot{U}_2}{\dot{I}_1}\bigg|_{\dot{I}_2=0}=\frac{(4-\mathrm{j}6)\dot{I}_1}{\dot{I}_1}\bigg|_{\dot{I}_2=0}=(4-\mathrm{j}6)\Omega$$

画出 $\dot{I}_1=0$ 的等效电路，如题图 7-14（解图）(c) 所示，列 KVL 方程：

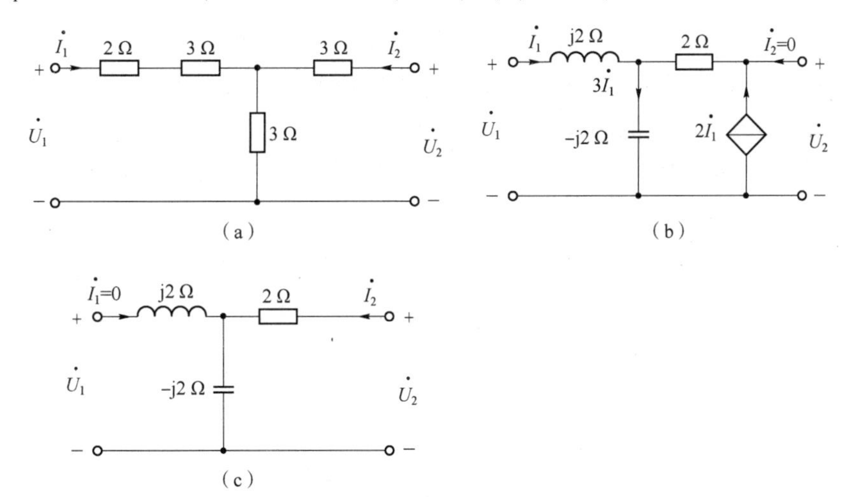

题图 7-14（解图）

$$\dot{U}_1=-\mathrm{j}2\dot{I}_2$$

$$\dot{U}_2=2\dot{I}_2+(-\mathrm{j}2)\dot{I}_2=(2-\mathrm{j}2)\dot{I}_2$$

计算：

$$Z_{12}=\frac{\dot{U}_1}{\dot{I}_2}\bigg|_{\dot{I}_1=0}=\frac{-\mathrm{j}2\dot{I}_2}{\dot{I}_2}\bigg|_{\dot{I}_1=0}=-\mathrm{j}2\ \Omega$$

$$Z_{22}=\left.\frac{\dot{U}_2}{\dot{I}_2}\right|_{\dot{I}_1=0}=\left.\frac{2\dot{I}_2-\mathrm{j}2\dot{I}_2}{\dot{I}_2}\right|_{\dot{I}_1=0}=(2-\mathrm{j}2)\,\Omega$$

可得：

$$\boldsymbol{Z}=\begin{bmatrix}-\mathrm{j}4 & -\mathrm{j}2\\ 4-\mathrm{j}6 & 2-\mathrm{j}2\end{bmatrix}\Omega$$

7-17　计算题图 7-15 所示电路中的 Y 参数。

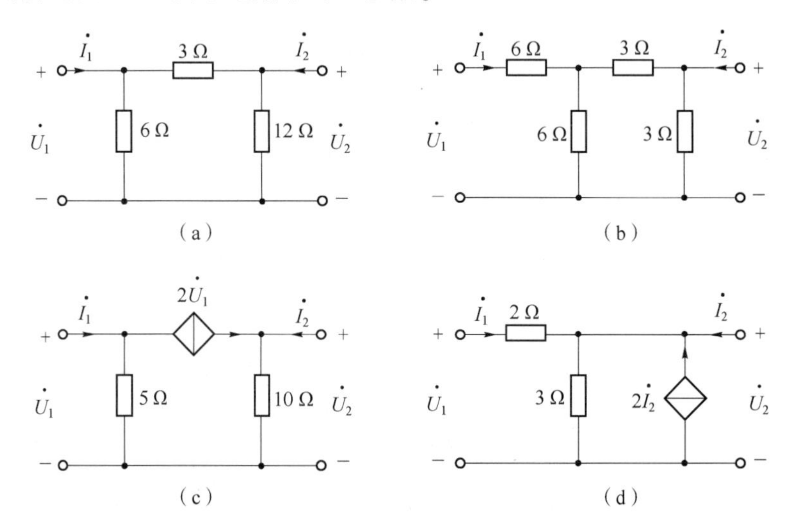

题图 7-15

解：求解 Y 参数，可以列写 KCL 方程，整理成 Y 参数方程的标准形式，对应系数相等，写出 Y 参数矩阵；也可以利用实验测定法。使用实验测定法时，先写出 Y 参数方程标准形式，再画出求解各参数对应的等效电路，在对应的等效电路中去求解。

(a) 列写结点电压方程：

$$\begin{cases}\dot{I}_1=\left(\dfrac{1}{3}+\dfrac{1}{6}\right)\dot{U}_1-\dfrac{1}{3}\dot{U}_2=\dfrac{1}{2}\dot{U}_1-\dfrac{1}{3}\dot{U}_2\\ \dot{I}_2=\left(\dfrac{1}{3}+\dfrac{1}{12}\right)\dot{U}_2-\dfrac{1}{3}\dot{U}_1=-\dfrac{1}{3}\dot{U}_1+\dfrac{5}{12}\dot{U}_2\end{cases}$$

可得：

$$\boldsymbol{Y}=\begin{bmatrix}\dfrac{1}{2} & -\dfrac{1}{3}\\ -\dfrac{1}{3} & \dfrac{5}{12}\end{bmatrix}\mathrm{S}$$

(b) 列写 Y 参数方程：

$$\begin{cases}\dot{I}_1=Y_{11}\dot{U}_1+Y_{12}\dot{U}_2\\ \dot{I}_2=Y_{21}\dot{U}_1+Y_{22}\dot{U}_2\end{cases}$$

当 $\dot{U}_1=0$ 时，等效电路如题图 7-15（解图）(a) 所示，列 KVL 方程：

$$\dot{U}_2=-3\times2\dot{I}_1-6\dot{I}_1=-12\dot{I}_1$$

$$\dot{U}_2=3\times(2\dot{I}_1+\dot{I}_2)=6\dot{I}_1+3\dot{I}_2$$

联立以上两个式子，可得 $\dot{U}_2=2\dot{I}_2$，则：

$$Y_{12}=\frac{\dot{I}_1}{\dot{U}_2}\bigg|_{\dot{U}_1=0}=\frac{\dot{I}_1}{-12\dot{I}_1}\bigg|_{\dot{U}_1=0}=-\frac{1}{12}\ \mathrm{S}$$

$$Y_{22}=\frac{\dot{I}_2}{\dot{U}_2}\bigg|_{\dot{U}_1=0}=\frac{\dot{I}_2}{2\dot{I}_2}\bigg|_{\dot{U}_1=0}=\frac{1}{2}\ \mathrm{S}$$

当 $\dot{U}_2=0$ 时，等效电路如题图 7-15（解图）（b）所示，右侧 3 Ω 电阻被短路，列 KVL 方程：

$$\dot{U}_1=6\dot{I}_1+\frac{6\times3}{6+3}\dot{I}_1=8\dot{I}_1$$

根据分流公式得：

$$\dot{I}_2=-\frac{6}{6+3}\dot{I}_1=-\frac{2}{3}\dot{I}_1$$

$$Y_{11}=\frac{\dot{I}_1}{\dot{U}_1}\bigg|_{\dot{U}_2=0}=\frac{\dot{I}_1}{8\dot{I}_1}\bigg|_{\dot{U}_2=0}=\frac{1}{8}\ \mathrm{S}$$

$$Y_{21}=\frac{\dot{I}_2}{\dot{U}_1}\bigg|_{\dot{U}_2=0}=\frac{-\frac{2}{3}\dot{I}_1}{8\dot{I}_1}\bigg|_{\dot{U}_2=0}=-\frac{1}{12}\ \mathrm{S}$$

$$\boldsymbol{Y}=\begin{bmatrix}\frac{1}{8} & -\frac{1}{12}\\ -\frac{1}{12} & \frac{1}{2}\end{bmatrix}\mathrm{S}$$

（c）列写结点电压方程：

$$\begin{cases}\dot{I}_1=\frac{1}{5}\dot{U}_1+2\dot{U}_1=\frac{11}{5}\dot{U}_1\\ \dot{I}_2=\frac{1}{10}\dot{U}_2-2\dot{U}_1\end{cases}$$

可得：

$$\boldsymbol{Y}=\begin{bmatrix}\frac{11}{5} & 0\\ -2 & \frac{1}{10}\end{bmatrix}\mathrm{S}$$

（d）列写 Y 参考方程：

$$\begin{cases}\dot{I}_1=Y_{11}\dot{U}_1+Y_{12}\dot{U}_2\\ \dot{I}_2=Y_{21}\dot{U}_1+Y_{22}\dot{U}_2\end{cases}$$

当 $\dot{U}_1=0$ 时，等效电路如题图 7-15（解图）（c）所示。

2 Ω 电阻和 3 Ω 电阻并联，由分流公式得：$\dot{I}_1=-\dfrac{3}{2+3}\times 3\dot{I}_2=-\dfrac{9}{5}\dot{I}_2$。

列 2 Ω 电阻的 VCR 方程：

$$\dot{U}_2=-2\dot{I}_1=\frac{18}{5}\dot{I}_2$$

$$Y_{12}=\left.\frac{\dot{I}_1}{\dot{U}_2}\right|_{\dot{U}_1=0}=\left.\frac{\dot{I}_1}{-2\dot{I}_1}\right|_{\dot{U}_1=0}=-\frac{1}{2}\ \text{S}$$

$$Y_{22}=\left.\frac{\dot{I}_2}{\dot{U}_2}\right|_{\dot{U}_1=0}=\left.\frac{\dot{I}_2}{\frac{18}{5}\dot{I}_2}\right|_{\dot{U}_1=0}=\frac{5}{18}\ \text{S}$$

当 $\dot{U}_2=0$ 时，等效电路如题图 7-15（解图）（d）所示，3 Ω 电阻被短路。则：

$$\dot{U}_1=2\times(\dot{I}_2+2\dot{I}_2)=6\dot{I}_2$$

$$Y_{11}=\left.\frac{\dot{I}_1}{\dot{U}_1}\right|_{\dot{U}_2=0}=\left.\frac{\dot{I}_1}{2\dot{I}_1}\right|_{\dot{U}_2=0}=\frac{1}{2}\ \text{S}$$

$$Y_{21}=\left.\frac{\dot{I}_2}{\dot{U}_1}\right|_{\dot{U}_2=0}=\left.\frac{\dot{I}_2}{-6\dot{I}_2}\right|_{\dot{U}_2=0}=-\frac{1}{6}\ \text{S}$$

可得：

$$\boldsymbol{Y}=\begin{bmatrix}\dfrac{1}{2} & -\dfrac{1}{2}\\[2mm] -\dfrac{1}{6} & \dfrac{5}{18}\end{bmatrix}\text{S}$$

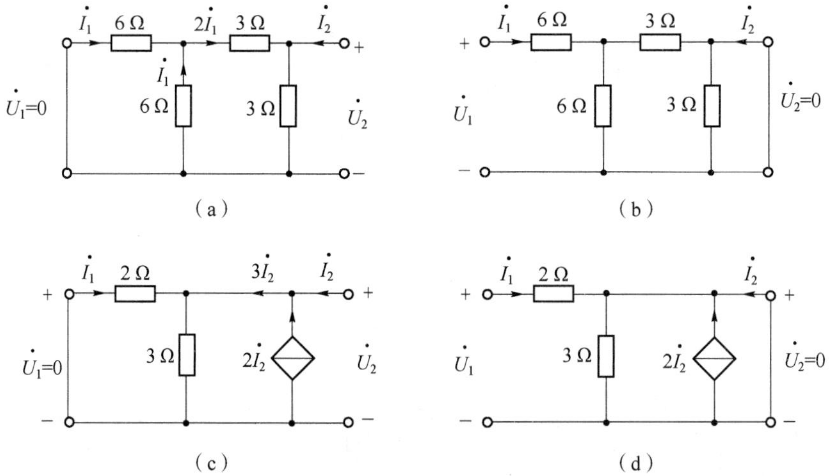

（a）　　（b）

（c）　　（d）

题图 7-15（解图）

7-18　计算题图 7-16 所示电路中的 H 参数。

解：利用实验测定法求解 H 参数时，先写出 H 参数方程标准形式，再画出求解各参数对应的等效电路，在对应的等效电路中去求解。

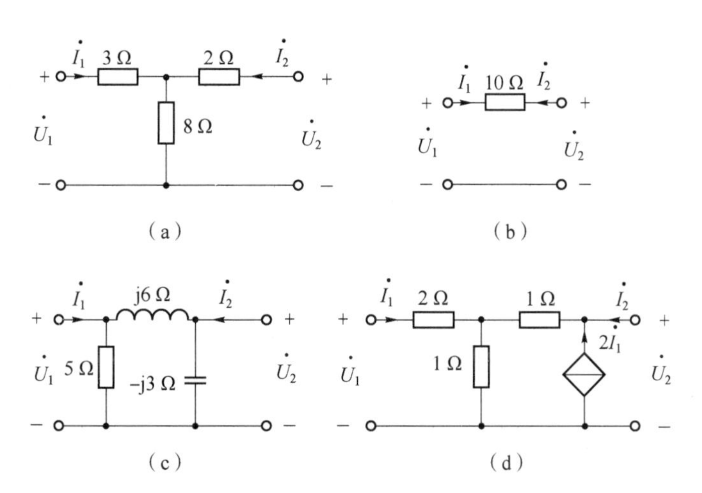

题图 7-16

(a) 列出 H 参数方程：

$$\begin{cases}\dot{U}_1=H_{11}\dot{I}_1+H_{12}\dot{U}_2\\ \dot{I}_2=H_{21}\dot{I}_1+H_{22}\dot{U}_2\end{cases}$$

当 $\dot{U}_2=0$ 时，等效电路如题图 7-16（解图）(a) 所示。由分流公式得：

$$\dot{I}_2=-\frac{8}{8+2}\dot{I}_1=-0.8\dot{I}_1$$

$$H_{11}=\left.\frac{\dot{U}_1}{\dot{I}_1}\right|_{U_2=0}=(3+2/\!/8)\,\Omega=4.6\ \Omega$$

$$H_{21}=\left.\frac{\dot{I}_2}{\dot{I}_1}\right|_{\dot{U}_2=0}=\frac{-0.8\dot{I}_1}{\dot{I}_1}=-0.8$$

当 $\dot{I}_1=0$ 时，等效电路如题图 7-16（解图）(b) 所示。则：

$$\dot{U}_1=8\dot{I}_2$$

$$\dot{U}_2=(2+8)\dot{I}_2=10\dot{I}_2$$

$$H_{12}=\left.\frac{\dot{U}_1}{\dot{U}_2}\right|_{\dot{I}_1=0}=\left.\frac{8\dot{I}_2}{10\dot{I}_2}\right|_{\dot{I}_1=0}=0.8$$

$$H_{22}=\left.\frac{\dot{I}_2}{\dot{U}_2}\right|_{\dot{I}_1=0}=\left.\frac{\dot{I}_2}{10\dot{I}_2}\right|_{\dot{I}_1=0}=0.1\ \text{S}$$

$$\boldsymbol{H}=\begin{bmatrix}4.6\ \Omega & 0.8\\ -0.8 & 0.1\ \text{S}\end{bmatrix}$$

(b) 列出 H 参数方程标准形式：$\begin{cases}\dot{U}_1=H_{11}\dot{I}_1+H_{12}\dot{U}_2\\ \dot{I}_2=H_{21}\dot{I}_1+H_{22}\dot{U}_2\end{cases}$，将

$$\dot{I}_1=-\dot{I}_2=\frac{\dot{U}_1-\dot{U}_2}{10}$$

整理成 H 参数方程的标准形式得：

$$\begin{cases}\dot{U}_1=10\dot{I}_1+\dot{U}_2\\ \dot{I}_2=-\dot{I}_1+0\dot{U}_2\end{cases}$$

与 H 参数方程对应系数相等，可得：

$$\boldsymbol{H}=\begin{bmatrix}10\ \Omega & 1\\ -1 & 0\ \text{S}\end{bmatrix}$$

（c）列出 H 参数方程标准形式：$\begin{cases}\dot{U}_1=H_{11}\dot{I}_1+H_{12}\dot{U}_2\\ \dot{I}_2=H_{21}\dot{I}_1+H_{22}\dot{U}_2\end{cases}$。

当 $\dot{U}_2=0$ 时，等效电路如题图 7-16（解图）（c）所示。电容被短路，电阻和电感并联。

由分流公式得：
$$\dot{I}_2=-\frac{5}{5+\text{j}6}\times\dot{I}_1=(-0.41+\text{j}0.49)\dot{I}_1$$

$$H_{11}=\left.\frac{\dot{U}_1}{\dot{I}_1}\right|_{\dot{U}_2=0}=(5/\!/\text{j}6)\,\Omega=(2.95+\text{j}2.46)\,\Omega$$

$$H_{21}=\left.\frac{\dot{I}_2}{\dot{I}_1}\right|_{\dot{U}_2=0}=\left.\frac{(-0.41+\text{j}0.49)\ \dot{I}_1}{\dot{I}_1}\right|_{\dot{U}_2=0}=-0.41+\text{j}0.49$$

当 $\dot{I}_1=0$ 时，等效电路如题图 7-16（解图）（d）所示。电阻和电感串联然后与电容并联。

由分压公式得：
$$\dot{U}_1=\frac{5}{5+\text{j}6}\times\dot{U}_2=(0.41-\text{j}0.49)\dot{U}_2$$

$$H_{12}=\left.\frac{\dot{U}_1}{\dot{U}_2}\right|_{\dot{I}_1=0}=\left.\frac{(0.41-\text{j}0.49)\dot{U}_2}{\dot{U}_2}\right|_{\dot{I}_1=0}=0.41-\text{j}0.49$$

$$H_{22}=\left.\frac{\dot{I}_2}{\dot{U}_2}\right|_{\dot{I}_1=0}=\left(\frac{1}{5+\text{j}6}+\frac{1}{-\text{j}3}\right)\text{S}=(0.08+\text{j}0.23)\,\text{S}$$

$$\boldsymbol{H}=\begin{bmatrix}(2.95+\text{j}2.46)\,\Omega & 0.41-\text{j}0.49\\ -0.41+\text{j}0.49 & (0.08+\text{j}0.23)\,\text{S}\end{bmatrix}$$

（d）列出 H 参数方程标准形式：$\begin{cases}\dot{U}_1=H_{11}\dot{I}_1+H_{12}\dot{U}_2\\ \dot{I}_2=H_{21}\dot{I}_1+H_{22}\dot{U}_2\end{cases}$。

当 $\dot{U}_2=0$ 时，等效电路如题图 7-16（解图）（e）所示。列写 KVL 方程：

$$\dot{U}_1=2\dot{I}_1+1\times\frac{1}{2}\dot{I}_1$$

列写结点 a 的 KCL 方程：

$$\dot{I}_2=-2\dot{I}_1-\frac{1}{2}\dot{I}_1$$

$$H_{11}=\left.\frac{\dot{U}_1}{\dot{I}_1}\right|_{\dot{U}_2=0}=\left.\frac{2\dot{I}_1+\frac{1}{2}\dot{I}_1}{\dot{I}_1}\right|_{\dot{U}_2=0}=2.5\ \Omega$$

$$H_{21}=\left.\frac{\dot{I}_2}{\dot{I}_1}\right|_{\dot{U}_2=0}=\left.\frac{-2\dot{I}_1-\frac{1}{2}\dot{I}_1}{\dot{I}_1}\right|_{\dot{U}_2=0}=-2.5$$

当 $\dot{I}_1=0$ 时，等效电路如题图 7-16（解图）（f）所示。列写 KVL 方程：

$$\dot{U}_2=\dot{I}_2+\dot{I}_2$$

$$\dot{U}_1=1\dot{I}_2$$

$$H_{12}=\left.\frac{\dot{U}_1}{\dot{U}_2}\right|_{\dot{I}_1=0}=\left.\frac{1\dot{I}_2}{\dot{I}_2+\dot{I}_2}\right|_{\dot{I}_1=0}=0.5$$

$$H_{22}=\left.\frac{\dot{I}_2}{\dot{U}_2}\right|_{\dot{I}_1=0}=\left.\frac{\dot{I}_2}{\dot{I}_2+\dot{I}_2}\right|_{\dot{I}_1=0}=0.5\ \text{S}$$

$$\boldsymbol{H}=\begin{bmatrix}2.5\ \Omega & 0.5\\ -2.5 & 0.5\ \text{S}\end{bmatrix}$$

$\dot{I}_1$ 3 Ω 2 Ω $\dot{I}_2$ + + $\dot{U}_1$ 8 Ω $\dot{U}_2=0$ − −

（a）

$\dot{I}_1=0$ 3 Ω 2 Ω $\dot{I}_2$ + + $\dot{U}_1$ 8 Ω $\dot{U}_2$ − −

（b）

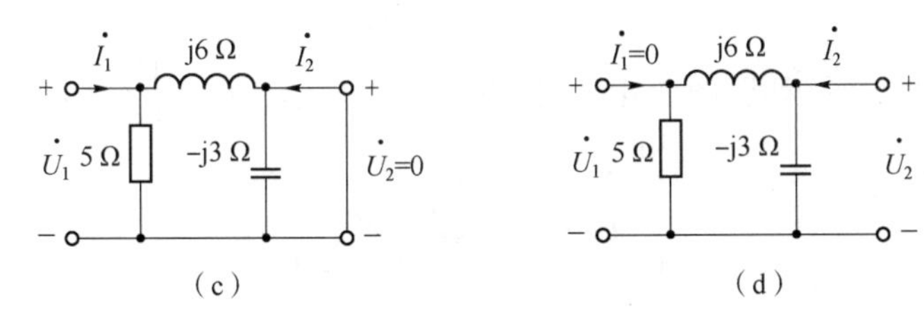

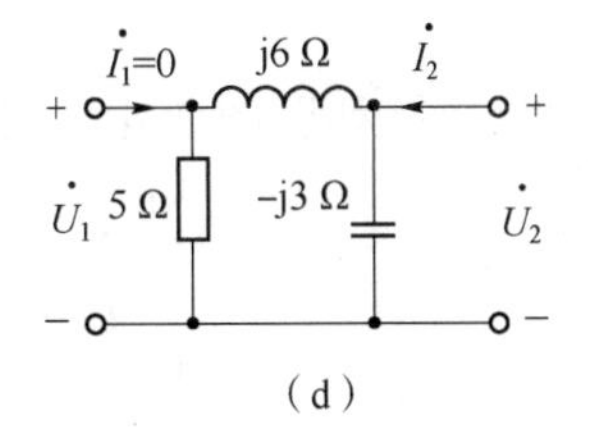

（c） （d）

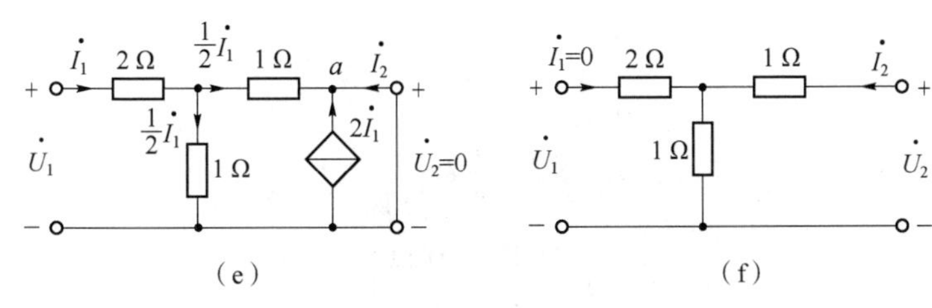

（e） （f）

题图 7-16（解图）

7-19 计算题图 7-17 所示电路中的 T 参数。

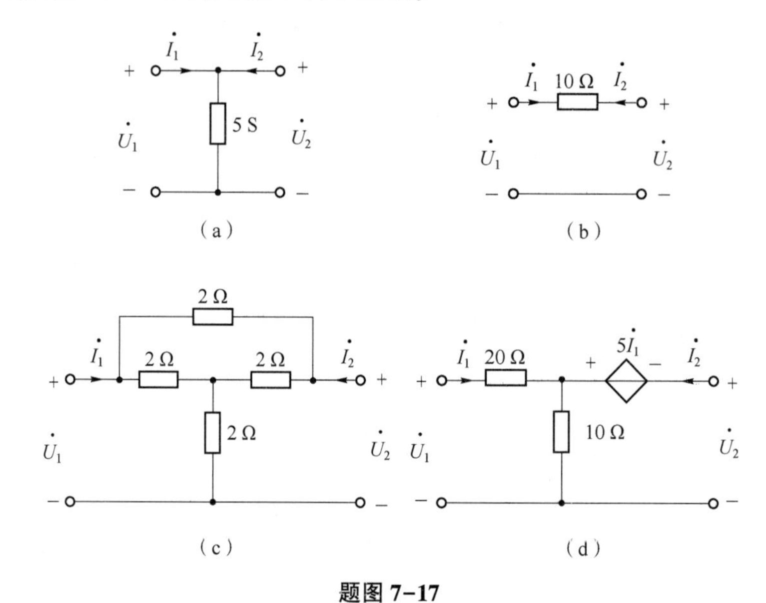

题图 7-17

解：(a) 列出 T 参数方程标准形式：$\begin{cases}\dot{U}_1=A\dot{U}_2+B(-\dot{I}_2)\\ \dot{I}_1=C\dot{U}_2+D(-\dot{I}_2)\end{cases}$。

当 $\dot{U}_2=0$ 时，等效电路如题图 7-17（解图）(a) 所示，电阻被短路，所以 $\dot{I}_1=-\dot{I}_2$，则：

$$B=\left.\frac{\dot{U}_1}{-\dot{I}_2}\right|_{\dot{U}_2=0}=0\ \Omega$$

$$D=\left.\frac{\dot{I}_1}{-\dot{I}_2}\right|_{\dot{U}_2=0}=\left.\frac{-\dot{I}_2}{-\dot{I}_2}\right|_{\dot{U}_2=0}=1$$

当 $\dot{I}_2=0$ 时，等效电路如题图 7-17（解图）(b) 所示，$\dot{U}_2=\frac{1}{5}\dot{I}_1$，则：

$$A=\left.\frac{\dot{U}_1}{\dot{U}_2}\right|_{\dot{I}_2=0}=\left.\frac{\frac{1}{5}\dot{I}_1}{\frac{1}{5}\dot{I}_1}\right|_{\dot{I}_2=0}=1$$

$$C=\left.\frac{\dot{I}_1}{\dot{U}_2}\right|_{\dot{I}_2=0}=\left.\frac{\dot{I}_1}{\frac{1}{5}\dot{I}_1}\right|_{\dot{I}_2=0}=5\ \mathrm{S}$$

$$\boldsymbol{T}=\begin{bmatrix}1 & 0\ \Omega\\ 5\ \mathrm{S} & 1\end{bmatrix}$$

也可以用实验测定方法计算。

(b) T 参数方程的标准形式为：$\begin{cases}\dot{U}_1=A\dot{U}_2+B(-\dot{I}_2)\\ \dot{I}_1=C\dot{U}_2+D(-\dot{I}_2)\end{cases}$，已知：

$$\dot{I}_1=-\dot{I}_2=\frac{\dot{U}_1-\dot{U}_2}{10}$$

整理成 T 参数方程的标准形式得：

$$\begin{cases}\dot{U}_1=\dot{U}_2+10(-\dot{I}_2)\\ \dot{I}_1=0\dot{U}_2+(-\dot{I}_2)\end{cases}$$

与 T 参数方程的标准形式对应系数相等，得：

$$\boldsymbol{T}=\begin{bmatrix}1 & 10\ \Omega\\ 0\ \mathrm{S} & 1\end{bmatrix}$$

(c) 经过 Y—△变换，题图 7-17 (c) 的等效电路如题图 7-17 (解图) (c) 所示。

T 参数方程的标准形式为：$\begin{cases}\dot{U}_1=A\dot{U}_2+B(-\dot{I}_2)\\ \dot{I}_1=C\dot{U}_2+D(-\dot{I}_2)\end{cases}$。

当 $\dot{U}_2=0$ 时，等效电路如题图 7-17 (解图) (d) 所示，列 KVL 方程：

$$\dot{U}_1=\left[\frac{2}{3}+\frac{2}{3}/\!/\left(\frac{2}{3}+2\right)\right]\dot{I}_1=\frac{6}{5}\dot{I}_1$$

由分流公式得：

$$\dot{I}_2=-\frac{\frac{2}{3}+2}{\frac{2}{3}+2+\frac{2}{3}}\times\dot{I}_1=-\frac{4}{5}\dot{I}_1$$

$$B=\left.\frac{\dot{U}_1}{-\dot{I}_2}\right|_{\dot{U}_2=0}=\left.\frac{\frac{6}{5}\dot{I}_1}{\frac{4}{5}\dot{I}_1}\right|_{\dot{U}_2=0}=\frac{3}{2}\ \Omega$$

$$D=\left.\frac{\dot{I}_1}{-\dot{I}_2}\right|_{\dot{U}_2=0}=\left.\frac{\dot{I}_1}{\frac{4}{5}\dot{I}_1}\right|_{\dot{U}_2=0}=\frac{5}{4}$$

当 $\dot{I}_2=0$ 时，等效电路如题图 7-17 (解图) (e) 所示，则：

$$A=\left.\frac{\dot{U}_1}{\dot{U}_2}\right|_{\dot{I}_2=0}=\left.\frac{\left(\frac{2}{3}+\frac{2}{3}+2\right)\dot{I}_1}{\left(\frac{2}{3}+2\right)\dot{I}_1}\right|_{\dot{I}_2=0}=\frac{5}{4}$$

$$C=\left.\frac{\dot{I}_1}{\dot{U}_2}\right|_{\dot{I}_2=0}=\left.\frac{\dot{I}_1}{\left(\frac{2}{3}+2\right)\dot{I}_1}\right|_{\dot{I}_2=0}=\frac{3}{8}\ \mathrm{S}$$

$$T=\begin{bmatrix}\dfrac{5}{4} & \dfrac{3}{2}\ \Omega \\ \dfrac{3}{8}\ \text{S} & \dfrac{5}{4}\end{bmatrix}$$

（d）T 参数方程的标准形式为：$\begin{cases}\dot{U}_1=A\dot{U}_2+B(-\dot{I}_2)\\ \dot{I}_1=C\dot{U}_2+D(-\dot{I}_2)\end{cases}$。

当 $\dot{U}_2=0$ 时，等效电路如题图 7-17（解图）（f）所示，受控电压源和 10 Ω 电阻并联，10 Ω 电阻上电流为 $\dot{I}=\dfrac{5\dot{I}_1}{10}=\dfrac{1}{2}\dot{I}_1$。

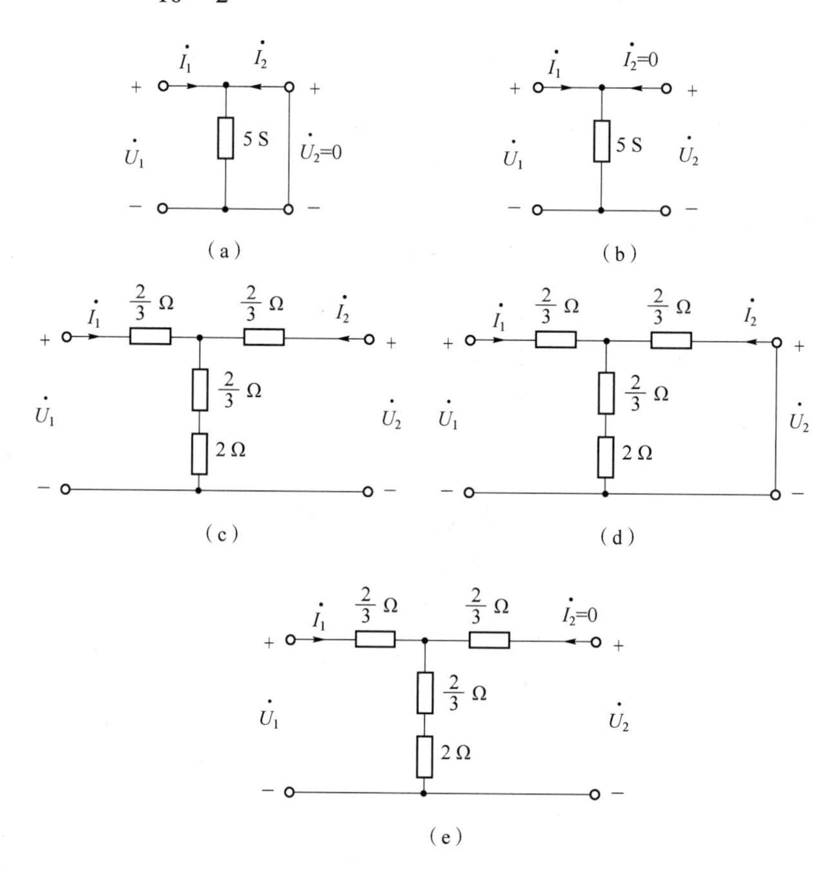

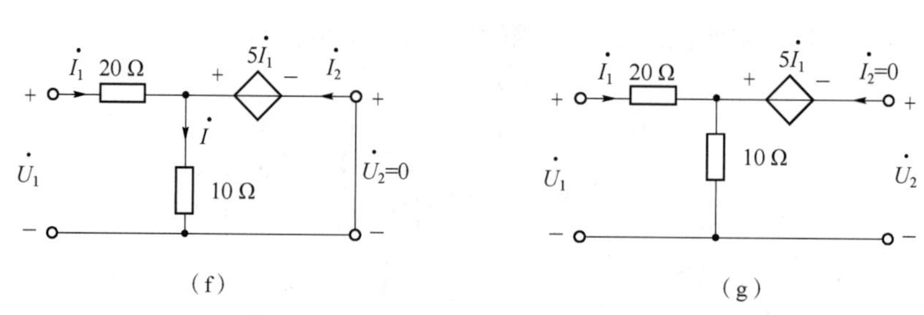

题图 7-17（解图）

列出 KCL 方程： $\dot{I}_2=\frac{1}{2}\dot{I}_1-\dot{I}_1=-\frac{1}{2}\dot{I}_1$

列出 KVL 方程： $\dot{U}_1=20\dot{I}_1+10\times\frac{1}{2}\dot{I}_1=25\dot{I}_1$

$$B=\left.\frac{\dot{U}_1}{-\dot{I}_2}\right|_{\dot{U}_2=0}=\left.\frac{25\dot{I}_1}{\frac{1}{2}\dot{I}_1}\right|_{\dot{U}_2=0}=50\ \Omega$$

$$D=\left.\frac{\dot{I}_1}{-\dot{I}_2}\right|_{\dot{U}_2=0}=\left.\frac{\dot{I}_1}{\frac{1}{2}\dot{I}_1}\right|_{\dot{U}_2=0}=2$$

当 $\dot{I}_2=0$ 时，等效电路如题图 7-17（解图）（g）所示。

列出 KVL 方程：

$$\dot{U}_1=20\dot{I}_1+10\dot{I}_1=30\dot{I}_1$$

$$\dot{U}_2=-5\dot{I}_1+10\dot{I}_1=5\dot{I}_1$$

$$A=\left.\frac{\dot{U}_1}{\dot{U}_2}\right|_{\dot{I}_2=0}=\left.\frac{30\dot{I}_1}{5\dot{I}_1}\right|_{\dot{I}_2=0}=6$$

$$C=\left.\frac{\dot{I}_1}{\dot{U}_2}\right|_{\dot{I}_2=0}=\left.\frac{\dot{I}_1}{5\dot{I}_1}\right|_{\dot{I}_2=0}=\frac{1}{5}\ \mathrm{S}$$

$$\boldsymbol{T}=\begin{bmatrix}6 & 50\ \Omega\\ \frac{1}{5}\ \mathrm{S} & 2\end{bmatrix}$$

7-20 在题图 7-18 所示电路中，互易二端口网络 N 的 Z 参数矩阵为 $\begin{bmatrix}80 & 60\\ 60 & 100\end{bmatrix}\Omega$，$\dot{U}_S=10\angle 0^\circ$ V，负载 $Z_L=(5+\mathrm{j}4)\Omega$，请计算负载 Z_L 的平均功率。

解：互易二端口网络 N 用 T 形二端口网络进行等效，等效电路如题图 7-18（解图）所示。

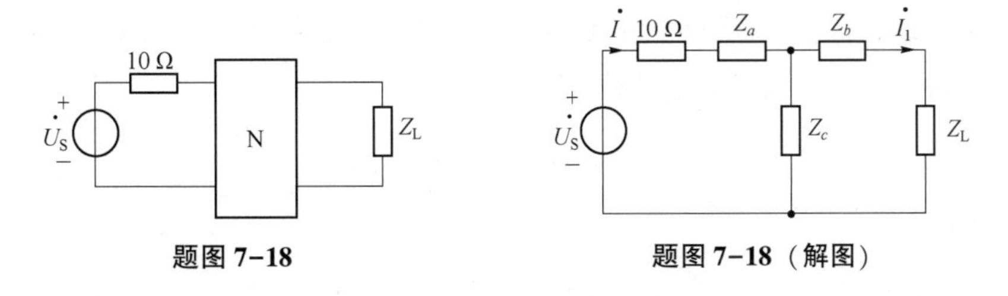

题图 7-18　　**题图 7-18**（解图）

其中：

$$Z_a=Z_{11}-Z_{12}=(80-60)\Omega=20\ \Omega，Z_b=Z_{22}-Z_{12}=(100-60)\Omega=40\ \Omega，Z_c=Z_{12}=60\ \Omega$$

$$\dot{I}=\frac{\dot{U}_S}{10+20+60/\!/(40+Z_L)}$$

由并联分流公式得：

$$\dot{I}_1=\frac{60}{60+40+Z_L}\dot{I}=\frac{20}{195+j12}\ \text{A}$$

$$I_1=\frac{20}{\sqrt{195^2+12^2}}\ \text{A}=0.1\ \text{A}$$

负载 Z_L 的平均功率 $P=I_1^2R_L=0.1^2\times5\ \text{W}=0.05\ \text{W}$。

7-21　已知互易二端口网络 N 的 Y 参数矩阵为 $\begin{bmatrix}1.5 & -0.5\\ -0.5 & 2\end{bmatrix}$S，要求画出该参数的二端口网络。

解：互易二端口网络 N 的 π 形等效电路如题图 7-19（解图）所示。等效电路的 Y 参数矩阵与已知 Y 参数矩阵相等。则：

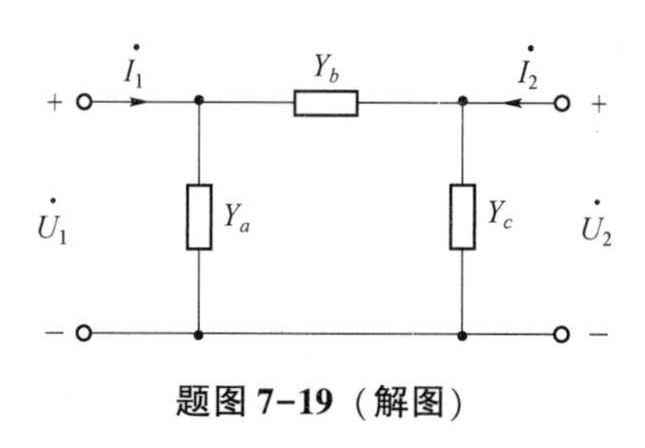

题图 7-19（解图）

$$Y_{11}=Y_a+Y_b=1.5\ \text{S}$$

$$Y_{12}=Y_{21}=-Y_b=-0.5\ \text{S}$$

$$Y_{22}=Y_b+Y_c=2\ \text{S}$$

解得：

$$Y_a=Y_{11}+Y_{21}=1.5-0.5\ \text{S}=1\ \text{S}$$

$$Y_b=-Y_{12}=0.5\ \text{S}$$

$$Y_c=Y_{22}+Y_{21}=2-0.5=1.5\ \text{S}$$

历年考研真题

真题 7-1　已知在真题图 7-1 所示电路中，ab 端口处于开路状态，$i_S(t)=2\cos 3t$ A，则 $u=$(　　)。[2018 年江苏大学电路考研真题]

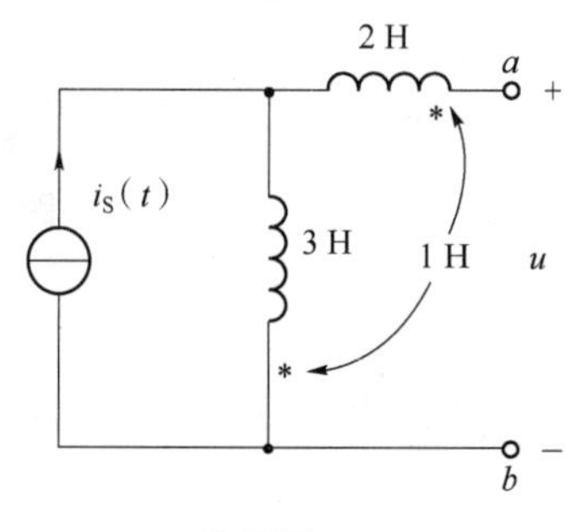

真题图 7-1

A. 12sin 3t V　　　　　B. 18cos(3t+90°)V

C. 24cos(3t+90°)V　　　D. 12cos(3t+90°)V

解：此题为含有耦合电感的电路计算，$\omega=3$ rad/s，$\dot{I}_S=\sqrt{2}\angle 0°$ A，则有：

$$\dot{U}=-j3\times1\dot{I}_S+j3\times3\dot{I}_S=j6\sqrt{2}\ \text{V}\quad u=12\cos(3t+90°)\text{V}$$

因此答案选D。以上为带着耦合计算，计算时不要漏掉互感电压。此题也可以利用同名端为共端的T形去耦等效电路求解。

真题7-2　如真题7-2所示电路，$R=50\ \Omega$，$L_1=20$ mH，$L_2=60$ mH，$M=20$ mH，$\omega=10^4$ rad/s，正弦电源的电压$\dot{U}=200\angle 0°$ V。求：

（1）画出该电路的去耦等效电路；

（2）当整个电路发生串联谐振时，电容C为多少？并计算此时端口电流$\dot{I}$；

（3）当整个电路发生并联谐振时，电容C又为多少？并计算此时端口电流$\dot{I}$。

[2018年江苏大学电路考研真题]

解：此题为耦合电路与谐振电路的综合题目。

（1）利用异名端为公共端的T形去耦方法进行等效，等效电路如真题图7-2（解图）所示。

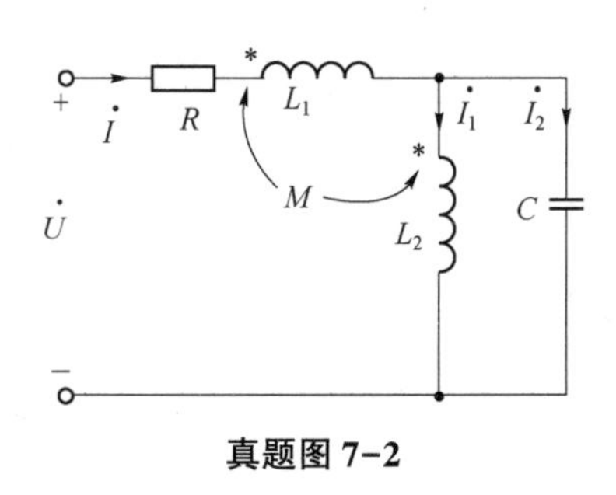

真题图7-2

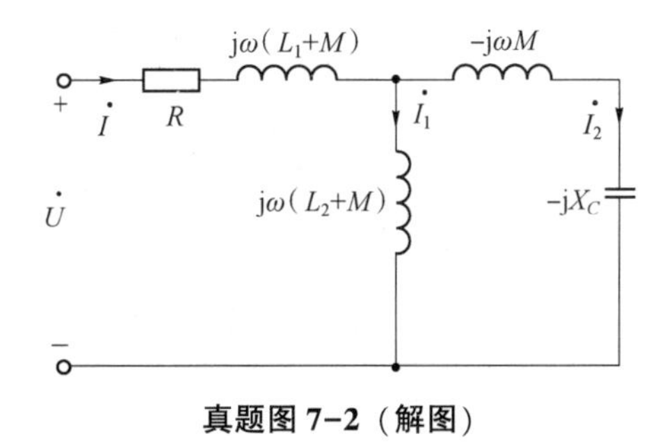

真题图7-2（解图）

（2）串联谐振，等效阻抗虚部为零。则：

$$j\omega(L_1+M)=j10^4(20\times10^{-3}+20\times10^{-3})\Omega=j400\ \Omega$$

$$j\omega(L_2+M)=j10^4(60\times10^{-3}+20\times10^{-3})\Omega=j800\ \Omega$$

$$-j\omega M=-j10^4\times20\times10^{-3}\ \Omega=-j200\ \Omega$$

$$Z_{eq}=R+j\omega(L_1+M)+j\omega(L_2+M)\,/\!/\,(-j\omega M-jX_C)$$

$$=50+j400+j800\,/\!/\,(-j200-jX_C)=50+j\left(400-\frac{160\ 000+800X_C}{600-X_C}\right)$$

其虚部为零，可得$C=\dfrac{1}{\omega X_C}=1.5\ \mu\text{F}$。

此时，端口电流$\dot{I}=\dfrac{\dot{U}}{R}=\dfrac{200\angle 0°}{50}\ \text{A}=4\angle 0°\ \text{A}$。

（3）并联谐振时，$Z\to\infty$，即$600-X_C=0$，得$C=0.167\ \mu\text{F}$。

此时，端口电流$\dot{I}=0\angle 0°$ A。

真题 7-3　含理想变压器的电路如真题图 7-3 所示，已知电流源 $\dot{I}_S=20\angle -90^\circ$ A，角频率为 1 rad/s。$L_1=5$ H，$L_2=M=1$ H，$C_1=1$ F，$C_2=6$ F，$R=1$ Ω。设负载 Z 可调，问 Z 取何值时可以取得最大功率，并求此最大功率。[2015 年北京交通大学电路考研真题]

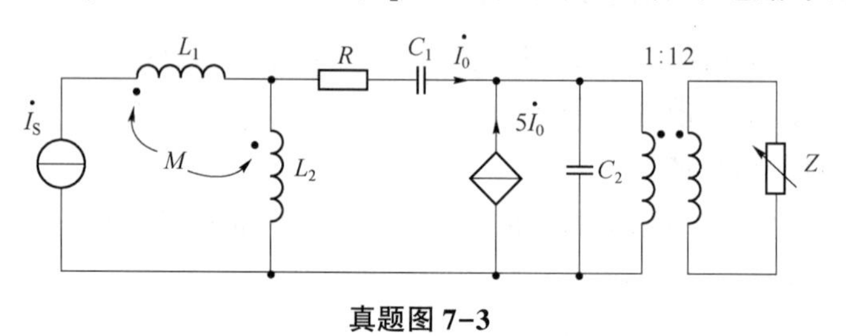

真题图 7-3

解：此题为含耦合电感电路、理想变压器及最大功率求解问题的综合性题目。

断开理想变压器与负载，同时去耦，等效电路如真题图 7-3（解图）（a）所示，求余下二端口网络的开路电压及等效阻抗。则有：

$$(-\mathrm{j}+1-\mathrm{j})\dot{I}_0-\mathrm{j}\dot{I}_0=\mathrm{j}2(\dot{I}_S-\dot{I}_0)\Rightarrow\dot{I}_0=\frac{\mathrm{j}2}{1-\mathrm{j}}\dot{I}_S=20\sqrt{2}\angle 45^\circ\text{ A}$$

$$\dot{U}_{OC}=-\mathrm{j}\,\frac{1}{6}(\dot{I}_0+5\dot{I}_0)=-\mathrm{j}\dot{I}_0=1\angle -90^\circ\cdot 20\sqrt{2}\angle 45^\circ\text{ V}=28.28\angle -45^\circ\text{ V}$$

将独立电流源置零，用外加电源法求解等效阻抗，如真题图 7-3（解图）（b）所示，则：

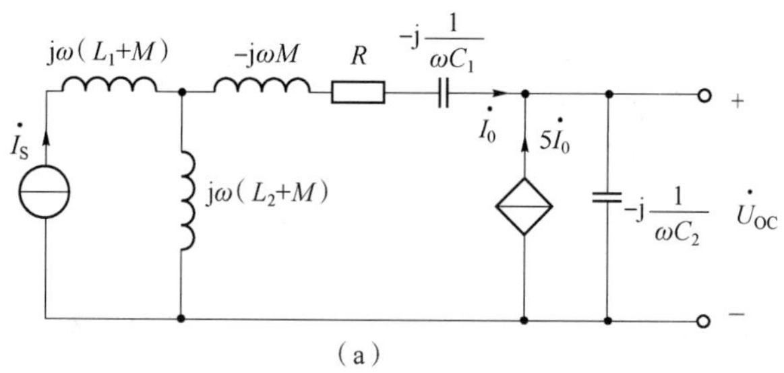

（a）

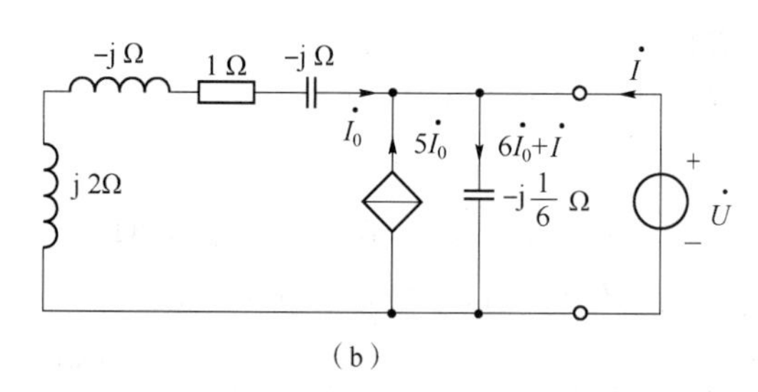

（b）

真题图 7-3（解图）

$$\dot{I}_0-\mathrm{j}\,\frac{1}{6}(\dot{I}+6\dot{I}_0)=0$$

$$\dot{U}=-\dot{I}_0=\frac{1}{6}\cdot\frac{-\mathrm{j}}{1-\mathrm{j}}\dot{I}$$

$$Z_{eq}=\frac{\dot{U}}{\dot{I}}=0.12\angle -45^\circ\ \Omega$$

当 $n^2Z=Z_{eq}$时，即 $Z=\frac{1}{n^2}Z_{eq}=12^2\times0.12\angle 45^\circ\ \Omega=17.28\angle 45^\circ\ \Omega$，可以获得最大功率。

最大功率为 $P_{max}=\frac{U_{OC}^2}{4R_{eq}}=\frac{28.28^2}{4\times0.12\cos(-45^\circ)}\ \text{W}=2\ 356.67\ \text{W}$。

真题 7-4 对于真题图 7-4 所示的正弦稳态电路，求：

（1）画出电路的相量模型；

（2）列出求解支路电流 i_1 和 i_2 所需的相量形式的网孔电流方程。[2014 中国矿业大学电路考研真题]

解：此题考查了同名端定义及含耦合电路的分析计算。

（1）利用同名端定义，电路的相量模型如真题图 7-4（解图）（a）所示。

（2）利用异名端为共端的 T 形去耦等效进行计算，等效电路如真题图 7-4（解图）（b）所示。

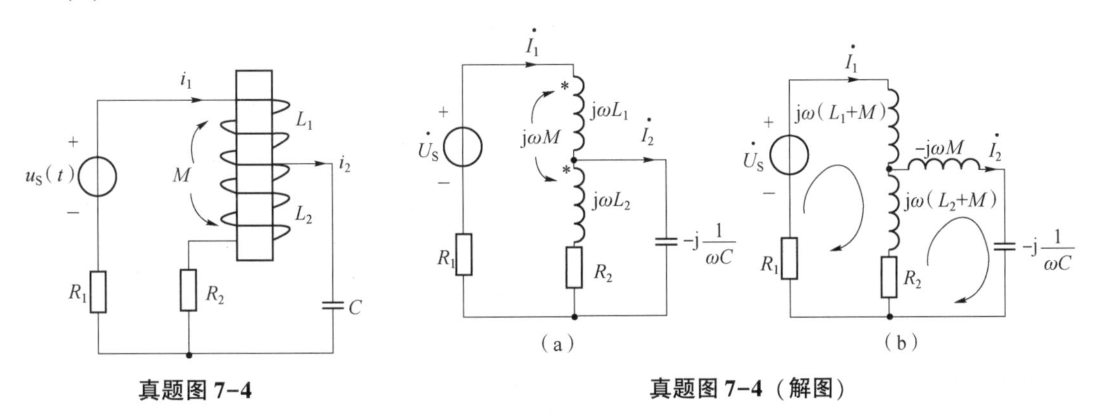

真题图 7-4　　真题图 7-4（解图）

列写网孔电流方程：

$$\begin{cases}[R_1+R_2+j\omega(L_1+L_2+2M)]\dot{I}_1-[R_2+j\omega(L_2+M)]\dot{I}_2=\dot{U}_S\\-[R_2+j\omega(L_2+M)]\dot{I}_1+\left(R_2+j\omega L_2-j\frac{1}{\omega C}\right)\dot{I}_2=0\end{cases}$$

另外，此题第（2）问也可以带着耦合计算，但要注意每个电感线圈两端除了要考虑自感电压外，还要考虑互感电压及其正负。

真题 7-5 已知某互易二端口的 T 参数矩阵为 $\boldsymbol{T}=\begin{bmatrix}3 & 4\ \Omega\\T_{21} & 3\end{bmatrix}$，则 $T_{21}=$____S。[2019 年江苏大学电路考研真题]

解：已知 $A=3$，$B=4\ \Omega$，$D=3$。互易二端口网络满足 $AD-BC=1$，因此，$C=T_{21}=2$ S。

真题 7-6 求真题图 7-5 所示二端口网络的 H 参数矩阵。[2019 年江苏大学电路考研真题]

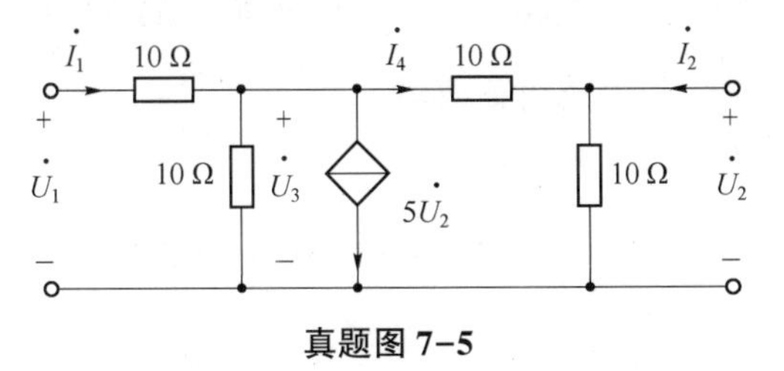

真题图 7-5

解：H 参数方程标准形式为$\begin{cases}\dot{U}_1=H_{11}\dot{I}_1+H_{12}\dot{U}_2\\ \dot{I}_2=H_{21}\dot{I}_1+H_{22}\dot{U}_2\end{cases}$。

利用实验测定法计算：

当 $\dot{U}_2=0$ 时，等效电路如真题图 7-5（解图）（a）所示。则：

$$H_{11}=\frac{\dot{U}_1}{\dot{I}_1}\bigg|_{\dot{U}_2=0}=(10+10/\!/10)\ \Omega=15\ \Omega$$

$$H_{21}=\frac{\dot{I}_2}{\dot{I}_1}\bigg|_{\dot{U}_2=0}=\frac{\dot{I}_2}{-2\dot{I}_2}=-\frac{1}{2}$$

当 $\dot{I}_1=0$ 时，等效电路如真题图 7-5（解图）（b）所示。

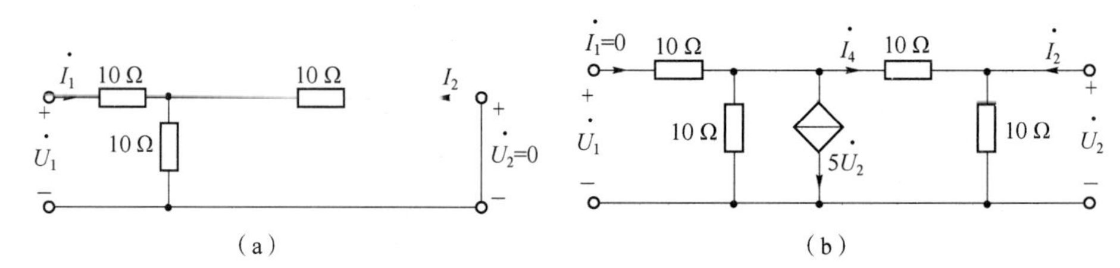

真题图 7-5（解图）

列写 KCL 方程：
$$\dot{I}_4=-\left(\frac{\dot{U}_1}{10}+5\dot{U}_2\right)$$

列写 KVL 方程：
$$\dot{U}_2=-10\dot{I}_4+\dot{U}_1=\dot{U}_1+50\dot{U}_2+\dot{U}_1,\ \frac{\dot{U}_1}{\dot{U}_2}=-24.5$$

$$H_{12}=\frac{\dot{U}_1}{\dot{U}_2}\bigg|_{\dot{I}_1=0}=-24.5$$

$$\dot{U}_2=10(\dot{I}_4+\dot{I}_2)=10(-0.1\dot{U}_1-5\dot{U}_2+\dot{I}_2)=-\dot{U}_1-50\dot{U}_2+10\dot{I}_2,\frac{\dot{I}_2}{\dot{U}_2}=2.65\ \mathrm{S}$$

$$H_{22}=\frac{\dot{I}_2}{\dot{U}_2}\bigg|_{\dot{I}_1=0}=2.65\ \mathrm{S}$$

$$\boldsymbol{H}=\begin{bmatrix}15\ \Omega & -24.5\\ -0.5 & 2.65\ \mathrm{S}\end{bmatrix}$$

真题 7-7 在真题图 7-6 所示电路中，二端口网络 N_0 的传输矩阵为 $\boldsymbol{T}=\begin{bmatrix}2 & 6\\ 1 & 4\end{bmatrix}$，求其输入电阻 R_i。[2014 中国矿业大学电路考研真题]

解：已知 $\dot{U}_2=-2\dot{I}_2$，则：

$$\begin{cases}\dot{U}_1=2\dot{U}_2-6\dot{I}_2=-4\dot{I}_2-6\dot{I}_2=-10\dot{I}_2\\ \dot{I}_1=\dot{U}_2-4\dot{I}_2=-2\dot{I}_2-4\dot{I}_2=-6\dot{I}_2\end{cases}$$

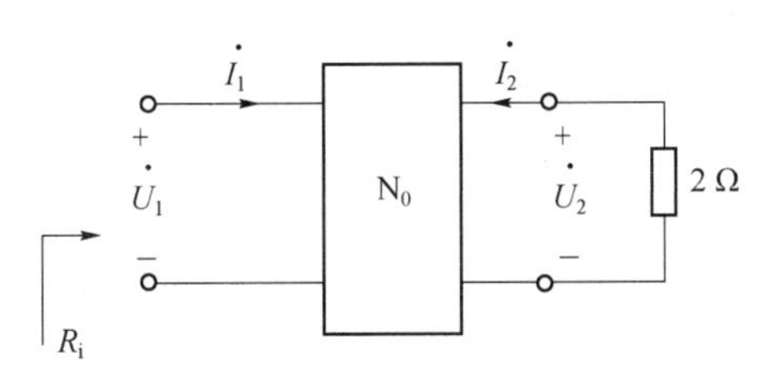

真题图 7-6

输入电阻 $R_i=\dfrac{\dot{U}_1}{\dot{I}_1}=\dfrac{-10\dot{I}_2}{-6\dot{I}_2}=\dfrac{5}{3}\ \Omega$。

真题 7-8 在真题图 7-7 所示正弦稳态电路中，已知 $i_S(t)=30\cos(10t+45°)$ A，二端口网络 N 的传输矩阵 $\boldsymbol{T}=\begin{bmatrix}3 & 5\\1 & 2\end{bmatrix}$，求理想电流表Ⓐ的读数。[2015 中国矿业大学电路考研真题]

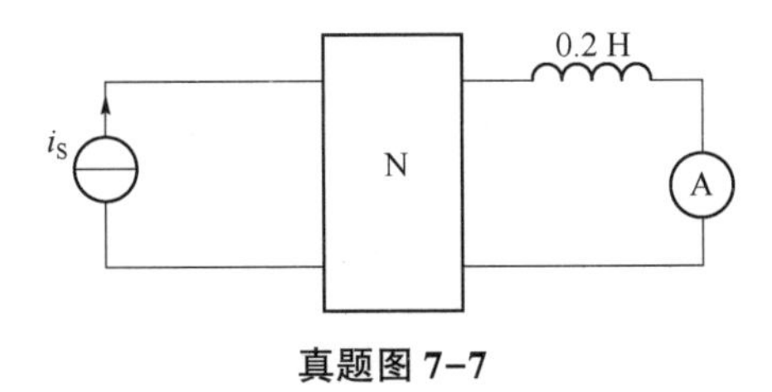

真题图 7-7

解：已知 $\dot{I}_S=\dfrac{30}{\sqrt{2}}\angle 45°$ A，$\omega=10$ rad/s，$\dot{U}_2=-\mathrm{j}10\times0.2\dot{I}_2=-\mathrm{j}2\dot{I}_2$，则：

$$\dot{I}_S=\dot{I}_1=\dot{U}_2-2\dot{I}_2=(-\mathrm{j}2-2)\dot{I}_2$$

即：
$$\frac{30}{\sqrt{2}}\angle 45°=(-\mathrm{j}2-2)\dot{I}_2$$

解得：$I_2=\dfrac{15}{2}$ A$=7.5$ A，即理想电流表的读数为 $I_2=7.5$ A。

真题 7-9 对于真题图 7-8 所示二端口网络，试求：

(1) Z 参数；

(2) 最简等效电路。[2015 年中国矿业大学电路考研真题]

解：(1)
$$\dot{U}_3=2(\dot{I}_1+\dot{I}_2)$$
$$\dot{U}_1=3\dot{I}_1+3\dot{I}_2+\dot{U}_3=3\dot{I}_1+3\dot{I}_2+2\dot{I}_1+2\dot{I}_2=5\dot{I}_1+5\dot{I}_2$$
$$\dot{U}_2=2(2\dot{U}_3+\dot{I}_2)+\dot{U}_3=5\times2(\dot{I}_1+\dot{I}_2)+2\dot{I}_2=10\dot{I}_1+12\dot{I}_2$$
$$\boldsymbol{Z}=\begin{bmatrix}5 & 5\\10 & 12\end{bmatrix}\Omega$$

(2) 此二端口网络不是互易二端口网络，因此，用一般二端口网络的等效方法进行等效。则：

$$\begin{cases}\dot{U}_1=Z_{11}\dot{I}_1+Z_{12}\dot{I}_2=(Z_{11}-Z_{12})\dot{I}_1+Z_{12}(\dot{I}_1+\dot{I}_2)\\ \dot{U}_2=Z_{21}\dot{I}_1+Z_{22}\dot{I}_2=Z_{12}(\dot{I}_1+\dot{I}_2)+(Z_{22}-Z_{12})\dot{I}_2+(Z_{21}-Z_{12})\dot{I}_1\end{cases}$$

$Z_{11}-Z_{12}=(5-5)\ \Omega=0\ \Omega$，$Z_{22}-Z_{12}=(12-5)\ \Omega=7\ \Omega$，$Z_{21}-Z_{12}=(10-5)\ \Omega=5\ \Omega$

因此，最简等效电路如真题图 7-8（解图）所示。

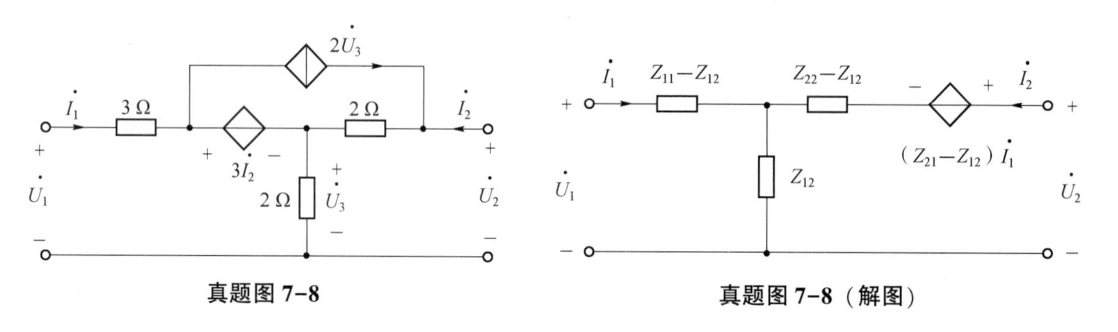

真题图 7-8　　　　真题图 7-8（解图）

真题图 7-10　在真题图 7-9 所示二端口网络中，α 和 μ 满足什么关系时网络是互易的？[2013 太原理工大学电路考研真题]

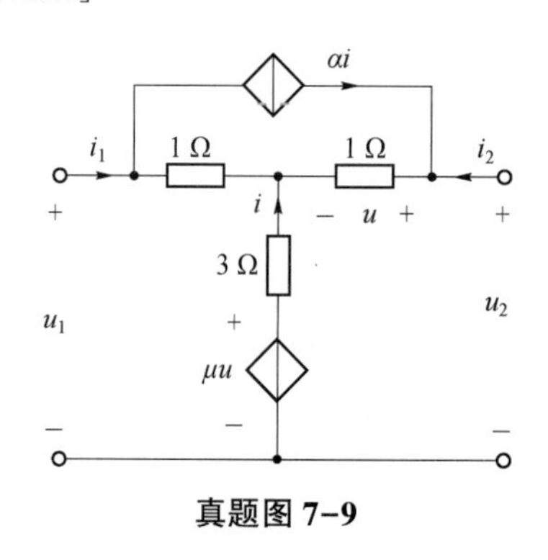

真题图 7-9

解：该题目可以通过先求得 Z 参数，再令 $Z_{12}=Z_{21}$ 进行求解。即：

$$i_1-\alpha i+i+i_2+\alpha i=0 \Rightarrow i=-(i_1+i_2)$$

$$u=1(i_2+\alpha i)=i_2-\alpha(i_1+i_2)$$

$$u_1=1(i_1-\alpha i)-3i+\mu u=(4+\alpha-\alpha\mu)i_1+(3+\alpha+\mu-\alpha\mu)i_2$$

$$\begin{aligned} u_2 &=u-3i+\mu u=(1+\mu)[i_2-\alpha(i_1+i_2)]+3i_1+3i_2 \\ &=[3-\alpha(1+\mu)]i_1+[4+\mu-\alpha(1+\mu)]i_2 \end{aligned}$$

二端口网络互易时，$3+\alpha+\mu-\alpha\mu=3-\alpha(1+\mu) \Rightarrow 2\alpha+\mu=0$。

真题 7-11　对于真题图 7-10 所示电路：

（1）求真题图 7-10（a）、（b）所示二端口网络的阻抗矩阵 $\mathbf{Z}_1$ 和 $\mathbf{Z}_2$；

（2）求将真题图 7-10（a）、（b）所示二端口网络串联所得的复合二端口网络的 Z 参数矩阵；

（3）请问 $\mathbf{Z}=\mathbf{Z}_1+\mathbf{Z}_2$ 这个结论成立吗？说明理由。[2015 北京交通大学电路考研真题]

解：（1）

对于真题图 7-10（a），有：

$$\begin{cases} U_1=2I_1+2(I_1+I_2)+1\times I_1=5I_1+2I_2 \\ U_2=2I_2+2(I_1+I_2)+1\times I_2=2I_1+5I_2 \end{cases}$$

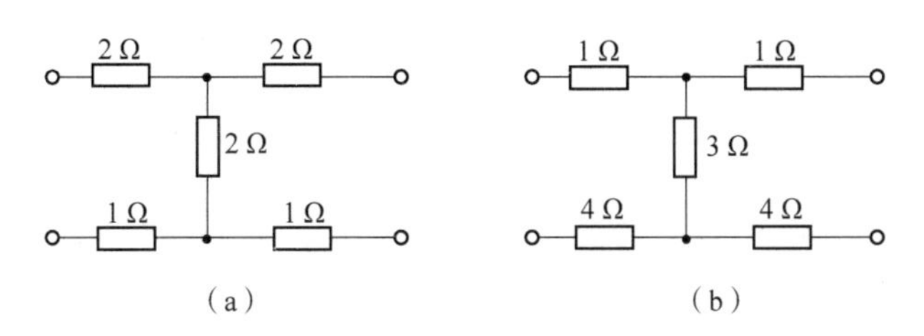

真题图 7-10

可得：

$$\boldsymbol{Z}_1=\begin{bmatrix}5 & 2\\ 2 & 5\end{bmatrix}\Omega$$

对于真题图 7-10（b），有：

$$\begin{cases}U_1=1\times I_1+3(I_1+I_2)+4I_1=8I_1+3I_2\\ U_2=1\times I_2+3(I_1+I_2)+4I_2=3I_1+8I_2\end{cases}$$

可得：

$$\boldsymbol{Z}_2=\begin{bmatrix}8 & 3\\ 3 & 8\end{bmatrix}\Omega$$

（2）真题图 7-10（a）所示电路与真题图 7-10（b）所示电路串联后的等效电路如真题图 7-10（解图）（a）所示，继而等效为真题图 7-10（解图）（b）。则：

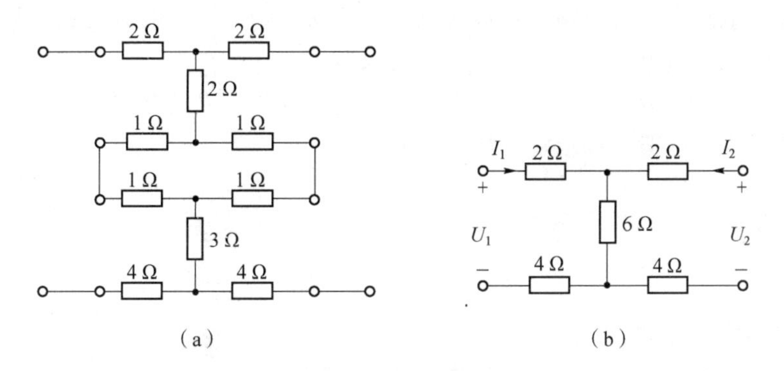

真题图 7-10（解图）

$$\begin{cases}U_1=(2+4)I_1+6(I_1+I_2)=12I_1+6I_2\\ U_2=2I_2+6(I_1+I_2)+4I_2=6I_1+12I_2\end{cases}$$

可得：

$$\boldsymbol{Z}=\begin{bmatrix}12 & 6\\ 6 & 12\end{bmatrix}\Omega$$

（3）$\boldsymbol{Z}\neq\boldsymbol{Z}_1+\boldsymbol{Z}_2$，破坏了端口条件，结论不成立。

第8章 动态电路的时域分析

学习目标

1. 掌握动态电路微分方程的建立及初始条件的确定。
2. 掌握一阶电路和二阶电路的零输入响应、零状态响应和全响应的概念及求解。
3. 掌握一阶和二阶电路的阶跃响应概念及求解。
4. 理解单位冲激函数的物理意义，掌握一阶电路的单位冲激响应的求解方法。
5. 了解卷积积分的概念和求解方法。

知识要点

1. 微分方程的建立

含有储能元件（电容、电感）的动态电路，在发生换路时从一个稳定状态到另一个稳定状态需要一个过渡过程，这个过程称为暂态过程。分析动态电路的暂态过程依然满足两类约束，即电路网络约束是基尔霍夫定律，元件约束是伏安特性。电容和电感元件的伏安特性是微积分关系，因此列出的方程是微分方程。

2. 换路定则和初始条件的确定

描述动态电路的方程是微分方程，微分方程的求解需要知道初始条件，初始条件就是指所求变量（电压或电流）在换路瞬间，即 $t=0_+$ 时的值，也称初始值。

初始值的确定不仅要满足基尔霍夫定律，而且在一般情况下要满足换路定则。

1）换路定则

电容元件：$q(0_+)=q(0_-)$，$u_C(0_+)=u_C(0_-)$。

说明了换路瞬间，电容的电荷和电压不发生跃变，这是电荷守恒的体现。

电感元件：$\Psi(0_+)=\Psi(0_-)$，$i_L(0_+)=i_L(0_-)$。

说明了换路瞬间，电感的磁链和电流不发生跃变，这是磁链守恒的体现。

2）初始条件的确定

求初始值的具体步骤为：

（1）根据换路前的电路，确定 $u_C(0_-)$ 和 $i_L(0_-)$。

（2）根据换路定则确定 $u_C(0_+)$ 和 $i_L(0_+)$。

（3）画出 $t=0_+$ 时刻的等效电路，电容用电压源替代，电压源的电压值为 $u_C(0_+)$ 的值；电感用电流源替代，电流源的电流值为 $i_L(0_+)$ 的值，方向均与原电容电压、电感电流参考方向相同。

（4）由 $t=0_+$ 时刻的等效电路求出所需的各变量初始值。

3. 零输入响应

动态电路没有外加独立电源或信号源，仅由电路中的动态元件初始储能产生的响应称为零输入响应，这种情况发生在电容或电感突然与直流电源断开时。

1）一阶电路

若用 $x(t)$ 表示电路中的任意电压或电流，则在 $t\geqslant 0_+$ 时的电路响应可表示为：

$$x(t)=x(0_+)\mathrm{e}^{-\frac{t}{\tau}}$$

式中，$x(0_+)$ 为电路响应 $x(t)$ 在 $t=0_+$ 时的值，即初始值；τ 为电路的时间常数，对于 RC 电路，$\tau=RC$，对于 RL 电路，$\tau=L/R$。

计算时间常数要注意，若不是一个电阻与电容或电感连接，则需要利用戴维南定理，将电容或电感以外的电路进行等效计算，等效成简单 RC 或 RL 电路，然后计算时间常数 τ。

时间常数 τ 的大小表明电路中响应变化的快慢，时间常数 τ 越小，电路响应变化就越快。

2）二阶电路

RLC 串联二阶电路的零输入响应微分方程为：

$$LC\frac{\mathrm{d}^2u_C}{\mathrm{d}t^2}+RC\frac{\mathrm{d}u_C}{\mathrm{d}t}+u_C=0$$

零输入响应是由电路的初始状态引起的，其响应由其微分方程相对应特征根 p_1、p_2 的性质而定。特征根也称为二阶电路的固有频率，仅与电路的参数和结构有关，与电路的初始储能和激励无关。固有频率的不同取值和响应形式之间有如下关系。

（1）$R>2\sqrt{L/C}$，微分方程特征根是两个不等的负实根，响应为非振荡放电过程，称为过阻尼。

（2）$R<2\sqrt{L/C}$，微分方程特征根是一对共轭复根，响应为振荡放电过程，称为欠阻尼。若共轭复根的实部为零，即特征根为一对共轭虚根，响应为等幅振荡，也称为自由振荡。

（3）$R=2\sqrt{L/C}$，微分方程特征根是两个相等的负实根，响应为临界放电过程，也称临界阻尼。

注意：如无特殊要求，一般二阶电路用拉普拉斯算法进行计算。

4. 零状态响应

电路的动态元件初始状态为零，只由外施激励引起的响应称为零状态响应。

1）一阶电路

对于 RC 电路：$\tau=RC$，$u_C(t)=u_C(\infty)(1-e^{-\frac{t}{\tau}})$。

对于 RL 电路：$\tau=L/R$，$i_L(t)=i_L(\infty)(1-e^{-\frac{t}{\tau}})$。

2）二阶电路

RLC 并联二阶电路零状态响应的微分方程为：

$$LC\frac{\mathrm{d}^2 i_L}{\mathrm{d}t^2}+\frac{L}{R}\frac{\mathrm{d}i_L}{\mathrm{d}t}+i_L=i_S$$

该微分方程是二阶线性非齐次微分方程，它的解由特解和对应齐次方程的通解组成。齐次方程是零输入响应的微分方程，因此通解与零输入响应相类似，由特征方程的特征根决定。RLC 并联电路的自由分量（通解）同样存在过阻尼、临界阻尼、欠阻尼三种情况，方程的稳态解（特解）$i'=i_S$。三种情况下的 i_L 分别为：

$$i_L=i_S+K_1e^{p_1t}+K_2e^{p_2t}\qquad（过阻尼）$$

$$i_L=i_S+(K_1+K_2t)e^{-\alpha t}\qquad（临界阻尼）$$

$$i_L=i_S+Ke^{-\alpha t}\sin(\omega t+\beta)\qquad（欠阻尼）$$

$$\left.\frac{\mathrm{d}i_L}{\mathrm{d}t}\right|_{0_+}=\frac{u_L(0_+)}{L}=\frac{u_C(0_+)}{L}=0$$

式中，$\omega=\sqrt{\omega_0^2-\alpha^2}\,(\omega_0>\alpha)$，常数 K_1、K_2、K、β 由 $i_L(0_+)=0$ 及$\frac{\mathrm{d}i_L}{\mathrm{d}t}$确定。

5. 全响应

当电路的动态元件初始储能不为零，又有外施激励，在二者共同作用下产生的响应称为电路的全响应。

1）一阶电路

对于一阶线性动态电路的全响应，可以由两种形式表示：

全响应=稳态分量+暂态分量

全响应=零输入响应+零状态响应

求一阶电路的全响应的通用方法是三要素法。

当电路激励是直流激励时，全响应为：

$$f(t)=f(\infty)+[f(0_+)-f(\infty)]e^{-\frac{t}{\tau}}$$

其解由初始值 $f(0_+)$、特解 $f(\infty)$ 和时间常数 τ 三个要素决定，因此称为一阶电路全响应的三要素法。

若一阶电路是在正弦电源激励下，电路的特解是时间的正弦函数，用 $f'(t)$ 表示，则：

$$f(t)=f'(t)+[f(0_+)-f'(0_+)]e^{-\frac{t}{\tau}}$$

其中，$f'(0_+)$是$t=0_+$时稳态响应的初始值，注意与$f(0_+)$的区别。

2）二阶电路

二阶电路全响应微分方程仍然是二阶线性非齐次微分方程，可以通过求解微分方程的方法进行求解。二阶电路时域分析计算相对比较复杂，适合采用计算机辅助分析，手工计算一般应用频域法求解，详见第9章分解。

6. 阶跃响应

本章主要讨论一阶电路的阶跃响应，一阶电路在单位阶跃函数$\varepsilon(t)$输入下的零状态响应称为一阶电路的单位阶跃响应，记作$s(t)$。

阶跃响应的求法与恒定直流电源作用下的零状态响应本质上是相同的，因此阶跃响应可以写成：$s(t)=x(t)\varepsilon(t)$，其中$x(t)$是直流电源作用下的零状态响应。

注意：这是在$t=0$时刻作用于电路的阶跃输入，在$t=0$时刻观察到的响应。如果阶跃输入在$t=t_0$时刻作用于电路，则响应为：$s(t-t_0)=x(t-t_0)\varepsilon(t-t_0)$。

7. 冲激响应

一阶电路在单位冲激函数$\delta(t)$输入下的零状态响应称为单位冲激响应，记作$h(t)$。这里所说的零状态一般是指$t=0_-$时状态为零。冲激响应的计算有两种方法。

（1）利用冲激响应与阶跃响应的函数关系。对于同一电路同一变量而言，冲激响应与阶跃响应之间满足：

$$h(t)=\frac{\mathrm{d}[s(t)]}{\mathrm{d}t}$$

即先求单位阶跃响应$s(t)$，再计算其一阶时间导数得到单位冲激响应$h(t)$，最后乘以相应的冲激强度便得到待求的冲激响应。

（2）化为零输入响应。将电容视为短路求出冲激电流A，将电感视为开路求冲激电压B，则由冲激电源引起的电容电压和电感电流初始值分别为：

$$u_C(0_+)=\frac{A}{C}\qquad i_L(0_+)=\frac{B}{L}$$

然后计算在上述初始值作用下的零输入响应，便可得到$t\geqslant 0_+$时的冲激响应。

教材同步习题详解

8-1　电路如题图8-1所示，试列出以电感电压为变量的一阶微积分方程。

解：将题图8-1中电流源等效为电压源，如题图8-1（解图）所示。则：

$$i_S R_1=i_L(R_1+R_2)+u_L$$

如果以u_L为变量，根据电感元件的伏安特性得：

$$i_L=\frac{1}{L}\int u_L\mathrm{d}t$$

电路的方程为积分方程，即：

$$i_S R_1 = (R_1 + R_2)\frac{1}{L}\int u_L \mathrm{d}t + u_L$$

如果以 i_L 为变量，根据电感元件的伏安特性可知电路的方程为微分方程，即：

$$u_L = L\frac{\mathrm{d}i_L}{\mathrm{d}t}$$

$$i_S R_1 = i_L(R_1+R_2) + L\frac{\mathrm{d}i_L}{\mathrm{d}t}$$

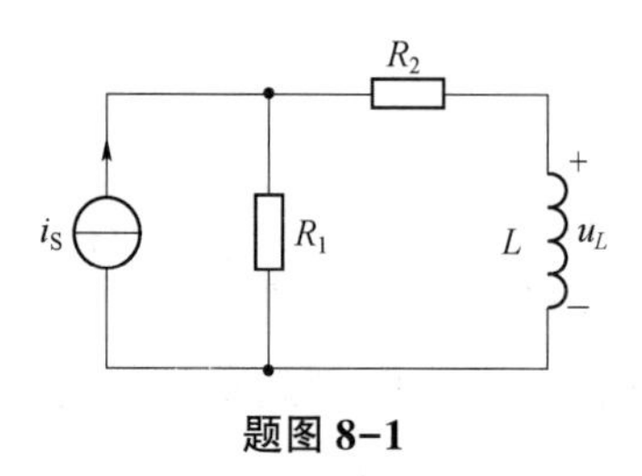

题图 8-1

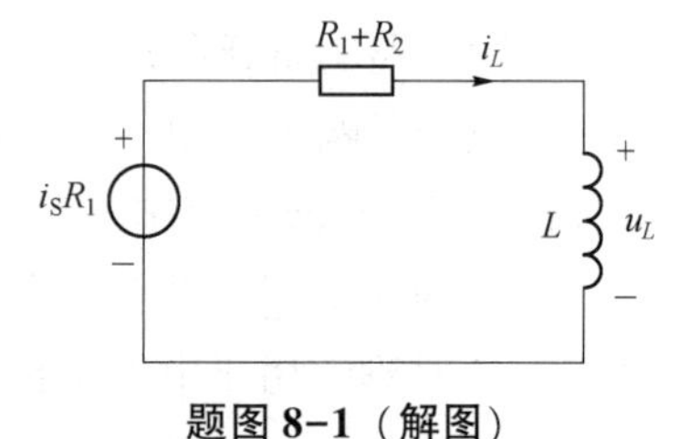

题图 8-1（解图）

8-2　电路如题图 8-2 所示，试列出以电感电流为变量的一阶微分方程。

解：将题图 8-2 中电压源、电流源等效为电压源，如题图 8-2（解图）所示。

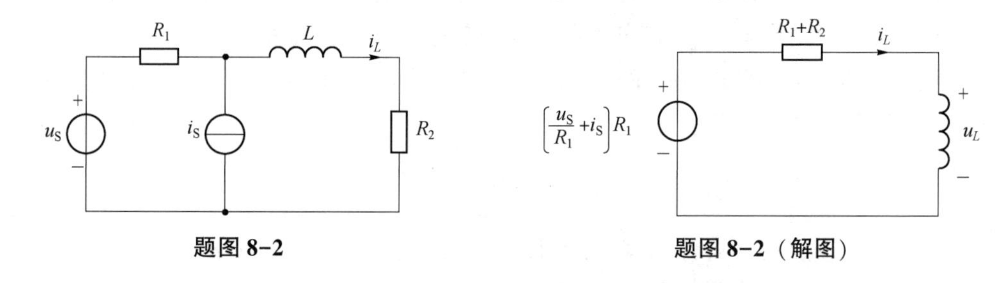

题图 8-2　　　　题图 8-2（解图）

解题过程与题 8-1 相似，只有等效的电压源的值不同：

$$\left(\frac{u_S}{R_1}+i_S\right)R_1 = i_L(R_1+R_2) + L\frac{\mathrm{d}i_L}{\mathrm{d}t}$$

8-3　电路如题图 8-3 所示，试求出以电容电压和电感电流为变量的二阶微分方程。

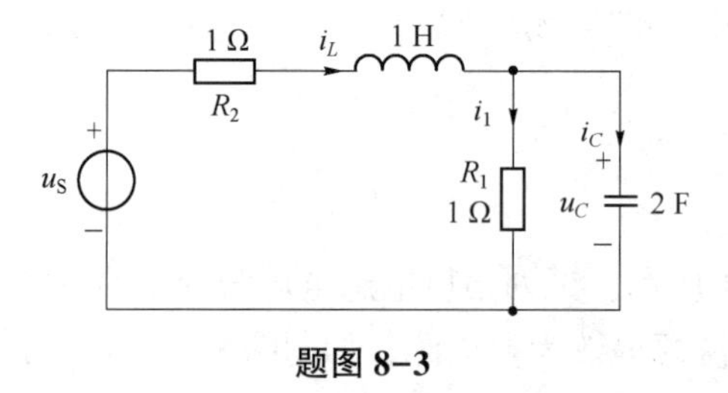

题图 8-3

解：根据 KCL 列出结点电流方程：

$$i_L = i_1 + i_C$$

根据 KVL 列出回路电压方程：

$$i_L R_2 + u_L + u_C = u_S$$

根据电感元件伏安特性和电容元件伏安特性得：

$$u_L = L\frac{\mathrm{d}i_L}{\mathrm{d}t} \qquad i_C = C\frac{\mathrm{d}u_C}{\mathrm{d}t}$$

以电容电压 u_C 为状态变量的二阶微分方程为：

$$\left(\frac{u_C}{R_1}+C\frac{\mathrm{d}u_C}{\mathrm{d}t}\right)R_2+\frac{L}{R_1}\frac{\mathrm{d}u_C}{\mathrm{d}t}+LC\frac{\mathrm{d}^2u_C}{\mathrm{d}t}+u_C=u_S$$

代入数据整理可得：

$$2\frac{\mathrm{d}^2u_C}{\mathrm{d}t^2}+3\frac{\mathrm{d}u_C}{\mathrm{d}t}+2u_C=u_S$$

以电感电流 i_L 为变量列微分方程得：

$$u_C=u_S-i_LR_2-u_L$$

$$i_C=C\frac{\mathrm{d}u_C}{\mathrm{d}t}=-R_2C\frac{\mathrm{d}i_L}{\mathrm{d}t}-C\frac{\mathrm{d}u_L}{\mathrm{d}t}=-R_2C\frac{\mathrm{d}i_L}{\mathrm{d}t}-LC\frac{\mathrm{d}^2i_L}{\mathrm{d}t^2}$$

代入 KCL 结点电流方程得：

$$i_C=i_L-\frac{u_C}{R_1}$$

得到二阶微分方程：

$$-R_2C\frac{\mathrm{d}i_L}{\mathrm{d}t}-LC\frac{\mathrm{d}^2i_L}{\mathrm{d}t^2}=-\frac{u_S}{R_1}+\frac{R_2}{R_1}i_L+\frac{L}{R_1}\frac{\mathrm{d}i_L}{\mathrm{d}t}+i_L$$

代入数据化为最简二阶微分方程：

$$2\frac{\mathrm{d}^2i_L}{\mathrm{d}t^2}+3\frac{\mathrm{d}i_L}{\mathrm{d}t}+2i_L=u_S$$

8-4　电路如题图 8-4 所示，已知 $U_S=100$ V，$R=1$ kΩ，$C=1$ μF，开关 S 合上以前电容未充过电，$t=0$ 时开关 S 合上，计算 $t=0_+$时的 i、$\frac{\mathrm{d}i}{\mathrm{d}t}$及$\frac{\mathrm{d}^2i}{\mathrm{d}t^2}$。

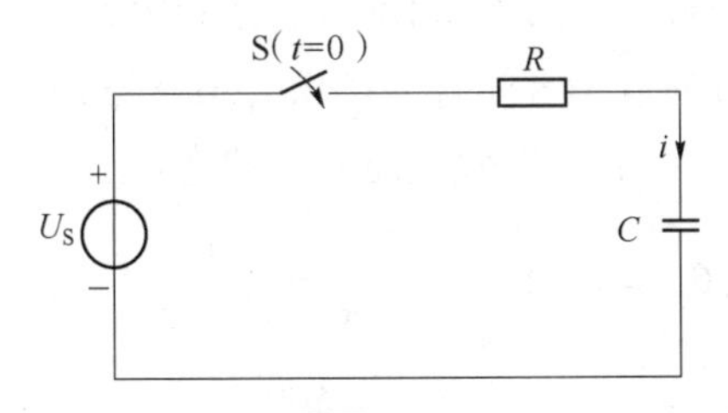

题图 8-4

解：因为 $u_C(0_-)=0$，根据换路定则 $u_C(0_+)=u_C(0_-)=0$，所以开关 S 在 $t=0$ 时合上，电容元件相当于短路。则：

$$i(0_+)=\frac{U_S}{R}=\frac{100\ \text{V}}{1\ \text{k}\Omega}=0.1\ \text{A}$$

$$i(\infty)=0\ \text{A},\ \tau=RC=10^{-3}\ \text{s}$$

根据三要素法得：　$i(t)=i(0_+)\mathrm{e}^{-1\,000t}=0.1\mathrm{e}^{-1\,000t}$ A

$$\left.\frac{\mathrm{d}i}{\mathrm{d}t}\right|_{0_+}=-100\ \mathrm{A/s}\qquad \left.\frac{\mathrm{d}^2i}{\mathrm{d}t^2}\right|_{0_+}=10^5\ \mathrm{A/s^2}$$

本题也可以电容电压为状态变量，列写微分方程，通过求解微分方程求得电容电压的时域解，然后进一步求电流。

8-5　电路如题图 8-5 所示，已知 $U_S=100$ V，$R=10\ \Omega$，$L=1$ H，$t=0$ 时开关 S 合上，计算 $t=0_+$时的$\frac{\mathrm{d}i}{\mathrm{d}t}$及$\frac{\mathrm{d}^2i}{\mathrm{d}t^2}$。

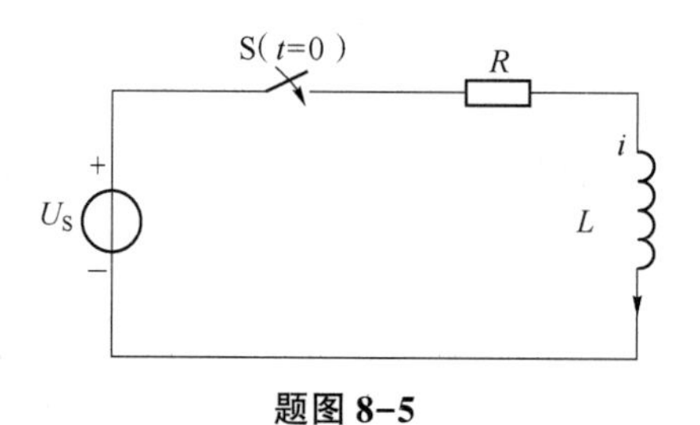

题图 8-5

解：$i(0_-)=0$ A，根据换路定则有 $i(0_+)=i(0_-)=0$ A，即开关 S 在 $t=0$ 时合上，电感元件相当于断路。

因此有 $i(0_+)=0$ A，则：

$$Ri+L\frac{\mathrm{d}i}{\mathrm{d}t}=U_S$$

$$\left.\frac{\mathrm{d}i}{\mathrm{d}t}\right|_{0_+}=\frac{U_S}{L}=100\ \mathrm{A/s}$$

对微分方程各项求导有 $R\frac{\mathrm{d}i}{\mathrm{d}t}+L\frac{\mathrm{d}^2i}{\mathrm{d}t^2}=0$，则：

$$\left.\frac{\mathrm{d}^2i}{\mathrm{d}t^2}\right|_{0_+}=-\left.\frac{R}{L}\frac{\mathrm{d}i}{\mathrm{d}t}\right|_{0_+}=-1\ 000\ \mathrm{A/s^2}$$

8-6　电路如题图 8-6 所示，已知 $U_S=100$ V，$R_1=10\ \Omega$，$R_2=20\ \Omega$，$R_3=20\ \Omega$，开关 S 闭合前电路已处于稳态，$t=0$ 时开关 S 闭合，试求 $i_1(0_+)$ 和 $i_2(0_+)$。

解：先求开关闭合之前 $t=0_-$时的等效储能元件状态：

$$i_1(0_-)=i_L(0_-)=\frac{U_S}{R_1+R_2}=\frac{100}{10+20}\ \mathrm{A}=\frac{10}{3}\ \mathrm{A}$$

$$u_C(0_-)=\frac{U_S}{R_1+R_2}\cdot R_2=\frac{100}{10+20}\times 20\ \mathrm{V}=\frac{200}{3}\ \mathrm{V}$$

根据换路定则有：

$$i_L(0_+)=i_L(0_-)=\frac{10}{3}\ \mathrm{A},\quad u_C(0_+)=u_C(0_-)=\frac{200}{3}\ \mathrm{A}$$

画出 $t=0_+$时的等效电路，如题图 8-6（解图）所示，则：

$$i_1(0_+)=i_L(0_+)=\frac{10}{3}\mathrm{A},\ i_2(0_+)=\frac{U_S-u_C(0_+)}{R_3}=\frac{5}{3}\ \mathrm{A}$$

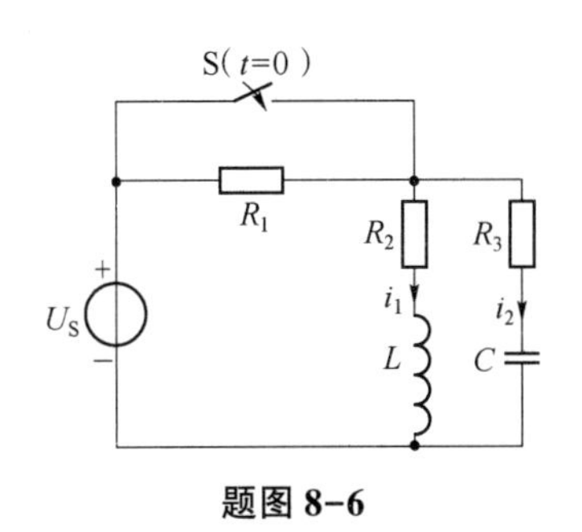

题图 8-6

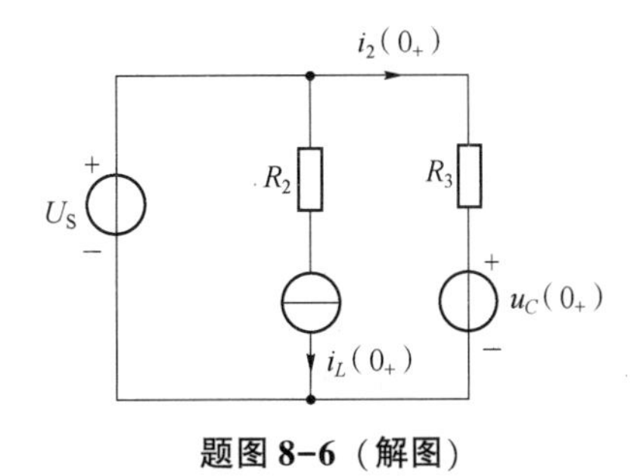

题图 8-6（解图）

8-7 电路如题图 8-7 所示，开关 S 闭合前电路已处于稳态，已知 $U_S=3$ V，$R_1=10$ Ω，$R_2=5$ Ω，$R_3=20$ Ω，$L_1=0.1$ H，$L_2=0.2$ H，$t=0$ 时开关 S 闭合，试求 u_{L1} 和 u_{L2} 的初始值。

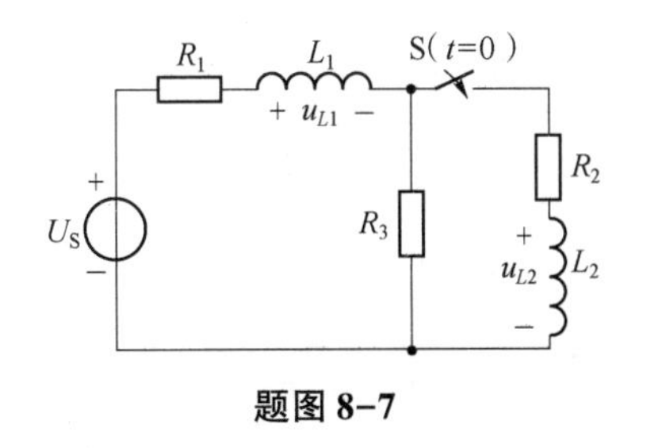

题图 8-7

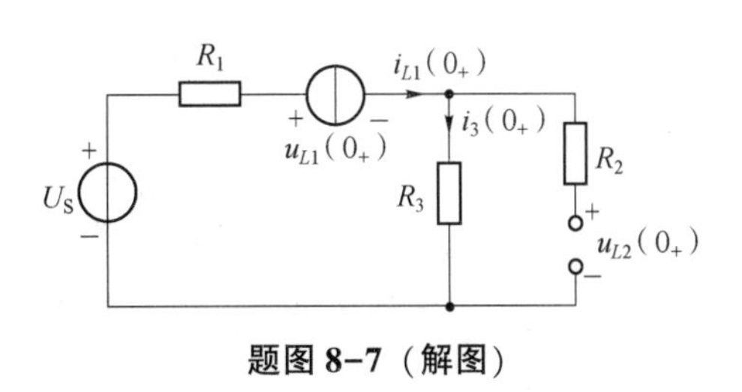

题图 8-7（解图）

解：计算电感元件电流初始值：

$$i_{L1}(0_+)=i_{L1}(0_-)=\frac{U_S}{R_1+R_3}=\frac{3}{10+20}\text{ A}=0.1\text{ A}$$

$$i_{L2}(0_+)=i_{L2}(0_-)=0\text{ A}$$

画出 $t=0_+$ 时的等效电路，如题图 8-7（解图）所示

$$i_3(0_+)=i_{L1}(0_+)=0.1\text{ A}$$

$$u_{L2}(0_+)=i_3(0_+)R_3=0.1\times20\text{ V}=2\text{ V}$$

$$u_{L1}(0_+)=U_S-i_{L1}(0_+)R_1-i_3(0_+)R_3=(3-0.1\times10-2)\text{ V}=0\text{ V}$$

8-8 电路如题图 8-8 所示，开关在 a 点时电路已处于稳态，$t=0$ 时开关倒向 b 点，试求 $t>0$ 时的电压 $u(t)$。

解：本题属于零输入响应，先求电容电压初始值：

$$u_C(0_+)=u_C(0_-)=-0.02\times15\text{ V}=-0.3\text{ V}$$

注意电流源电流方向与电容电压的参考方向。

换路后的等效电路如题图 8-8（解图）所示。

时间常数 $\tau=RC=(40+60)\,\Omega\times100\ \mu\text{F}=10^{-2}$ s，因此在 $t\geq0$ 时电容电压为：

$$u_C(t)=u_C(0_+)\text{e}^{-\frac{t}{\tau}}=-0.3\text{e}^{-100t}\text{ V}$$

然后求图中电压 u：

$$i=C\frac{\text{d}u_C}{\text{d}t}=1\times10^{-4}\frac{\text{d}(-0.3\text{e}^{-100t})}{\text{d}t}=3\times10^{-3}\text{e}^{-100t}\text{ A}$$

$$u(t)=40\times i+u_C(t)=40\times3\times10^{-3}\text{e}^{-100}+(-0.3\text{e}^{-10x})=(-0.18\text{e}^{-100t})\text{ V}\ (t>0)$$

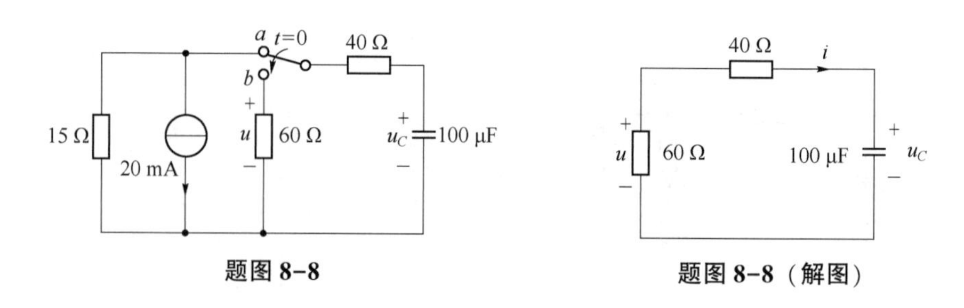

题图 8-8　　题图 8-8（解图）

8-9　电路如题图 8-9 所示，开关在 a 点时电路已处于稳态，$t=0$ 时开关倒向 b 点，试求 $t\geqslant 0$ 时的电容电压 $u_C(t)$ 和电感电流 $i_L(t)$。

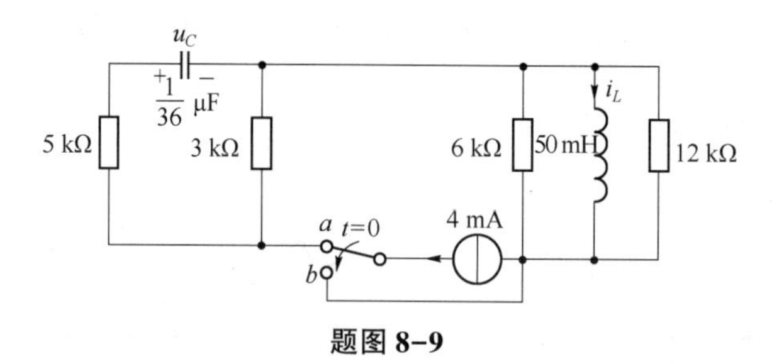

题图 8-9

解：换路前 $t=0_-$ 时的等效电路如题图 8-9（解图）（a）所示，先求储能元件的初始值：

$$i_L(0_-)=4\ \text{mA}\qquad u_C(0_-)=4\ \text{mA}\times 3\ \text{k}\Omega=12\ \text{V}$$

根据换路定则有：$i_L(0_+)=i_L(0_-)=4\ \text{mA}\quad u_C(0_+)=u_C(0_-)=12\ \text{V}$

画出 $t\geqslant 0$ 时的电路如题图 8-9（解图）（b）所示，可以判断电感元件和电容元件各自成为一阶电路的零输入响应。

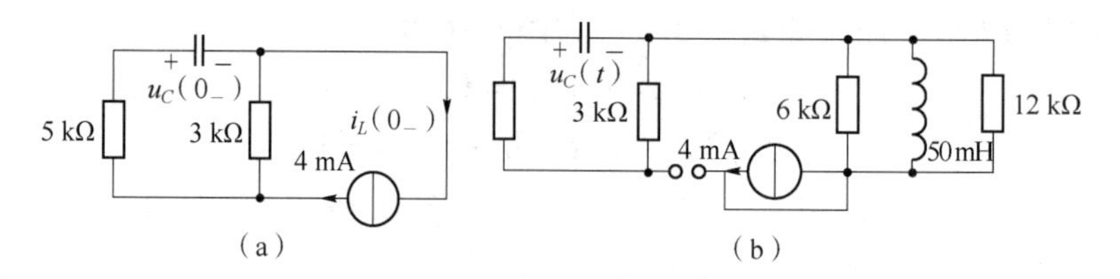

（a）　　（b）

题图 8-9（解图）

RC 电路：时间常数 $\tau=RC=(5+3)\ \text{k}\Omega\times\frac{1}{36}\ \mu\text{F}=\frac{2}{9}\times 10^{-3}\ \text{s}$

零输入响应为 $u_C(t)=u_C(0_+)\text{e}^{-\frac{t}{\tau}}=12\text{e}^{-4\,500t}\ \text{V}\quad t\geqslant 0$

RL 电路：时间常数 $\tau=\frac{L}{R}=\frac{50\ \text{mH}}{6\ \text{k}\Omega /\!/ 12\ \text{k}\Omega}=1.25\times 10^{-5}\ \text{s}$

零输入响应为 $i_L(t)=i_L(0_+)\text{e}^{-\frac{t}{\tau}}=4\text{e}^{-8\times 10^4 t}\ \text{mA}\quad t\geqslant 0$

8-10　电路如题图 8-10 所示，开关在 a 点时电路已处于稳态，$t=0$ 时开关倒向 b 点，试求 $t\geqslant 0$ 时的电容电压 $u_C(t)$ 和电阻电流 $i(t)$。

解：本题属于零状态响应。求换路后达到稳定状态后电容元件的电压：

$$u_C(\infty)=2\times 4\ \text{V}=8\ \text{V}$$

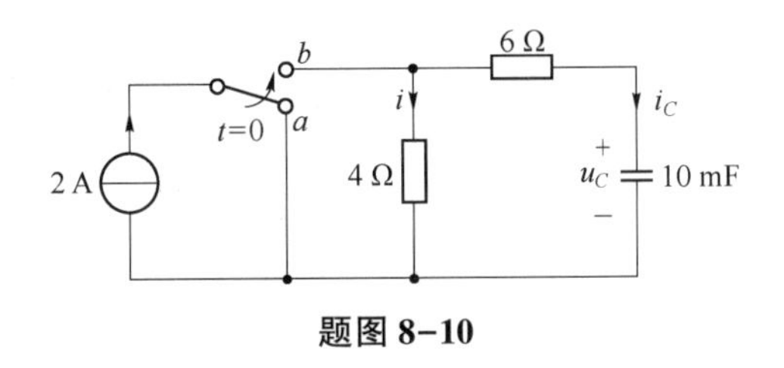

题图 8-10

时间常数：　　　　　$\tau=RC=10\times10^{-2}\ \text{s}=0.1\ \text{s}$

电容电压的零状态响应：$u_C(t)=u_C(\infty)(1-e^{-\frac{t}{\tau}})=8(1-e^{-10t})\ \text{V}\quad t\geqslant0$

$$i_C=C\frac{du_C}{dt}=10\times10^{-3}\times8\times10e^{-10t}\ \text{A}=0.8e^{-10t}\ \text{A}$$

$$i=2-i_C=(2-0.8e^{-10t})\ \text{A}$$

8-11　电路如题图 8-11 所示，开关 S 闭合前电路已处于稳态，$t=0$ 时开关 S 闭合，试求换路后的零状态响应 $i(t)$。

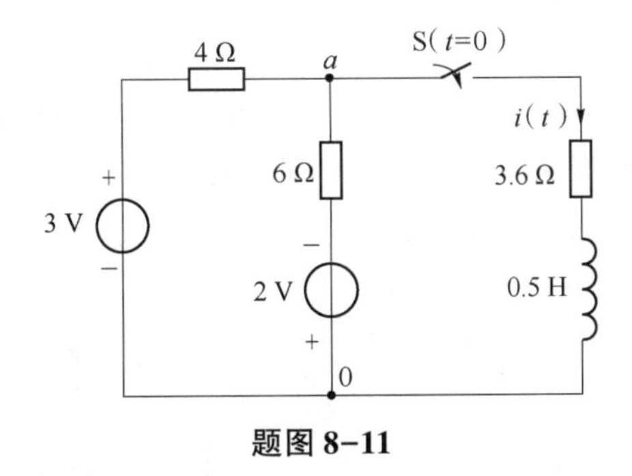

题图 8-11

解：本题为零状态响应。

求换路后达到稳定状态后电感元件的电流。直流电压源输入激励，当电路稳定后，电感相当于短路，求电路中的电流可以用结点电压法、叠加定理或电压源和电流源等效等方法求解，这里选择结点电压法。易知：

$$U_{a0}=\frac{\frac{3}{4}-\frac{2}{6}}{\frac{1}{4}+\frac{1}{6}+\frac{1}{3.6}}\ \text{V}=\frac{3}{5}\ \text{V}$$

$$i(\infty)=\frac{U_{a0}}{3.6}=\frac{1}{6}\ \text{A}$$

时间常数：　　　　$\tau=0.5/(4\ \Omega/\!/6\ \Omega+3.6\ \Omega)=\frac{1}{12}\ \text{s}$

电感元件电流的零状态响应为 $i(t)=i(\infty)(1-e^{-\frac{t}{\tau}})=\frac{1}{6}(1-e^{-12t})\ \text{A}\quad t\geqslant0$

8-12　电路如题图 8-12 所示，开关闭合前电感、电容均无储能，$t=0$ 时开关 S 闭合，试求 $t>0$ 时输出响应 $u(t)$。

解：题图 8-12（a）是由题图 8-12（解图）（a）所示的一阶 RC 电路和题图 8-12（解图）（b）所示的一阶 RL 电路串联而成，则有：

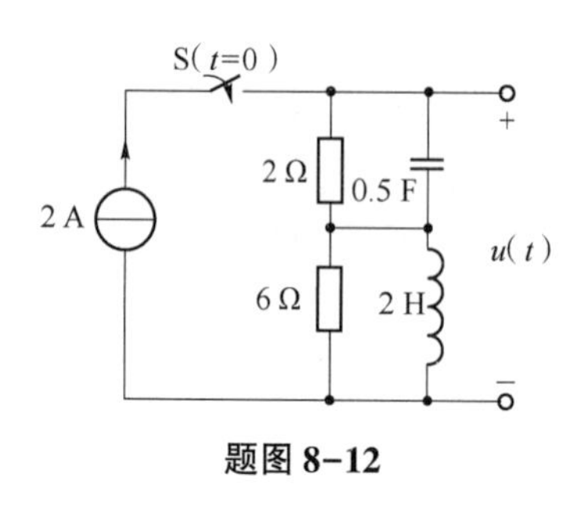

题图 8-12

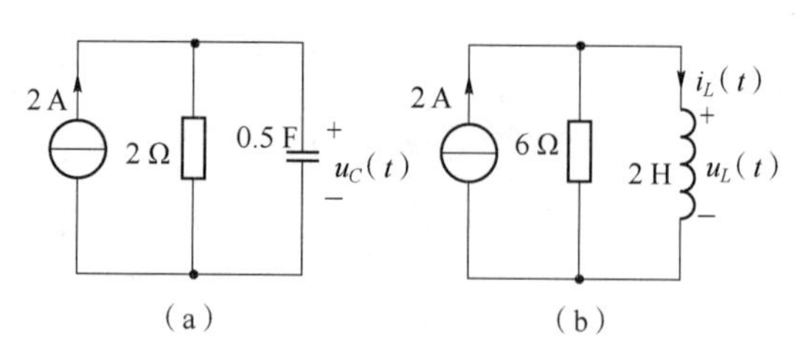

题图 8-12（解图）

$$u(t)=u_C(t)+u_L(t)$$

分别计算两个独立电路的零状态响应。

RC 电路：$u_C(\infty)=2\times2\ \text{V}=4\ \text{V}\quad \tau_1=R_1C=2\times0.5\ \text{s}=1\ \text{s}$

零状态响应：$u_C(t)=4(1-\text{e}^{-t})\,\text{V}$

RL 电路：$i_L(\infty)=2\ \text{A},\ \tau=L/R=2/6\ \text{s}=1/3\ \text{s}$

零状态响应：$i_L(t)=2(1-\text{e}^{-3t})\,\text{A},\ u_L(t)=L\dfrac{\text{d}i_L}{\text{d}t}=2\times(6\text{e}^{-3t})=12\text{e}^{-3t}\ \text{V}$

所以 $\qquad u(t)=u_C(t)+u_L(t)=4(1-\text{e}^{-t})+12\text{e}^{-3t}=(4-4\text{e}^{-t}+12\text{e}^{-3t})\,\text{V}$

8-13 电路如题图 8-13 所示，电压源为单位阶跃函数，$u_C(0_-)=0$，$C=0.25$ F，试求 $u_C(t)$。

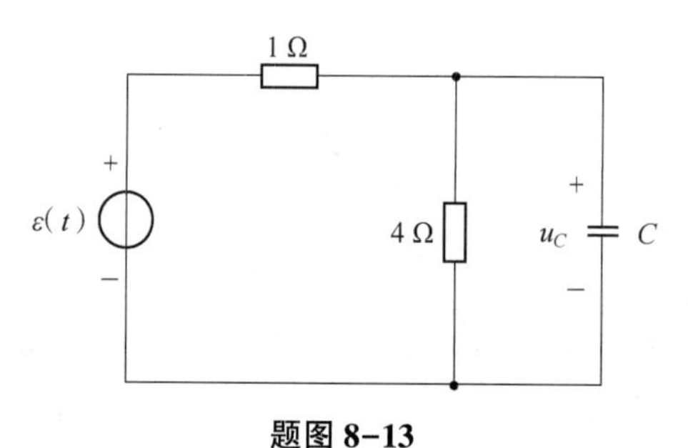

题图 8-13

解：时间常数：$\tau=RC=(1\ \Omega/\!/4\ \Omega)\times0.25\ \text{F}=0.2\ \text{s}$

稳态电压值：$u_C(\infty)=\dfrac{4}{5}\varepsilon(t)$

因此，电容电压的阶跃响应为：$u_C(t)=\dfrac{4}{5}(1-\text{e}^{-5t})\varepsilon(t)$。

8-14 电路如题图 8-14（a）所示，电压源激励 u_S 是题图 8-14（b）所示的矩形脉冲，试求图中电流 $i_C(t)$。

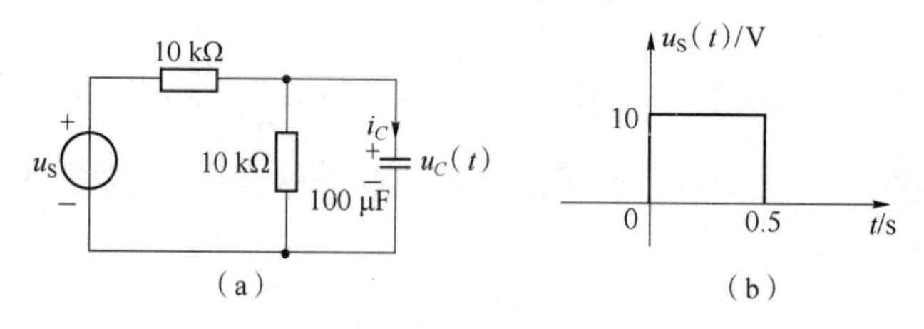

题图 8-14

解：将题图 8-14（b）的曲线进行阶跃函数叠加分解，则：

$$u_S(t)=10[\varepsilon(t)-\varepsilon(t-0.5)]\text{V}$$

先求电容电压 $u_C(t)$，时间常数为：

$$\tau=RC=10\ \text{k}\Omega/\!/10\ \text{k}\Omega\times100\ \mu\text{F}=0.5\ \text{s}$$

稳态值为：
$$u_C(\infty)=5\varepsilon(t)\text{V}$$

根据线性关系和叠加性，电容电压的响应为：

$$u_C(t)=5(1-\text{e}^{-2t})\varepsilon(t)-5[1-\text{e}^{-2(t-0.5)}]\varepsilon(t-0.5)$$

电容电流的响应为：

$$i_C(t)=C\frac{\text{d}u_C}{\text{d}t}=[\text{e}^{-2t}\varepsilon(t)-\text{e}^{-2(t-0.5)}\varepsilon(t-0.5)]\text{mA}$$

8-15　电路如题图 8-15 所示，开关在 $t=0$ 时由“1”打向“2”，开关 S 在“1”时电路已处于稳态。求开关闭合后的电流 i 和 u_C。

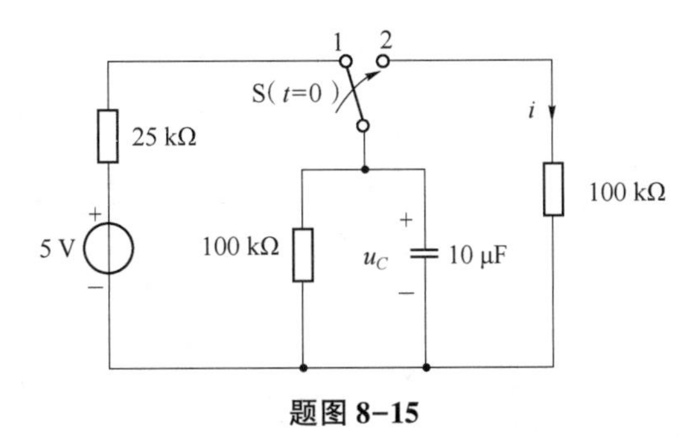

题图 8-15

解：先求开关换路之前电容电压初始值，开关换路前等效电路如题图 8-15（解图）（a）所示。则：

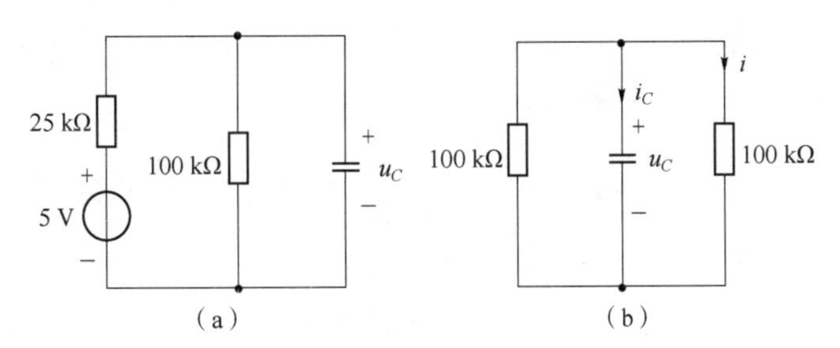

题图 8-15（解图）

$$u_C(0_-)=\frac{100}{25+100}\times5\ \text{V}=4\ \text{V}$$

根据换路定则可得：
$$u_C(0_+)=u_C(0_-)=4\ \text{V}$$

开关换路后等效电路如题图 8-15（解图）（b）所示。

时间常数：
$$\tau=RC=(100\ \text{k}\Omega/\!/100\ \text{k}\Omega)\times10\ \mu\text{F}=0.5\ \text{s}$$

开关换路后电容电压为零输入响应　$u_C(t)=u_C(0_+)\text{e}^{-\frac{t}{\tau}}=4\text{e}^{-2t}\ \text{V}\quad(t>0)$

电容电流为：
$$i_C=C\frac{\text{d}u_C}{\text{d}t}=10^{-5}\times4\times(-2)\text{e}^{-2t}\ \text{mA}=(-0.08\text{e}^{-2t})\text{mA}$$

题图 8-15 中电流 i 为：

$$i=-\frac{1}{2}i_C=0.04\mathrm{e}^{-2t}\ \mathrm{mA}$$

8-16　电路如题图 8-16 所示，电路原来处于稳定状态，$t=0$ 时闭合开关 S，试求 $t>0$ 时的 $i_1(t)$ 和 $i_2(t)$。

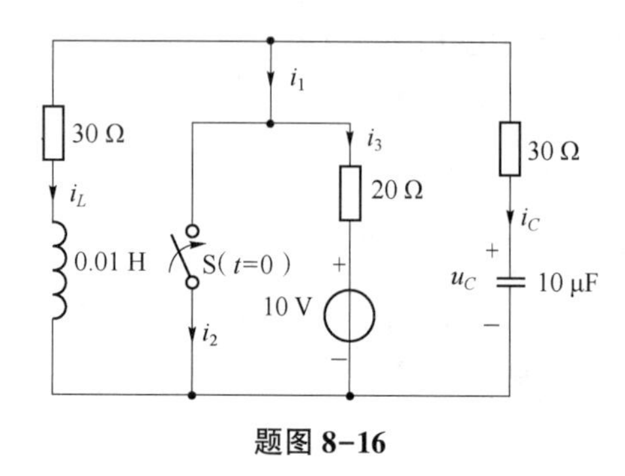

题图 8-16

解：先求开关换路前的电感元件和电容元件的状态值：

$$i_L(0_-)=\frac{10}{20+30}\ \mathrm{A}=0.2\ \mathrm{A}\quad u_C(0_-)=i_L(0_-)\times30=0.2\times30\ \mathrm{V}=6\ \mathrm{V}$$

根据换路定则求得开关换路后的初始值：

$$i_L(0_+)=i_L(0_-)=0.2\ \mathrm{A}\quad u_C(0_+)=u_C(0_-)=6\ \mathrm{V}$$

开关换路后是两个相对独立有相互联系的一阶 RC 电路和一阶 RL 电路。

RC 电路：时间常数 $\tau_1=RC=30\ \Omega\times10\ \mu\mathrm{F}=3\times10^{-4}\ \mathrm{s}$

电容电压的零输入响应为：$u_C(t)=u_C(0_+)\mathrm{e}^{-\frac{t}{\tau}}=6\mathrm{e}^{-\frac{1}{3}\times10^4t}\ \mathrm{V}$

RL 电路：时间常数 $\tau_2=L/R=0.01/30\ \mathrm{s}=1/3\ 000\ \mathrm{s}$

电感电流的零输入响应为：$i_L(t)=i_L(0_+)\mathrm{e}^{-\frac{t}{\tau}}=0.2\mathrm{e}^{-3\times10^3t}\ \mathrm{V}\ (t>0)$

电容电流的零输入响应为：

$$i_C=C\frac{\mathrm{d}u_C}{\mathrm{d}t}=10\times10^{-6}\times6\times\left(-\frac{1}{3}\times10^4\right)\mathrm{e}^{-\frac{1}{3}\times10^4t}=-0.2\mathrm{e}^{-\frac{1}{3}\times10^4t}\ \mathrm{A}\ (t>0)$$

题图 8-16 中各电流的零输入响应为：

$$i_1(t)=-i_L-i_C=\left(-0.2\mathrm{e}^{-3\times10^3t}+0.2\mathrm{e}^{-\frac{1}{3}\times10^4t}\right)\mathrm{A}\ (t>0)$$

$$i_3\times20+10=0,\ i_3=-0.5\ \mathrm{A}$$

$$i_2=i_1-i_3=\left(0.5-0.2\mathrm{e}^{-3\times10^3t}+0.2\mathrm{e}^{-\frac{1}{3}\times10^4t}\right)\mathrm{A}\ (t>0)$$

8-17　电路如题图 8-17 所示，开关断开已经很久，$t=0$ 时闭合开关 S，试求 $t\geqslant0$ 时的 $i(t)$。

解：根据换路定则和换路前的等效电路求初始值：

$$i_L(0_+)=i_L(0_-)=0\ \mathrm{A}\qquad u_C(0_+)=u_C(0_-)=(40-4)\ \mathrm{V}=36\ \mathrm{V}$$

RL 电路是一阶零状态响应。

时间常数 $\tau_1=L/R=1/5\ \mathrm{s}$，电感电流 $i_L(t)=\frac{40}{5}\left(1-\mathrm{e}^{-\frac{t}{\tau}}\right)=8(1-\mathrm{e}^{-5t})\ \mathrm{A}\ (t\geqslant0)$。

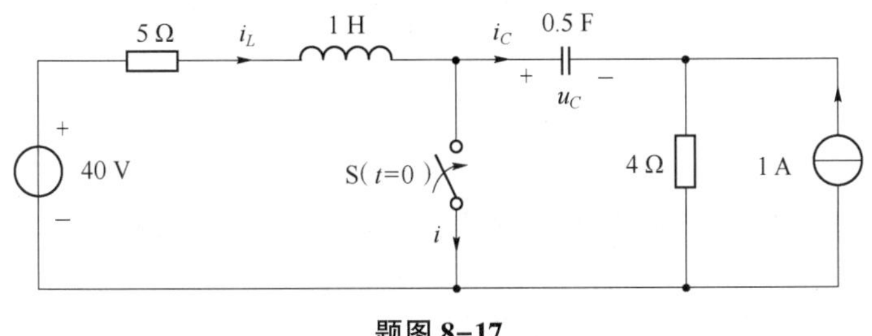

题图 8-17

RC 电路是一阶全响应。

时间常数 $\tau_2=RC=2$ s，电容电压 $u_C(t)=[36\mathrm{e}^{-0.5t}+(-4)(1-\mathrm{e}^{-0.5t})]$ V。则：

$$i_C=C\frac{\mathrm{d}u_C}{\mathrm{d}t}=[0.5\times36\times(-0.5)\mathrm{e}^{-0.5t}+0.5\times(-4)\times0.5\times\mathrm{e}^{-0.5t}]\ \mathrm{A}=-10\mathrm{e}^{-0.5t}\ \mathrm{A}$$

$$i=i_L-i_C=[8(1-\mathrm{e}^{-5t})+10\mathrm{e}^{-0.5t}]\ \mathrm{A}\ (t\geqslant0)$$

8-18　电路如题图 8-18 所示，已知题图 8-18（a）阶跃响应 $i_C(t)=\frac{1}{6}\mathrm{e}^{-25t}\varepsilon(t)\mathrm{mA}$，当将电容换为电感电压源由阶跃函数换为冲激函数后如题图 8-18（b）所示，试求电感电压 $u'_L(t)$。

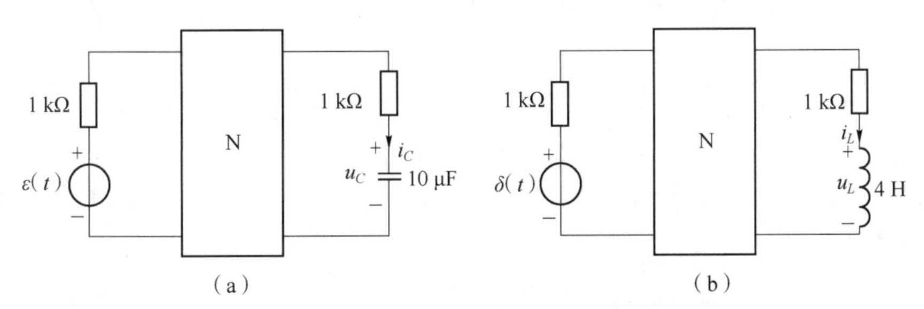

题图 8-18

解：先由题图 8-18（a）阶跃响应入手，求解与电容元件连接的戴维南等效电路：

$$\tau_1=R_{\mathrm{eq}}C=R_{\mathrm{eq}}\times10\times10^{-6}=0.04\ \mathrm{s}$$

可得：

$$R_{\mathrm{eq}}=4\ \mathrm{k\Omega}$$

电容元件电压阶跃响应实际上是零状态响应，则：

$$u_C(t)=u_C(\infty)\left(1-\mathrm{e}^{-\frac{t}{\tau}}\right)$$

由 $i_C=C\frac{\mathrm{d}u_C}{\mathrm{d}t}=\frac{1}{6}\mathrm{e}^{-25t}$ mA 可得：

$$u_C(\infty)=\frac{2}{3}\varepsilon(t)$$

即等效电压源为$\frac{2}{3}\varepsilon(t)$，从而可以得到 RL 等效电路：

$$\tau_2=L/R_{\mathrm{eq}}=4/4\ 000\ \mathrm{s}=1\times10^{-3}\ \mathrm{s},\ i_L(\infty)=\frac{2}{3}/4\ 000\ \mathrm{A}=\frac{1}{6}\ \mathrm{mA}$$

从而得到电感元件电流的阶跃响应 $i_L=\dfrac{1}{6}\left(1-e^{-1\,000\,t}\right)\varepsilon(t)\,\text{mA}$

电感元件电压的阶跃响应为 $u_L=L\dfrac{di_L}{dt}=4\times\dfrac{1}{6}\times1\,000\times10^{-3}e^{-1\,000\,t}\varepsilon(t)=\dfrac{2}{3}e^{-1\,000\,t}\varepsilon(\mathrm{t})\,\text{V}$

再将阶跃响应进行微分，求得当冲激函数 $\delta(t)$ 激励时的冲激响应：

$$u_L'(t)=\frac{du_L}{dt}=\left[\frac{2}{3}\delta(t)-\frac{2}{3}\times10^3e^{-1000t}\varepsilon(t)\right]\text{V}$$

8-19　电路如题图 8-19 所示，已知 $R_1=10\ \Omega$，$R_2=6\ \Omega$，$L=0.5\ \text{H}$，$i_L(0_-)=0$。

（1）当 $u_S=20\varepsilon(t)\,\text{V}$ 时，求 $i_L(t)$；

（2）当 $u_S=20\delta(t)\,\text{V}$ 时，求 $i_L'(t)$。

解：本题也是先求阶跃响应，再根据阶跃响应求冲激响应，与前面题目不同的是电路中加入了受控源。

因为直流电路激励 $u_L(\infty)=0$，即受控的电流源也为零，所以：

$$i_L(\infty)=\frac{u_S}{R_1+R_2}=1.25\varepsilon(t)$$

将电感元件分离开，电路中独立电压源置零，受控源保留，得到题图 8-19（解图），采用加电压 u 取电流 i 的方法求取等效电阻。则：

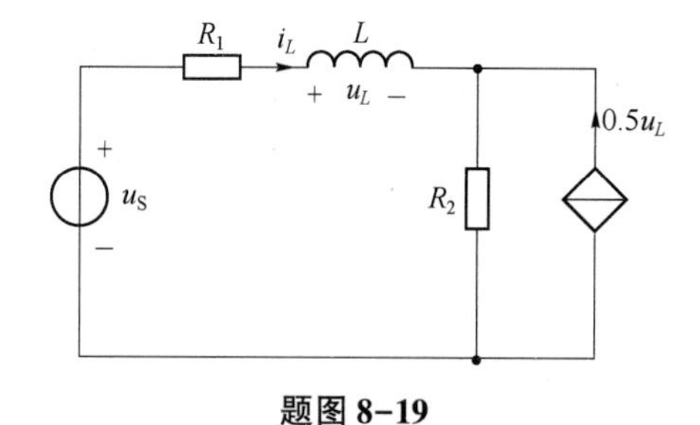

题图 8-19

题图 8-19（**解图**）

$$u=R_1i+R_2(-0.5u+i)=16i-3u$$

$$R_{eq}=\frac{u}{i}=\frac{16}{4}\Omega=4\ \Omega$$

时间常数 $\tau=L/R_{eq}=1/8\ \text{s}$，所以：

当 $u_S=20\varepsilon(t)$ 时，$i_L(t)=1.25(1-e^{-8t})\varepsilon(t)\,\text{A}$；

当 $u_S=20\delta(t)$ 时，$i_L'(t)=\dfrac{di_L}{dt}=10e^{-8t}\varepsilon(t)\,\text{A}$。

8-20　电路如题图 8-20 所示，$t<0$ 时电路已处于稳态，$t=0$ 时开关 S 打开，求 $t\geqslant0$ 时的 $i(t)$。

解：本题是比较标准的 RLC 串联二阶电路零输入响应。

电路状态变量初始值：

$$i_L(0_+)=i_L(0_-)=\frac{24}{8}\ \text{A}=3\ \text{A}\quad u_C(0_+)=u_C(0_-)=24\ \text{V}$$

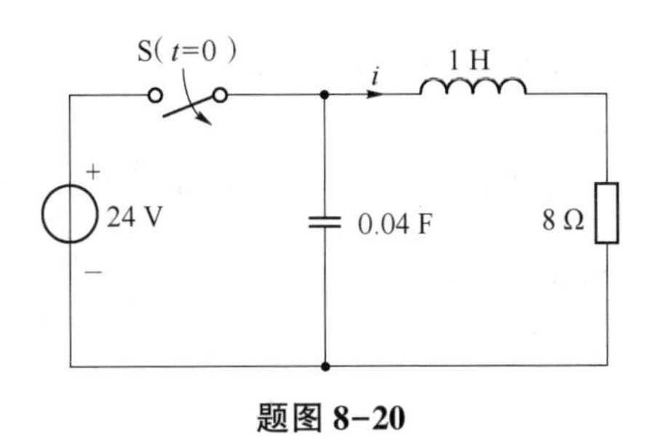

题图 8-20

电路微分方程为：

$$LC\frac{d^2u_C}{dt^2}+RC\frac{du_C}{dt}+u_C=0$$

特征方程为 $LCp^2+RCp+1=0$，则：

$$R=8\ \Omega，\ 2\sqrt{\frac{L}{C}}=2\sqrt{\frac{1}{0.04}}\ \Omega=10\ \Omega$$

$R<2\sqrt{\frac{L}{C}}$ 为振荡放电过程。

特征根为一对共轭复数根：

$$p_{1,2}=-\frac{R}{2L}\pm\sqrt{\left(\frac{R}{2L}\right)^2-\frac{1}{LC}}=-4\pm3j=-\delta\pm j\omega$$

$$\delta=\frac{R}{2L}=4\ s^{-1}\quad \omega=\sqrt{\left(\frac{1}{LC}-\frac{R}{2L}\right)^2}=3\ rad/s$$

$$\theta=\arctan\frac{\omega}{\delta}=\arctan\frac{3}{4}=36.87°$$

电容元件电压的零输入响应为 $u_C(t)=Ae^{-4t}\sin(\omega t+\theta)$，

则 $$u_C(0_+)=A\sin\theta=A\sin 36.78°=24\ V$$

可得 $$A=40\ V$$

所以 $$u_C(t)=40e^{-4t}\sin(3t+36.87°)\ V\quad (t\geqslant0)$$

$$i(t)=-C\frac{du_C}{dt}=1.6e^{-4t}[4\sin(3t+36.87°)-3\cos(3t+36.87°)]\ A=8e^{-4t}\sin(3t)A\ (t\geqslant0)$$

8-21 题图 8-21 所示为 *RLC* 串联电路，试求阶跃响应 i(t)。

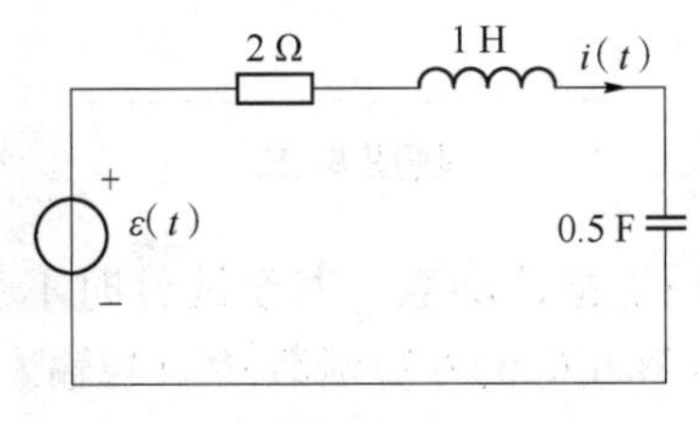

题图 8-21

解：本题为 *RLC* 串联二阶电路的阶跃响应。

电路的微分方程为 $LC\dfrac{\mathrm{d}^2u_C}{\mathrm{d}t^2}+RC\dfrac{\mathrm{d}u_C}{\mathrm{d}t}+u_C=\varepsilon(t)$。

初始状态值分别为 $u_C(0_+)=u_C(0_-)=0\ \mathrm{V}$，$i(0_+)=C\dfrac{\mathrm{d}u_C}{\mathrm{d}t}\bigg|_{0_+}=0\ \mathrm{A}$。

电容电压 $u_C=u_C'+u_C''$，特解 $u_C'=1\ \mathrm{V}$。

求微分方程的通解，求特征根。

特征方程为 $LCp^2+RCp+1=0$，则：

$$R=2\ \Omega,\ 2\sqrt{\frac{L}{C}}=2\sqrt{\frac{1}{0.5}}\ \Omega=2\sqrt{2}\ \Omega$$

$R<2\sqrt{\dfrac{L}{C}}$，为振荡放电过程。

特征根为一对共轭复数根：

$$p_{1,2}=-\frac{R}{2L}\pm\sqrt{\left(\frac{R}{2L}\right)^2-\frac{1}{LC}}=-1\pm\mathrm{j}$$

$$\delta=\frac{R}{2L}=1\ \mathrm{s}^{-1},\ \omega=\sqrt{\frac{1}{LC}-\left(\frac{R}{2L}\right)^2}=1\ \mathrm{rad/s}$$

$$u_C''=A\mathrm{e}^{-\delta t}\sin(\omega t+\theta)$$

$$u_C(0_+)=1+A\sin\theta=0\ \mathrm{V},i(0_+)=C\frac{\mathrm{d}u_C}{\mathrm{d}t}\bigg|_{0_+}=(-\delta A\sin\theta+\omega A\cos\theta)=0\ \mathrm{A}$$

$$\theta=\arctan\frac{\omega}{\delta}=\arctan1=45°,\ A=\frac{-1}{\sin 45°}=-\sqrt{2}$$

所以：

$$u_C(t)=u_C'+u_C''=[1-\sqrt{2}\mathrm{e}^{-t}\sin(t+45°)]\mathrm{V}$$

$$i(t)=C\frac{\mathrm{d}u_C}{\mathrm{d}t}=-0.5\times(-\sqrt{2})\times\sqrt{2}\mathrm{e}^{-t}\sin t=\mathrm{e}^{-t}\sin t\ \mathrm{A}$$

8-22　电路如题图 8-22 所示，电感的初始电流为零，设 $u_\mathrm{S}(t)=U_0\mathrm{e}^{-\alpha t}\varepsilon(t)$，试用卷积积分求 $u_L(t)$。

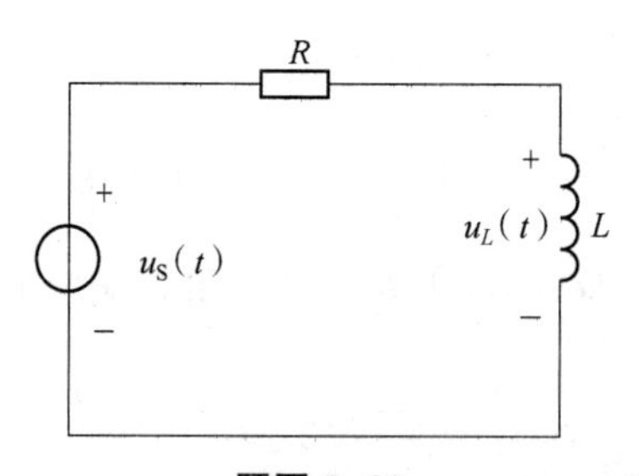

题图 8-22

解：本题电路中电压源激励是指数函数，对于线性时不变电路，求给定任意激励函数 $f(t)$ 的零状态响应，可以通过计算相应的冲激函数 $h(t)$ 与输入激励函数 $f(t)$ 的卷积积分来求得。先看卷积积分，电路对于任意输入激励 $f(t)$ 的零状态响应有：

$$r(t)=\int_{t_0}^{t}f(\tau)h(t-\tau)\mathrm{d}\tau=f(t)*h(t)$$

容易解得电路电感电流的冲激响应为：

$$i_L(t)=\frac{1}{L}\mathrm{e}^{-\frac{R}{L}t}\varepsilon(t)$$

与输入激励函数的卷积积分得：

$$i_L(t)=\int_0^t\frac{1}{L}\mathrm{e}^{-\frac{R}{L}\xi}U_0\mathrm{e}^{-\alpha(t-\xi)}\mathrm{d}\xi=\frac{U_0}{L}\mathrm{e}^{-\alpha t}\int_0^t\mathrm{e}^{\left(-\frac{R}{L}+\alpha\right)\xi}\mathrm{d}\xi$$

$$=\frac{U_0}{L}\mathrm{e}^{-\alpha t}\frac{1}{-\frac{R}{L}+\alpha}\mathrm{e}^{\left(-\frac{R}{L}+\alpha\right)\xi}\Bigg|_0^t=\frac{U_0}{-R+L\alpha}\left(\mathrm{e}^{-\frac{R}{L}t}-\mathrm{e}^{-\alpha t}\right)$$

所以：

$$u_L(t)=L\frac{\mathrm{d}i_L}{\mathrm{d}t}=\frac{U_0L}{-R+L\alpha}\left(-\frac{R}{L}\mathrm{e}^{-\frac{R}{L}t}+\alpha\mathrm{e}^{-\alpha t}\right)$$

历年考研真题

真题 8-1 电路如真题图 8-1 所示，$t=0$ 时开关 S 打开，换路前电路已达到稳态，求 $i(0_+)$ 和 $\left.\frac{\mathrm{d}u_{C1}}{\mathrm{d}t}\right|_{0_+}$。[2014 年中国矿大电路考研真题]。

解：根据换路前电路求电容的初始状态值：

$$u_{C1}(0_-)=\frac{10}{10+5}\times 12\ \mathrm{V}=8\ \mathrm{V}\qquad u_{C2}(0_-)=\frac{5}{10+5}\times 12\ \mathrm{V}=4\ \mathrm{V}$$

根据换路定则有：

$$u_{C1}(0_+)=u_{C1}(0_-)=8\ \mathrm{V}\quad u_{C2}(0_+)=u_{C2}(0_-)=4\ \mathrm{V}$$

画出 $t=0_+$时的等效电路，如真题图 8-1（解图）所示，则：

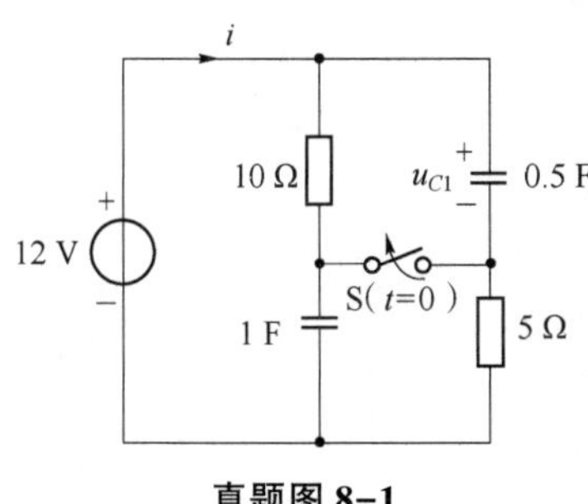

真题图 8-1

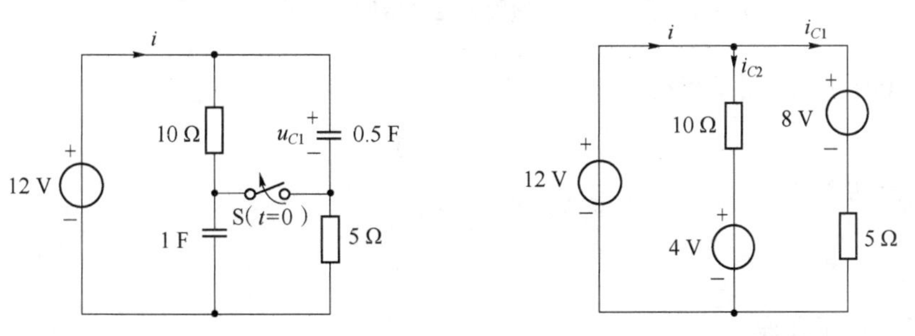

真题图 8-1（解图）

$$i_{C1}(0_+)=\frac{12-8}{5}\ \mathrm{A}=0.8\ \mathrm{A}\qquad i_{C2}(0_+)=\frac{12-4}{10}\ \mathrm{A}=0.8\ \mathrm{A}$$

$$i(0_+)=i_{C1}(0_+)+i_{C2}(0_+)=1.6\ \mathrm{A}$$

因为 $i_{C1}=C_1\frac{\mathrm{d}u_{C1}}{\mathrm{d}t}$，所以

$$\left.\frac{\mathrm{d}u_{C1}}{\mathrm{d}t}\right|_{0_+}=\frac{i_{C_1}(0_+)}{C_1}=\frac{0.8}{0.5}\ \mathrm{A}=1.6\ \mathrm{A}$$

真题 8-2　电路如真题图 8-2 所示，$U_S=12$ V 恒定，$u_C(0_-)=0$，在 $t=0$ 时将开关 S 接通，求 $t\geqslant 0$ 时的响应 $u_C(t)$。[2015 年北京交大电路考研真题]

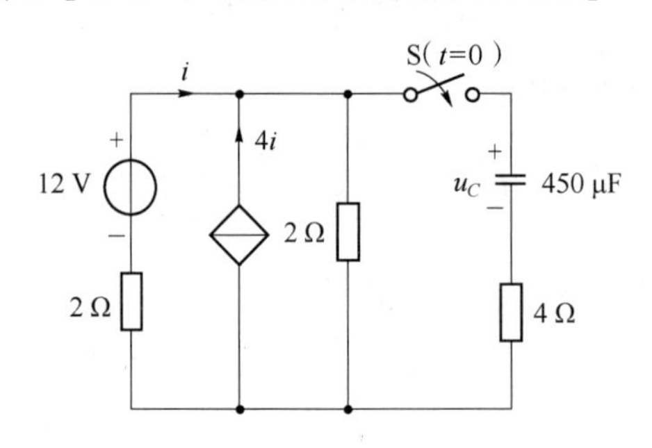

真题图 8-2

解：本题是属于零状态响应，但电路包含受控源，增加了试题难度。重点解决将电容两端的电路等效为戴维南等效电路，即可方便求解。

先求等效电压源 u_{OC}，等效电路如真题图 8-2（解图）（a）所示。

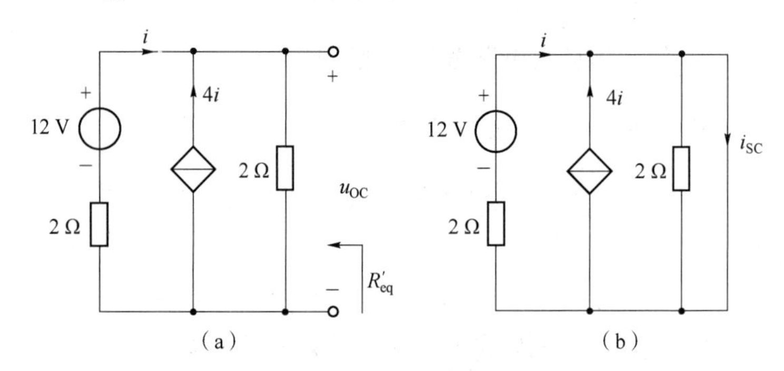

真题图 8-2（解图）

求开路电压 u_{OC} 应用结点电压法最简单。

列结点电压方程：
$$u_{OC}=\frac{\frac{12}{2}+4i}{\frac{1}{2}+\frac{1}{2}}$$

列受控源补充方程：
$$i=\frac{12-u_{OC}}{2}$$

联立解得：
$$u_{OC}=10\ \text{V}$$

求等效电阻用短路电流法，等效电路如真题图 8-2（解图）（b）所示。则：
$$i_{SC}=i+4i=5i$$
$$2i=12\ \text{V}$$

解得：
$$i_{SC}=30\ \text{A}$$
$$R'_{eq}=\frac{u_{OC}}{i_{SC}}=\frac{10}{30}\ \Omega=\frac{1}{3}\ \Omega$$

与 C 串联的等效电阻：
$$R_{eq}=R'_{eq}+4=\frac{13}{3}\ \Omega$$

时间常数：$\tau=R_{eq}C=\dfrac{13}{3}\ \Omega\times450\ \mu F=1.95\times10^{-3}$ s

零状态响应表达式：$u_C(t)=u_{OC}(1-e^{-t/\tau})=10(1-e^{-512.82t})$ V　$t\geqslant0$

真题 8-3　电路如真题图 8-3 所示，已知 $I_S=3$ A，$R_1=R_2=R_3=R_4=3\ \Omega$，$\alpha=0.5$，$C=\dfrac{1}{30}$ F，$L_1=0.1$ H，$L_2=0.2$ H，开关闭合已久，求开关打开后的 $i_{R1}(t)$ 和 $u_C(t)$。[2010 年浙江大学电路考研真题]

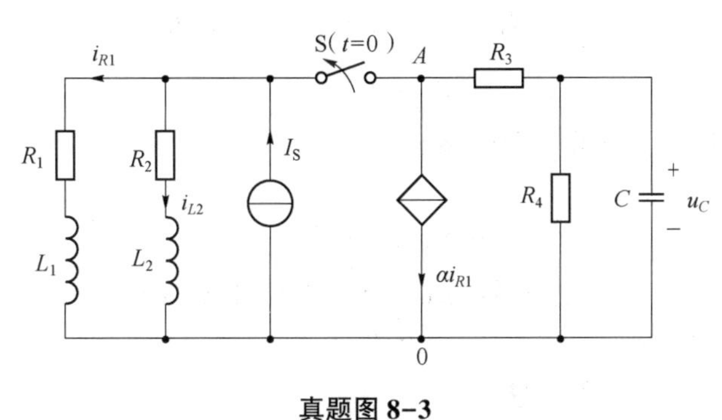

真题图 8-3

解：求开关闭合时的各动态元件的状态变量：直流稳态电路，电容元件开路，电感元件短路。

所以可以先求电压 U_{A0}：

$$U_{A0}=\frac{I_S-\alpha i_{R1}}{\dfrac{1}{R_1}+\dfrac{1}{R_2}+\dfrac{1}{R_3+R_4}}=\frac{3-0.5i_{R1}}{\dfrac{1}{3}+\dfrac{1}{3}+\dfrac{1}{6}}$$

$$i_{R1}=\frac{U_{A0}}{R_1}=\frac{U_{A0}}{3}$$

联立可求得：$U_{A0}=3$ V，$u_C(0_-)=\dfrac{1}{2}U_{A0}=1.5$ V

$$i_{R1}(0_-)=\frac{U_{A0}}{3}=1\ \text{A},\ i_{L2}(0_-)=\frac{U_{A0}}{3}=1\ \text{A}$$

断开开关 S，由磁链守恒得：

$$L_1i_{R1}(0_-)-L_2i_{L2}(0_-)=L_1i_{R1}(0_+)-L_2i_{L2}(0_+)$$

由 KCL 得：$i_{R_1}(0_+)+i_{L2}(0_+)=I_S$

联立可求得：$i_{R1}(0_+)=\dfrac{5}{3}$ A，$i_{L2}(0_+)=\dfrac{4}{3}$ A，$i_{R1}(\infty)=\dfrac{R_2}{R_1+R_2}I_S=1.5$ A

所以，根据三要素方法可以求出：

$$i_{R1}(t)=i_{R1}(\infty)+[i_{R1}(0_+)-i_{R1}(\infty)]e^{-\frac{t}{\tau_1}}=\left(1.5+\frac{1}{6}e^{-20t}\right)\text{A}\ (t\geqslant0)$$

其中：

$$\tau_1=\frac{L_1+L_2}{R_1+R_2}=\frac{1}{20}\ \text{s}$$

如果以上三要素方法的时间常数不能理解，总认为两个电感线圈是二阶电路，不妨用经典法求解。易知：

$$i_{R1}R_1+L_1\frac{\mathrm{d}i_{R1}}{\mathrm{d}t}=i_{L2}R_2+L_2\frac{\mathrm{d}i_{L2}}{\mathrm{d}t}$$

$$i_{L2}=I_S-i_{R1}$$

整理微分方程得：

$$i_{R1}(R_1+R_2)+(L_1+L_2)\frac{\mathrm{d}i_{R1}}{\mathrm{d}t}=R_2I_S$$

$$i_{R1}(t)=k_1+k_2\mathrm{e}^{-20t}$$

再由初始条件和稳态条件确定两个系数。

再解电容回路：

$$u_C(0_+)=u_C(0_-)=1.5\ \mathrm{V}$$

$$u_C(\infty)=-\alpha i_{R1}(\infty)R_4=-2.25\ \mathrm{V}$$

$$\tau_2=R_4C=0.1\ \mathrm{s}$$

求出电容电压全响应应用经典法。

根据 KCL 可列出一阶微分方程：

$$C\frac{\mathrm{d}u_C}{\mathrm{d}t}+\frac{u_C}{R_4}=-\alpha i_{R1}$$

进一步整理可得：

$$R_4C\frac{\mathrm{d}u_C}{\mathrm{d}t}+u_C=-R_4\alpha i_{R1}=-2.25-0.25\mathrm{e}^{-20t}$$

所以：　$u_C(t)=k_1\mathrm{e}^{-10t}+k_2\mathrm{e}^{-20t}+k_3$

代入初始条件　$u_C(0_+)=k_1+k_2=1.5$

代入稳态条件　$u_C(\infty)=k_3=-2.25$

再将 $u_C(t)$ 代入一阶微分方程可以求得 $k_2=0.25$，$k_1=1.25$，则：

$$u_C(t)=-2.25+1.25\mathrm{e}^{-10t}+0.25\mathrm{e}^{-20t}\ \mathrm{V}\ (t\geqslant 0)$$

真题 8-4　电路如真题图 8-4 所示，开关 S 闭合前已达到稳态，已知：$U_{S1}=10$ V，$R_1=60$ kΩ，$R_2=R_3=40$ kΩ，$C=0.1$ μF，试求：

（1）当 $U_{S2}=6$ V 时开关 S 闭合，求电容 $u_C(t)$ 的变化规律；

（2）当 U_{S2} 为多少时，开关 S 闭合后不出现过渡过程。［2018 年浙江大学电路考研真题］

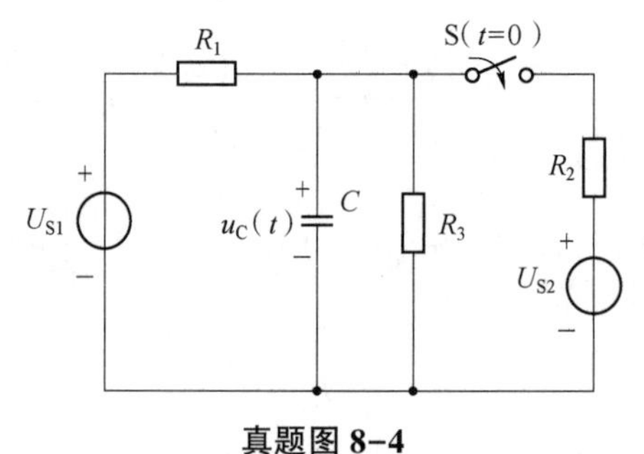

真题图 8-4

解：（1）全响应，采用三要素法进行求解：

$$u_C(0_-)=\frac{U_{S1}}{R_1+R_3}\times R_3=\frac{10}{60+40}\times 40\ \text{V}=4\ \text{V}$$

$$u_C(0_+)=u_C(0_-)=4\ \text{V}$$

开关 S 闭合后，求电容电压稳态值：

$$u_C(\infty)=\frac{\dfrac{U_{S1}}{R_1}+\dfrac{U_{S2}}{R_2}}{\dfrac{1}{R_1}+\dfrac{1}{R_2}+\dfrac{1}{R_3}}=\frac{\dfrac{10}{60}+\dfrac{6}{40}}{\dfrac{1}{60}+\dfrac{1}{40}+\dfrac{1}{40}}\ \text{V}=\frac{\dfrac{20+18}{12}}{\dfrac{8}{12}}\ \text{V}=\frac{38}{8}\ \text{V}=4.75\ \text{V}$$

$$R_{eq}=R_1/\!/R_2/\!/R_3=\frac{3}{2}\ \text{k}\Omega,\ \tau=R_{eq}C=\frac{3}{20}\times10^{-3}\ \text{s}$$

根据三要素法得：

$$u_C(t)=u_C(\infty)+[u_C(0_+)-u_C(\infty)]\text{e}^{-\frac{t}{\tau}}=(4.75-0.75\text{e}^{-6.67\times10^3t})\ \text{V}\ (t\geqslant0)$$

（2）由三要素公式可知，当 $u_C(\infty)=u_C(0_+)=4$ V 时，没有过渡过程，即：

$$U_{S2}=4\ \text{V}$$

真题 8-5 电路如真题图 8-5 所示，已知：$U_S=10$ V，$R_1=2\ \Omega$，$L_1=0.3$ H，$R_2=3\ \Omega$，$L_2=0.1$ H。试求开关 S 打开后的电流 i_{L1}、i_{L2}及两电感元件上的电压 u_{L1}、u_{L2}。[2019 年南京理工大学电路考研真题]

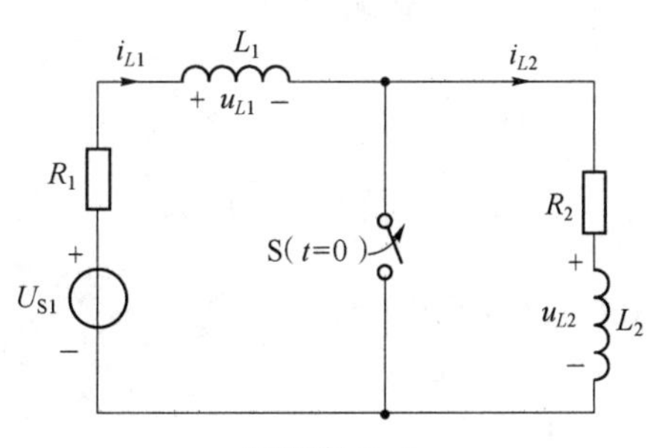

真题图 8-5

解：换路前 $i_{L1}(0_-)=\dfrac{U_{S1}}{R_1}=5$ A，$i_{L2}(0_-)=0$ A。

换路瞬间，满足磁链守恒 $L_1i_{L1}(0_-)+L_2i_{L2}(0_-)=L_1i_{L1}(0_+)+L_2i_{L2}(0_+)$。

根据 KCL 有：
$$i_{L1}(0_+)=i_{L2}(0_+)$$

联立可求得：
$$i_{L1}(0_+)=i_{L2}(0_+)=\frac{15}{4}\ \text{A}$$

求两个电流的稳态值：
$$i_{L1}(\infty)=i_{L2}(\infty)=\frac{10}{2+3}\text{A}=2\ \text{A}$$

时间常数：
$$\tau=\frac{L_1+L_2}{R_1+R_2}=\frac{0.3+0.1}{2+3}\text{s}=\frac{2}{25}\ \text{s}$$

由三要素方法求得各电感电流的全响应：

$$i_{L1}=5\varepsilon(-t)+\left[2+\left(\frac{15}{4}-2\right)\text{e}^{-12.5t}\right]\varepsilon(t)=5\varepsilon(-t)+\left(2+\frac{7}{4}\text{e}^{-12.5t}\right)\varepsilon(t)$$

$$i_{L2}(t)=\left[2+\left(\frac{15}{4}-2\right)\mathrm{e}^{-\frac{t}{\tau}}\right]\varepsilon(t)=\left(2+\frac{7}{4}\mathrm{e}^{-12.5t}\right)\varepsilon(t)$$

$$u_{L1}=L_1\frac{\mathrm{d}i_{L1}}{\mathrm{d}t}=-\frac{3}{8}\delta(t)-\frac{105}{16}\mathrm{e}^{-12.5t}\varepsilon(t)$$

$$u_{L2}=L_2\frac{\mathrm{d}i_{L2}}{\mathrm{d}t}=\frac{3}{8}\delta(t)-\frac{35}{16}\mathrm{e}^{-12.5t}\varepsilon(t)$$

本题注意 i_{L1} 的全响应，容易出错。

真题 8-6 电路如真题图 8-6 所示，已知 $u_S(t)=100\cos(\omega t+36.9°)$ V，$\omega=1\ 000$ rad/s，$R_1=150\ \Omega$，$R_2=50\ \Omega$，$L=0.2$ H，$C=5\ \mu$F，开关动作前电路已达到稳态，$t=0$ 时开关 S 闭合，求开关动作后的 $i_L(t)$ 和 $u_C(t)$。[2019 年南京理工大学电路考研真题]

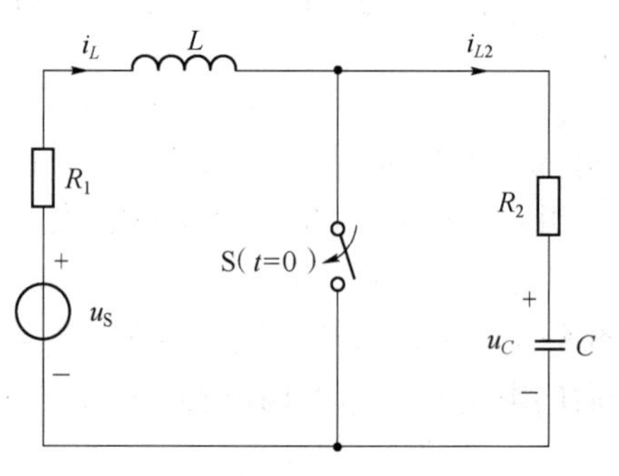

真题图 8-6

解：根据电路图，先分析换路前工作状态。

在换路前，因为 $\omega L=\dfrac{1}{\omega C}$，电路发生串联谐振，所以：

$$i_L(t)=\frac{u_S(t)}{R_1+R_2}=\frac{100\cos(\omega t+36.9°)}{150+50}\ \text{A}=0.5\cos(\omega t+36.9°)\ \text{A}\ \ (t\geqslant 0)$$

$$u_C(t)=-\mathrm{j}\frac{1}{\omega C}i_L(t)=100\cos(\omega t-53.1°)\ \text{V}\ \ (t\geqslant 0)$$

换路前瞬间 $i_L(0_-)=0.5\cos 36.9°\text{A}=0.4$ A，$u_C(0_-)=100\cos(-53.1°)\text{V}=60$ V。

由换路定则有 $i_L(0_+)=i_L(0_-)=0.4$ A，$u_C(0_+)=u_C(0_-)=60$ V。

换路后等效为两个一阶电路，左边的 RL 电路是全响应，右边的 RC 电路是零输入响应，则：

$$\tau_1=\frac{L}{R_1}=\frac{0.2}{150}\ \text{s}=\frac{1}{750}\ \text{s}，\ \tau_2=R_2C=50\times5\times10^{-6}\ \text{s}=2.5\times10^{-4}\ \text{s}$$

换路后电感电流的稳态响应可以应用相量法求解：

$$\dot{I}_L=\frac{\dot{U}_{Sm}}{R_1+\mathrm{j}\omega L}=\frac{100\angle 36.9°}{150+\mathrm{j}200}\ \text{A}=\frac{2}{5}\angle -16.2°\ \text{A}$$

所以： $i'_L(t)=\dfrac{2}{5}\cos(\omega t-16.2°)$ A $\quad i'_L(0_+)=\dfrac{2}{5}\cos(-16.2°)=0.384$ A

一阶电路在正弦电源激励下的全响应为 $f(t)=f'(t)+[f(0_+)-f'(0_+)]\mathrm{e}^{-\frac{t}{\tau}}$，所以：

$$i_L(t)=\left[\frac{2}{5}\cos(\omega t-16.2°)+0.016\mathrm{e}^{-750t}\right]\varepsilon(t)$$

电容电压的零输入响应为

$$u_C(t)=60\mathrm{e}^{-4\,000t}\ \mathrm{V}\ (t\geqslant 0)$$

本题考查正弦激励的全响应求解。

真题 8-7 已知真题图 8-7（a）所示电路的零状态响应为 $i_C(t)=\frac{1}{6}\mathrm{e}^{25t}\varepsilon(t)\,\mathrm{mA}$，如将真题图 8-7（a）中的阶跃电压源与电容分别改换成冲激电压源与电感，如真题图 8-7（b）所示。试求真题图 8-7（b）所示网络的零状态响应 u_L。［2001 年大连理工大学电路考研真题］

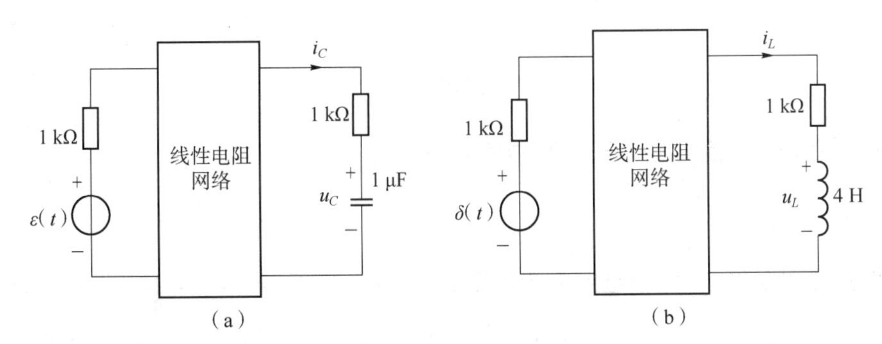

真题图 8-7

解：根据真题图 8-7（a）中电路的零状态响应为 $i_C(t)=\frac{1}{6}\mathrm{e}^{-25t}\varepsilon(t)\,\mathrm{mA}$，可得：

$$\tau_1=\frac{1}{25}\ \mathrm{s}=R_{\mathrm{eq}}C=R_{\mathrm{eq}}\times 1\times 10^{-6}$$

从而求得：

$$R_{\mathrm{eq}}=40\ \mathrm{k\Omega}$$

真题图 8-7（b）是冲激函数激励下的零状态响应，可以先求阶跃函数激励下的零状态响应 i'_L，即：

$$\tau_2=\frac{L}{R_{\mathrm{eq}}}=\frac{4}{40\,000}\ \mathrm{s}=1\times 10^{-4}\ \mathrm{s}$$

因为是零状态响应，所以 $i'_L(0_+)=0$。

当 $t\to\infty$ 时，电感短路，此时与真题图 8-7（a）的电容电路在 $t=0_+$ 时刻电路等效，所以：

$$i'_L(\infty)=i_C(0_+)=\frac{1}{6}\ \mathrm{mA}$$

即：

$$i'_L(t)=\frac{1}{6}(1-\mathrm{e}^{-10\,000t})\varepsilon(t)\,\mathrm{mA}\qquad u'_L=L\frac{\mathrm{d}i'_L}{\mathrm{d}t}=\frac{20}{3}\mathrm{e}^{-10\,000t}\varepsilon(t)\,\mathrm{V}$$

再求冲激函数激励下的零状态响应：

$$u_L(t)=\frac{\mathrm{d}u'_L}{\mathrm{d}t}=\left[-\frac{2}{3}\times 10^5\mathrm{e}^{-10\,000t}\varepsilon(t)+\frac{20}{3}\delta(t)\right]\mathrm{V}$$

真题 8-8 如真题图 8-8（a）所示无源电阻性网络 N，已知 1-1′端口电容 $C=2$ F，开关S闭合前，$u_C(0_-)=10$ V。当$t=0$时，开关S闭合，则端口2-2′短路电流$i_2=2e^{-0.25t}$ A；若端口2-2′接电压源$u_S=10$ V，且1-1′端口$u_C(0_-)=10$ V不变，如真题图8-8（b）所示，求$t=0$时开关S闭合后的$u_C(t)$。[2001年天津大学电路考研真题]

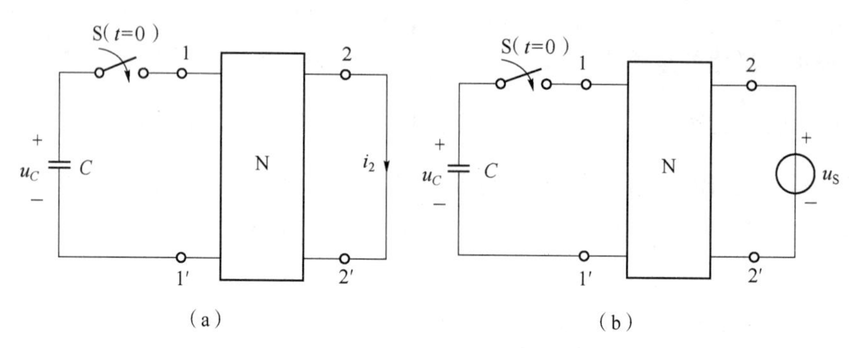

真题图 8-8

解：本题考查互易定理在动态电路中的应用。

应用互易定理：$\dfrac{u_C}{i_2}=\dfrac{u_S}{i'_C}$

可求得真题图8-8（b）中电容电流的零状态响应：$i'_C(t)=i_2(t)=2e^{-0.25t}$ A（$t\geqslant0$）

则电容电压的零状态响应为：$u'_C(t)=\dfrac{1}{C}\int_0^t i'_C(t)=\dfrac{1}{2}\int_0^t 2e^{-0.25\xi}d\xi=(4-4e^{-0.25t})$ V（$t\geqslant0$）

电容电压的零输入响应为：$u''_C(t)=u_C(0_+)e^{-0.25t}=10e^{-0.25t}$ V（$t\geqslant0$）

因此，电容电压的全响应为：$u_C(t)=u'_C(t)+u''_C(t)=(4+6e^{-0.25t})$ V（$t\geqslant0$）

第9章

线性动态电路的频域分析

学习目标

1. 掌握积分变换、拉普拉斯变换与反变换。
2. 掌握拉普拉斯变换的基本性质。
3. 熟练应用拉普拉斯变换对二阶或高阶动态电路进行分析。
4. 掌握极点、零点、冲激响应和频率响应之间的关系。
5. 熟练求解网络函数 $H(s)$，并能应用网络函数求任意激励函数的零状态响应。
6. 熟练应用网络函数对电路进行分析计算。

知识要点

1. 拉普拉斯变换的定义

一个函数 $f(t)$，定义区间为 $[0_-,\infty)$，其拉普拉斯变换式 $F(s)$ 定义为：

$$F(s)=\int_{0_-}^{\infty}f(t)\mathrm{e}^{-st}\mathrm{d}t$$

式中，$s=\sigma+\mathrm{j}\omega$ 为复数；$F(s)$ 称为 $f(t)$ 的象函数；$f(t)$ 称为 $F(s)$ 的原函数。拉普拉斯变换简称为拉氏变换。

通过拉氏变换，把已知的时域函数变换为频域函数，从而把时域的微分方程转换为频域中的代数方程，解决了高阶微分方程时域求解的困难。求出频域响应后，再进行反变换，返回时域，可求得满足电路初始条件的原微分方程的解。所以，拉氏变换法也称频域分析法，是求解高阶复杂动态电路的有效而重要的方法。

2. 拉氏变换的基本性质

（1）线性性质：$L[k_1f_1(t)\pm k_2f_2(t)]=k_1F_1(s)\pm k_2F_2(s)$。

（2）时域微分性质：$L\left[\frac{\mathrm{d}f(t)}{\mathrm{d}t}\right]=sF(s)-f(0_-)$。

（3）频域微分性质：$L[-tf(t)]=\frac{\mathrm{d}F(s)}{\mathrm{d}s}$。

（4）时域积分性质：$L\left[\int_{0_-}^{t}f(\xi)\mathrm{d}\xi\right]=\frac{F(s)}{s}$。

（5）时域平移性质：$L[f(t-t_0)\varepsilon(t-t_0)=\mathrm{e}^{-st_0}F(s)$。

（6）复频域平移性质：$L[\mathrm{e}^{-at}f(t)]=F(s+a)$。

（7）初值定理：$f(0_+)=\lim\limits_{t\to 0_+}f(t)=\lim\limits_{s\to\infty}sF(s)$。

（8）终值定理：$f(\infty)=\lim\limits_{t\to\infty}f(t)=\lim\limits_{s\to 0}sF(s)$。

3. 电感元件和电容元件的拉氏变换

电感元件的拉氏变换：$U(s)=sLI(s)-Li(0_-)$。

电容元件的拉氏变换：$U(s)=\frac{1}{sC}I(s)+\frac{u(0_-)}{s}$。

4. 拉氏反变换的部分分式展开

该方法的思路是，首先将一个有理真分式展开成若干个简单分式，简单项可以在拉氏变换表中找到。电路响应的象函数通常可以表示为一个 s 的有理分式：

$$F(s)=\frac{N(s)}{D(s)}=\frac{a_m s^m+a_{m-1}s^{m-1}+\cdots+a_0}{b_n s^n+b_{n-1}s^{n-1}+\cdots+b_0}$$

（1）如果 $D(s)=0$ 有 n 个单根，设这 n 个单根分别是 p_1，p_2，…，p_n，那么 $F(s)$ 可以展开为：

$$F(s)=\frac{K_1}{s-p_1}+\frac{K_2}{s-p_2}+\cdots+\frac{K_n}{s-p_n}$$

式中，$K_i=(s-p_i)F(s)\big|_{s=p_i}$ 或 $K_i=\frac{N(s)}{D'(s)}\Big|_{s=p_i}$。则：

$$f(t)=L^{-1}[F(s)]=\sum_{i=1}^{n}K_i\mathrm{e}^{p_i t}$$

（2）如果 $D(s)=0$ 具有共轭复根 $p_1=\alpha+\mathrm{j}\omega$，$p_2=\alpha-\mathrm{j}\omega$，则：

$$K_1=(s-\alpha-\mathrm{j}\omega)F(s)\big|_{s=\alpha+\mathrm{j}\omega}=\frac{N(s)}{D'(s)}\Big|_{s=\alpha+\mathrm{j}\omega}$$

$$K_2=(s-\alpha+\mathrm{j}\omega)F(s)\big|_{s=\alpha-\mathrm{j}\omega}=\frac{N(s)}{D'(s)}\Big|_{s=\alpha-\mathrm{j}\omega}$$

由于 $F(s)$ 是实系数多项式之比，因此 K_1、K_2 为共轭复数。

设 $K_1=|K_1|\mathrm{e}^{\mathrm{j}\theta_1}$，则 $K_2=|K_1|\mathrm{e}^{-\mathrm{j}\theta_1}$，有：

$$\begin{aligned}f(t)&=K_1\mathrm{e}^{(\alpha+\mathrm{j}\omega)t}+K_2\mathrm{e}^{(\alpha-\mathrm{j}\omega)t}=|K_1|\mathrm{e}^{\mathrm{j}\theta_1}\mathrm{e}^{(\alpha+\mathrm{j}\omega)t}+|K_1|\mathrm{e}^{-\mathrm{j}\theta_1}\mathrm{e}^{(\alpha-\mathrm{j}\omega)t}\\&=|K_1|\mathrm{e}^{\alpha t}[\mathrm{e}^{\mathrm{j}(\omega t+\theta_1)}+\mathrm{e}^{-\mathrm{j}(\omega t+\theta_1)}]=2|K_1|\mathrm{e}^{\alpha t}\cos(\omega t+\theta_1)\end{aligned}$$

上式中应用了欧拉公式 $\cos\theta=\frac{\mathrm{e}^{\mathrm{j}\theta}+\mathrm{e}^{-\mathrm{j}\theta}}{2}$。

(3) 如果 $D(s)=0$ 具有 n 重根，则应含 $(s-p_1)^n$ 的因式。先假设 $D(s)$ 中含有 $(s-p_1)^3$ 的因式，p_1 为 $D(s)=0$ 的三重根，其余为单根，$F(s)$ 可分解为：

$$F(s)=\frac{K_{13}}{s-p_1}+\frac{K_{12}}{(s-p_1)^2}+\frac{K_{11}}{(s-p_1)^3}+\left(\frac{K_2}{s-p_2}+\cdots\right)$$

$$K_{11}=(s-p_1)^3F(s)\big|_{s=p_1},K_{12}=\frac{\mathrm{d}}{\mathrm{d}s}[(s-p_1)^3F(s)]\bigg|_{s=p_1}$$

$$K_{13}=\frac{1}{2}\frac{\mathrm{d}^2}{\mathrm{d}s^2}[(s-p_1)^3F(s)]\bigg|_{s=p_1},\cdots,K_{1q}=\frac{1}{(q-1)!}\frac{\mathrm{d}^{q-1}}{\mathrm{d}s^{q-1}}[(s-p_1)^qF(s)]\bigg|_{s=p_1}$$

象函数转换为原函数用到的公式为 $\frac{1}{(s+\alpha)^{n+1}}\rightarrow\frac{1}{n!}t^n\mathrm{e}^{-\alpha t}$。

5. 线性动态电路的复频域分析——运算法

应用拉普拉斯变换法（运算法）求解线性动态电路的思路和应用相量法求解正弦稳态电路类似，都是解决时域中求解困难的问题。运算法求解线性动态电路的步骤为：

(1) 将激励函数进行拉氏变换；

(2) 由换路前电路的状态求出各电容电压和电感电流在 $t=0_-$ 时的初始值；

(3) 完整作出时域电路对应的运算电路（注意附加电源的大小和极性）；

(4) 建立复频域电路的 KCL、KVL 方程，求出相应的象函数；

(5) 再将步骤（4）中求出的象函数进行拉氏反变换，求出原函数，即可得到电路的动态响应。

求解过程可用图 9-1 表示。

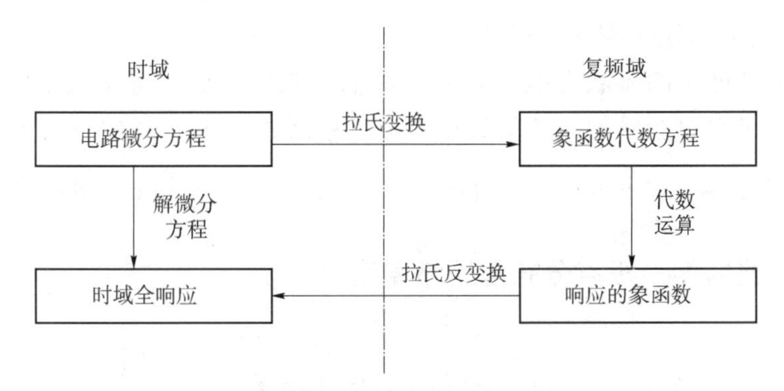

图 9-1 运算法求解线性动态电路的过程

6. 网络函数的定义

网络零状态响应 $r(t)$ 的象函数 $R(s)$ 与激励 $e(t)$ 的象函数 $E(s)$ 之比定义为该电路的**网络函数** $H(s)$，即 $H(s)=\frac{R(s)}{E(s)}$。网络函数电路如图 9-2 所示。

不同的响应 $R(s)$ 与不同的激励 $E(s)$ 决定了网络函数 $H(s)$ 不同的物理意义。

网络函数有以下 6 种类型。

驱动点阻抗：$Z_{11}=U_1(s)/I_1(s)$。

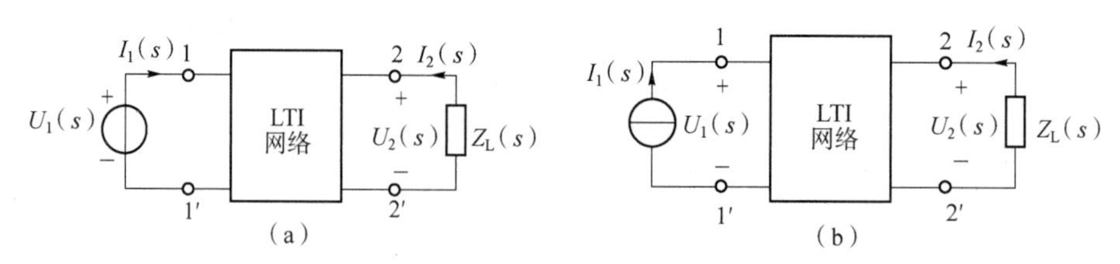

图 9-2　网络函数电路

驱动点导纳：$Y_{11}=I_1(s)/U_1(s)$。

转移阻抗：$Z_{21}=U_2(s)/I_1(s)$。

转移导纳：$Y_{21}=I_2(s)/U_1(s)$。

转移电压比：$H_U=U_2(s)/U_1(s)$。

转移电流比：$H_I=I_2(s)/I_1(s)$。

式中，驱动点阻抗和驱动点导纳是指输出响应和输入激励在同一端口的情况，而转移阻抗、转移导纳、转移电压比和转移电流比是指输出响应和输入激励在不同端口的情况。

7. 网络函数的应用

（1）求单位冲激响应：$R(s)=H(s)E(s)=H(s)\cdot 1=H(s)\Rightarrow r(t)=L^{-1}[H(s)]$。

（2）求单位阶跃响应：$R(s)=H(s)E(s)=H(s)\cdot\dfrac{1}{s}=H(s)\Rightarrow r(t)=L^{-1}\left[H(s)\cdot\dfrac{1}{s}\right]$。

（3）求正弦稳态响应：$H(s)\big|_{s=\mathrm{j}\omega}=\dfrac{R(s)}{E(s)}\bigg|_{s=\mathrm{j}\omega}=\Rightarrow\dot{R}=H(\mathrm{j}\omega)\dot{E}$。

（4）求任意函数激励的零状态响应：

若求任意外部激励的零状态响应 $r(t)$，则需要求出单位冲激函数激励下的网络函数 $H(s)$，再求出任意外部激励 $e(t)$ 的象函数 $E(s)$，根据 $R(s)=H(s)E(s)$ 求出 $R(s)$，最后将 $R(s)$ 进行拉氏反变换，求出 $r(t)$，即 $r(t)=L^{-1}[E(s)H(s)]=\int_0^t \mathrm{e}(t-\xi)h(\xi)\mathrm{d}\xi$。

8. 网络函数的零、极点分布与网络稳定性

$$H(s)=\frac{N(s)}{D(s)}=H_0\frac{(s-z_1)(s-z_2)\cdots(s-z_m)}{(s-p_1)(s-p_2)\cdots(s-p_n)}=H_0\frac{\prod_{i=1}^{m}(s-z_i)}{\prod_{j=1}^{n}(s-p_j)}$$

式中，$H_0=\dfrac{a_m}{b_n}$为实系数；$z_1,z_2,\cdots,z_m$ 是分子 $N(s)=0$ 的根，称为零点，复平面上用“。”表示；$p_1,p_2,\cdots,p_n$ 是分母 $D(s)=0$ 的根，称为极点，在复平面上用“×”表示。

(1) 极点全部位于 s 平面的左半开平面。

设网络函数 $H(s)$ 为真分式且具有单阶极点，则单位冲激响应为：

$$h(t)=L^{-1}[H(s)]=L^{-1}\left(\sum_{i=1}^{n}\frac{K_i}{s-p_i}\right)=\sum_{i=1}^{n}K_i\mathrm{e}^{p_it}$$

当极点 p_i 为负实数时，设 $H(s)=\dfrac{1}{s+a}(a>0)$，则极点 $p=-a$，$h(t)=\mathrm{e}^{-at}$，$h(t)$ 按衰减的指数规律变化，当 $t\to\infty$ 时，单位冲激响应将趋于零，这时称对应的网络是非振荡渐近稳定的。

当极点 p_i 为共轭复数，$H(s)=\dfrac{\omega}{(s+a)^2+\omega^2}$ $(a>0,\ \omega>0)$，则极点 $p_1=-a+\mathrm{j}\omega$，$p_2=-a-\mathrm{j}\omega$，$h(t)=\mathrm{e}^{-at}\sin\omega t$，当 $t\to\infty$ 时，单位冲激响应也将趋于零，这时称对应的网络是振荡渐近稳定的。

当存在高阶极点，且网络函数 $H(s)$ 的极点全部位于 s 的左半平面时，单位冲激响应均是有界的。例如，设 $H(s)=\dfrac{1}{(s+a)^2}(a>0)$，极点 $p_1=p_2=-a<0$ 为二阶极点，$h(t)=t\mathrm{e}^{-at}$，$\lim\limits_{t\to\infty}h(t)=0$，称网络是渐近稳定的。

（2）极点位于 s 平面的右半开平面。

假设网络函数为真分式且具有单阶极点，但至少有一个极点位于 s 平面的右半开平面，当极点位于右半开平面时，设 $H(s)=\dfrac{1}{s-a}(a>0)$，极点 $p=a>0$，$h(t)=\mathrm{e}^{at}$，当 $t\to\infty$ 时，$h(t)\to\infty$，所以电路网络不稳定。若设 $H(s)=\dfrac{\omega}{(s-a)^2+\omega^2}$ $(a>0,\ \omega>0)$，则极点 $p_{1,2}=a\pm\mathrm{j}\omega$，$\mathrm{Re}[p_1]=\mathrm{Re}[p_2]=a>0$，$h(t)=\mathrm{e}^{at}\sin\omega t$，网络函数的单位冲激响应波形都是随时间增长的，是无界的，称网络是不稳定的。

（3）极点位于虚轴上。

虚轴上存在共轭单阶极点，其他极点不考虑。例如，$H(s)=\dfrac{A\omega}{s^2+\omega^2}$，极点 $p_{1,2}=\pm\mathrm{j}\omega$，$h(t)=A\sin\omega t$，网络函数的单位冲激响应是一等幅正弦波。

（4）极点为零。

当网络函数的极点为零，即 $p=0$ 时，网络函数为 $H(s)=\dfrac{1}{s}$，网络函数的单位冲激响应 $h(t)=\varepsilon(t)$，其波形是单位阶跃函数，这时也称网络是不稳定的。

以上四种情况的极点与冲激响应的关系可以用图 9-3 说明。

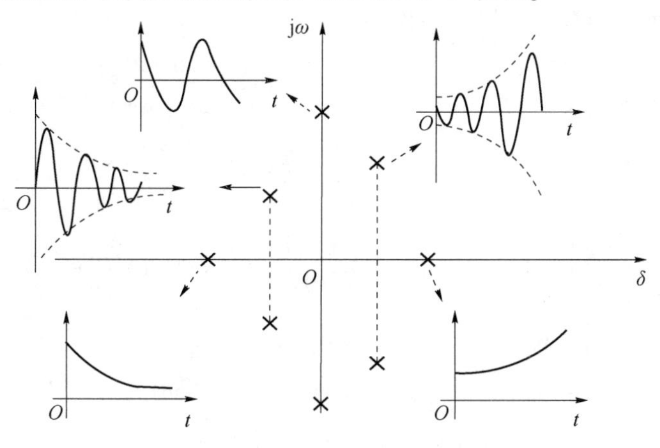

图 9-3 极点与冲激响应的关系

9. 网络函数的频率响应

网络函数：

$$H(\mathrm{j}\omega)=H_0\frac{\prod_{i=1}^{m}(\mathrm{j}\omega-z_i)}{\prod_{j=1}^{n}(\mathrm{j}\omega-p_j)}$$

幅频特性为：

$$|H(\mathrm{j}\omega)|=H_0\frac{\prod_{i=1}^{m}|(\mathrm{j}\omega-z_i)|}{\prod_{j=1}^{n}|(\mathrm{j}\omega-p_j)|}$$

相频特性为：

$$\arg[H(\mathrm{j}\omega)]=\sum_{i=1}^{m}\arg(\mathrm{j}\omega-z_i)-\sum_{j=1}^{n}\arg(\mathrm{j}\omega-p_j)$$

重点是在求出电路的网络函数 $H(s)$ 后，令 $s=\mathrm{j}\omega$，得到一个随 ω 变化的复数 $H(\mathrm{j}\omega)$，分别分析幅频特性和相频特性，并分别画出响应的特性曲线，根据特性曲线可以直观地分析网络函数的通频特性。

教材同步习题详解

9-1 试求下列函数的象函数。

(1) $f(t)=1-\mathrm{e}^{-at}$　(2) $f(t)=\mathrm{e}^{-at}(1-at)$　(3) $f(t)=\varepsilon(t)+\varepsilon(t-a)$

(4) $f(t)\mathrm{e}^{-2t}\sin(3t)$　(5) $f(t)\mathrm{e}^{-at}\varepsilon(t-1)$　(6) $f(t)=t\cos(at)$

解：过程略

(1) $\dfrac{a}{s(s+a)}$　(2) $\dfrac{s}{(s+a)^2}$　(3) $\dfrac{1}{s}(1+\mathrm{e}^{-at})$

(4) $\dfrac{3}{(s+2)^2+9}$　(5) $\dfrac{1}{s+a}\mathrm{e}^{-(s+a)}$　(6) $\dfrac{s^2-a^2}{(s^2+a^2)^2}$

9-2 试求下列象函数对应的原函数。

(1) $F(s)=\dfrac{4s^2+20s+36}{s^3+5s^2+6s}$　(2) $F(s)=\dfrac{16s+28}{2s^2+5s+3}$

(3) $F(s)=\dfrac{3}{(s^2+1)(s^2+4)}$　(4) $F(s)=\dfrac{s+4}{s^2+8s+41}$

(5) $F(s)=\dfrac{s^2+3s+7}{[(s+2)^2+4](s+1)}$　(6) $F(s)=\dfrac{s+2}{s(s+1)^2(s+3)}$

解：过程略

(1) $f(t)=6+4\mathrm{e}^{-3t}-6\mathrm{e}^{-2t}$　(2) $f(t)=12\mathrm{e}^{-t}-4\mathrm{e}^{-1.5t}$

(3) $f(t)=\sin t-0.5\sin 2t$　(4) $f(t)=\mathrm{e}^{-4t}\cos 5t$

(5) $f(t)=\mathrm{e}^{-t}+0.5\mathrm{e}^{-2t}\cos(2t+90°)$　(6) $\dfrac{2}{3}+\dfrac{1}{12}\mathrm{e}^{-3t}-\left(\dfrac{1}{2}t+\dfrac{3}{4}\right)\mathrm{e}^{-t}$

9-3 电路如题图 9-1 所示，已知 $u_C(0_-)=2$ V，$i_L(0_-)=1$ A，$i_S(t)=\delta(t)$ A。试用运算法求 RLC 并联电路的响应 $u_C(t)$。

解：根据时域电路和 0_- 值画出复频域电路图，如题图 9-1（解图）所示。

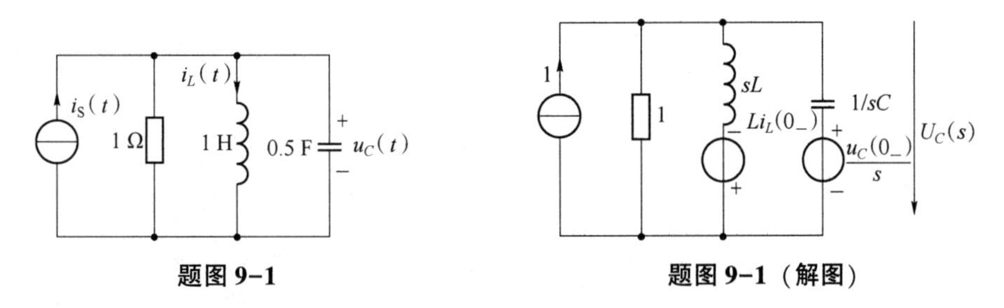

题图 9-1　　**题图 9-1（解图）**

本电路所求电容电压恰好是两结点电压，故应用结点电压法最简单。则：

$$U_C(s)=\frac{1+\dfrac{u_C(0_-)}{s\times 1/sC}-\dfrac{Li_L(0_-)}{sL}}{1+1/sL+sC}=\frac{1+1-1/s}{1+1/s+0.5s}=\frac{2(2s-1)}{s^2+2s+2}=\frac{4(s+1)}{(s+1)^2+1}-\frac{6}{(s+1)^2+1}$$

对 $U_C(s)$ 进行反变换得：

$$u_C(t)=4e^{-t}\cos t-6e^{-t}\sin t=2\sqrt{13}\,e^{-t}\cos(t+56.31°)\text{ V}$$

9-4 电路如题图 9-2 所示，已知 $u_C(0_-)=1$ V，$i_L(0_-)=5$ A，$e(t)=12\sin(5t)\varepsilon(t)$ V，试用运算法计算 $i(t)$。

解：将时域电路转换为复频域电路，如题图 9-2（解图）所示。则：

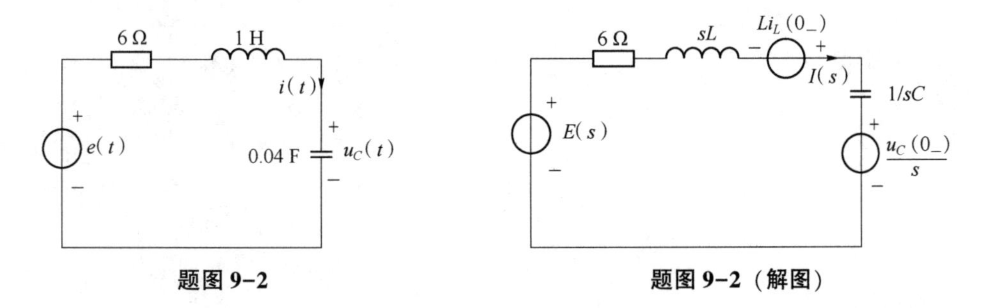

题图 9-2　　**题图 9-2（解图）**

$$e(t)=12\sin(5t)\varepsilon(t)\text{ V}\rightarrow E(s)=12\cdot\frac{5}{s^2+5^2}=\frac{60}{s^2+25}$$

$$sL=s\quad Li_L(0_-)=5\quad 1/sC=25/s\quad \frac{u_C(0_-)}{s}=\frac{1}{s}$$

$$I(s)=\frac{E(s)+Li_L(0_-)-\dfrac{u_C(0_-)}{s}}{6+sL+\dfrac{1}{sC}}=\frac{\dfrac{60}{s^2+25}+5-\dfrac{1}{s}}{6+s+\dfrac{25}{s}}=\frac{5s^3-s^2+185s-25}{(s^2+25)(s^2+6s+25)}$$

$$=\frac{K_1}{s^2+25}+\frac{K_2+K_3s}{s^2+6s+25}=\frac{10}{s^2+25}+\frac{-11+5s}{s^2+6s+25}$$ （通分，利用 s 各次系数相等求相应参数）

各部分象函数对应原函数为：

$$\frac{10}{s^2+25} \Rightarrow 2\sin 5t$$

$$\frac{-11+5s}{s^2+6s+25}=\frac{5(s+3)}{(s+3)^2+4^2}-\frac{6.5\times 4}{(s+3)^2+4^2} \Rightarrow$$

$$5e^{-3t}\cos 4t-6.5e^{-3t}\sin 4t=8.2006e^{-3t}\sin(4t+142.43°)$$

所以：$$i(t)=[2\sin 5t+8.2006e^{-3t}\sin(4t+142.43°)]\text{A}$$

9-5　电路如题图 9-3 所示，已知 $R_1=R_2=2\ \Omega$，$C=0.1$ F，$L=\frac{5}{8}$ H，$U_{S1}=4$ V，$U_{S2}=2$ V，原电路已处于稳定状态，$t=0$ 时开关 S 闭合。试用运算法计算 $u_C(t)$。

解：根据题图 9-3，求出开关闭合之前动态元件的状态变量的值：

$$u_C(0_-)=U_{S1}=4\ \text{V}\quad i_L(0_-)=\frac{U_{S2}}{R_2}=1\ \text{A}$$

画出复频域等效电路如题图 9-3（解图）所示，仍然用结点电压法求解 $U_C(s)$，即：

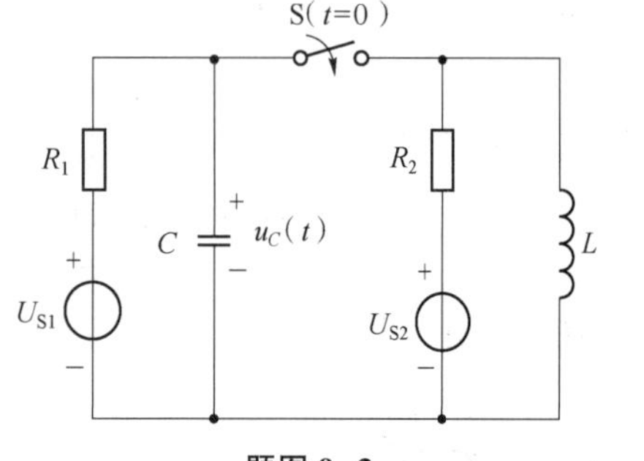

题图 9-3

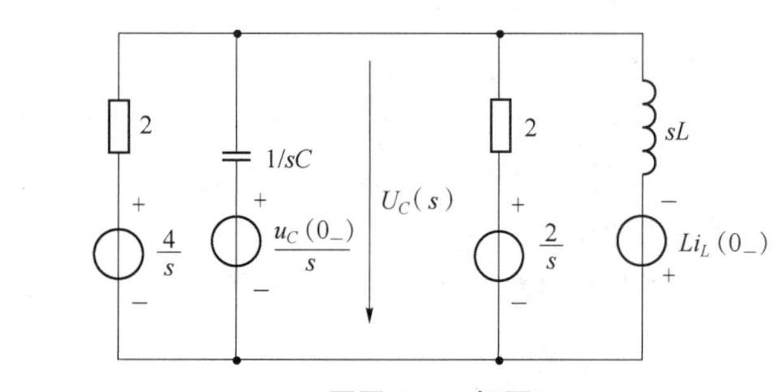

题图 9-3（解图）

$$U_C(s)=\frac{\frac{4/s}{2}+\frac{4/s}{10/s}+\frac{2/s}{2}-\frac{5/8}{5s/8}}{\frac{1}{2}+0.1s+\frac{1}{2}+\frac{8}{5s}}=4\cdot\frac{s+5}{s^2+10s+16}=\frac{2}{s+2}+\frac{2}{s+8}$$

求反变换有：$$u_C(t)=2(e^{-2t}+e^{-8t})\text{V}$$

9-6　电路如题图 9-4 所示，已知 $L=1$ H，$R_1=R_2=1\ \Omega$，$C=1$ F，$I_S=1$ A，$e(t)=\delta(t)$。原电路已处于稳定状态，$t=0$ 时开关 S 闭合。试作运算电路图，并用运算法计算 $u_C(t)$ 的象函数 $U_C(s)$。

解：根据题图 9-4，求出开关闭合之前，电路中动态元件状态变量的值：

$$i_L(0_-)=I_S=1\ \text{A}\quad u_C(0_-)=I_SR_1=1\ \text{V}$$

画出复频域等效电路，如题图 9-4（解图）所示，应用结点电压法计算电容电压的象函数：

$$U_C(s)=\frac{\frac{-Li_L(0_-)}{R_1+sL}+\frac{1}{s}+\frac{1}{R_2}+\frac{u_C(0_-)/s}{1/sC}}{\frac{1}{sL+R_1}+\frac{1}{R_2}+sC}=\frac{\frac{-1}{s+1}+\frac{1}{s}+1+1}{\frac{1}{s+1}+1+s}=\frac{2s^2+2s+1}{s(s^2+2s+2)}$$

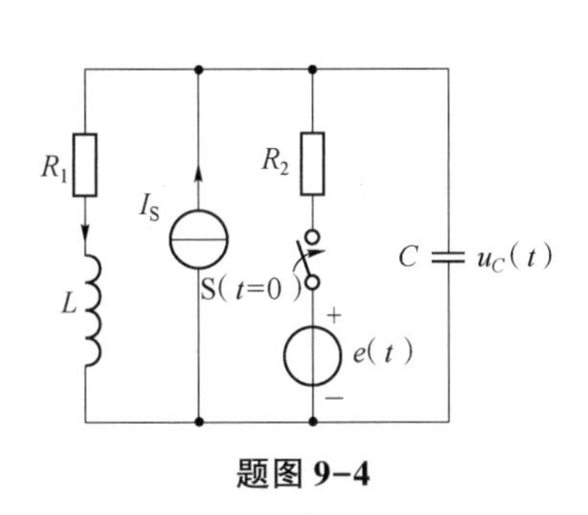

题图 9-4

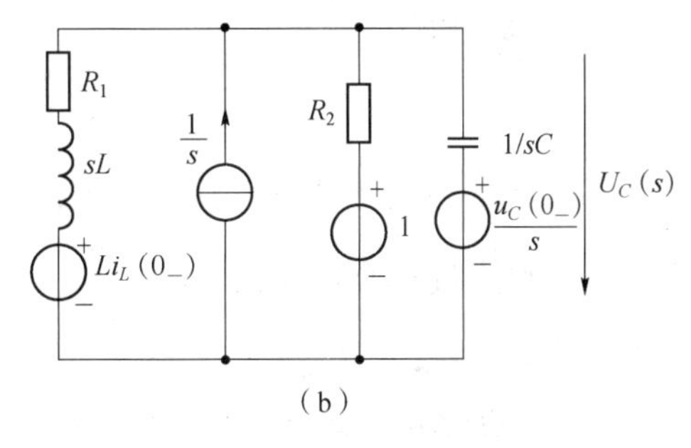

题图 9-4（解图）

9-7　电路如题图 9-5 所示，$R_1=30\ \Omega$，$R_2=20\ \Omega$，$L=25$ H，$C=0.01$ F，$u_{S1}=40$ V，$u_{S2}=20$ V。开关 S 闭合前电路已达到稳定状态，$t=0$ 时将 S 闭合。求 $t\geqslant 0$ 时的电容电压 $u_C(t)$ 和电感电流 $i_L(t)$。

解：根据题图 9-5 计算开关闭合前的动态元件的状态变量值：

$$i_L(0_-)=\frac{u_{S1}-u_{S2}}{R_1+R_2}=\frac{40-20}{50}\ \text{A}=0.4\ \text{A},\ u_C(0_-)=i_L(0_-)\times R_2+u_{S2}=(0.4\times 20+20)\ \text{V}=28\ \text{V}$$

画出复频域等效电路如题图 9-5（解图）所示。图中：

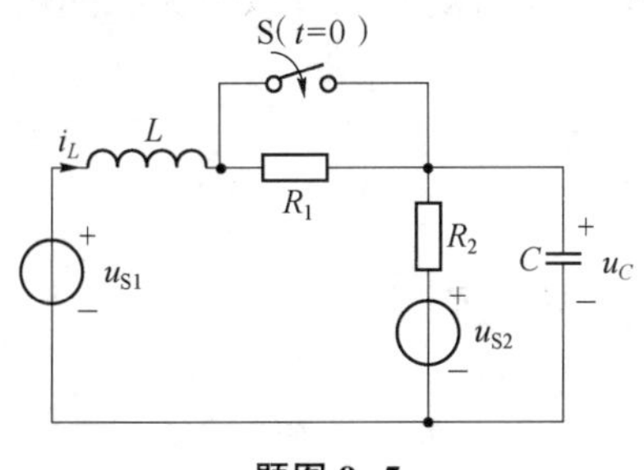

题图 9-5

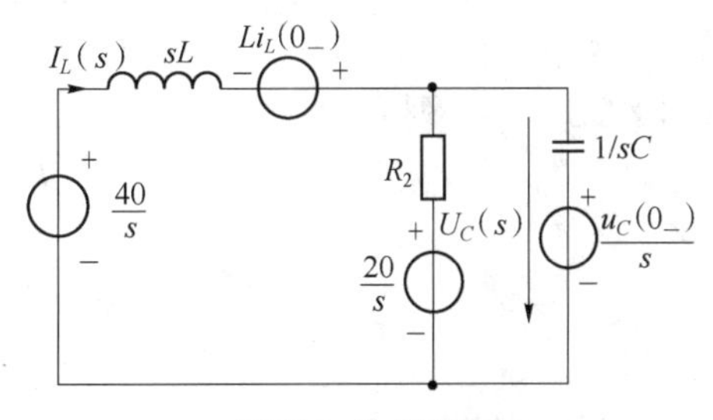

题图 9-5（解图）

$$Li_L(0_-)=25\times 0.4=10,\ sL=25s,\ \frac{1}{sC}=\frac{1}{0.01s}=\frac{100}{s}\ \frac{u_C(0_-)}{s}=\frac{28}{s}$$

应用结点电压法求电容电压的象函数：

$$U_C(s)=\frac{\dfrac{40/s}{sL}+\dfrac{10}{sL}+\dfrac{20/s}{20}+\dfrac{28/s}{100/s}}{\dfrac{1}{sL}+\dfrac{1}{20}+0.01s}=\frac{4(7s^2+35s+40)}{s(s^2+5s+4)}=\frac{K_1}{s}+\frac{K_2}{s+1}+\frac{K_3}{s+4}=\frac{40}{s}+\frac{(-16)}{s+1}+\frac{4}{s+4}$$

逆变换求出原函数：

$$u_C(t)=(40-16\mathrm{e}^{-t}+4\mathrm{e}^{-4t})\ \text{V}$$

再求电感电流象函数：

$$I_L(s)\cdot sL+U_C(s)=\frac{40}{s}+10$$

$$I_L(s)=\frac{\dfrac{40}{s}+10-U_C(s)}{25s}=\frac{2}{5}\cdot\frac{(s^2+7s+40)}{s(s^2+5s+4)}=\frac{1}{s}+\left(-\frac{16}{25}\right)\frac{1}{s+1}+\frac{1}{25}\cdot\frac{1}{s+4}$$

逆变换求出原函数：

$$i_L(t)=\left(1-\frac{16}{25}e^{-t}+\frac{1}{25}e^{-4t}\right)A$$

9-8　题图 9-6 所示一端口为零初始状态，其中 $L=0.5$ H，$R=1$ Ω，$C=1$ F，试：

（1）用运算法求驱动点阻抗 $Z(s)=\dfrac{U(s)}{I(s)}$；

（2）在 s 平面上绘出零点、极点；

（3）应用 MATLAB 辅助分析幅频特性和相频特性，画出 Bode 图。

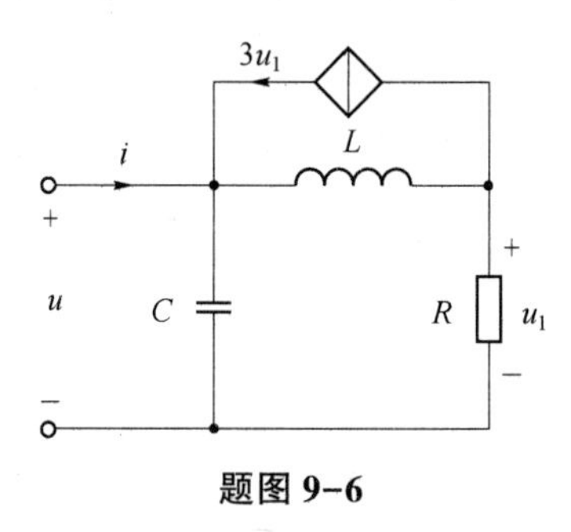

题图 9-6

解：将题图 9-6 中受控电流源等效为受控电压源，画出复频域等效电路，如题图 9-6（解图）所示。

根据 KCL、KVL 列方程：

$$I=I_1+I_2 \tag{1}$$

$$U(s)=I_1\frac{1}{sC}=3U_1\cdot sL+I_2\cdot sL+I_2R \tag{2}$$

控制量：
$$U_1=I_2\cdot R$$

将控制量 U_1 代入（2）式：

$$I_1=sC(3I_2R\cdot sL+I_2\cdot sL+I_2R)=sCI_2(3R\cdot sL+sL+R)$$

将 I_1、I_2 代入（1）式：

$$I=I_1+I_2=sCI_2(3R\cdot sL+sL+R)+I_2=I_2(2s^2+s+1)$$

从而求得：　$U(s)=3U_1\cdot sL+I_2\cdot sL+I_2R=I_2(3R\cdot sL+sL+R)=I_2(2s+1)$

驱动点阻抗为：
$$Z(s)=\frac{U(s)}{I(s)}=\frac{2s+1}{2s^2+s+1}$$

可以解出零点、极点分别为：

$$z_1=-\frac{1}{2}\qquad p_{1,2}=\frac{-1\pm\sqrt{7}j}{4}$$

应用 MATLAB 画出 Bode 图，分析频率特性，代码如下：

```
clear
den=[2 1 1];
num=[2 1];
sys=tf(num,den);
bode(sys)
```

MATLAB 仿真输出 Bode 图如题图 9-6（解图）（b）所示，系统是稳定的。

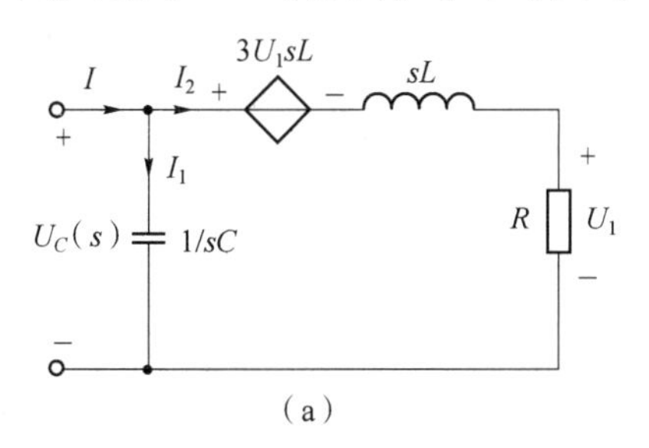

（a）

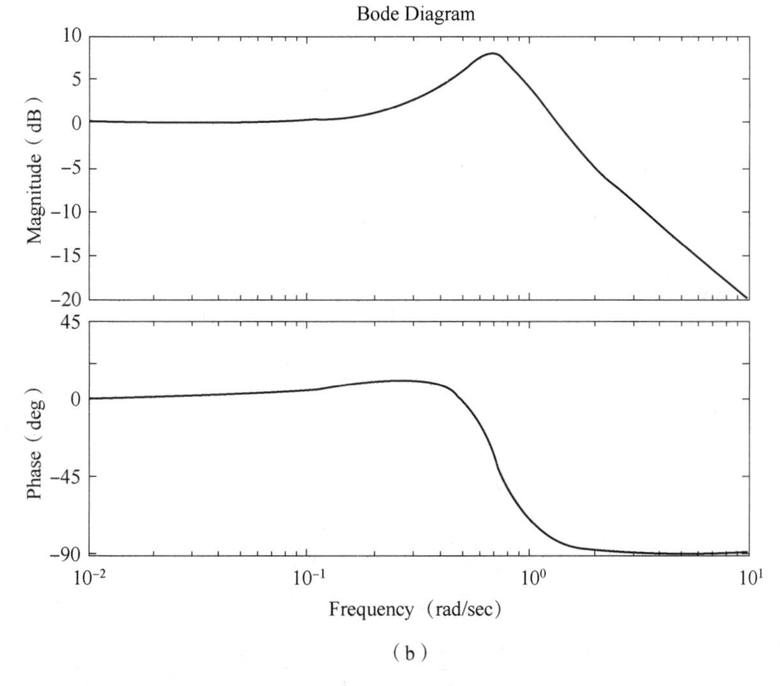

（b）

题图 9-6（解图）

9-9　电路如题图 9-7 所示，已知 $u_S(t)=4\varepsilon(t)$V，试：

（1）求网络函数 $H(s)=\dfrac{U_O(s)}{U_S(s)}$；

（2）绘出 $H(s)$的零、极点图。

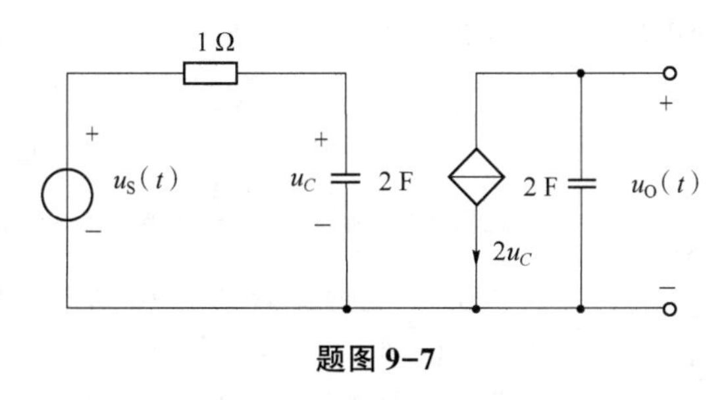

题图 9-7

解：画出复频域等效电路图，如题图 9-7（解图）所示。则：

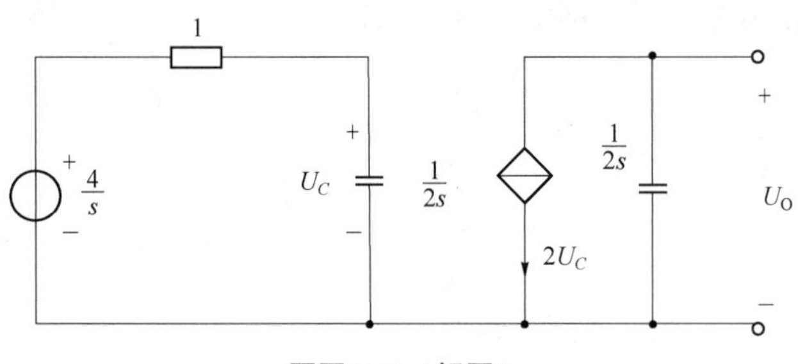

题图 9-7（解图）

$$U_C=\frac{\frac{4}{s}}{1+\frac{1}{sC}}\cdot\frac{1}{sC}=\frac{\frac{4}{s}}{1+\frac{1}{2s}}\cdot\frac{1}{2s}=\frac{4}{s(2s+1)}$$

$$U_O=-2U_C\cdot\frac{1}{sC}=-2U_C\cdot\frac{1}{2s}=\frac{-4}{s^2(2s+1)}$$

$$H(s)=\frac{U_O}{U_S}=\frac{-4}{s^2(2s+1)}\cdot\frac{s}{4}=\frac{-1}{s(2s+1)}$$

无零点，极点为 0、-0.5。

9-10　已知网络函数 $H(s)=\frac{s+1}{s^2+5s+6}$，试求冲激响应 $h(t)$ 和阶跃响应 $r(t)$。

解：对网络函数 $H(s)$ 进行逆变换就是冲激响应 $h(t)$，即：

$$H(s)=\frac{s+1}{s^2+5s+6}=\frac{s+1}{(s+2)(s+3)}=\frac{-1}{s+2}+\frac{2}{s+3}$$

$$h(t)=-e^{-2t}+2e^{-3t}$$

$$R(s)=E(s)H(s)=\frac{1}{s}\cdot\frac{s+1}{s^2+5s+6}=\frac{s+1}{s(s+2)(s+3)}=\frac{1}{6}\cdot\frac{1}{s}+\frac{1}{2}\cdot\frac{1}{s+2}-\frac{2}{3}\cdot\frac{1}{s+3}$$

拉氏反变换求出阶跃响应：

$$r(t)=\frac{1}{6}+\frac{1}{2}e^{-2t}-\frac{2}{3}e^{-3t}$$

9-11　设某个线性电路的冲激响应 $h(t)=e^{-t}+2e^{-2t}$，试求相应的网络函数，并绘制零、极点图。

解：求网络函数就是将冲激响应变换为象函数，即：

$$H(s)=\frac{1}{s+1}+\frac{2}{s+2}=\frac{3s+4}{s^2+3s+2}$$

网络函数零点为$-\frac{4}{3}$，极点为-1、-2。

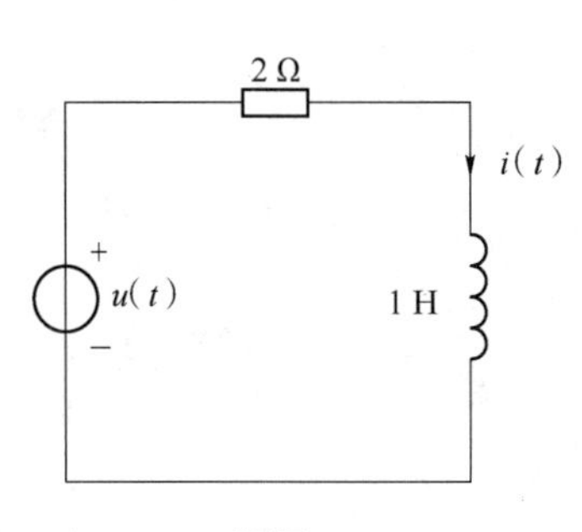

题图 9-8

9-12　电路如题图 9-8 所示，已知激励 $u(t)=10e^{-at}[\varepsilon(t)-\varepsilon(t-1)]$V，试用卷积定理求电流 $i(t)$。

解：题图 9-8 中的电流的网络函数为：

$$H(s)=\frac{1}{s+2}$$

将时域中的激励函数进行拉氏变换得到象函数：

$$U(s)=10\left(\frac{1}{s+a}-\frac{1}{s+a}\mathrm{e}^{-(s+a)}\right)$$

$$R(s)=H(s)\cdot U(s)=\frac{1}{s+2}\cdot 10\left[\frac{1}{s+a}-\frac{1}{s+a}\mathrm{e}^{-(s+a)}\right]=10\left[\frac{1}{s+2}\cdot\frac{1}{s+a}\right]\left[1-\mathrm{e}^{-(s+a)}\right]$$

$$=10\left(\frac{1}{a-2}\cdot\frac{1}{s+2}+\frac{1}{2-a}\cdot\frac{1}{s+a}\right)\left[1-\mathrm{e}^{-(s+a)}\right]$$

再进行拉氏反变换得到电流的原函数：

$$i(t)=L^{-1}[R(s)]=\frac{10}{2-a}\left[(\mathrm{e}^{-at}-\mathrm{e}^{-2t})\varepsilon(t)-\mathrm{e}^{-a}(\mathrm{e}^{-a(t-1)}-\mathrm{e}^{-2(t-1)})\varepsilon(t-1)\right]$$

$$=\frac{10}{2-a}\left[(\mathrm{e}^{-at}-\mathrm{e}^{-2t})\varepsilon(t)-(\mathrm{e}^{-at}-\mathrm{e}^{-2(t-1)-a})\varepsilon(t-1)\right]\mathrm{A}$$

历年考研真题

真题 9-1 动态电路如真题图 9-1 所示，已知 $R_1=2\ \Omega$，$R_2=R_3=4\ \Omega$，$C=0.5\ \mathrm{F}$，$L=1\ \mathrm{H}$，$U_{S1}=20\ \mathrm{V}$，$U_{S2}=18\ \mathrm{V}$，电压控制的电压源 $u_{CS}=2u$，开关 S 闭合前电路已达稳态，$t=0$ 时开关 S 闭合，试求：开关闭合后电容电压 $u_C(t)$ 和电感电流 $i_L(t)$。[2010 年天津大学电路考研真题]

解：先求开关闭合前 $t=0_-$ 时动态元件的状态变量：

$$i_L(0_-)=\frac{-U_{S2}-u_{CS}}{R_1+R_2+R_3}$$

$$u_{CS}=2u=2i_L(0_-)R_2$$

联立 $i_L(0_-)=\dfrac{-18-2i_L(0_-)\times 4}{10}$，解得

$$i_L(0_-)=-1\ \mathrm{A}$$

$$u_C(0_-)=i_L(0_-)\times(R_2+R_3)+U_{S2}-U_{S1}=(-8+18-20)\ \mathrm{V}=-10\ \mathrm{V}$$

画出开关 S 闭合后的运算电路，如真题图 9-1（解图）所示。

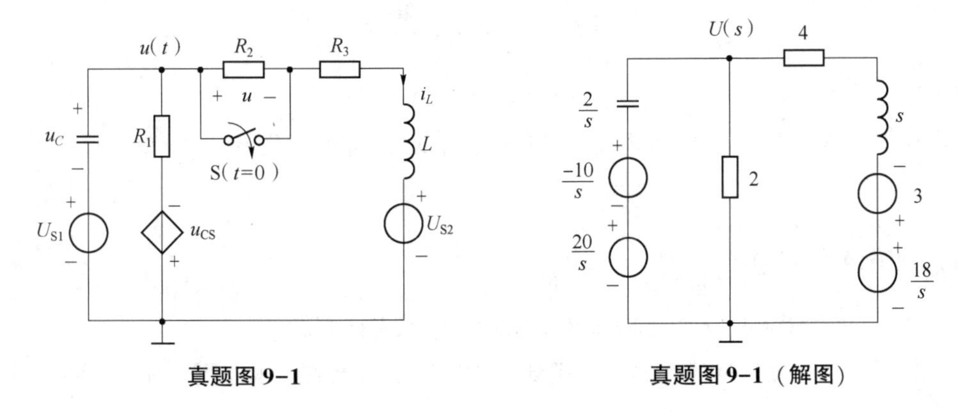

真题图 9-1　　真题图 9-1（解图）

应用结点电压法得：

$$U(s)=\frac{\frac{10}{s}/\frac{2}{s}+\left(\frac{18}{s}-3\right)/(s+4)}{\frac{s}{2}+\frac{1}{2}+\frac{1}{4+s}}=\frac{10s^2+40s+36+2s}{s(s^2+5s+4+2)}=\frac{10s^2+42s+36}{s(s^2+5s+6)}$$

$$=\frac{10s(s+3)+12(s+3)}{s(s+2)(s+3)}=\frac{10s+12}{s(s+2)}=\frac{6}{s}+\frac{4}{s+2}$$

拉氏反变换可得：$$u(t)=(6+4e^{-2t})\text{V} \quad t\geqslant 0$$

$$u_C(t)=u(t)-U_{S1}=(-14+4e^{-2t})\text{V} \quad t\geqslant 0$$

$$i_L(t)=-\left(C\frac{du_C}{dt}+\frac{u}{2}\right)=-(-4e^{-2t}+3+2e^{-2t})=(-3+2e^{-2t})\text{A} \quad t\geqslant 0$$

真题 9-2 电路如真题图 9-2 所示，电路中激励是冲激电流源，已知：$R=2\ \Omega$，$C=1\ \mu F$，$L=1$ H。试求 u_C、i_L 的零状态响应。[2005 年西安交大电路考研真题]

解：本题难度不大，主要考查应用频域变换方法求解问题。

因为求的是零状态响应，所以动态元件的初始状态为零，画出频域电路图，如真题图 9-2（b）所示。则：

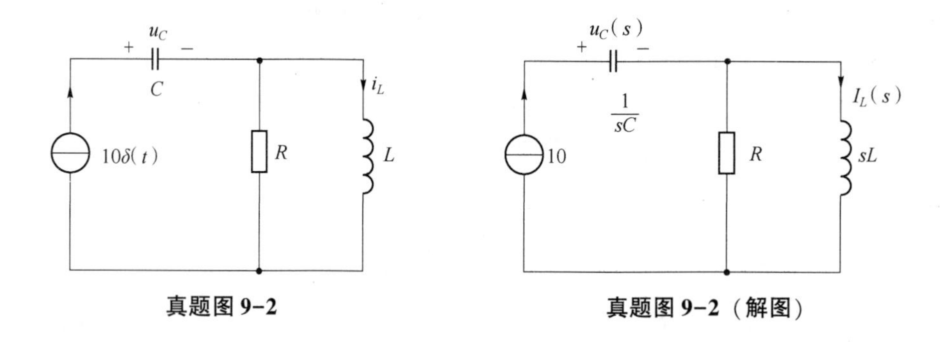

真题图 9-2　　**真题图 9-2（解图）**

$$U_C(s)=10\times\frac{1}{sC}=\frac{1\times 10^7}{s}$$

拉氏反变换得到：$$u_C(t)=1\times 10^7\varepsilon(t)\text{V}$$

$$I_L(s)=\frac{2}{s+2}\times I_S=\frac{20}{s+2}$$

拉氏反变换得到：$$i_L(t)=20e^{-2t}\ \text{A}$$

真题 9-3 含理想运算放大器电路如真题图 9-3 所示，已知：$R=1\ k\Omega$，$C=1\ \mu F$。试求：

（1）网络函数 $H(s)=\dfrac{U_0(s)}{U_S(s)}$；

（2）单位冲激响应 $u_0(t)$。[2001 年南京理工电路考研真题]

解：此题含有理想运算放大器，要用到“虚短”和“虚断”的概念，也是零状态响应，所以动态元件初始储能为零。时域图中的 $C\to\frac{1}{sC}$，$u_S(t)\to U_S(s)$，$u_0(t)\to U_0(s)$，时域电路

不再重新画出。

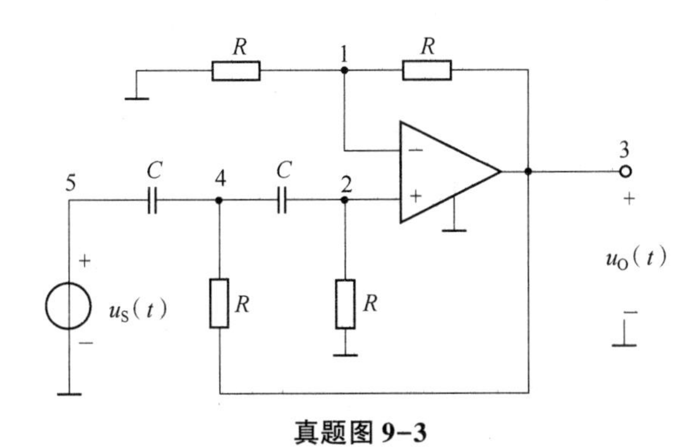

真题图 9-3

(1) 先求网络函数 $H(s)=\dfrac{U_O(s)}{U_S(s)}$。

由电路图可得 $U_3=U_O(s)$, $U_5=U_S(s)$。

由“虚短”可得 $U_1=U_2$。

由“虚断”和 KCL 对结点 1 列结点电流方程：

$$\frac{U_1}{R}=\frac{U_3-U_1}{R}$$

$$U_3=2U_1=U_O(s)$$

对于结点 2：

$$\left(sC+\frac{1}{R}\right)U_2-sCU_4=0$$

$$U_4=\frac{1+RsC}{RsC}U_2=\frac{1+RsC}{RsC}U_1$$

对于结点 4：

$$\left(sC+sC+\frac{1}{R}\right)U_4-sCU_5-sCU_2-\frac{1}{R}U_3=0$$

$$U_5=\frac{(RsC)^2+RsC+1}{(RsC)^2}U_1$$

所以，要求的网络函数为：

$$H(s)=\frac{U_O(s)}{U_S(s)}=\frac{2U_1(s)}{\dfrac{(RsC)^2+RsC+1}{(RsC)^2}U_1(s)}=\frac{2\ (RsC)^2}{(RsC)^2+RsC+1}=\frac{2s^2}{s^2+1\ 000s+10^6}$$

(2) 由网络函数 $H(s)=\dfrac{U_O(s)}{U_S(s)}=\dfrac{2s^2}{s^2+1\ 000s+10^6}$，先求单位阶跃响应 $s(t)$，令 $U_S(s)=\dfrac{1}{s}$，则：

$$U_0(s)=H(s)\cdot U_S(s)=\frac{2s^2}{s^2+1\ 000s+10^6}\cdot\frac{1}{s}=\frac{2s}{s^2+1\ 000s+10^6}$$

特征方程为 $D(s)=s^2+10^3s+10^6=0$，特征根 $p_{1,2}=-500\pm500\sqrt{3}\,\mathrm{i}$。

系数 $k_1=\frac{2}{\sqrt{3}}\angle 30^\circ=|k_1|\mathrm{e}^{\mathrm{j}\theta}=\frac{2}{\sqrt{3}}\mathrm{e}^{\mathrm{j}30^\circ}$，则：

$$s(t)=2|k_1|\mathrm{e}^{\omega t}\cos(\omega t+\theta)=\frac{4}{\sqrt{3}}\mathrm{e}^{-500t}\cos(500\sqrt{3}t+30^\circ)\varepsilon(t)$$

再求单位冲激响应：

$$\begin{aligned}h(t)&=\frac{\mathrm{d}s(t)}{\mathrm{d}t}\\&=\frac{4}{\sqrt{3}}[-\sin(500\sqrt{3}t+30^\circ)]\times500\sqrt{3}\,\mathrm{e}^{-500t}\varepsilon(t)+\frac{4}{\sqrt{3}}\cos(500\sqrt{3}t+30^\circ)\mathrm{e}^{-500t}\delta(t)+\\&\quad\frac{4}{\sqrt{3}}(-500)\mathrm{e}^{-500t}\cos(500\sqrt{3}t+30^\circ)\varepsilon(t)\\&=2\delta(t)-2\ 000\sin(500\sqrt{3}t+30^\circ)\varepsilon(t)-\frac{2\ 000}{\sqrt{3}}\mathrm{e}^{-500t}\cos(500\sqrt{3}t+30^\circ)\varepsilon(t)\end{aligned}$$

本题难度较大，计算量也大。

真题 9-4 电路如真题图 9-4 所示，已知 $R_1=10\ \Omega$，$R_2=20\ \Omega$，$R_3=10\ \Omega$，$L=1$ H，$C=0.05$ F，$U_S=35$ V，$I_S=2$ A。开关 S 打开前电路已达稳态，$t=0$ 时 S 打开。试求 S 打开后电容电压 $u_C(t)$。[2007 年天津大学电路考研真题]

解：换路前的电路如真题图 9-4（解图）（a）所示。

列写结点电压方程：

$$\left(\frac{1}{10}+\frac{1}{10}+\frac{1}{20}\right)U_a=\frac{35}{20}+2$$

解得：$U_a=15$ V　$i_L(0_-)=\frac{U_a}{5}=3$ A　$u_C(0_-)=U_a=15$ V

换路后的运算电路如真题图 9-4（解图）（b）所示。

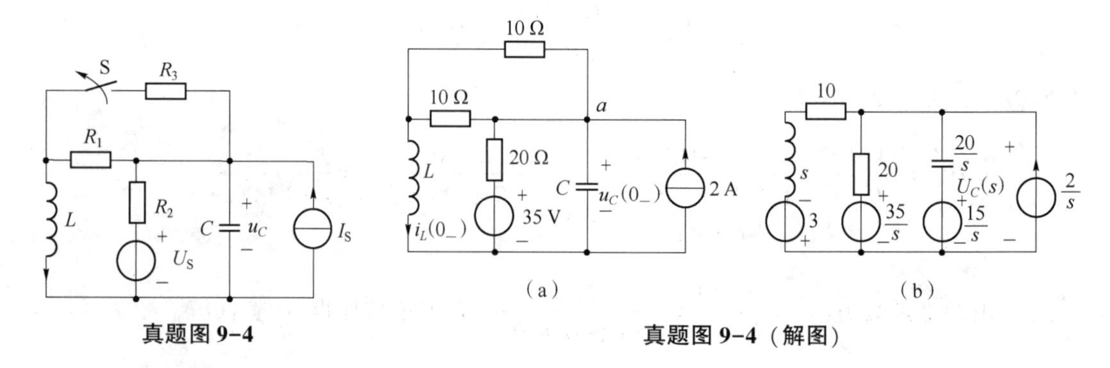

真题图 9-4　　　　真题图 9-4（解图）

列写结点电压方程：

$$U_C(s)=\frac{\frac{35}{s}\times\frac{1}{20}-\frac{3}{s+10}+\frac{15}{s}\times\frac{s}{20}+\frac{2}{s}}{\frac{1}{s+10}+\frac{1}{20}+\frac{s}{20}}=\frac{15s^2+165s+750}{s(s^2+11s+30)}$$

$$=\frac{15s^2+165s+750}{s(s+5)(s+6)}=\frac{25}{s}-\frac{60}{s+5}+\frac{50}{s+6}$$

拉氏反变换可求得： $u_C(t)=(25-60e^{-5t}+50e^{-6t})\varepsilon(t)\text{V}$

真题 9-5 电路如真题图 9-5 所示，P 为纯电阻网络，$L=0.1$ H，当 $u_S(t)=10\cdot\varepsilon(t)$V 时，零状态响应$i_R(t)=(3-2e^{-100t})\varepsilon(t)$ A。如果把 L 换成 $C=0.05$ F 的电容，激励源改为 $u_S(t)=e^{-5t}\cdot\varepsilon(t)$V，求此时电路零状态响应 $i_R(t)$。[2004 年浙江大学电路考研真题]

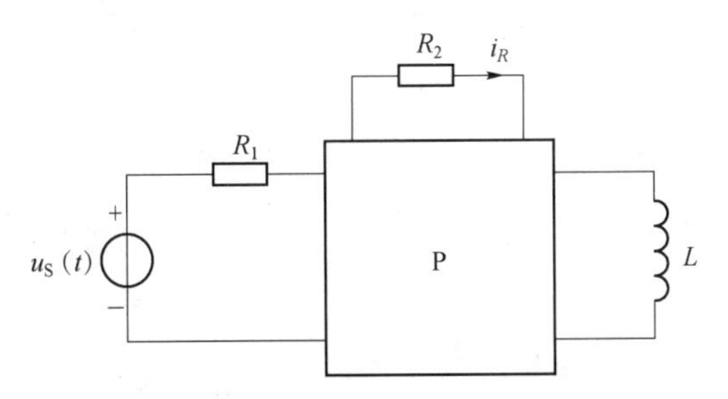

真题图 9-5

解：由零状态响应 $i_R(t)=(3-2e^{-100t})\varepsilon(t)$ A 可知，$\tau_1=\frac{1}{100}$ s，$\tau_1=\frac{L}{R_{eq}}$。

求得：
$$R_{eq}=\frac{L}{\tau_1}=10\ \Omega$$

换成电容 $C=0.05$ F 时，时间常数：$\tau_2=R_{eq}C=10\times0.05\text{ s}=0.5\text{ s}$

设在原来阶跃激励下的零状态响应：

$$i'_R(t)=(A+Be^{-2t})\text{A}$$

L、C 电路具有对偶性，即 L 电路的零状态是 C 电路的∞稳态，C 电路的零状态是 L 电路的∞稳态。由此可以求得 $A=1$，$B=2$，即：

$$i'_R(t)=(1+2e^{-2t})\text{A}$$

网络函数：

$$H(s)=\frac{\frac{1}{s}+\frac{2}{s+2}}{\frac{10}{s}}=\frac{1}{10}\cdot\frac{3s+2}{s+2}$$

当激励源改为 $u_S(t)=e^{-5t}\cdot\varepsilon(t)$V 时，$U_S(s)=\frac{1}{s+5}$。

应用网络函数求任意激励的响应：

$$I_R(s)=H(s)\cdot U_S(s)=\frac{1}{10}\cdot\frac{3s+2}{s+2}\cdot\frac{1}{s+5}=\frac{13}{30}\cdot\frac{1}{s+5}-\frac{2}{15}\cdot\frac{1}{s+2}$$

拉氏反变换求得时域响应：

$$i_R(t)=\left(\frac{13}{30}e^{-5t}-\frac{2}{15}e^{-2t}\right)\text{A}$$

真题 9-6 在真题图 9-6 所示电路中，$i_S=0.25\delta(t)$ A，网络 N 的短路导纳矩阵 $\boldsymbol{Y}(s)=\begin{bmatrix}0.5+0.5s & -0.5s\\ -0.5s & 1+0.5s\end{bmatrix}$，求电路的零状态响应 $u_2(t)$。[2002 年燕山大学电路考研真题]

解：本题考查网络函数与二端口网络参数等效相结合，是一道综合题。

根据导纳参数矩阵画出 N 网络的二端口等效电路，并转换为运算电路，如真题图 9-6（解图）所示。应用结点法列方程：

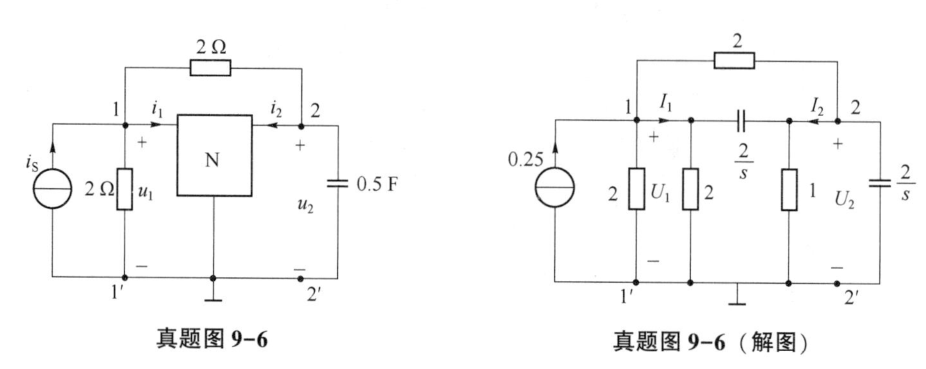

真题图 9-6　　　　真题图 9-6（解图）

$$U_1\left(\frac{1}{2}+\frac{1}{2}+\frac{1}{2}+\frac{s}{2}\right)-U_2\left(\frac{1}{2}+\frac{s}{2}\right)=0.25$$

$$-U_1\left(\frac{1}{2}+\frac{s}{2}\right)+U_2\left(\frac{1}{2}+1+\frac{s}{2}+\frac{s}{2}\right)=0$$

联立解得：

$$U_2=\frac{1}{2}\frac{s+1}{s^2+7s+8}$$

拉氏反变换为：

$$u_2(t)=\frac{1}{2}(1.107\mathrm{e}^{-5.56t}-0.107\mathrm{e}^{-1.44t})=(0.55\mathrm{e}^{-5.56t}-0.0535\mathrm{e}^{-1.44t})\varepsilon(t)\,\mathrm{V}$$

真题 9-7 真题图 9-7（a）所示电路原已处于稳态，$t=0$ 时开关 S 闭合，用运算法求 $t\geqslant0$ 时的响应 $i_2(t)$。[2002 年中国矿业大学电路考研真题]

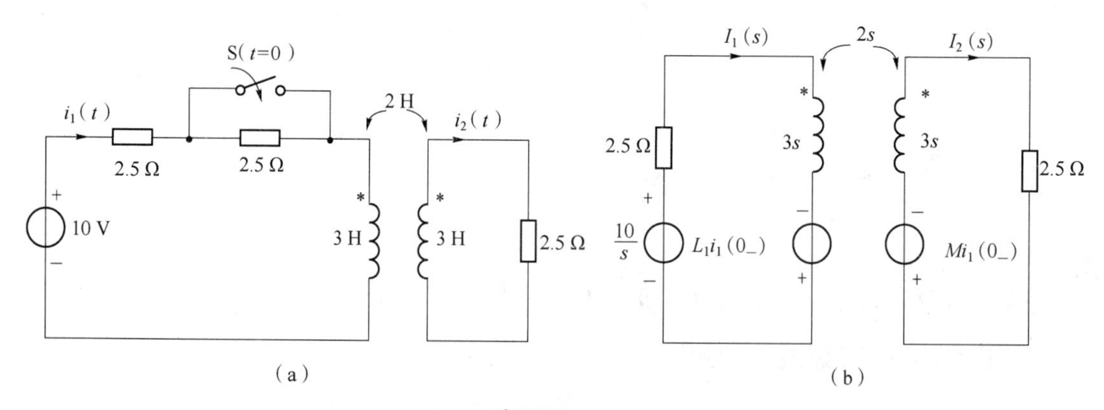

真题图 9-7

解：本题含有耦合电感元件，考查知识具有一定的综合性。

先计算开关换路前的动态元件的初始状态变量的值：

$$i_1(0_-)=\frac{10}{5}\text{A}=2\ \text{A}\quad L_1 i_1(0_-)=3\times2=6$$

$$i_2(0_-)=0\ \text{A}\quad M i_2(0_-)=2\times2=4$$

画出开关闭合后 $t\geqslant0$ 时的运算电路，如真题图 9-6（b）所示

以 $I_1(s)$、$I_2(s)$ 为变量列写网孔电压方程：

$$(2.5+3s)I_1(s)-2sI_2(s)=\frac{10}{s}+3\times2$$

$$-2sI_1(s)+(2.5+3s)I_2(s)=-2\times2$$

联立解得：

$$I_2(s)=\frac{2}{s^2+3s+1.25}=\frac{-1}{s+2.5}+\frac{1}{s+0.5}$$

拉氏反变换解得：

$$i_2(t)=(-\text{e}^{-2.5t}+\text{e}^{-0.5t})\varepsilon(t)\,\text{A}$$

第 10 章 线性电路网络的拓扑分析

学习目标

1. 了解网络图论的基本知识，如电路的有向图、连通图、树、树支、连支、基本回路、割集与基本割集。

2. 学会电路图的矩阵表示，如关联矩阵 $\boldsymbol{A}$、回路矩阵 $\boldsymbol{B}$、割集矩阵 $\boldsymbol{Q}$。

3. 掌握电路回路电流方程的矩阵形式表示方法。

4. 掌握电路结点电压方程的矩阵形式表示方法。

5. 掌握含有动态元件电路的状态方程表示方法。

知识要点

1. 网络图论的基本知识

图：一个电路的图是由支路和结点构成的，每个支路的两端都应该连到相应的结点上，图通常用 G 表示，图是支路和结点的集合，表示为：G={支路，结点}。支路上有描述支路电流的参考方向的图称为有向图。

连通图和非连通图：当图的任意两个结点之间至少存在一条支路时，该图称为连通图；反之，若任意两个结点之间不存在一条路径，则该图称为非连通图。

树：包含图 G 的全部结点且不包含任何回路的连通子图称为树。组成树的支路称为树支，其余的支路称为连支。对于一个具有 b 条支路，n 个结点的图 G，树支的数目是 $n-1$，连支的数目为 $b-(n-1)$。

基本回路：只包含一条连支的回路称为单连支回路，也称为基本回路，回路的方向一般取连支方向。

割集：连通图 G 的一个割集 Q 是 G 的一个支路集合，具有下述性质：把 Q 中全部支路移去，图分成两个分离部分；任意放回 Q 中一条支路，仍构成连通图。

基本割集：基本割集即为单树支割集，由树的一条树支与相应的一些连支构成的割集，对于一个具有 n 个结点和 b 条支路的连通图，其树支数为 $n-1$，因此将有 $n-1$ 个基本割集。

2. 网络拓扑图的矩阵表示

1）关联矩阵 $\boldsymbol{A}$

表示点与支路的关联性的矩阵叫**关联矩阵**，若一条支路连接某两个结点，则称该支路与这两个结点相关联。设有向图的结点数为 n，支路数为 b，且所有结点与支路均加以编号，则该有向图的关联矩阵为一个 $n\times b$ 的矩阵，用 $\boldsymbol{A}_a$ 表示，它的行对应结点，列对应支路，其中的元素 a_{jk}定义如下：

$a_{jk}=+1$，表示支路 k 与结点 j 关联，并且支路的方向背离结点 j；

$a_{jk}=-1$，表示支路 k 与结点 j 关联，并且支路的方向指向结点 j；

$a_{jk}=0$，表示支路 k 与结点 j 无关联。

由于矩阵 $\boldsymbol{A}_a$ 每一行的元素都可以通过其他行的元素相加得到，因此其各行不相互独立。若划去 $\boldsymbol{A}_a$ 的任意一行，则所得的$(n-1)\times b$ 阶矩阵被称为降阶关联矩阵 $\boldsymbol{A}$。

2）回路矩阵 $\boldsymbol{B}$

表示回路与支路的关联关系的矩阵叫**回路矩阵**。我们仅介绍独立回路矩阵，简称回路矩阵。设有向图的独立回路数为 l，支路数为 b，且所有独立回路和支路均要编号，则该有向图的回路矩阵是一个 $l\times b$ 的矩阵，用 $\boldsymbol{B}$ 表示。$\boldsymbol{B}$ 的行对应回路，列对应支路，它的任一元素 b_{jk}定义如下：

$b_{jk}=+1$，表示支路 k 与回路 j 关联，并且它们的方向一致；

$b_{jk}=-1$，表示支路 k 与回路 j 关联，并且它们的方向相反；

$b_{jk}=0$，表示支路 k 与回路 j 无关联。

若所选独立回路组是对应于一个树的单连支回路组，则这种回路矩阵就称为**基本回路矩阵**，用 $\boldsymbol{B}_\mathrm{f}$ 表示。$\boldsymbol{B}_\mathrm{f}$ 的行、列次序是先把 l 条连支依次排列，然后排列树支；取每一连支回路的序号为对应连支所在列的序号，且以该连支的方向为对应回路的绕行方向，$\boldsymbol{B}_\mathrm{f}$ 中将出现一个 l 阶的单位子矩阵，即有 $\boldsymbol{B}_\mathrm{f}=[\boldsymbol{1}_l \mid \boldsymbol{B}_t]$，式中下标 l 和 t 分别表示与连支和树支对应的部分。

3）割集矩阵 $\boldsymbol{Q}$

表示支路与割集的关联性质的矩阵被称为**割集矩阵**，若某些支路构成一个割集，则称这些支路与该割集关联。设有向图的结点数为 n，支路数为 b，则该图的独立割集数为$(n-1)$。对每个割集编号，并指定一个割集方向：移去割集的所有支路，G 被分离为两部分后，从其中一部分指向另一部分的方向即为割集方向。则割集矩阵为一个$(n-1)\times b$ 阶的矩阵，用 $\boldsymbol{Q}$ 表示。$\boldsymbol{Q}$ 的行对应割集，列对应支路，它的任一元素 q_{jk}定义如下：

$q_{jk}=+1$，表示支路 k 与割集 j 关联，并且它们的方向一致；

$q_{jk}=-1$，表示支路 k 与割集 j 关联，并且它们的方向相反；

$q_{jk}=0$，表示支路 k 与割集 j 无关联。

当选取的割集是对应一个树的单树支割集，这种割集矩阵称为基本割集矩阵，用 $\boldsymbol{Q}_\mathrm{f}$ 表示。写 $\boldsymbol{Q}_\mathrm{f}$ 时其行、列的次序为：先将$(n-1)$条树支依次排列，然后依次排列连支，且选割集方向与相应树支方向一致，则 $\boldsymbol{Q}_{\mathrm{f}}=[\boldsymbol{1}_t \vdots \boldsymbol{Q}_l]$，其中下标 t 和 l 分别表示对应与树支和连支部分。

KCL 和 KVL 的矩阵形式如表 10-1 所示。

表 10-1　KCL 和 KVL 的矩阵形式

连通图 G 的矩阵	$\boldsymbol{A}$	$\boldsymbol{B}_{\mathrm{f}}$	$\boldsymbol{Q}_{\mathrm{f}}$
KCL	$\boldsymbol{Ai}=0$	$\boldsymbol{i}=\boldsymbol{B}_{\mathrm{f}}^{\mathrm{T}}\boldsymbol{i}_l$	$\boldsymbol{Q}_{\mathrm{f}}\boldsymbol{i}=0$
KVL	$\boldsymbol{u}=\boldsymbol{A}^{\mathrm{T}}\boldsymbol{u}_n$	$\boldsymbol{B}_{\mathrm{f}}\boldsymbol{u}=0$	$\boldsymbol{u}=\boldsymbol{Q}_{\mathrm{f}}^{\mathrm{T}}\boldsymbol{u}_t$

3. 回路电流方程的矩阵形式

标准形式为 $\boldsymbol{BZB}^{\mathrm{T}}\dot{\boldsymbol{I}}_l=\boldsymbol{B}\dot{\boldsymbol{U}}_{\mathrm{S}}-\boldsymbol{BZ}\dot{\boldsymbol{I}}_{\mathrm{S}}$。

1）含有受控源不含耦合电感的矩阵方程

含有受控电压源的复合支路如图 10-1 所示。

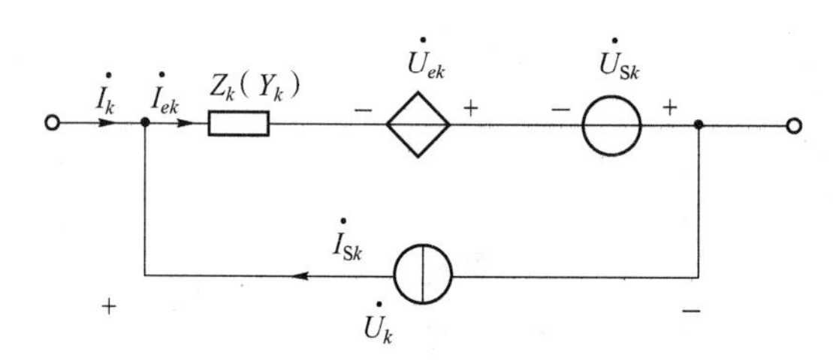

图 10-1　含受控电压源的复合支路

复合支路的特性方程为：$\dot{U}_k=Z_k(\dot{I}_k+\dot{I}_{Sk})-\dot{U}_{dk}-\dot{U}_{Sk}$。

它受第 j 条支路中无源元件中的电流 $\dot{I}_{ej}$ 或电压 $\dot{U}_{ej}$ 控制，且有 $\dot{U}_{dk}=r_{kj}\dot{I}_{ej}$ 或 $\dot{U}_{dk}=\mu_{kj}\dot{U}_{ej}$，特性方程在 CCVS 情况下得到：

$$\dot{U}_k=Z_k(\dot{I}_k+\dot{I}_{Sk})-\dot{U}_{dk}-\dot{U}_{Sk}=Z_k(\dot{I}_k+\dot{I}_{Sk})-r_{kj}\dot{I}_{gj}-\dot{U}_{Sk}=Z_k(\dot{I}_k+\dot{I}_{Sk})-r_{kj}(\dot{I}_j+\dot{I}_{Sj})-\dot{U}_{Sk}$$

特性方程在 VCVS 情况下得到：

$$\begin{aligned}\dot{U}_k&=Z_k(\dot{I}_k+\dot{I}_{Sk})-\dot{U}_{dk}-\dot{U}_{Sk}=Z_k(\dot{I}_k+\dot{I}_{Sk})-\mu_{kj}\dot{U}_{ej}-\dot{U}_{Sk}\\&=Z_k(\dot{I}_k+\dot{I}_{Sk})-\mu_{kj}Z_j\dot{I}_{ej}-\dot{U}_{Sk}=Z_k(\dot{I}_k+\dot{I}_{Sk})-\mu_{kj}Z_j(\dot{I}_j+\dot{I}_{Sj})-\dot{U}_{Sk}\end{aligned}$$

从而得到：

$$\begin{bmatrix}\dot{U}_1\\\dot{U}_2\\\vdots\\\dot{U}_j\\\vdots\\\dot{U}_k\\\vdots\\\dot{U}_b\end{bmatrix}=\begin{bmatrix}Z_1&0&\cdots&0&\cdots&0&\cdots&0\\0&Z_2&\cdots&0&\cdots&0&\cdots&0\\\vdots&\vdots&&\vdots&\cdots&\vdots&\cdots&\vdots\\0&0&\cdots&Z_j&\cdots&0&\cdots&0\\\vdots&\vdots&&\vdots&&\vdots&\cdots&\vdots\\0&0&\cdots&Z_{kj}&\cdots&Z_k&\cdots&0\\\vdots&\vdots&&\vdots&&\vdots&&\vdots\\0&0&\cdots&0&\cdots&0&\cdots&Z_b\end{bmatrix}\begin{bmatrix}\dot{I}_1+\dot{I}_{S1}\\\dot{I}_2+\dot{I}_{S2}\\\vdots\\\dot{I}_j+\dot{I}_{Sj}\\\vdots\\\dot{I}_k+\dot{I}_{Sk}\\\vdots\\\dot{I}_b+\dot{I}_{Sb}\end{bmatrix}-\begin{bmatrix}\dot{U}_{S1}\\\dot{U}_{S2}\\\vdots\\\dot{U}_{Sj}\\\vdots\\\dot{U}_{Sk}\\\vdots\\\dot{U}_{Sb}\end{bmatrix}$$

式中，$\dot{U}_{dk}$为 CCVS 的电压时，$Z_{kj}=-r_{kj}$；$\dot{U}_{dk}$为 VCVS 的电压时，$Z_{kj}=-\mu_{kj}Z_j$。

矩阵方程简写为：

$$\dot{\boldsymbol{U}}=\boldsymbol{Z}(\dot{\boldsymbol{I}}+\dot{\boldsymbol{I}}_{\mathrm{S}})-\dot{\boldsymbol{U}}_{\mathrm{S}}$$

式中，阻抗矩阵 **Z** 为支路阻抗矩阵，其主对角线元素为各支路阻抗，而非对角线元素将是相应的支路的受控源系数，因此 **Z** 不再是对角矩阵。

2）含有耦合电感不含受控源的矩阵方程

电路中电感之间有耦合时，复合支路的伏安关系要考虑互感电压的作用。若设第 1 条支路至第 g 条支路之间相互均有耦合，则有：

$$\dot{U}_1=Z_1\dot{I}_{e1}\pm \mathrm{j}\omega M_{12}\dot{I}_{e2}\pm \mathrm{j}\omega M_{13}\dot{I}_{e3}\pm\cdots\pm \mathrm{j}\omega M_{1g}\dot{I}_{eg}-\dot{U}_{\mathrm{S1}}$$
$$\dot{U}_2=\pm \mathrm{j}\omega M_{21}\dot{I}_{e1}+Z_2\dot{I}_{e2}\pm \mathrm{j}\omega M_{23}\dot{I}_{e3}\pm\cdots\pm \mathrm{j}\omega M_{2g}\dot{I}_{eg}-\dot{U}_{\mathrm{S2}}$$
$$\vdots$$
$$\dot{U}_g=\pm \mathrm{j}\omega M_{g1}\dot{I}_{e1}\pm \mathrm{j}\omega M_{g2}\dot{I}_{e2}\pm \mathrm{j}\omega M_{g3}\dot{I}_{e3}\pm\cdots\pm Z_g\dot{I}_{eg}-\dot{U}_{\mathrm{S}g}$$

式中，所有互感电压前取“+”号或“−”号取决于各电感的同名端和电流、电压的参考方向。其次，注意 $\dot{I}_{ek}=\dot{I}_k+\dot{I}_{\mathrm{S}k}$，$M_{12}=M_{21}$，…，其余支路之间由于无耦合，可以得到：

$$\dot{U}_h=Z_h\dot{I}_{eh}-\dot{U}_{\mathrm{S}h}$$
$$\vdots$$
$$\dot{U}_b=Z_b\dot{I}_{eb}-\dot{U}_{\mathrm{S}b}$$

上式中的下标 $h=g+1$，这样，支路电压与支路电流之间的关系可用下列矩阵形式表示：

$$\begin{bmatrix}\dot{U}_1\\\dot{U}_2\\\vdots\\\dot{U}_g\\\dot{U}_h\\\vdots\\\dot{U}_b\end{bmatrix}=\begin{bmatrix}Z_1 & \pm\mathrm{j}\omega M_{12} & \cdots & \pm\mathrm{j}\omega M_{1g} & 0 & \cdots & 0\\\pm\mathrm{j}\omega M_{21} & Z_2 & \cdots & \pm\mathrm{j}\omega M_{2g} & 0 & \cdots & 0\\\vdots & \vdots & & \vdots & \vdots & & \vdots\\\pm\mathrm{j}\omega M_{g1} & \pm\mathrm{j}\omega M_{g2} & \cdots & Z_g & 0 & \cdots & 0\\0 & 0 & \cdots & 0 & Z_h & \cdots & 0\\\vdots & \vdots & & \vdots & \vdots & & \vdots\\0 & 0 & \cdots & 0 & 0 & \cdots & Z_b\end{bmatrix}\begin{bmatrix}\dot{I}_1+\dot{I}_{\mathrm{S1}}\\\dot{I}_2+\dot{I}_{\mathrm{S2}}\\\vdots\\\dot{I}_g+\dot{I}_{\mathrm{S}g}\\\dot{I}_h+\dot{I}_{\mathrm{S}h}\\\vdots\\\dot{I}_b+\dot{I}_{\mathrm{S}b}\end{bmatrix}-\begin{bmatrix}\dot{U}_{\mathrm{S1}}\\\dot{U}_{\mathrm{S2}}\\\vdots\\\dot{U}_{\mathrm{S}g}\\\dot{U}_{\mathrm{S}h}\\\vdots\\\dot{U}_{\mathrm{S}b}\end{bmatrix}$$

矩阵方程仍然可简写为：

$$\dot{\boldsymbol{U}}=\boldsymbol{Z}(\dot{\boldsymbol{I}}+\dot{\boldsymbol{I}}_{\mathrm{S}})-\dot{\boldsymbol{U}}_{\mathrm{S}}$$

推导回路电流方程。

由 KCL 方程 $\dot{\boldsymbol{I}}=\boldsymbol{B}^{\mathrm{T}}\dot{\boldsymbol{I}}_l$、KVL 方程 $\boldsymbol{B}\dot{\boldsymbol{U}}=0$ 和支路电压方程 $\dot{\boldsymbol{U}}=\boldsymbol{Z}(\dot{\boldsymbol{I}}+\dot{\boldsymbol{I}}_{\mathrm{S}})-\dot{\boldsymbol{U}}_{\mathrm{S}}$，可得到回路电流方程的标准形式：

$$\boldsymbol{BZB}^{\mathrm{T}}\dot{\boldsymbol{I}}_l=\boldsymbol{B}\dot{\boldsymbol{U}}_{\mathrm{S}}-\boldsymbol{BZ}\dot{\boldsymbol{I}}_{\mathrm{S}}$$
$$\boldsymbol{B}[\boldsymbol{Z}(\dot{\boldsymbol{I}}+\dot{\boldsymbol{I}}_{\mathrm{S}})-\dot{\boldsymbol{U}}_{\mathrm{S}}]=0$$
$$\boldsymbol{BZ}\dot{\boldsymbol{I}}+\boldsymbol{BZ}\dot{\boldsymbol{I}}_{\mathrm{S}}-\boldsymbol{B}\dot{\boldsymbol{U}}_{\mathrm{S}}=0$$

再把 KCL 代入便得到：

$$\boldsymbol{BZB}^{\mathrm{T}}\dot{\boldsymbol{I}}_l=\boldsymbol{B}\dot{\boldsymbol{U}}_{\mathrm{S}}-\boldsymbol{BZ}\dot{\boldsymbol{I}}_{\mathrm{S}}$$

4. 结点电压方程的矩阵形式

结点电压方程的矩阵标准形式为 $\boldsymbol{AYA}^{\mathrm{T}}\dot{\boldsymbol{U}}_n=\boldsymbol{A}\dot{\boldsymbol{I}}_{\mathrm{S}}-\boldsymbol{A}\dot{\boldsymbol{Y}}\boldsymbol{U}_{\mathrm{S}}$。

定义复合支路如图 10-2 所示，所有电压、电流的参考方向如图中所示。

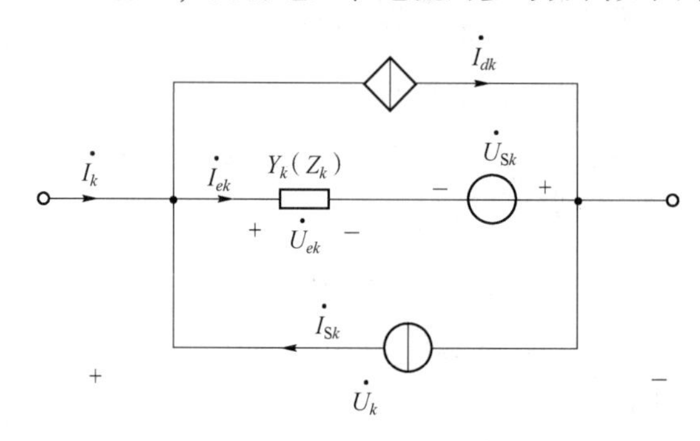

图 10-2　含受控电流源的复合支路

第 k 条支路的伏安特性：$\dot{I}_k=Y_k\dot{U}_{ek}-\dot{I}_{Sk}=Y_k(\dot{U}_k+\dot{U}_{Sk})-\dot{I}_{Sk}$。

1）含有耦合电感不含受控源的矩阵方程

当电感之间有耦合时，电路的支路阻抗矩阵 $\boldsymbol{Z}$ 不再是对角矩阵，其主对角线元素为各支路阻抗，非对角元素是相应支路之间的互感阻抗。令 $\boldsymbol{Y}=\boldsymbol{Z}^{-1}$，则由 $\dot{\boldsymbol{U}}=\boldsymbol{Z}(\dot{\boldsymbol{I}}+\dot{\boldsymbol{I}}_{\mathrm{S}})-\dot{\boldsymbol{U}}_{\mathrm{S}}$ 可得 $\dot{\boldsymbol{I}}=\boldsymbol{Y}(\dot{\boldsymbol{U}}+\dot{\boldsymbol{U}}_{\mathrm{S}})-\dot{\boldsymbol{I}}_{\mathrm{S}}$，其中的 $\boldsymbol{Y}$ 由于互感导纳的存在而不再是对角矩阵。

2）含有受控源不含耦合电感的矩阵方程

设第 k 条支路中有受控电流源，并受第 j 条支路中无源元件上电压 $\dot{U}_{ej}$ 或电流 $\dot{I}_{ej}$ 控制，且有：

$$\dot{I}_{dk}=g_{kj}\dot{U}_{ej}\text{或}\ \dot{I}_{dk}=\beta_{kj}\dot{I}_{ej}$$

此时，第 k 条支路有：

$$\dot{I}_k=Y_k(\dot{U}_k+\dot{U}_{Sk})+\dot{I}_{dk}-\dot{I}_{Sk}$$

在 VCCS 情况下，$\dot{I}_{dk}=g_{kj}\dot{U}_{ej}=g_{kj}(\dot{U}_j+\dot{U}_{Sj})$；

而在 CCCS 情况下，$\dot{I}_{dk}=\beta_{kj}\dot{I}_{ej}=\beta_{kj}Y_j(\dot{U}_j+\dot{U}_{Sj})$。

于是有：

$$\begin{bmatrix}\dot{I}_1\\\dot{I}_2\\\vdots\\\dot{I}_j\\\vdots\\\dot{I}_k\\\vdots\\\dot{I}_b\end{bmatrix}=\begin{bmatrix}Y_1&0&\cdots&0&\cdots&0&\cdots&0\\0&Y_2&\cdots&0&\cdots&0&\cdots&0\\\vdots&\vdots&&\vdots&&\vdots&&\vdots\\0&0&\cdots&Y_j&\cdots&0&\cdots&0\\\vdots&\vdots&&\vdots&&\vdots&&\vdots\\0&0&\cdots&Y_{kj}&\cdots&Y_k&\cdots&0\\\vdots&\vdots&&\vdots&&\vdots&&\vdots\\0&0&\cdots&0&\cdots&0&\cdots&Y_b\end{bmatrix}\begin{bmatrix}\dot{U}_1+\dot{U}_{S1}\\\dot{U}_2+\dot{U}_{S2}\\\vdots\\\dot{U}_j+\dot{U}_{Sj}\\\vdots\\\dot{U}_k+\dot{U}_{Sk}\\\vdots\\\dot{U}_b+\dot{U}_{Sb}\end{bmatrix}-\begin{bmatrix}\dot{I}_{S1}\\\dot{I}_{S2}\\\vdots\\\dot{I}_{Sj}\\\vdots\\\dot{I}_{Sk}\\\vdots\\\dot{I}_{Sb}\end{bmatrix}$$

式中，当 $\dot{I}_{dk}$ 为 VCCS 的电流时，$Y_{kj}=-g_{kj}$；$\dot{I}_{dk}$ 为 CCCS 的电流时，$Y_{kj}=\beta_{kj}Y_j$。

矩阵方程可简写为：

$$\dot{\boldsymbol{I}}=\boldsymbol{Y}(\dot{\boldsymbol{U}}+\dot{\boldsymbol{U}}_{\mathrm{S}})-\dot{\boldsymbol{I}}_{\mathrm{S}}。$$

推导结点电压方程的矩阵。

由 KCL 方程 $\boldsymbol{A}\dot{\boldsymbol{I}}=0$、KVL 方程 $\dot{\boldsymbol{U}}=\boldsymbol{A}^{\mathrm{T}}\dot{\boldsymbol{U}}_n$ 和支路方程 $\dot{\boldsymbol{I}}=\boldsymbol{Y}(\dot{\boldsymbol{U}}+\dot{\boldsymbol{U}}_{\mathrm{S}})-\dot{\boldsymbol{I}}_{\mathrm{S}}$，可以推导出结点电压方程的矩阵标准形式：$\boldsymbol{AYA}^{\mathrm{T}}\dot{\boldsymbol{U}}_n=\boldsymbol{A}\dot{\boldsymbol{I}}_{\mathrm{S}}-\boldsymbol{AY}\dot{\boldsymbol{U}}_{\mathrm{S}}$。

5. 状态方程

状态方程：$\dot{\boldsymbol{x}}=\boldsymbol{Ax}+\boldsymbol{Bv}$。

输出方程：$\boldsymbol{y}=\boldsymbol{Cx}+\boldsymbol{Dv}$。

对于给定的电路网络，可直接列写状态方程。设网络是常态的，即其中不含纯电容回路和纯电感割集，可选电感电流和电容电压作为状态变量。列写状态方程的方法有多种，如等效电源法、观察法、拓扑图法。以下分别介绍等效电源法和观察法。

（1）等效电源法：是将电感电流 i_L 等效为电流源，将电容电压 u_C 等效为电压源，原电路网络等效为电阻网络，利用解电阻网络的各种方法求得电感电压 u_L 和电容电流 i_C，它们是 i_L、u_C 和外施独立电源的函数，于是得到 $\frac{\mathrm{d}i_L}{\mathrm{d}t}=\frac{1}{L}u_L$ 和 $\frac{\mathrm{d}u_C}{\mathrm{d}t}=\frac{1}{C}i_C$ 的相关表达式，就得到状态方程。

（2）观察法：是借助于“**常态树**”，这种树的树支包含了电路中所有电压源支路和电容支路，它的连支包含了电路中所有电流源支路和电感支路。当电路中不存在仅由电容和电压源支路构成的回路，以及仅由电流源和电感支路构成的割集时，特有树总是存在的。可以任选一个“常态树”，对单电容树支割集列写 KCL 方程，对单电感连支回路列写 KVL 方程，消去非状态变量，再整理成矩阵方程形式。

输出方程的建立方法与状态方程相同，也有等效电源法、观察法、拓扑图法等。

教材同步习题详解

10-1　写出题图 10-1 所示有向图的关联矩阵 $\boldsymbol{A}_a$ 及以结点 d 为参考点的降阶关联矩阵 $\boldsymbol{A}$。

解：结点和支路编号按顺序排列，先判断结点关联的支路号，判断支路参考方向是出结点的还是进结点的，确定正负，再填非关联支路项为零。则有：

$$\boldsymbol{A}_a=\begin{matrix} \\ a \\ b \\ c \\ d\end{matrix}\begin{matrix}\begin{matrix}1 & 2 & 3 & 4 & 5 & 6 & 7\end{matrix}\\ \begin{bmatrix} 0 & 1 & -1 & 1 & 0 & -1 & 0\\ 0 & -1 & 0 & 0 & 1 & 1 & 1\\ -1 & 0 & 0 & -1 & 0 & 0 & -1\\ 1 & 0 & 1 & 0 & -1 & 0 & 0\end{bmatrix}\end{matrix}$$

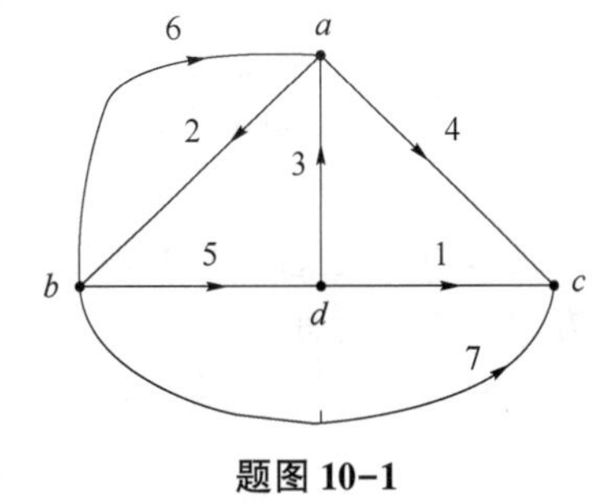

题图 10-1

以 d 点为参考点的降阶关联矩阵 $\boldsymbol{A}$ 就是将关联矩阵 $\boldsymbol{A}_a$ 的最后一行去掉。

10-2　对于题图 10-2 所示的有向图，若选择支路 1、2、3 为树，试写出基本回路矩

阵 $\boldsymbol{B}_{\mathrm{f}}$。

解：将有向图中选为树支的支路 1、2、3 画成实线，连支的支路 4、5、6、7 画成虚线，如题图 10-2（解图）所示。

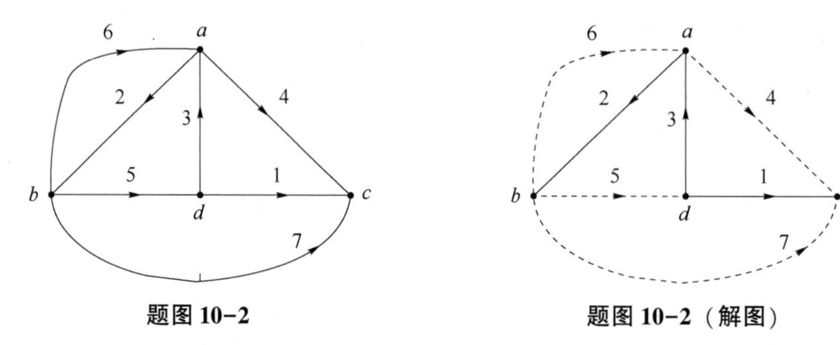

题图 10-2　　**题图 10-2**（**解图**）

基本回路是对应于一个树的单连支回路组。按照顺序分别找出单连支回路相关联的支路，并注意方向，一致取正，相反取负。则有：

$$\boldsymbol{B}_{\mathrm{f}}=\begin{array}{c} \begin{matrix} 4 & 5 & 6 & 7 & 1 & 2 & 3 \end{matrix} \\ \begin{bmatrix} 1 & 0 & 0 & 0 & -1 & 0 & 1 \\ 0 & 1 & 0 & 0 & 0 & 1 & 1 \\ 0 & 0 & 1 & 0 & 0 & 1 & 0 \\ 0 & 0 & 0 & 1 & -1 & 1 & 1 \end{bmatrix} \end{array}$$

10-3　对于题图 10-3 所示的有向图，若选择支路 1、2、3 为树，试写出基本割集矩阵 $\boldsymbol{Q}_{\mathrm{f}}$。

解：基本割集矩阵就是单树支割集，仍然将树支画成实线，连支画成虚线，按照树支编号顺序选择割集组，如题图 10-3（解图）所示。

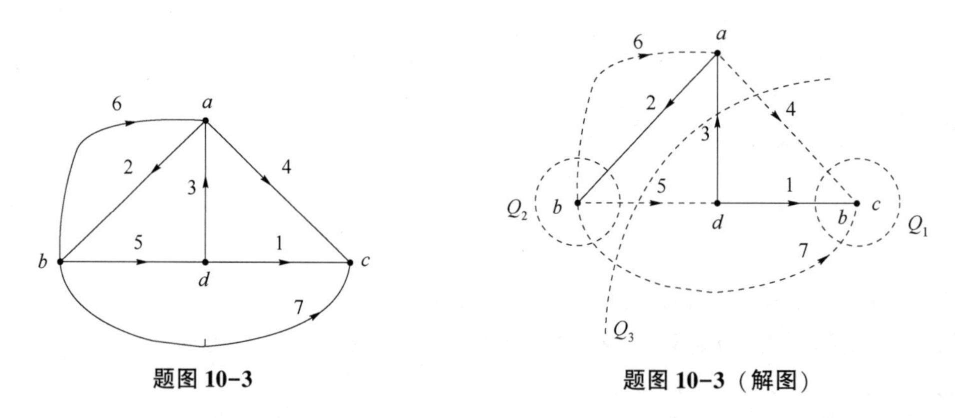

题图 10-3　　**题图 10-3**（**解图**）

在写 $\boldsymbol{Q}_{\mathrm{f}}$ 时，注意安排其行、列次序，先排树支，再排连支。注意选割集方向与相应树支方向一致。则有：

$$\boldsymbol{Q}_{\mathrm{f}}=\begin{array}{c} \begin{matrix} 1 & 2 & 3 & 4 & 5 & 6 & 7 \end{matrix} \\ \begin{bmatrix} 1 & 0 & 0 & 1 & 0 & 0 & 1 \\ 0 & 1 & 0 & 0 & -1 & -1 & -1 \\ 0 & 0 & 1 & -1 & -1 & 0 & -1 \end{bmatrix} \end{array}$$

10-4　已知某电路的基本回路矩阵为

$$\boldsymbol{B}_{\rm f}=\begin{bmatrix}1&0&0&1&-1&1\\0&1&0&1&0&1\\0&0&1&0&-1&1\end{bmatrix}$$

试画出电路的有向图，并求此电路的基本割集矩阵 $\boldsymbol{Q}_{\rm f}$。

解：有向图如题图 10-4（解图）（a）所示。

由于基本回路矩阵 $\boldsymbol{B}_{\rm f}$ 前面是单位矩阵，因此可以认为支路 1、2、3 是连支，用虚线表示，支路 4、5、6 是树支，用实线表示。选取单树支割集为基本割集组，如题图 10-4（解图）（b）所示。

所以，基本割集矩阵为：

$$\boldsymbol{Q}_{\rm f}=\begin{bmatrix}1&0&0&-1&-1&0\\0&1&0&1&0&1\\0&0&1&-1&-1&-1\end{bmatrix}$$

答案不唯一。

10-5　已知某电路的基本割集矩阵为

$$\boldsymbol{Q}_{\rm f}=\begin{bmatrix}-1&1&0&0&-1&-1\\-1&0&1&0&0&-1\\0&0&0&1&1&1\end{bmatrix}$$

试写出其对应的基本回路矩阵 $\boldsymbol{B}_{\rm f}$。

解：由于基本割集矩阵 $\boldsymbol{Q}_{\rm f}$ 中的单位对角矩阵，因此可以认为支路 2、3、4 为树支，用实线表示，支路 1、5、6 为连支，用虚线表示，如题图 10-5（解图）所示。

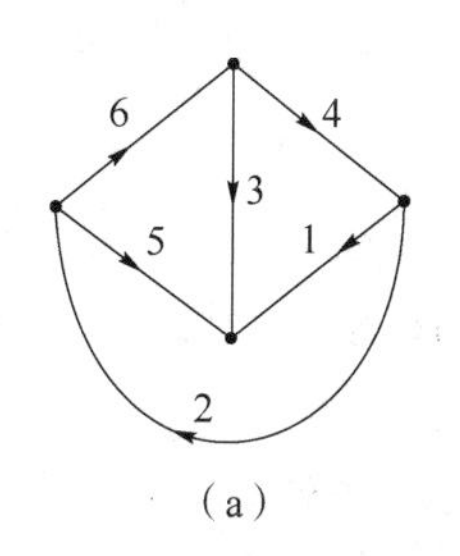

（a）

（b）

题图 10-4（解图）

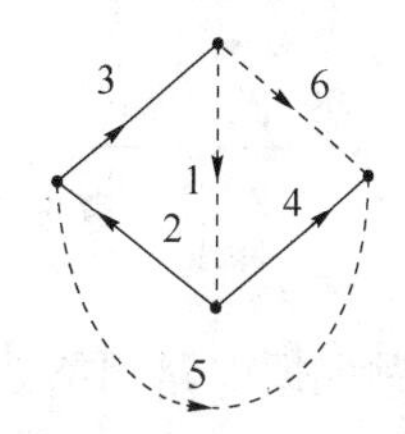

题图 10-5（解图）

再选取单连支回路作为基本回路，列写基本回路矩阵：

$$\boldsymbol{B}_{\rm f}=\begin{matrix}\begin{matrix}1&5&6&2&3&4\end{matrix}\\\begin{bmatrix}1&0&0&1&1&0\\0&1&0&1&0&-1\\0&0&1&1&1&-1\end{bmatrix}\end{matrix}$$

再按照基本割集矩阵的支路顺序调整一下，就可以得到：

$$\boldsymbol{B}_{\rm f}=\begin{bmatrix}1&1&1&0&0&0\\0&1&0&-1&1&0\\0&1&1&-1&0&1\end{bmatrix}$$

10-6　电路及有向图如题图 10-6 所示，选支路 4、5、6 为树，试写出此电路的回路电流方程的矩阵形式（选取单连支回路作为独立回路）。

解：有向图中将树支支路用实线表示，连支支路用虚线表示。选取单连支回路为基本回路，则：

$$\boldsymbol{B}_{\mathrm{f}}=\begin{bmatrix}1&0&0&-1&-1&-1\\0&1&0&0&1&1\\0&0&1&1&1&0\end{bmatrix}$$

$$\boldsymbol{Z}=\mathrm{diag}\left[\mathrm{R}_1\quad \mathrm{R}_2\quad \mathrm{R}_3\quad \mathrm{R}_4\quad \mathrm{R}_5\quad \mathrm{R}_6\right]$$

$$\boldsymbol{U}_{\mathrm{S}}=\left[-U_{\mathrm{S1}}\quad 0\quad U_{\mathrm{S3}}\quad 0\quad 0\quad 0\right]^{\mathrm{T}}$$

$$\boldsymbol{I}_{\mathrm{S}}=\left[0\quad I_{\mathrm{S2}}\quad 0\quad 0\quad 0\quad 0\right]^{\mathrm{T}}$$

将以上各式代入回路电流方程的矩阵标准形式 $\boldsymbol{BZB}^{\mathrm{T}}\dot{\boldsymbol{I}}_l=\boldsymbol{B}\dot{\boldsymbol{U}}_{\mathrm{S}}-\boldsymbol{BZ}\dot{\boldsymbol{I}}_{\mathrm{S}}$，可得：

$$\begin{bmatrix}R_1+R_4+R_5+R_6&-R_5-R_6&-R_4-R_6\\-R_5-R_6&R_2+R_5+R_6&R_5\\-R_4-R_6&R_5&R_3+R_4+R_5\end{bmatrix}\begin{bmatrix}I_1\\I_2\\I_3\end{bmatrix}=\begin{bmatrix}-U_{\mathrm{S1}}\\I_{\mathrm{S2}}R_2\\U_{\mathrm{S3}}\end{bmatrix}$$

10-7　电路及有向图如题图 10-6 所示，选结点④为参考结点，试列出电路结点电压方程的矩阵形式。

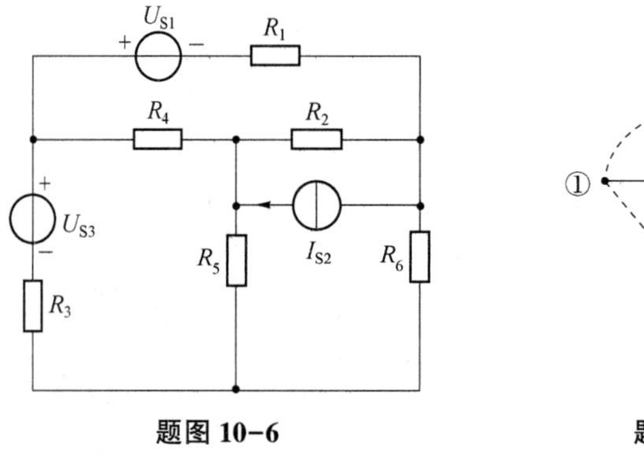

题图 10-6

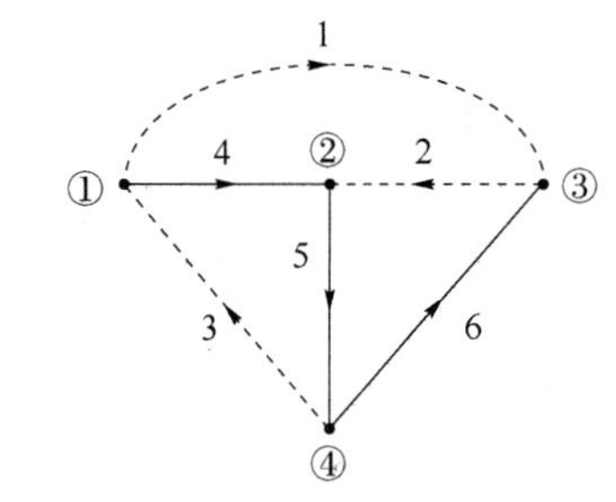

题图 10-6（解图）

解：本题根据电路网络及其拓扑图，可以直接应用结点电压法列写方程。即：

$$U_{n1}\left(\frac{1}{R_1}+\frac{1}{R_3}+\frac{1}{R_4}\right)-U_{n2}\frac{1}{R_4}-U_{n3}\frac{1}{R_1}=\frac{U_{\mathrm{S1}}}{R_1}+\frac{U_{\mathrm{S3}}}{R_3}$$

$$-U_{n1}\frac{1}{R_4}+U_{n2}\left(\frac{1}{R_2}+\frac{1}{R_4}+\frac{1}{R_5}\right)-U_{n3}\frac{1}{R_2}=I_{\mathrm{S2}}$$

$$-U_{n1}\frac{1}{R_1}-U_{n2}\frac{1}{R_2}-+U_{n3}\left(\frac{1}{R_1}+\frac{1}{R_2}+\frac{1}{R_6}\right)=-\frac{U_{\mathrm{S1}}}{R_1}-I_{\mathrm{S2}}$$

写成矩阵方程：

$$\begin{bmatrix}\frac{1}{R_1}+\frac{1}{R_3}+\frac{1}{R_4}&-\frac{1}{R_4}&-\frac{1}{R_1}\\-\frac{1}{R_4}&\frac{1}{R_2}+\frac{1}{R_4}+\frac{1}{R_5}&-\frac{1}{R_2}\\-\frac{1}{R_1}&-\frac{1}{R_2}&\frac{1}{R_1}+\frac{1}{R_2}+\frac{1}{R_6}\end{bmatrix}\begin{bmatrix}U_1\\U_2\\U_3\end{bmatrix}=\begin{bmatrix}\frac{U_{\mathrm{S3}}}{R_3}+\frac{U_{\mathrm{S1}}}{R_1}\\I_{\mathrm{S2}}\\-\frac{U_{\mathrm{S1}}}{R_1}-I_{\mathrm{S2}}\end{bmatrix}$$

10-8 正弦交流电路及其拓扑图如题图 10-7 所示，电源角频率为 ω。

（1）写出关联矩阵 $\boldsymbol{A}$；

（2）求此电路的结点导纳矩阵 $\boldsymbol{Y}_n$；

（3）写出支路电流列向量 $\dot{\boldsymbol{I}}_S$ 和电压源列向量 $\dot{\boldsymbol{U}}_S$；

（4）写出该电路的结点电压方程的矩阵形式。

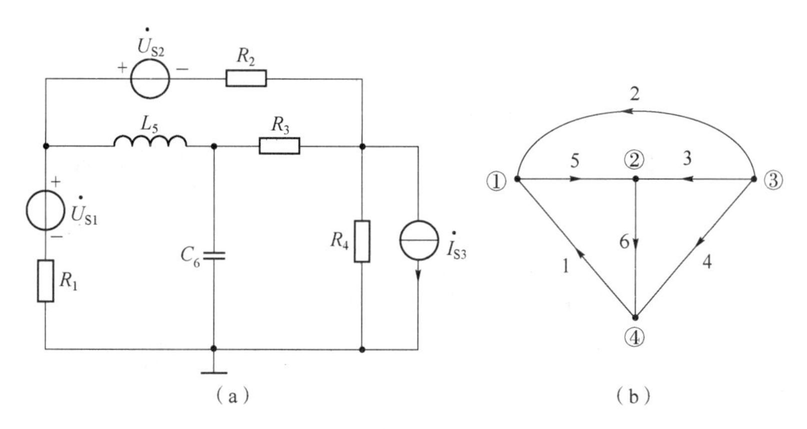

题图 10-7

解：关联矩阵 $\boldsymbol{A}$：

$$\boldsymbol{A}=\begin{bmatrix}-1 & -1 & 0 & 0 & 1 & 0\\ 0 & 0 & -1 & 0 & -1 & 0\\ 0 & 1 & 1 & 1 & 0 & 0\end{bmatrix}$$

此电路的结点导纳矩阵 $\boldsymbol{Y}_n$：

$$\boldsymbol{Y}_n=\begin{bmatrix}\frac{1}{R_1}+\frac{1}{R_2}+\frac{1}{\mathrm{j}\omega L_5} & -\frac{1}{\mathrm{j}\omega L_5} & -\frac{1}{R_2}\\ -\frac{1}{\mathrm{j}\omega L_5} & \frac{1}{R_3}+\frac{1}{\mathrm{j}\omega L_5}+\mathrm{j}\omega C_6 & -\frac{1}{R_3}\\ -\frac{1}{R_2} & -\frac{1}{R_3} & \frac{1}{R_2}+\frac{1}{R_3}+\frac{1}{R_4}\end{bmatrix}$$

$$\dot{\boldsymbol{I}}_S=\begin{bmatrix}0 & 0 & 0 & -\dot{I}_{S3} & 0 & 0\end{bmatrix}^{\mathrm{T}}$$

$$\dot{\boldsymbol{U}}_S=\begin{bmatrix}\dot{U}_{S1} & \dot{U}_{S2} & 0 & 0 & 0 & 0\end{bmatrix}^{\mathrm{T}}$$

$$\boldsymbol{Y}_n\dot{\boldsymbol{U}}_n=\begin{bmatrix}\frac{\dot{U}_{S1}}{R_1}+\frac{\dot{U}_{S2}}{R_2} & 0 & -\frac{\dot{U}_{S2}}{R_2}-\dot{I}_{S3}\end{bmatrix}^{\mathrm{T}}$$

10-9 在题图 10-8 所示正弦交流电路中，电源角频率为 ω，选支路集{1,4,6}为树，写出该电路的回路电流方程矩阵和割集电压方程矩阵。

解：将有向图中选为树支的支路用实线表示，连支的支路用虚线表示，如题图 10-8（解图）所示。选单连支回路为基本回路，列写基本回路矩阵：

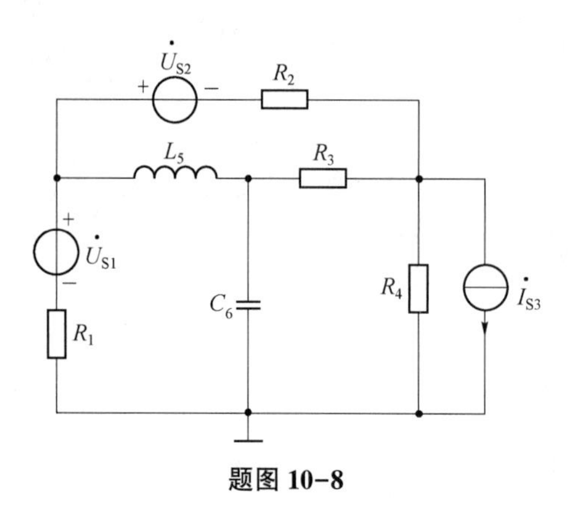

题图 10-8

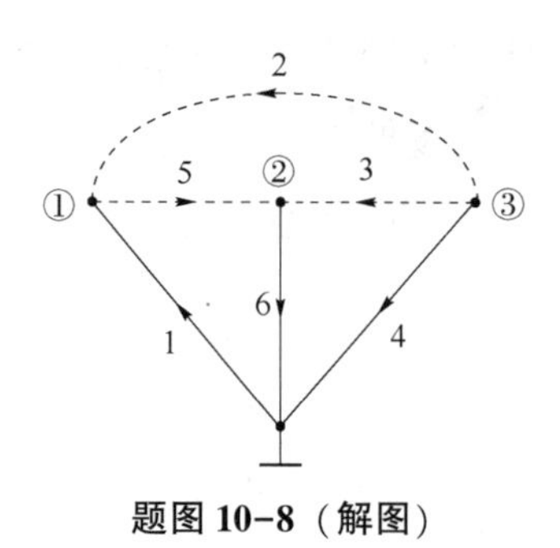

题图 10-8（解图）

$$\boldsymbol{B}=\begin{bmatrix}-1 & 1 & 0 & -1 & 0 & 0\\ 0 & 0 & 1 & -1 & 0 & 1\\ 1 & 0 & 0 & 0 & 1 & 1\end{bmatrix}$$

$$\boldsymbol{Z}=\mathrm{diag}\left[R_1 \quad R_2 \quad R_3 \quad R_4 \quad \mathrm{j}\omega L_5 \quad \frac{1}{\mathrm{j}\omega C_6}\right]$$

$$\dot{\boldsymbol{U}}_{\mathrm{S}}=\left[\dot{U}_{\mathrm{S1}} \quad \dot{U}_{\mathrm{S2}} \quad 0 \quad 0 \quad 0 \quad 0\right]^{\mathrm{T}}$$

$$\dot{\boldsymbol{I}}_{\mathrm{S}}=\left[0 \quad 0 \quad 0 \quad -\dot{I}_{\mathrm{S3}} \quad 0 \quad 0\right]^{\mathrm{T}}$$

将以上各式代入回路电流矩阵标准形式 $\boldsymbol{BZB}^{\mathrm{T}}\dot{\boldsymbol{I}}_l=\boldsymbol{B}\dot{\boldsymbol{U}}_{\mathrm{S}}-\boldsymbol{BZ}\dot{\boldsymbol{I}}_{\mathrm{S}}$，得到回路电流方程矩阵为：

$$\begin{bmatrix}R_1+R_2+R_4 & R_4 & -R_1\\ R_4 & R_3+R_4+\dfrac{1}{\mathrm{j}\omega C_6} & \dfrac{1}{\mathrm{j}\omega C_6}\\ -R_1 & \dfrac{1}{\mathrm{j}\omega C_6} & R_1+\mathrm{j}\omega L_5+\dfrac{1}{\mathrm{j}\omega C_6}\end{bmatrix}\begin{bmatrix}\dot{I}_2\\ \dot{I}_3\\ \dot{I}_5\end{bmatrix}=\begin{bmatrix}-\dot{U}_{\mathrm{S1}}+\dot{U}_{\mathrm{S2}}-R_4\dot{I}_{\mathrm{S3}}\\ -R_4\dot{I}_{\mathrm{S3}}\\ \dot{U}_{\mathrm{S1}}\end{bmatrix}$$

先选三个结点处恰好是单树支割集，先将树支排在前，连支排在后，列写基本割集矩阵：

$$\begin{matrix} & 1 & 4 & 6 & 2 & 3 & 5\end{matrix}$$

$$\boldsymbol{Q}_{\mathrm{f}}=\begin{bmatrix}1 & 0 & 0 & 1 & 0 & -1\\ 0 & 1 & 0 & 1 & 1 & 0\\ 0 & 0 & 1 & 0 & -1 & -1\end{bmatrix}$$

然后按支路编号顺序排列得到割集矩阵：

$$\boldsymbol{Q}_{\mathrm{f}}=\begin{bmatrix}1 & 1 & 0 & 0 & -1 & 0\\ 0 & 1 & 1 & 1 & 0 & 0\\ 0 & 0 & -1 & 0 & -1 & 1\end{bmatrix}$$

$$\boldsymbol{Y}=\mathrm{diag}\left[\frac{1}{R_1} \quad \frac{1}{R_2} \quad \frac{1}{R_3} \quad \frac{1}{R_4} \quad \frac{1}{\mathrm{j}\omega L_5} \quad \mathrm{j}\omega C_6\right]$$

$$\dot{\boldsymbol{U}}_{\mathrm{S}}=\left[\dot{U}_{\mathrm{S1}} \quad \dot{U}_{\mathrm{S2}} \quad 0 \quad 0 \quad 0 \quad 0\right]^{\mathrm{T}}$$

$$\dot{\boldsymbol{I}}_{\rm S}=\begin{bmatrix}0 & 0 & 0 & -\dot{I}_{\rm S3} & 0 & 0\end{bmatrix}^{\rm T}$$

代入割集电压方程的标准形式 $\boldsymbol{Q}_r\boldsymbol{Y}\boldsymbol{Q}_{\rm f}^{\rm T}\dot{\boldsymbol{U}}_t=\boldsymbol{Q}_{\rm f}\dot{\boldsymbol{I}}_{\rm S}-\boldsymbol{Q}_{\rm f}\boldsymbol{Y}\dot{\boldsymbol{U}}_{\rm S}$，得到割集电压方程矩阵：

$$\begin{bmatrix}\frac{1}{R_1}+\frac{1}{R_2}+\frac{1}{\mathrm{j}\omega L_5} & \frac{1}{R_2} & \frac{1}{\mathrm{j}\omega L_5}\\ \frac{1}{R_2} & \frac{1}{R_2}+\frac{1}{R_3}+\frac{1}{R_4} & -\frac{1}{R_3}\\ \frac{1}{\mathrm{j}\omega L_5} & -\frac{1}{R_3} & \frac{1}{R_3}+\frac{1}{\mathrm{j}\omega L_5}+\mathrm{j}\omega C_6\end{bmatrix}\begin{bmatrix}\dot{U}_{n1}\\ \dot{U}_{n3}\\ \dot{U}_{n2}\end{bmatrix}=\begin{bmatrix}-\frac{\dot{U}_{\rm S1}}{R_1}-\frac{\dot{U}_{\rm S2}}{R_2}\\ -\frac{\dot{U}_{\rm S2}}{R_2}-\dot{I}_{\rm S3}\\ 0\end{bmatrix}$$

10-10　对于题图 10-9 所示电路，试用结点分析法和网孔分析法求各元件的电流，可以应用 MATLAB 辅助计算矩阵。

解：根据电路图画出相应的有向图，如题图 10-9（解图）所示。

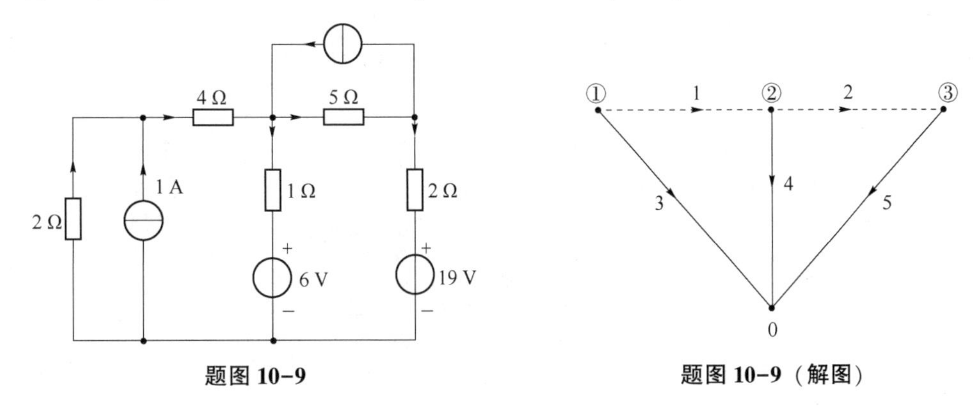

题图 10-9　　题图 10-9（解图）

结点分析法：

$$U_{n1}\left(\frac{1}{2}+\frac{1}{4}\right)-U_{n2}\frac{1}{4}-U_{n3}\cdot 0=1$$

$$-U_{n1}\frac{1}{4}+U_{n2}\left(\frac{1}{4}+1+\frac{1}{5}\right)-U_{n3}\frac{1}{5}=2+\frac{6}{1}$$

$$-U_{n1}\cdot 0-U_{n2}\cdot\frac{1}{5}+U_{n3}\left(\frac{1}{5}+\frac{1}{2}\right)=-2+\frac{19}{2}$$

写成矩阵形式：

$$\begin{bmatrix}\frac{3}{4} & -\frac{1}{4} & 0\\ -\frac{1}{4} & \frac{29}{20} & -\frac{1}{5}\\ 0 & -\frac{1}{5} & \frac{1}{10}\end{bmatrix}\begin{bmatrix}U_{n1}\\ U_{n2}\\ U_{n3}\end{bmatrix}=\begin{bmatrix}1\\ 8\\ \frac{15}{2}\end{bmatrix}$$

本题矩阵内的项是分数，可以借助 MATLAB 计算结点电压值，代码如下：

```
A=[3/4,-1/4,0;-1/4,29/20,-1/5;0,-1/5,7/10];
B=[1;8;15/2];
U=inv(A)*B
```

运行结果：

```
U =
    4.0000
    8.0000
   13.0000
```

所以：
$$\begin{bmatrix} U_{n1} \\ U_{n2} \\ U_{n3} \end{bmatrix} = \begin{bmatrix} 4 \\ 8 \\ 13 \end{bmatrix}$$

选出各支路电流参考方向：

$$I_{4\,\Omega}=\frac{U_{n1}-U_{n2}}{4}=\frac{4-8}{4}\text{ A}=-1\text{ A},\ I_{1\,\Omega}=-\frac{6-U_{n2}}{1}=-\frac{6-8}{1}\text{ A}=2\text{ A}$$

左边：
$$I_{2\,\Omega}=I_{4\,\Omega}-1=-2\text{ A},\ I_{5\,\Omega}=2+I_{4\,\Omega}-I_{1\,\Omega}=(2-1-2)\text{ A}=-1\text{ A}$$
$$I_{19\text{ V}}=I_{5\,\Omega}-2=(-1-2)\text{ A}=-3\text{ A}$$

网孔分析法：

两个网孔回路恰好是单连支回路，即：

$$\boldsymbol{B}=\begin{bmatrix} 1 & 0 & -1 & 1 & 0 \\ 0 & 1 & 0 & -1 & 1 \end{bmatrix}$$
$$\boldsymbol{Z}=\text{diag}\,[4 \quad 5 \quad 2 \quad 1 \quad 2]$$
$$\boldsymbol{U}_\text{S}=[0 \quad 0 \quad 0 \quad -6 \quad -19]^\text{T}$$
$$\boldsymbol{I}_\text{S}=[0 \quad 2 \quad 1 \quad 0 \quad 0]^\text{T}$$

代入回路电流方程矩阵的标准形式 $\boldsymbol{BZB}^\text{T}\dot{\boldsymbol{I}}_l=\boldsymbol{B}\dot{\boldsymbol{U}}_\text{S}-\boldsymbol{BZ}\dot{\boldsymbol{I}}_\text{S}$，得：

$$\begin{bmatrix} 7 & -1 \\ -1 & 8 \end{bmatrix}\begin{bmatrix} I_{l1} \\ I_{l2} \end{bmatrix}=\begin{bmatrix} -4 \\ -23 \end{bmatrix}$$

解得：
$$\begin{bmatrix} I_{l1} \\ I_{l2} \end{bmatrix}=\begin{bmatrix} -1 \\ -3 \end{bmatrix}$$

注意：解出的 I_{l1} 就是 4 Ω 电阻的电流，但是 I_{l2} 不是 5 Ω 电阻的电流，而是它与 2A 电流源共同支路的电流。

10-11　试列写题图 10-10 所示电路的状态方程的矩阵形式。

解：采用观察法求解。树支支路仍然用实线表示，连支支路用虚线表示，选一个“常态树”，如题图 10-10（解图）所示，选两个单电容割集如图中所示，单电感连支回路由支路 6、3、2、1 组成。

对单电容树支割集列写 KCL 方程：

$$C_1\frac{\text{d}u_{C1}}{\text{d}t}+i_4-i_L=0$$

$$C_2\frac{\text{d}u_{C2}}{\text{d}t}+i_5-i_4+i_L-i_\text{S}=0$$

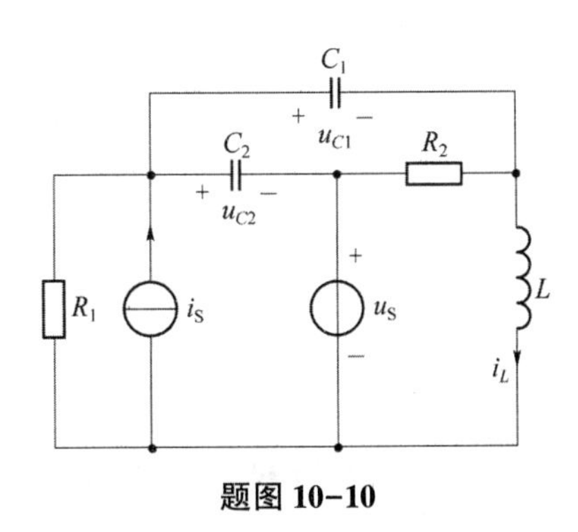

题图 10-10

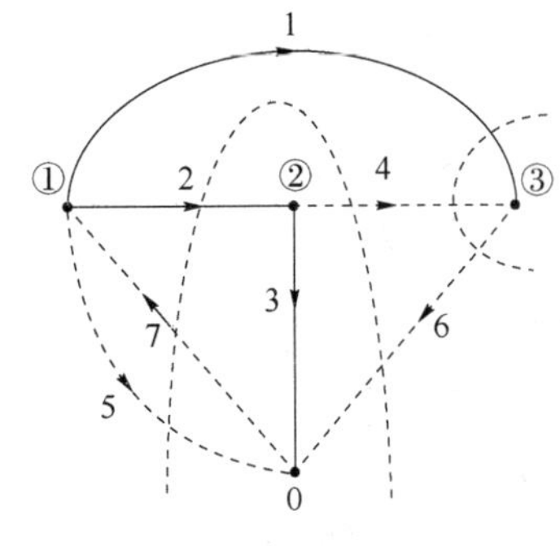

题图 10-10（解图）

对单电感连支回路列写 KVL 方程：

$$L\frac{\mathrm{d}i_L}{\mathrm{d}t}-u_S-u_{C2}+u_{C1}=0$$

消去非状态变量 i_4 和 i_5，用状态变量表示这两个非状态变量：

$$i_4R_2-u_{C1}+u_{C2}=0$$

$$i_5R_1=u_{C1}+u_S$$

代入消去状态变量：

$$C_1\frac{\mathrm{d}u_{C1}}{\mathrm{d}t}-\frac{1}{R_2}u_{C1}+\frac{1}{R_2}u_{C2}-i_L=0$$

$$C_2\frac{\mathrm{d}u_{C2}}{\mathrm{d}t}+\left(\frac{1}{R_1}+\frac{1}{R_2}\right)u_{C1}-\frac{1}{R_2}u_{C2}+\frac{1}{R_1}u_S+i_L-i_S=0$$

再整理成矩阵方程形式：

$$\begin{bmatrix}\frac{\mathrm{d}u_{C1}}{\mathrm{d}t}\\\frac{\mathrm{d}u_{C2}}{\mathrm{d}t}\\\frac{\mathrm{d}i_L}{\mathrm{d}t}\end{bmatrix}=\begin{bmatrix}-\frac{1}{R_2C_1} & \frac{1}{R_2C_1} & \frac{1}{C_1}\\\frac{1}{R_2C_2} & -\left(\frac{1}{R_1C_2}+\frac{1}{R_2C_2}\right) & -\frac{1}{C_2}\\-\frac{1}{L} & \frac{1}{L} & 0\end{bmatrix}\begin{bmatrix}u_{C1}\\u_{C2}\\i_L\end{bmatrix}+\begin{bmatrix}0 & 0\\-\frac{1}{R_1C_2} & \frac{1}{C_2}\\\frac{1}{L} & 0\end{bmatrix}\begin{bmatrix}u_S\\i_S\end{bmatrix}$$

10-12　试列写题图 10-11 所示电路的状态方程。

解：将电路网络的有向图画出，选电容支路和电压源支路为树支，用实线表示，将电感支路选为连支，用虚线表示，如题图 10-11（解图）所示。

对单电容树支割集列写 KCL 方程：

$$C_1\frac{\mathrm{d}u_{C1}}{\mathrm{d}t}-i_2+i_S=0$$

对单电感连支回路列写 KVL 方程：

$$L\frac{\mathrm{d}i_L}{\mathrm{d}t}-u_S+i_3R_1=0$$

消去非状态变量 i_2 和 i_3。

因此，i_3 单树支割集（由支路 3、4、2、5 组成）的 KCL 方程和 i_2 单连支回路（由支路

1、2、3 组成）的 KVL 方程为：

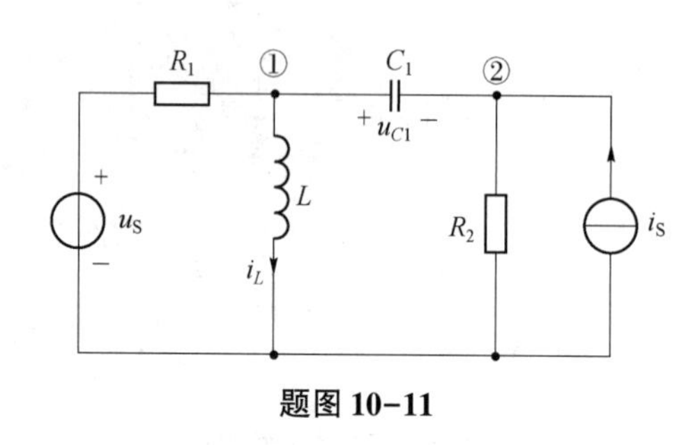

题图 10-11

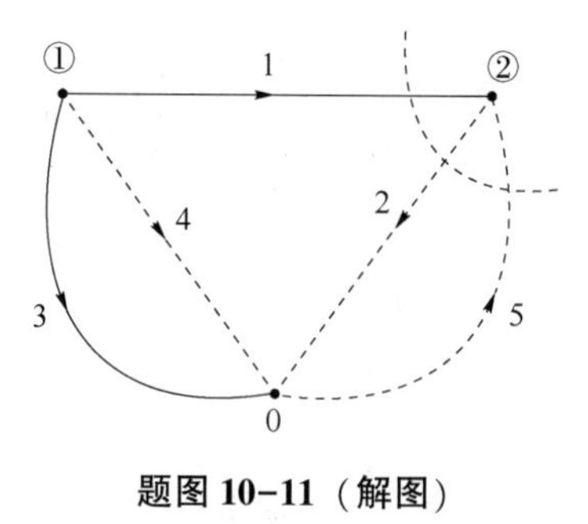

题图 10-11（解图）

$$i_2+i_3=i_S-i_L$$

$$u_{C1}+i_2R_2-i_3R_1=u_S$$

解得：

$$i_2=\frac{1}{R_1+R_2}[u_S+R_1(i_S-i_L)-u_{C1}]$$

$$i_3=\frac{1}{R_1+R_2}[u_{C1}-u_S-R_2(i_S-i_L)]$$

代入消去状态变量，整理成状态方程矩阵：

$$\begin{bmatrix}\dfrac{\mathrm{d}u_{C1}}{\mathrm{d}t}\\ \dfrac{\mathrm{d}i_L}{\mathrm{d}t}\end{bmatrix}=\begin{bmatrix}-\dfrac{1}{C_1(R_1+R_2)} & -\dfrac{R_1}{C_1(R_1+R_2)}\\ \dfrac{R_1}{L(R_1+R_2)} & -\dfrac{R_1R_2}{L(R_1+R_2)}\end{bmatrix}\begin{bmatrix}u_C\\ i_L\end{bmatrix}+\begin{bmatrix}\dfrac{1}{C_1(R_1+R_2)} & -\dfrac{R_2}{C_1(R_1+R_2)}\\ \dfrac{R_2}{L(R_1+R_2)} & \dfrac{R_1R_2}{L(R_1+R_2)}\end{bmatrix}\begin{bmatrix}u_S\\ i_S\end{bmatrix}$$

10-13　列出题图 10-12 所示电路的状态方程。若选结点①和②的结点电压为输出量，写出输出方程。

解：将电路网络的有向图画出，选电容支路和电压源支路为树支，用实线表示，将电感支路选为连支，用虚线表示，如题图 10-12（解图）所示。

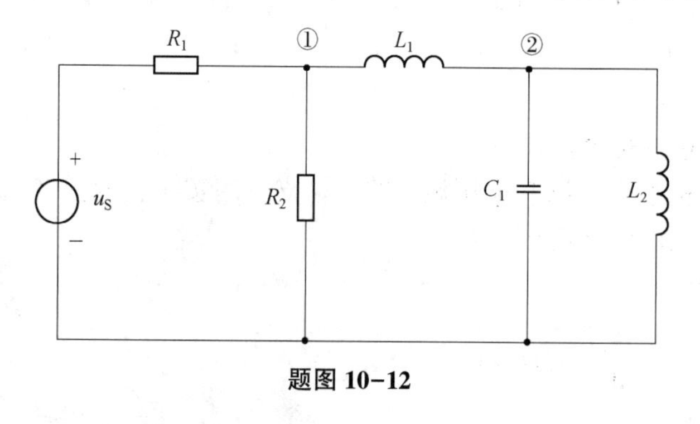

题图 10-12

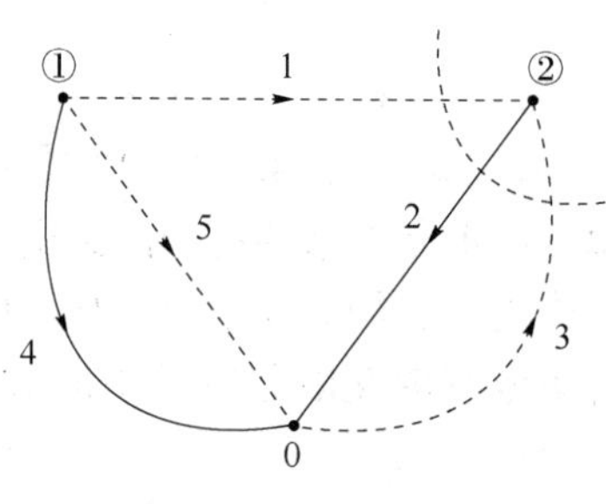

题图 10-12（解图）

对单电容树支割集列写 KCL 方程：

$$C_1\frac{\mathrm{d}u_{C1}}{\mathrm{d}t}-i_{L1}+i_{L2}=0$$

对单电感连支回路列写 KVL 方程：

$$L_1\frac{\mathrm{d}i_{L1}}{\mathrm{d}t}+u_{C1}-u_S-i_4R_1=0$$

$$L_2\frac{\mathrm{d}i_{L2}}{\mathrm{d}t}-u_{C1}=0$$

消去非状态变量 i_4，即：

$$i_4+i_5+i_{L1}=0$$

$$i_5R_2=i_4R_1+u_S$$

解得：

$$i_4=\frac{R_2}{R_1+R_2}\left(-\frac{1}{R_2}u_S-i_{L1}\right)$$

代入整理成状态方程的矩阵形式为：

$$\begin{bmatrix}\frac{\mathrm{d}u_{C1}}{\mathrm{d}t}\\ \frac{\mathrm{d}i_{L1}}{\mathrm{d}t}\\ \frac{\mathrm{d}i_{L2}}{\mathrm{d}t}\end{bmatrix}=\begin{bmatrix}0 & \frac{1}{C_1} & \frac{1}{C_1}\\ -\frac{1}{L_1} & -\frac{R_1R_2}{L_1(R_1+R_2)} & 0\\ \frac{1}{L_1} & 0 & 0\end{bmatrix}\begin{bmatrix}u_{C1}\\ i_{L1}\\ i_{L2}\end{bmatrix}+\begin{bmatrix}0\\ \frac{R_2}{L_1(R_1+R_2)}\\ 0\end{bmatrix}[u_S]$$

观察法：

$$u_{n1}\left(\frac{1}{R_1}+\frac{1}{R_2}\right)=\frac{u_S}{R_1}-i_{L1}$$

$$u_{n2}=u_{C1}$$

所以，结点①和②的结点电压为输出量输出方程为：

$$\begin{bmatrix}u_{n1}\\ u_{n2}\end{bmatrix}=\begin{bmatrix}0 & -\frac{R_1R_2}{R_1+R_2} & 0\\ 1 & 0 & 0\end{bmatrix}\begin{bmatrix}u_{C1}\\ i_{L1}\\ i_{L2}\end{bmatrix}+\begin{bmatrix}\frac{R_2}{R_1+R_2}\\ 0\end{bmatrix}[u_S]$$

历年考研真题

真题 10-1 已知某有向连通图 G_d 的基本回路矩阵 $\boldsymbol{B}_f$：

$$\boldsymbol{B}_f=\begin{bmatrix}1 & 0 & 0 & 1 & -1 & 0 & 1\\ 0 & 1 & 0 & 0 & 0 & -1 & -1\\ 0 & 0 & 1 & 0 & 1 & 1 & 0\end{bmatrix}$$

列写该图 G_d 的全阶关联矩阵 $\boldsymbol{A}_a$ 和对应同一个树的基本割集矩阵 $\boldsymbol{Q}_f$。

[2001 年南京理工大学电路考研真题]

解：由基本回路矩阵

$$\boldsymbol{B}_f=\begin{bmatrix}1 & 0 & 0 & 1 & -1 & 0 & 1\\ 0 & 1 & 0 & 0 & 0 & -1 & -1\\ 0 & 0 & 1 & 0 & 1 & 1 & 0\end{bmatrix}$$画出有向图，如真题图 10-1（解图）（a）所示。

全阶关联矩阵：

$$
\boldsymbol{A}_a=\begin{array}{c} \\ 1\\2\\3\\4\\5 \end{array}\begin{array}{c}\begin{matrix}1 & 2 & 3 & 4 & 5 & 6 & 7\end{matrix}\\ \begin{bmatrix}1 & -1 & 0 & 0 & 0 & 0 & -1\\ -1 & 0 & 0 & 1 & 0 & 0 & 0\\ 0 & 0 & 1 & -1 & -1 & 0 & 0\\ 0 & 0 & 0 & 0 & 1 & -1 & 1\\ 0 & 1 & -1 & 0 & 0 & 1 & 0\end{bmatrix}\end{array}
$$

将树支支路画为实线，连支支路画为虚线，选取单树支割集如真题图 10-1（解图）（b）所示，得基本割集矩阵：

$$
\boldsymbol{Q}_{\mathrm{f}}=\begin{array}{c}\begin{matrix}4 & 5 & 6 & 7 & 1 & 2 & 3\end{matrix}\\ \begin{bmatrix}1 & 0 & 0 & 0 & -1 & 0 & 0\\ 0 & 1 & 0 & 0 & 1 & 0 & -1\\ 0 & 0 & 1 & 0 & 0 & 1 & -1\\ 0 & 0 & 0 & 1 & -1 & 1 & 0\end{bmatrix}\end{array}
$$

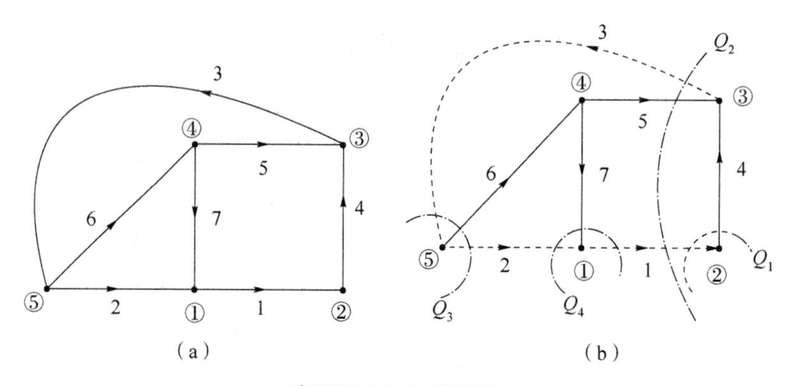

真题图 10-1（解图）

真题 10-2 真题图 10-2 所示电路的矩阵形式的结点电压方程为 $\boldsymbol{AYA}^{\mathrm{T}}\dot{\boldsymbol{U}}_n=\boldsymbol{A}\dot{\boldsymbol{I}}_{\mathrm{S}b}-\boldsymbol{A}\dot{\boldsymbol{Y}}\boldsymbol{U}_{\mathrm{S}b}$，试写出方程中每个矩阵的表达式。[2002 年中国矿业大学电路考研真题]

解：根据真题图 10-2 画出其有向图，如真题图 10-2（解图）所示。

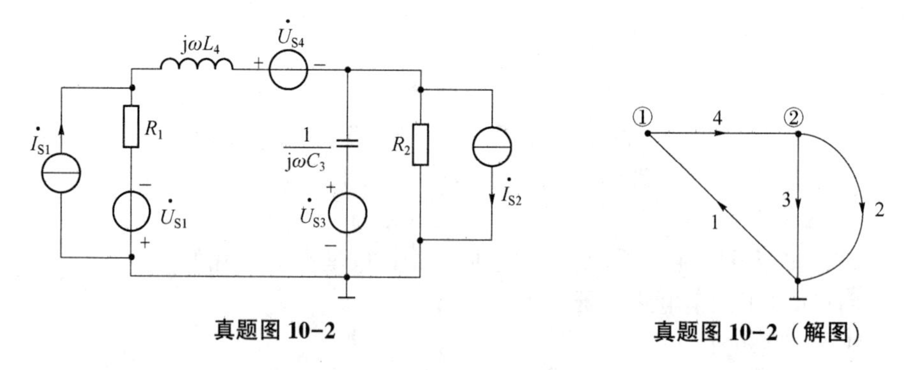

真题图 10-2 **真题图 10-2（解图）**

关联矩阵为：

$$
\boldsymbol{A}=\begin{bmatrix}-1 & 0 & 0 & 1\\ 0 & 1 & 1 & -1\end{bmatrix}
$$

导纳向量：

$$\dot{\boldsymbol{U}}_n=\begin{bmatrix}\dot{U}_{n1}\\ \dot{U}_{n2}\end{bmatrix}$$

$$\dot{\boldsymbol{I}}_{Sb}=[-\dot{I}_{S1}\quad -\dot{I}_{S2}\quad 0\quad 0]^{T}$$

$$\dot{\boldsymbol{U}}_{Sb}=[\dot{U}_{S1}\quad 0\quad -\dot{U}_{S3}\quad -\dot{U}_{S4}]^{T}$$

$$\boldsymbol{AYA}^{T}\dot{\boldsymbol{U}}_n=\boldsymbol{A}\dot{\boldsymbol{I}}_{Sb}-\boldsymbol{AY}\dot{\boldsymbol{U}}_{Sb}$$

$$\begin{bmatrix}\dfrac{1}{R_1}+\dfrac{1}{j\omega L_4} & -\dfrac{1}{j\omega L_4}\\ -\dfrac{1}{j\omega L_4} & \dfrac{1}{R_2}+j\omega C_3+\dfrac{1}{j\omega L_4}\end{bmatrix}\begin{bmatrix}\dot{U}_{n1}\\ \dot{U}_{n2}\end{bmatrix}=\begin{bmatrix}\dot{I}_{S1}\\ -\dot{I}_{S2}\end{bmatrix}-\begin{bmatrix}\dfrac{\dot{U}_{S1}}{R_1}-\dfrac{\dot{U}_{S4}}{j\omega L_4}\\ -j\omega C_3\dot{U}_{S3}+\dfrac{\dot{U}_{S4}}{j\omega L_4}\end{bmatrix}$$

真题 10-3 列写真题图 10-3 所示电路以 u_{C2}、u_{C3}、i_{L4}和 i_{L5}为状态变量的状态方程的矩阵形式和以 u_1、i_{C3}为输出变量的输出方程的矩阵形式，已知 $R_1=1\ \Omega$，$C_2=2$ F，$C_3=3$ F，$L_4=4$ H，$L_5=5$ H。[2001 年南京理工大学电路考研真题]

解：将电路网络的有向图画出，选电容支路和电压源支路为树支，用实线表示，将电感支路选为连支，用虚线表示，如真题图 10-3（解图）所示。

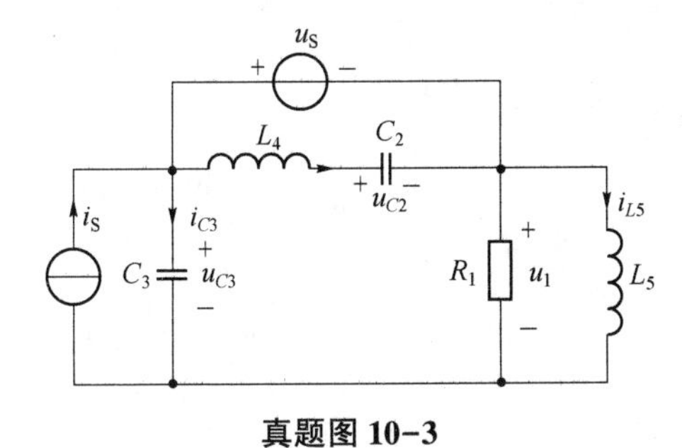

真题图 10-3

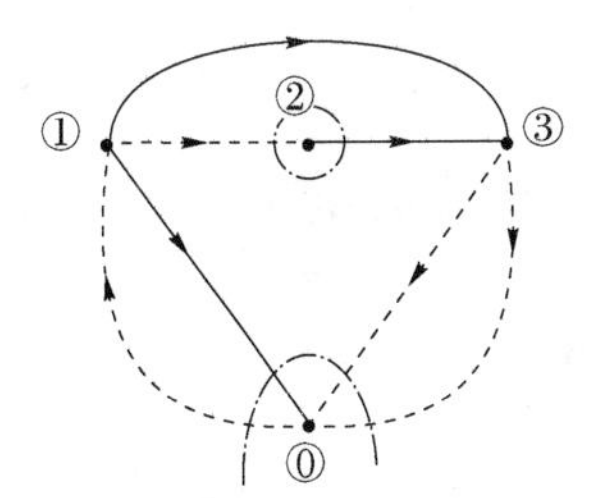

真题图 10-3（解图）

对单电容树支割集列写 KCL 方程：

结点 0：
$$C_3\frac{du_{C3}}{dt}+i_{L5}+\frac{u_1}{R_1}=i_S$$

结点 2：
$$i_{L4}=C_2\frac{du_{C2}}{dt}$$

对单连支回路列写 KVL 方程：

$$u_S+u_1=u_{C3}$$

$$u_S=L_4\frac{di_{L4}}{dt}+u_{C2}$$

$$u_S+L_5\frac{di_{L5}}{dt}=u_{C3}$$

化简以上等式可得：

$$\frac{\mathrm{d}u_{C2}}{\mathrm{d}t}=\frac{1}{2}i_{L4}$$

$$\frac{\mathrm{d}u_{C3}}{\mathrm{d}t}=-\frac{1}{3}u_{C3}-\frac{1}{3}i_{L5}+\frac{1}{3}u_{\mathrm{S}}+\frac{1}{3}i_{\mathrm{S}}$$

$$\frac{\mathrm{d}i_{L4}}{\mathrm{d}t}=-\frac{1}{4}u_{C2}+\frac{1}{4}u_{\mathrm{S}}$$

$$\frac{\mathrm{d}i_{L5}}{\mathrm{d}t}=-\frac{1}{5}u_{\mathrm{S}}+\frac{1}{5}u_{C3}$$

将以上等式写成矩阵形式：

$$\begin{bmatrix}\frac{\mathrm{d}u_{C2}}{\mathrm{d}t}\\ \frac{\mathrm{d}u_{C3}}{\mathrm{d}t}\\ \frac{\mathrm{d}i_{L4}}{\mathrm{d}t}\\ \frac{\mathrm{d}i_{L5}}{\mathrm{d}t}\end{bmatrix}=\begin{bmatrix}0 & 0 & \frac{1}{2} & 0\\ 0 & -\frac{1}{3} & 0 & -\frac{1}{3}\\ -\frac{1}{4} & 0 & 0 & 0\\ 0 & -\frac{1}{5} & 0 & 0\end{bmatrix}\begin{bmatrix}u_{C2}\\ u_{C3}\\ i_{L4}\\ i_{L5}\end{bmatrix}i_{\mathrm{S}}+\begin{bmatrix}0\\ \frac{1}{3}\\ 0\\ 0\end{bmatrix}+\begin{bmatrix}0\\ \frac{1}{3}\\ \frac{1}{4}\\ -\frac{1}{5}\end{bmatrix}u_{\mathrm{S}}$$

列写输出方程矩阵：

$$u_1=u_{C3}-u_{\mathrm{S}}$$

$$i_{C3}=C_3\frac{\mathrm{d}u_{C3}}{\mathrm{d}t}=-u_{C3}-i_{L5}+u_{\mathrm{S}}+i_{\mathrm{S}}$$

所以输出方程矩阵为：

$$\begin{bmatrix}u_1\\ i_{C3}\end{bmatrix}=\begin{bmatrix}0 & 1 & 0 & 0\\ 0 & -1 & 0 & -1\end{bmatrix}\begin{bmatrix}u_{C2}\\ u_{C3}\\ i_{L4}\\ i_{L5}\end{bmatrix}+\begin{bmatrix}-1\\ 1\end{bmatrix}u_{\mathrm{S}}+\begin{bmatrix}0\\ 1\end{bmatrix}i_{\mathrm{S}}$$

参考文献

[1] 齐超，刘洪臣，王竹萍. 工程电路分析基础 [M]. 北京：高等教育出版社，2016.

[2] 燕庆明. 电路分析教程 [M]. 第3版. 北京：高等教育出版社，2012.

[3] 张永瑞，周永金，张双琦. 电路分析—基础理论与实用技术 [M]. 第2版. 西安：西安电子科技大学出版社. 2011.

[4] 巨辉，周蓉. 电路分析基础 [M]. 北京：高等教育出版社，2012.

[5] 张宇飞，史学军，周井泉. 电路 [M]. 北京：机械工业出版社，2015.

[6] 刘陈，周井泉，沈元隆，等. 电路分析基础 [M]. 北京：人民邮电出版社，2015.

[7] Matthew N. O. Sadiku，Sarhan M. Musa，Charles K. Alexander. Applied Circuit Analysis [M]. 苏育挺，王建，张承乾，等译. 北京：机械工业出版社，2014.

[8] Charles K . Alexander，Matthew N. O. Sadiku. Fundamentals of Electric Circuits [M]. 段哲民，周巍，李宏，等译. 第5版. 北京：机械出版社，2017.

[9] 海欣，杨红亮，丁金滨. 电路原理学习及考研辅导 [M]. 北京：国防工业出版社，2008.

[10] 姚素芬. 电路学习指导与训练 [M]. 北京：清华大学出版社，2015.

[11] 陈晓平，殷春芳. 电路原理试题库与题解 [M]. 北京：机械工业出版社，2010.